高等院校数字艺术设计系列教材

Illustrator CC

设计与制作教程

王铁　刘丹　肖姝　编著

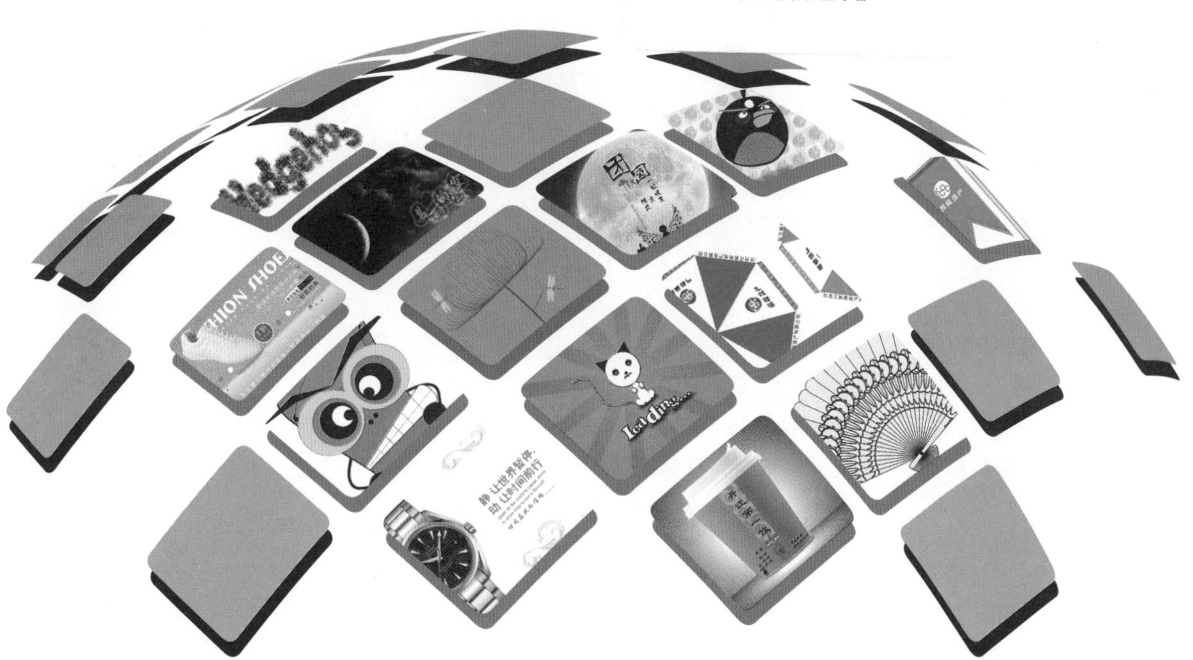

清華大學出版社
北　京

内容简介

Illustrator CC是Adobe公司推出的一款功能非常强大的矢量图形软件。不管是绘制插画、制作海报、设计网页等，都可以使用Illustrator CC制作专业品质的作品。本书以由浅入深的方式详细介绍Illustrator CC的各个知识点，内容以理论结合上机实战和综合案例的方式进行讲解。

本书共分13章，第1～12章为软件知识部分，分别为感受Illustrator CC的精彩与初步体验、对象的选择与编辑、几何图形的绘制工具、线与曲线的绘制工具、编修的工具及命令应用、对象的颜色填充及调整、对象的管理及修整、认识图层及样式、艺术工具的使用、文本编辑、图表应用、效果应用，第13章为综合实例。

本书既可以作为初学者从零开始的自学手册，同样也适合相关院校艺术设计类专业的学生、教师使用。

本书配套的资源包括实例素材、源文件、教学视频和PPT课件，可帮助读者更好地学习书中内容，进而提高自己的软件操作水平。

图书在版编目(CIP)数据

Illustrator CC平面设计与制作教程 / 王铁，刘丹，肖姝 编著. —北京：清华大学出版社，2020.8
高等院校数字艺术设计系列教材
ISBN 978-7-302-55792-0

Ⅰ. ①I… Ⅱ. ①王… ②刘… ③肖… Ⅲ. ①平面设计—图形软件—高等学校－教材 Ⅳ. ①TP391.412

中国版本图书馆CIP数据核字(2020)第105200号

责任编辑：李 磊
封面设计：杨 曦
版式设计：孔祥峰
责任校对：成凤进
责任印制：杨 艳

出版发行：清华大学出版社
网 址：http：//www.tup.com.cn，http：//www.wqbook.com
地 址：北京清华大学学研大厦A座 邮 编：100084
社 总 机：010-62770175 邮 购：010-62786544
投稿与读者服务：010-62776969，c-service@tup.tsinghua.edu.cn
质 量 反 馈：010-62772015，zhiliang@tup.tsinghua.edu.cn
印 装 者：三河市铭诚印务有限公司
经 销：全国新华书店
开 本：185mm×260mm 印 张：15.75 字 数：423千字
版 次：2020年9月第1版 印 次：2020年9月第1次印刷
定 价：79.00元

产品编号：083202-01

Illustrator CC | 前　言

首先十分感谢你翻开这本书，只要你读下去就会有种不错的感觉。相信我们会把你带到Illustrator CC的奇妙世界。或许你曾经为寻找一本技术全面、案例丰富的计算机图书而苦恼，或许你因为担心自己是否能做出书中的案例效果而犹豫，或许你为了自己买一本入门教材而仔细挑选，或许你正在为自己进步太慢而缺少信心……

现在，就向你推荐一本优秀的平面设计与制作学习用书——《Illustrator CC 平面设计与制作教程》，本书采用理论结合上机实战的方式编写，兼具实战技巧和应用理论教程的特点，并随书附带本书所有案例的视频教程、源文件、素材和教学PPT。视频教程可以让大家在看电影的轻松状态下了解案例的具体制作过程，结合源文件和素材更能快速地提高技术水平，成为Illustrator CC软件使用的一名高手。

Illustrator CC是Adobe公司推出的一款功能非常强大的矢量图形软件。不管是绘制插画、制作海报、设计网页等，都可以使用Illustrator CC制作专业品质的作品。它既可以处理矢量图形，也可以处理位图图像。

本书的作者有着多年丰富的教学经验与实际工作经验，在编写本书时最希望能够将自己实际授课和作品设计制作过程中积累下来的宝贵经验与技巧展现给读者。希望读者能够在体会Illustrator CC软件强大功能的同时，把各个主要功能和创意设计应用到自己的作品中。

本书特点

本书内容由浅入深，每一章的内容都丰富多彩，力争运用大量的实例涵盖Illustrator CC中全部的知识点。

本书具有以下特点。

- 内容全面，几乎涵盖了Illustrator CC中的所有知识点。本书由具有丰富教学经验的设计师和高校老师共同编写，从平面设计的一般流程入手，逐步引导读者学习软件和设计作品的各种技能。
- 语言通俗易懂，前后呼应，以精炼的篇幅、浅显读懂的语言来讲解每一项功能、每一个上机实战和综合案例，让你学习起来更加轻松，阅读更加容易。
- 书中为许多的重要工具、重要命令精心制作了上机实战案例，让你在不知不觉中学习到专业应用案例的制作方法和流程，书中还设计了许多技巧提示，恰到好处地对读者进行点拨，到了一定程度后，读者就可以自己动手，自由发挥，制作出相应的专业案例效果。
- 注重技巧的归纳和总结。使读者更容易理解和掌握，从而方便知识点的记忆，进而能够举一反三。

★ 全多媒体视频教学，学习轻松方便，使读者像看电影一样记住其中的知识点。本书配有所有上机实战和综合案例的多媒体视频教程、案例最终源文件、素材文件、教学PPT和课后习题。

本书章节安排

本书是以由浅入深的方式介绍Illustrator CC的实用图书。本书共分13章，分别为感受Illustrator CC的精彩与初步体验、对象的选择与编辑、几何图形的绘制工具、线与曲线的绘制工具、编修的工具及命令应用、对象的颜色填充及调整、对象的管理及修整、认识图层及样式、艺术工具的使用、文本编辑、图表应用、效果应用和综合实例。

本书读者对象

本书主要面向初、中级读者。对于软件每项功能的讲解都从必备的基础操作开始，以前没有接触过Illustrator CC的读者无须参照其他书籍即可轻松入门，接触过Illustrator CC的读者同样可以从中快速了解软件的各种功能和知识点，自如地踏上新的台阶。

本书由王铁、刘丹和肖姝编写。另外，陆鑫、王红蕾、陆沁、王蕾、吴国新、时延辉、戴时影、刘绍婕、张叔阳、尚彤、葛久平、孙倩、殷晓峰、谷鹏、胡渤、刘冬美、赵頔、张猛、齐新、王海鹏、刘爱华、张杰、张凝、王君赫、潘磊、周荥、周莉、金雨、刘智梅、陈美荣、董涛、田秀云、李垚、郎琦、王威、王建红、程德东、杨秀娟、孙一博、佟伟峰、刘琳、孙洪峰、刘红卫、刘清燕、刘晶、曹培强、李丽宏等人也参与了本书的部分编写工作。由于作者编写水平所限，书中难免有疏漏和不足之处，恳请广大读者批评、指正。

本书配套的立体化教学资源中提供了书中所有案例的素材文件、效果文件、教学视频和PPT教学课件。读者在学习时可扫描下面的二维码，然后将内容推送到自己的邮箱中，即可下载获取相应的资源。

编 者

Illustrator CC | 目录

第 1 章 感受 Illustrator CC 的精彩与初步体验

第 2 章 对象的选择与编辑

第 3 章 几何图形的绘制工具

第 4 章 线与曲线的绘制工具

第 5 章 编修的工具及命令应用

第 6 章 对象的颜色填充及调整

第 7 章 对象的管理及修整

第 8 章 认识图层及样式

第 9 章 艺术工具的使用

第 10 章 文本编辑

第 11 章 图表应用

第 12 章 效果应用

第 13 章 综合实例

第1章

感受Illustrator CC的精彩与初步体验

Illustrator CC在矢量绘制和图像处理方面优于之前的版本。当前版本能够更好地满足用户的需要，图形设计师和商业用户在使用Illustrator CC进行工作时会发现它的便利性已经达到了空前的高度。

1.1 初识 Illustrator CC

Illustrator CC是由美国Adobe公司推出的一款功能十分强大的平面设计软件，该软件拥有丰富多彩的内容和非常专业的平面设计能力，是将图形设计、文字编辑、排版集于一体的大型矢量图形软件。使用Illustrator可轻而易举地完成广告设计、产品包装设计、封面设计、网页设计等工作，而且可以将制作好的矢量图转换为不同的格式(如TIF、JPG、PSD、EPS、BMP等)进行保存。

1.2 学习 Illustrator CC 应该了解的图像知识

在学习Illustrator CC的各个功能之前，我们可以先了解一下关于图像的基础知识，使大家对图像有一个基本的概念。

1.2.1 矢量图

所谓矢量图，就是使用数学方式描述的曲线，及由曲线围成的色块组成的面向对象的绘图图形，如CorelDRAW 、Flash等一系列软件产生的图形。它们组成的基本单元是点和路径，路径至少由两个点组成，每个点的调节柄可以控制相邻线段的形状和长度，无论使用放大镜放大或缩小多少倍，它的边缘始终是平滑的。它的质量高低和分辨率的高低无关，在分辨率不同的输出设备上显示的效果没有差别。

矢量图中的图形元素叫作对象，每个对象都是独立的，具有各自的属性，如颜色、形状、轮廓、大小和位置等。由于矢量图与分辨率无关，因此无论如何改变图形的大小，都不会影响图形的清晰度和平滑度，如图1-1所示。

图1-1　矢量图放大

注 意

矢量图进行任意缩放都不会影响分辨率，矢量图的缺点是不能表现色彩丰富的自然景观与色调丰富的图像。

1.2.2 位图

位图图像也叫作点阵图，是由许多不同色彩的像素组成的。与矢量图相比，位图图像可以更逼真地表现自然界的景物。此外，位图图像与分辨率有关，当放大位图图像时，位图中的像素增加，图像的线条将会显得参差不齐，这是像素被重新分配到网格中的缘故。此时可以看到构成位图图像的无数个单色块，因此放大位图或在比图像本身的分辨率低的输出设备上显示位图时，则将丢失其中的细节，并会呈现出锯齿，如图1-2所示。

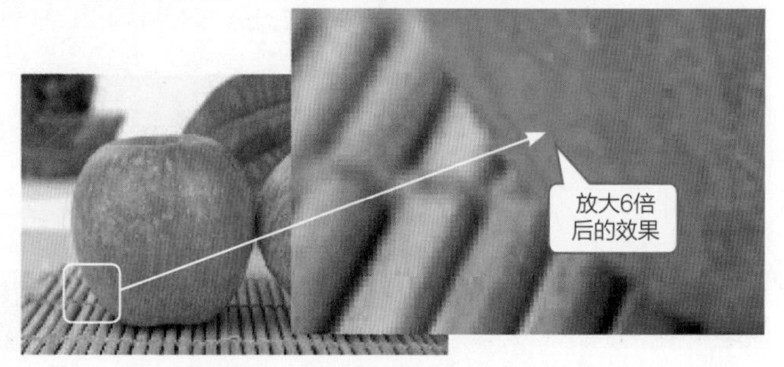

图1-2 图像放大6倍后的效果

1.2.3 色彩模式

Illustrator中有多种色彩模式，不同的色彩模式对颜色有不同的要求，下面就来看一下Illustrator中的几种色彩模式。

1. RGB色彩模式

RGB是一种以三原色(R红、G绿、B蓝)为基础的加光混色系统，RGB模式也称为光源色彩模式，原因是RGB能够产生和太阳光一样的颜色。一般来说，RGB颜色只用在屏幕上，不用在印刷上。

用户所使用的电脑显示器用的就是RGB模式，在RGB模式中，每一个像素由25位的数据表示，其中RGB三种原色各用了8位，因此这三种颜色各具有256个亮度级，能表现256种不同浓度的色调，用0～255的整数来表示。所以三种颜色叠加就能产生1 677万种色彩，足以表现我们身边五彩缤纷的世界。

2. CMYK色彩模式

CMYK模式是一种印刷模式，与RGB模式不同的是，RGB是加色法，CMYK是减色法。CMYK的含义为C青色、M洋红、Y黄色、K黑色。这四种颜色都是以百分比的形式进行描述的，每一种颜色所占的百分比可以从0%到100%，百分比越高，它的颜色就越暗。

CMYK模式是大多数打印机用于打印全色或四色文档的一种方法，Illustrator和其他应用程序把四色分解成模板，每种模板对应一种颜色。然后打印机按比率一层叠一层地打印全部色彩，最终得到想要的色彩。

3. HSB色彩模式

从物理学上讲，一般颜色需具有色度、饱和度和亮度这三个要素。色度(Hue)表示颜色的面貌特质，是区别种类的必要名称，如绿色、红色、黄色等；饱和度(Saturation)表示颜色纯度的高低，表明一种颜色中含有白色或黑色成分的多少；亮度(Brightness)表示颜色的明暗强度关系，

HSB色彩模式便是基于此种物理关系所定制的色彩标准。

在HSB色彩模式中，如果饱和度为0，那么所表现出的颜色将是灰色；如果亮度为0，那么所表现出的颜色是黑色。

4. HLS色彩模式

HLS色彩模式是HSB色彩模式的扩展，它是由色度(Hue)、光度(Lightness)、饱和度(Satruation)三个要素所组成。色度决定颜色的面貌特质；光度决定颜色光线的强弱度；饱和度表示颜色纯度的高低。在HLS色彩模式中，色度可以设置的色彩范围数值是0～360；光度可以设置的强度范围数值是0～100；饱和度可以设置的范围数值是0～100。如果光度数值为100，那么所表现出的颜色将会是白色；如果光度数值为0，那么所表现出的颜色将会是黑色。

5. Lab色彩模式

Lab色彩模式常被用于图像或图形的不同色彩模式之间的转换，通过它可以将各种色彩模式在不同系统或平台之间进行转换，因为该色彩模式是独立于设备的色彩模式。L(Lightness)代表亮度强弱，它的数值范围是0～100；a代表从绿色到红色的光谱变化，数值范围是-128～127；b代表从蓝色到黄色的光谱变化，数值范围是-128～127。

6. 灰度模式

灰度(Grayscale)模式一般只用于灰度和黑白色中。灰度模式中只存在有灰度。也就是说，在灰度模式中，只有亮度是唯一能够影响灰度图像的因素。在灰度模式中，每一个像素用8位的数据表示，因此只有256个亮度级，能表示出256种不同浓度的色调。当灰度值为0时，生成的颜色是黑色；当灰度值为255时，生成的颜色是白色。

1.3　Illustrator CC 可以参与的工作

Illustrator CC是一款功能强大的矢量图形软件，它具体能做些什么呢？Illustrator可以用来绘制矢量图、版面设计、文字处理、图像编辑、网页设计、高质量输出等。

1.3.1 绘制矢量图

Illustrator CC的一个最主要的功能就是绘制矢量图，作为一款专业的矢量图绘制软件，其拥有非常强大的绘图功能，用户可以通过绘图工具绘制图形，并对它们进行编辑、排列等，最终得到一幅精美的作品，如图1-3所示。

图1-3　用Illustrator绘制的矢量卡通图

1.3.2 广告设计

Illustrator CC可以用于设计各类广告版面图像，包括平面广告、新闻插图、标识设计、海报招贴等。广告设计是广告的主题、创意、语言文字、形象、衬托等五个要素构成的组合安排。广告设计的最终目的就是通过广告来达到吸引眼球的目的，如图1-4所示。

1.3.3 文字处理

Illustrator CC虽说是一款处理矢量图的软件，但其处理文字的功能也很强大，可以制作出非常漂亮的文字艺术效果。在Illustrator CC中有两种方法输入文字，一种是输入美术文本，一种是输入段落文本，所以Illustrator CC不仅能对单个文字进行处理，而且还能对整段文字进行处理，如图1-5所示。

图1-4 运用Illustrator设计的版面

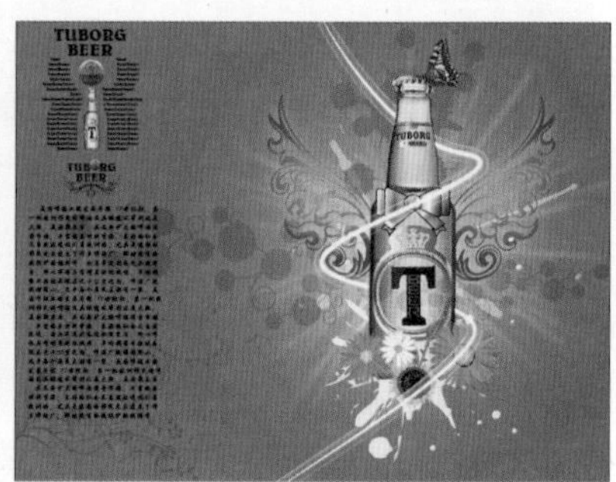

图1-5 使用Illustrator处理的文字效果

1.3.4 位图编辑

Illustrator CC除了可以处理矢量图以外，其处理位图的功能也十分强大，在“效果”菜单的“Photoshop效果”中不仅能为位图添加效果，而且可以直接将矢量图应用相关效果，如图1-6所示。

图1-6 使用Illustrator处理位图

1.3.5 网页设计

网页设计的工具通常分为位图软件或矢量软件，位图软件当仁不让就是Photoshop，而矢量软件主要是Illustrator和CorelDRAW。其中，Illustrator在网页设计中发挥着非常重要的作用，如图1-7所示。

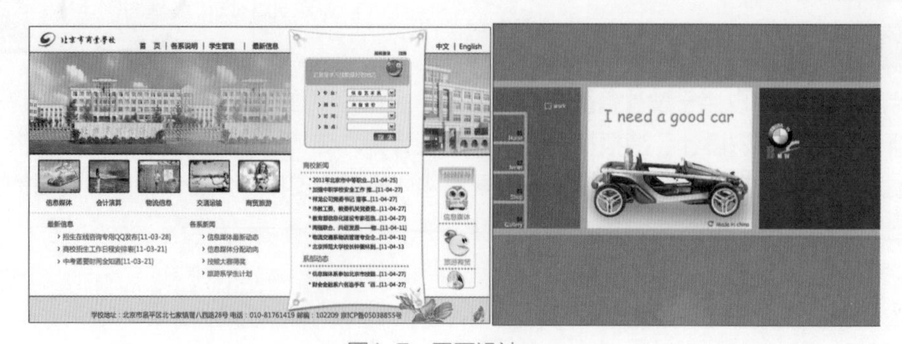

图1-7 网页设计

1.3.6 高质量输出

要想将自己一幅精美的作品供人欣赏，就要把它进行输出，在Illustrator CC中输出图像文件的方式有许多种。可以将其转换为其他应用程序支持的图像文件类型；也可以发布到互联网上，让更多人通过网络欣赏该作品；还可以将作品打印到指定的媒介上，如贺卡、不干胶、杯子等。

1.4 工作界面

在使用Illustrator CC进行操作之前，首先应该认识一下Illustrator CC的工作界面，如图1-8所示。

图1-8　Illustrator CC的操作界面

其中，工作界面组成部分的各项含义如下。

- **标题栏：**位于整个窗口的顶端，显示了当前应用程序的名称、相应功能的快速图标、相应功能对应工作区的快速设置，以及用于控制文件窗口显示大小的窗口最小化、窗口最大化(还原窗口)、关闭窗口等几个快捷按钮。
- **菜单栏：**在默认情况下，菜单栏位于标题栏的下方，它是由“文件”“编辑”“对象”“文字”“选择”“效果”“视图”“窗口”“帮助”9个菜单组成，包含了操作过程中需要的所有命令，单击可弹出下拉菜单。
- **属性栏(选项栏)：**位于菜单栏的下方，选择不同工具时会显示该工具对应的属性栏(选项栏)。
- **工具箱：**工具箱是Illustrator CC一个很重要的组成部分，位于软件界面的最左边，绘图与编辑工具都被放置在工具箱中。其中有些工具图标按钮的右下方有一个斜小黑三角形，表示该按钮下还隐藏着一系列的同类按钮，如果选择某个工具，用鼠标直接单击即可。

- **工作窗口：**在标题栏上会显示当前打开文件的名称、颜色模式等信息。
- **状态栏：**显示当前文件的显示百分比和一些编辑信息，如文档大小、当前工具等。
- **面板组：**位于界面的右侧，将常用的面板集合到一起。

1.5 基本操作

在使用Illustrator CC开始工作之前，必须了解如何新建文件、打开文件、置入素材以及对完成的作品进行保存等操作。

1.5.1 新建文档

新建文档时，可以执行菜单“文件”/“新建”命令或按Ctrl+N键，会弹出如图1-9所示的“新建文档”对话框，其中的各项含义如下。

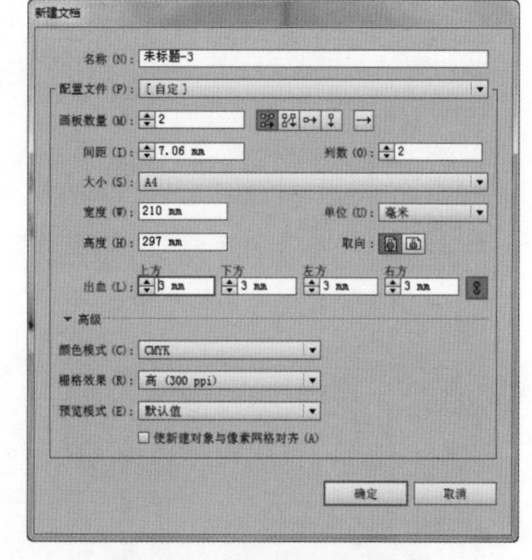

图1-9 “新建文档”对话框

- **名称：**设置新建文件的名称。
- **配置文件：**选择用于本文档的用途设置。
- **画板数量：**设置当前新建文档的页数。
- **“排列方式”按钮：**设置画板之间的排列方式。
- **间距：**设置两个画板之间的距离。
- **列数：**设置每行画板的数量。
- **大小：**选择已经设置好的文档大小，例如A4、A5、信封等。
- **宽度/高度：**设置新建文档的宽度与高度。
- **单位：**设置当前文档的显示单位，包括像素、英寸、厘米、毫米、点、派卡、列等。
- **“取向”按钮：**将设置的文档以横幅或直幅形式新建，也就是将“宽度”和“高度”互换。
- **出血：**出血线主要是让印刷画面超出该线，然后在裁的时候就算有一点点的偏差也不会让印出来的东西作废。
- **颜色模式：**指定新建文档的颜色模式。如果用于印刷的平面设计，一般选择CMYK模式；如果用于网页设计，则应该选择RGB模式。
- **栅格效果：**设置栅格图形添加特效时的特效解析度。值越大，解析度越高，图像所占空间越大，图像越清晰。
- **预览模式：**设置文档的显示视图模式。可以选择默认值、像素和叠印，一般选择默认值。

各个参数设置完毕后，单击“确定”按钮，系统便会自动新建一个空白文档，如图1-10所示。

图1-10 新建的空白文档

1.5.2 打开文档

“打开”命令可以将保存的文件或者可用于该软件格式的图片在软件中打开。执行菜单“文件”/“打开”命令或按Ctrl+O键，弹出如图1-11所示的“打开”对话框，在对话框中可以选择需要打开的文档。

技　巧

在“打开”对话框中找到打开的文档，在其上双击鼠标，即可直接打开该文档。

图1-11　“打开”对话框

选择文档后，单击“打开”按钮，系统便会打开该文档，如图1-12所示。

图1-12　打开的文档

技　巧

高版本的Illustrator可以打开低版本的AI文件，但低版本的Illustrator不能打开高版本的AI文件。解决的方法是在保存文件时选择相应的低版本即可。

技　巧

安装Illustrator软件后，系统自动识别AI格式的文件，在AI格式的文件上双击鼠标，无论Illustrator软件是否启动，都可用Illustrator软件打开该文件。

1.5.3 置入素材

在使用Illustrator CC软件绘图或编辑时，有时需要从外部导入非AI格式的图片文件，下面我们将通过实例讲解导入非AI格式文件的方法，因为在Illustrator CC软件中是不能直接打开位图图像的，如JPG格式和TIF格式。

上机实战 置入素材

STEP 1 执行菜单“文件”/“新建”命令，新建一个空白文档。

STEP 2 执行菜单“文件”/“置入”命令或按Shift+Ctrl+P键，打开“置入”对话框，如图1-13所示。

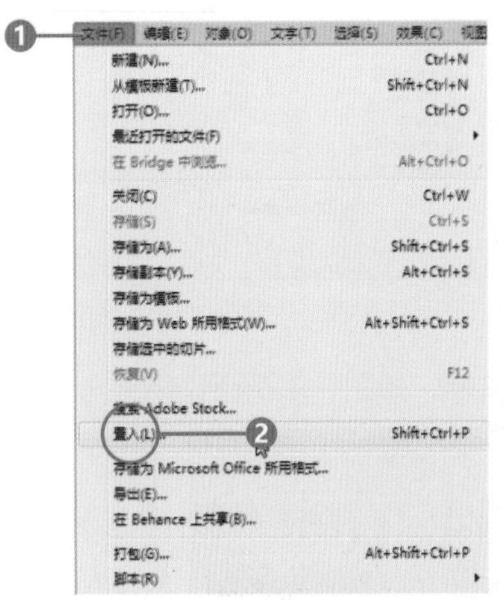

图1-13 打开“置入”对话框

STEP 3 选择“城市”素材后，单击“置入”按钮，使用鼠标在页面中单击，即可将素材置入进来，如图1-14所示。

图1-14 置入的素材

> **技 巧**
>
> 在Illustrator中置入图片的方法有两种，方法一是单击置入图片，图片将保持原来的大小，单击的位置为图片左上角所在的位置；方法二是拖曳鼠标置入图片，根据拖动出矩形框的大小重新设置图片的大小。

1.5.4 导出图像

在Illustrator中可以将绘制完成的或是打开的矢量图保存为多种图像格式，这就需要用到“导出”命令。具体的导出方法如下。

图1-15 打开的文档

上机实战 导出图像

STEP 1 打开一个AI格式的文档，如图1-15所示。

STEP 2 执行菜单“文件”/“导出”命令，打开“导出”对话框，在该对话框中选择需要导出图像的路径，在下方输入文件名并选择保存类型，如图1-16所示。

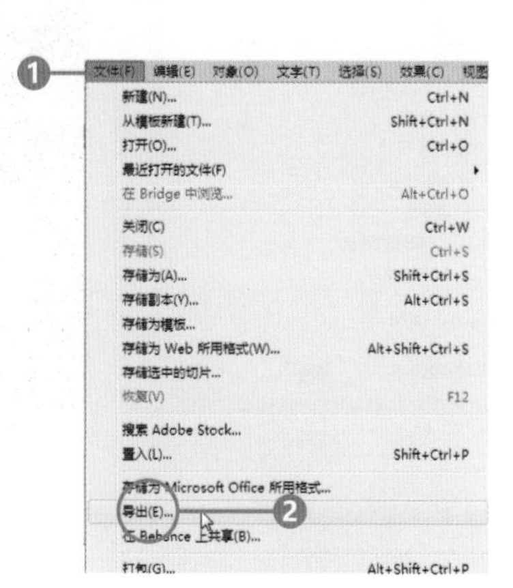

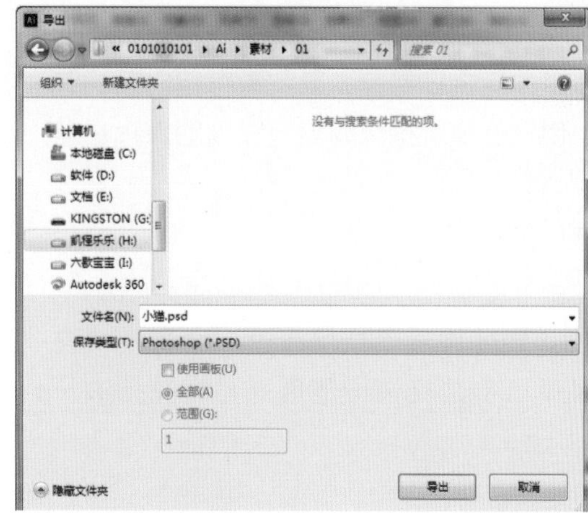

图1-16　打开“导出”对话框

STEP 3 单击“导出”按钮，此时弹出“Photoshop导出选项”对话框，在其中可以对图像进行相关设置，如图1-17所示。

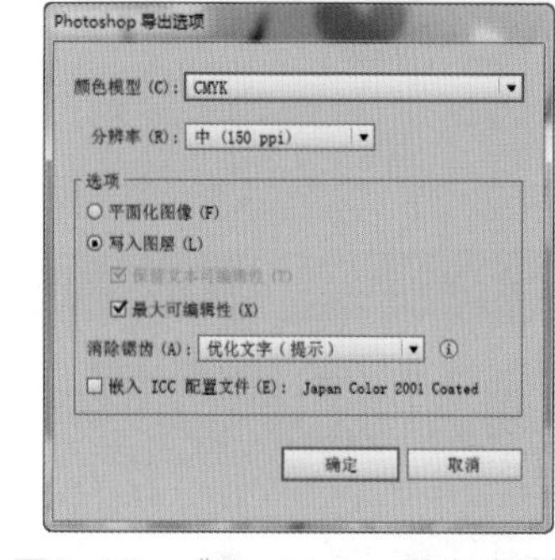

图1-17　“Photoshop导出选项”对话框

其中各参数选项的含义如下。

- **颜色模型：**设置导出的颜色模式，包括CMYK、RGB和灰色。
- **分辨率：**设置导出图像的分辨率。
- **平面化图像：**将导出的图像合并为一个图层。
- **写入图层：**把AI格式中编辑的图形单独以图层的形式出现在PSD中。
- **保留文本可编辑性：**当前文本的属性会出现在PSD中。
- **最大可编辑性：**最大化地与PSD中编辑的内容相吻合。
- **消除锯齿：**对文本或图像边缘进行平滑处理。
- **嵌入ICC配置文件：**将当前文档的颜色进行嵌入。

STEP 4 单击“确定”按钮，完成导出，如图1-18所示。

STEP 5 使用Photoshop打开导出的文档，在“图层”面板中可以看到图层，如图1-19所示。

图1-18　导出的位图

图1-19　图层

1.5.5 导出为PDF

在Illustrator中不但能将设计制作的作品导出为位图，还可以将其快速生成PDF文档，让文档更加便于浏览，方法是执行菜单“文件”/“脚本”/“将文档储存为PDF”命令，选择文件夹后，单击“确定”按钮即可快速导出，如图1-20所示。

1.5.6 保存文档

每当用户运用Illustrator CC软件完成一件作品后，都需要对作品进行保存，以此来存留自己的工作成果，以便日后重新打开编辑。文档的保存也有以下几种不同的方式。

1. 直接保存

执行菜单“文件”/“存储”命令或按Ctrl+S键，如果所绘制的作品没有保存过，会弹出“存储为”对话框，完成相关设置后即可将文档进行保存。

图1-20 导出为PDF

2. 另存为保存

执行菜单“文件”/“存储为”命令，可以将当前文档保存到另外一个文件夹中，也可将当前文档更改名称或是改变图像格式等。

技 巧

按Ctrl+Alt+S键，可在“存储为”对话框的“文件名”右侧的文本框中用新名保存文档。

1.5.7 关闭文档

对不需要的文档可以通过“关闭”命令将其关闭，执行菜单“文件”/“关闭”命令，或单击标签右侧的×按钮。

技 巧

关闭时，如果文档没有任何改动，则文档将直接关闭。如果文档进行了修改，将弹出如图1-21所示的对话框。单击“是”按钮，保存文档的修改，并关闭文档；单击“否”按钮，将关闭文档，不保存文档的修改；单击“取消”按钮，取消文档的关闭操作。

图1-21 “Adobe Illustrator”对话框

技 巧

在Illustrator中进行操作时，有时会打开多个文档，如果要一次将所有文档都关闭，就要使用“全部关闭”命令。在文档名称上右击鼠标，在弹出的菜单中选择“全部关闭”命令，就可将所有打开的文档全部关闭，为用户节省时间。

1.6　视图调整

在绘制图形的过程中，为了快速地浏览或工作，可以适当的方式查看效果或调整视图比例，有效地管理控制视图。Illustrator CC为了满足用户的需求，在“视图”菜单中提供了多种图形的查看方式和视图显示方式，如图1-22所示。

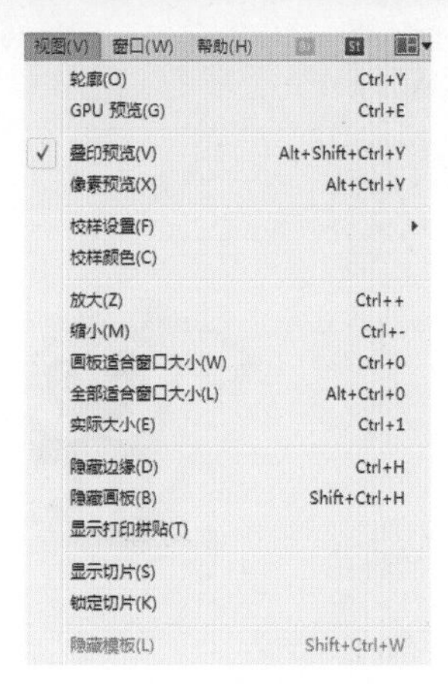

图1-22　“视图”菜单

图形的查看方式主要包含“轮廓”“GPU预览”“叠印预览”和“像素预览”，同一张图片的不同预览方式如图1-23所示。

视图的显示方式主要包含“放大”“缩小”“画板适合窗口大小”“全部适合窗口大小”和“实际大小”。

图1-23　查看方式

要在包含单个或多个画板的文档中导航，另一种方法是使用“导航器”面板。如果当前处于放大视图中，希望在窗口中看到文档的全部，使用“导航器”面板是非常不错的选择。执行菜单“窗口”/“导航器”命令，打开“导航器”面板，此时可以在“导航器”面板中看到文档的全部，面板上的红色方框代表当前文档窗口的显示范围，如图1-24所示。

图1-24　“导航器”面板

1.7　辅助功能

在使用Illustrator CC软件绘制与编辑图形时，经常会使用页面标尺或参考线，使用这些功能可以使用户更精确地绘制和编辑图形。

1.7.1　标尺的使用

执行菜单“视图”/“标尺”命令，可以显示或隐藏Illustrator CC页面上的标尺，标尺包括水平标尺和垂直标尺两种，如图1-25所示。

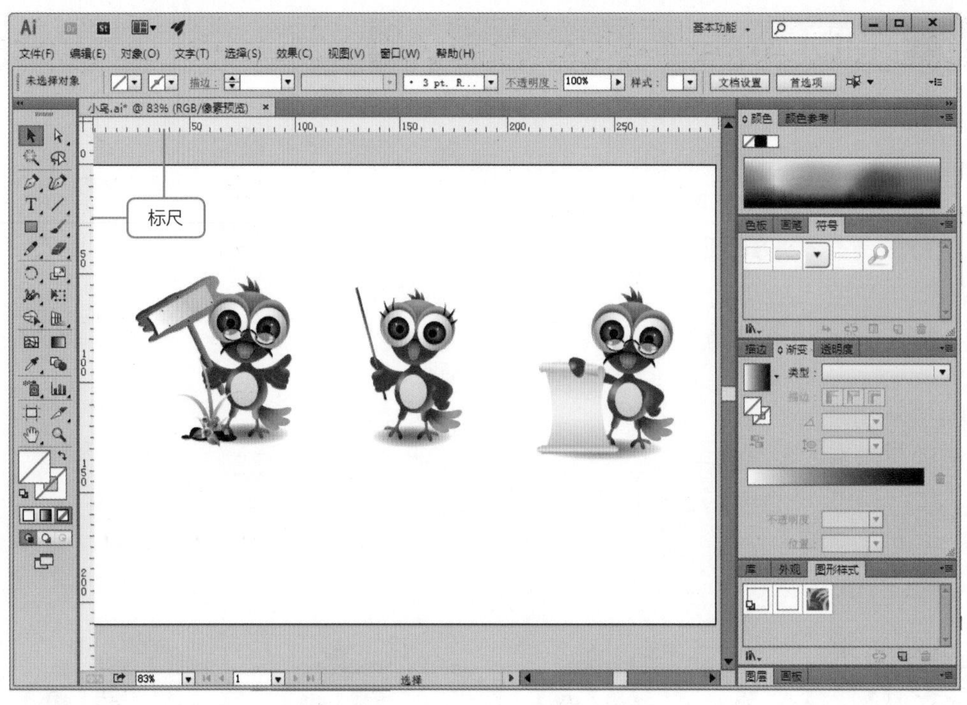

图1-25 Illustrator CC 页面上的标尺

上机实战 设置标尺参数

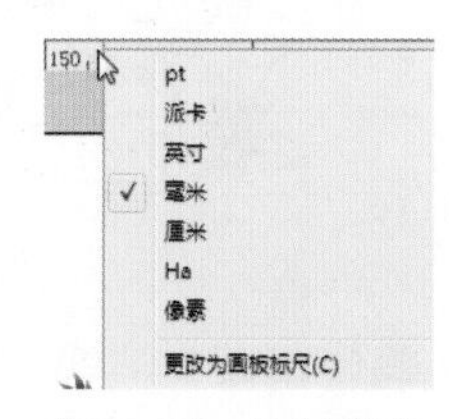

图1-26 快捷菜单

STEP 1 用鼠标右键单击标尺上的任意位置，在弹出的菜单中可以快速改变标尺单位，如图1-26所示。

STEP 2 执行菜单“编辑”/“首选项”/“单位”命令，打开“首选项”对话框，在此对话框中可以设置单位，如图1-27所示。

STEP 3 将单位改为“像素”后，单击“确定”按钮，此时会将工作页面的标尺按“像素”进行显示，如图1-28所示。

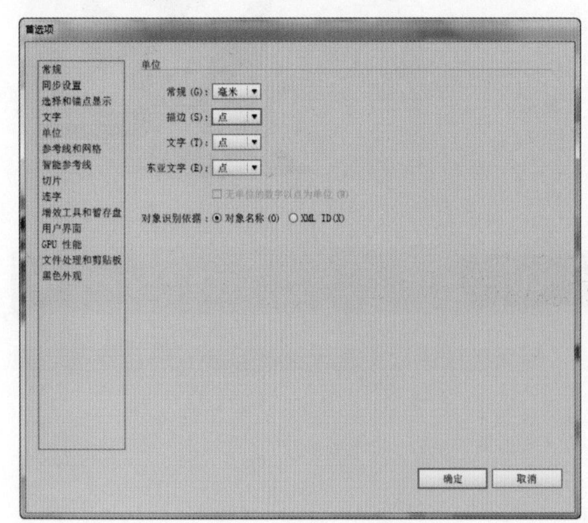

图1-27 “首选项”对话框

图1-28 以像素显示

技　巧

如果需要更为精确的定位，那么可以从标尺交叉的位置拖曳到绘图区域，此时会将该位置作为标尺的零起点，如图1-29所示。

图1-29　改变标尺的位置

提　示

如果用户要使标尺回到最初位置，只要在标尺相交的位置上双击鼠标即可。

1.7.2 参考线的使用

在使用Illustrator CC绘制图形时，有时会借助参考线来完成操作。参考线是可以帮助用户排列对齐对象的直线，有水平参考线和垂直参考线两种，可以放置在页面中的任何位置，在Illustrator CC中参考线是以虚线形式显示的，打印时是不显示的，如图1-30所示。

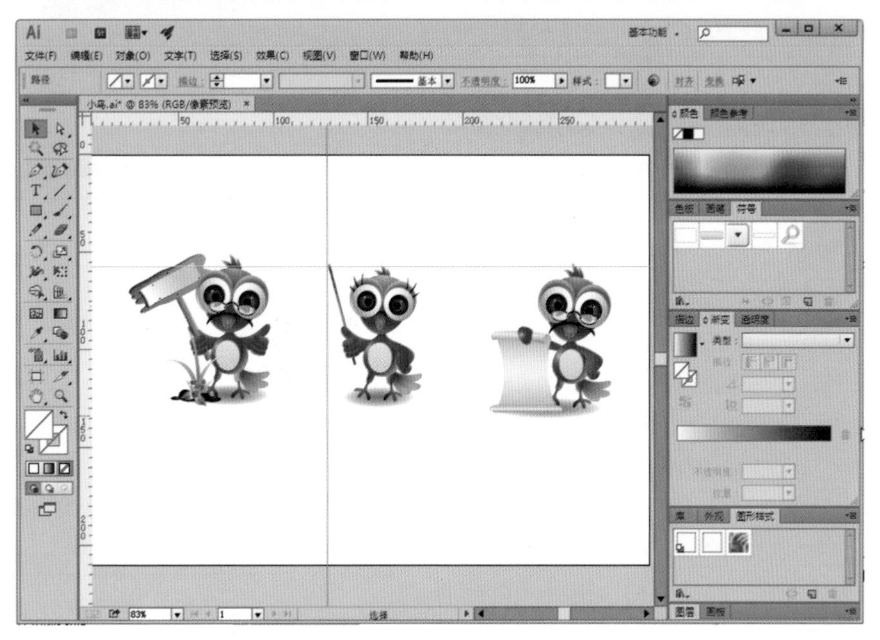

图1-30　Illustrator CC中的参考线

在对参考线进行设置时，通常有以下几种方法。

- **方法一：** 将鼠标指针放置在水平或垂直的标尺上，按住鼠标左键向页面内拖曳，在合适的位置松开鼠标，就可以得到一条参考线。
- **方法二：** 在文档中绘制路径后，执行菜单“视图”/“参考线”/“创建参考线”命令，即可将绘制的路径转换为参考线，如图1-31所示。

图1-31 创建参考线

技 巧

通过路径创建参考线后，执行菜单“视图”/“参考线”/“释放参考线”命令，可以将参考线转换为路径。

技 巧

如要显示或隐藏参考线，只需执行菜单“视图”/“参考线”/“显示或隐藏参考线”命令即可。

- **方法三：** 执行菜单“视图”/“智能参考线”命令，可以打开智能参考线功能，此时移动图形到另一图形上时，会显示智能参考线，如图1-32所示。

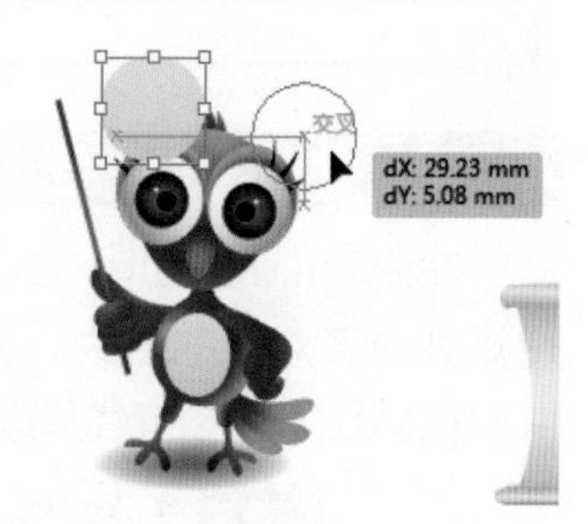

图1-32 智能参考线

提 示

如果用户不需要页面中的参考线了，只需用鼠标单击插入的参考线，然后按Delete键，就可将参考线删除。

1.7.3 网格的使用

在Illustrator CC中网格是由一连串水平和垂直的细线纵横交错构成的，用于辅助捕捉、排列对象等。执行菜单“视图”/“显示网格”命令，可以在文档中显示网格，如图1-33所示。

用户可以通过“首选项”对话框对网格的相关参数进行设置，在Illustrator CC中网格包含文档表格、基线网格和像素网格。执行菜单“编辑”/“首选项”/“参考线和网格”命令，在打开的对话框中可以设置“参考线”和“网格”的颜色和样式，如图1-34所示。

设置网格颜色为“红色”后，得到的网格效果如图1-35所示。

图1-33 显示网格

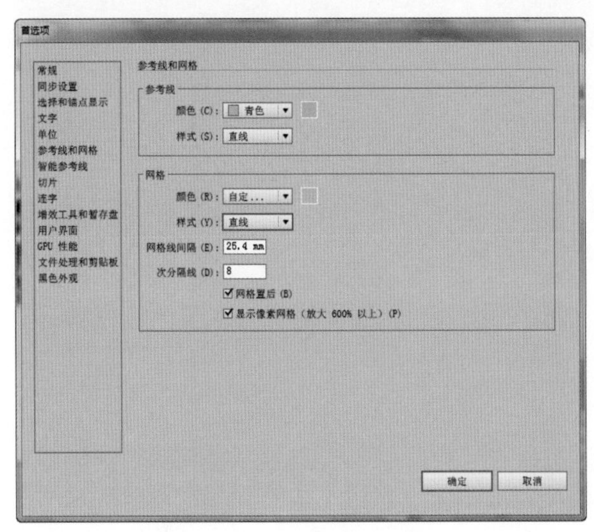

图1-34　“首选项”对话框

图1-35　网格

技　巧

按Ctrl+”键，可以在显示网格和隐藏网格之间快速转换。

1.7.4 更改屏幕模式

在Illustrator CC中编辑文档时可以根据自己的需求，随时改变屏幕模式，在工具箱底部单击更改屏幕按钮，可以在弹出的菜单中更改屏幕模式，全屏模式时按Esc键可以回到正常屏幕模式，如图1-36所示。

图1-36　屏幕模式

其中的各项含义如下。

- **正常屏幕模式：**系统默认的屏幕模式，在这种模式下系统会显示标题栏、菜单栏、工作窗口标题栏等，如图1-37所示。
- **带有菜单栏的全屏模式：**该模式会显示一个带有菜单栏的全屏窗口，不显示标题栏，如图1-38所示。

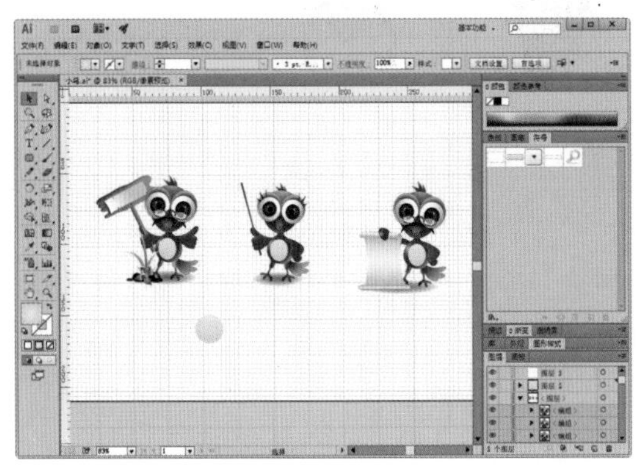

图1-37　正常屏幕模式

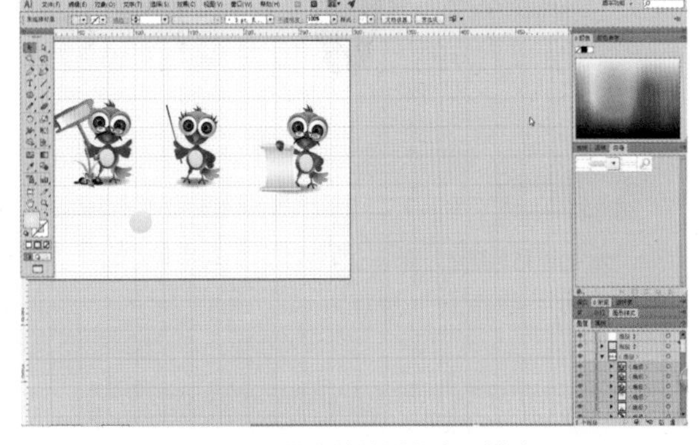

图1-38　带有菜单栏的全屏模式

- **全屏模式：**该模式会显示一个不含标题栏、菜单栏、工具箱、面板的全屏窗口，如图1-39所示。

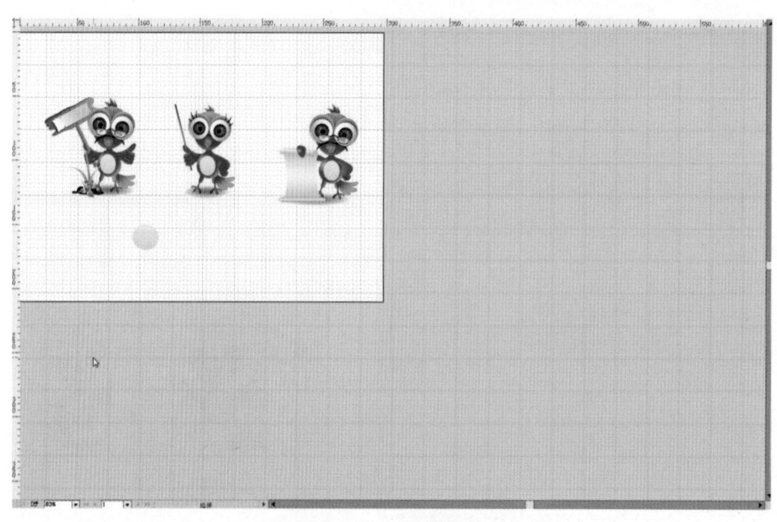

图1-39　全屏模式

1.7.5 自动对齐功能

在Illustrator CC中，系统为用户设置了自动对齐功能，所谓自动对齐功能是指用户在绘制图形和排列对象时，自动向网格、点进行吸附对齐。

- **对齐网格：** 执行菜单“视图”/“对齐网格”命令，即可启动“对齐网格”功能，拖动对象时，与网格相交时会自动停顿一下。
- **对齐点：** 执行菜单“视图”/“对齐点”命令，即可启用“对齐点”功能。启用该功能后，在移动图形时，锚点会自动对齐。当使用选择工具移动图形时，鼠标光标为黑色的实心箭头，当靠近锚点时，鼠标光标将变成空心的白箭头，表示已经和点对齐了。光标的变化效果如图1-40所示。

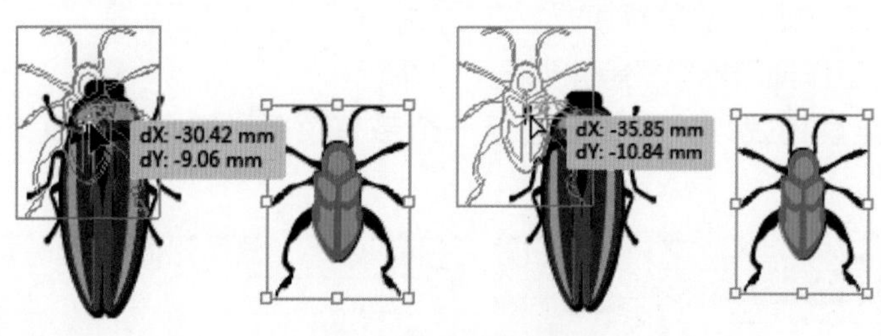

图1-40　对齐点

> **技　巧**
>
> 按Shift+Ctrl+”键，可以快速启用或关闭“对齐网格”功能；按Alt+Ctrl+”键，可以快速启用或关闭“对齐点”功能。

1.7.6 管理多页面

Illustrator CC不仅可以用来绘制图形，还可以用来制作名片、排列版面等，这就需要建立多个页面，并对多个页面进行管理。它有两种管理方法，一种是通过“导航器”面板来进行管理，如图1-41所示。

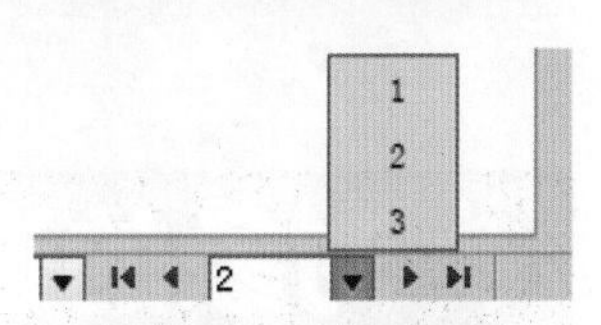
图1-41　页面管理

其中的各项含义如下。

* **“首项”**：单击此按钮，可以快速返回到多个页面的第一页。
* **“上一项”**：单击此按钮，可以进入到当前页面的上一页。
* **面板导航**：单击下三角按钮，可以弹出下拉列表，在其中可以看到页面，选择数字后可以快速进入对应的页面。
* **“下一项”**：单击此按钮，可以进入到当前页面的下一页。
* **“末项”**：单击此按钮，可以快速返回到多个页面的最后一页。

另外一种是通过“画板”面板来进行管理，执行菜单“窗口”/“画板”命令，打开“画板”面板，在其中可以对多个页面进行管理，如图1-42所示。

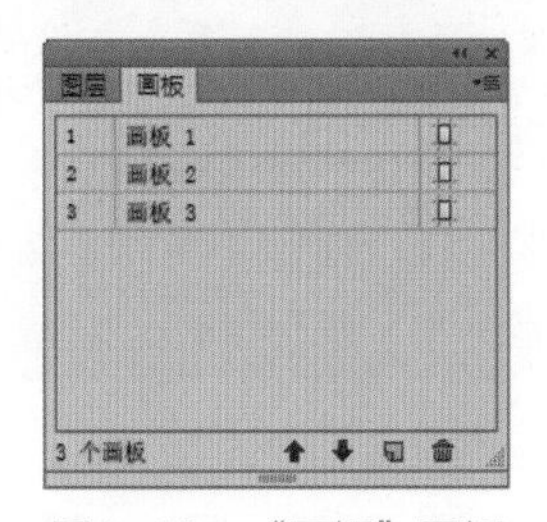

图1-42　“画板”面板

其中的各项含义如下。

* **名称**：在画板名称上双击，可以快速进入对应的页面。
* ：单击此按钮，将画板的顺序进行改变，如图1-43所示。
* **“新建画板”**：单击此按钮，可以新建一个画板。
* **“删除画板”**：单击此按钮，可以将当前选择的画板删除。

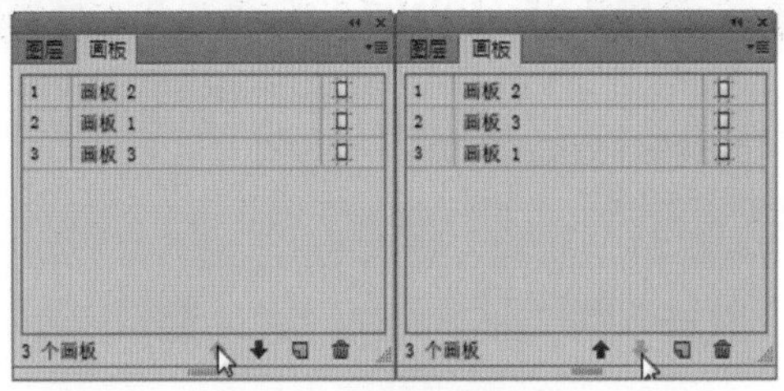

图1-43　改变画板顺序

1.8　练习与习题

1. 练习

(1) 新建空白文档。

(2) 置入位图。

2. 习题

(1) 在Illustrator工具箱的最底部可以设置3种不同的屏幕显示模式：正常屏幕模式、带菜单栏的全屏模式和不带菜单栏的全屏模式。请问在英文状态下，按下哪个键可在3种模式之间进行切换?

A. Alt键　　B. Ctrl键　　C. Shift键　　D. F键

(2) 按下哪个键可将桌面上除工具箱以外的所有浮动面板全部隐藏?

A. Alt键　　B. Ctrl键　　C. Shift键　　D. F键

(3) 在Illustrator中，若当前文档中的图形复杂，为了加快屏幕刷新速度，最直接快速并且简单的方式是什么?

A. 增加运行所需的内存

B. 增加运行所需的显存

C. 将当前不编辑的部分隐藏

D. 通过“视图”/“轮廓”命令使图形只显示线条部分

第 2 章

对象的选择与编辑

Illustrator CC提供了非常强大的对象选择与编辑功能，包括对象的选择、常用的编辑命令、对象的变换等操作。通过本章的学习，用户可以使用最适合的方式对对象进行选择与编辑操作。

2.1 对象的选择

在Illustrator CC中为创建的对象进行选取，可以通过一系列的工具或者命令来进行操作。

2.1.1 选择工具

选择对象是Illustrator CC中最常用到的功能，在工具箱中处于第一个位置的“选择工具”是完成单选或多选的常用工具。在编辑处理一个对象之前，必须先将其选取，选取对象有多种方法，用户可以根据自己不同的目的来选择使用。如果要取消选取，只要使用鼠标在页面的其他位置单击即可。

1. 直接选取

打开一个包含多个对象的文档，如果要选取其中的一个对象，可以采用直接选取法，在工具箱中选择“选择工具”，在要选择的对象上面单击，可以将其直接选取，此时被选择的对象周围会出现选取框，如图2-1所示。

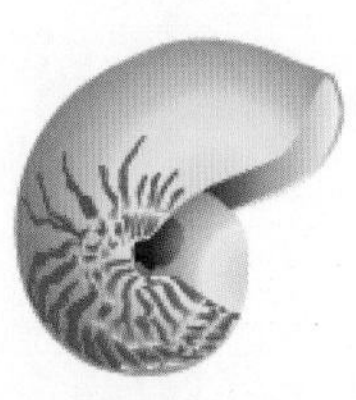

图2-1　选择一个对象

2. 多个对象选取

若要同时选中多个对象，则需按住Shift键的同时使用“选择工具”，然后分别在需要选取的对象上单击鼠标即可，此时会在选择的多个对象上出现一个选取框，如图2-2所示。

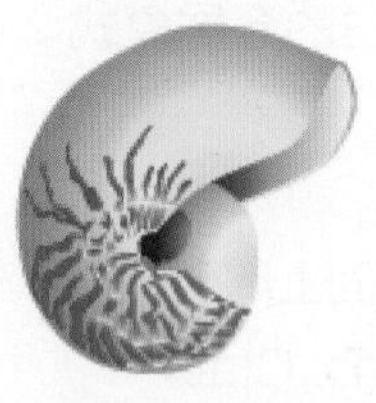

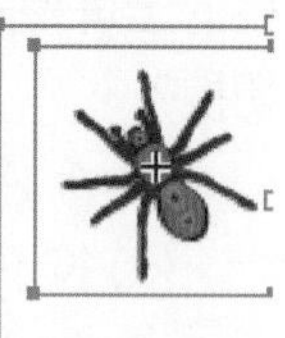

图2-2　选择多个对象1

技　巧

如果想把文档中的所有对象一同选取，只需执行菜单“选择”/“全部”命令即可；使用“选择工具”在多个对象上拖动创建选取范围，同样可以选择多个对象，如图2-3所示。

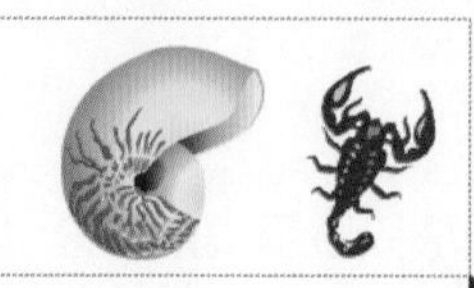
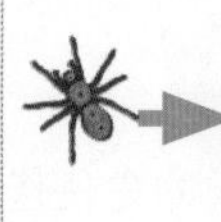
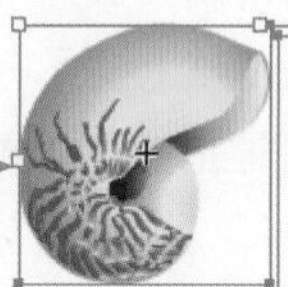

图2-3　选择多个对象2

上机实战　选择当前对象以外的所有对象

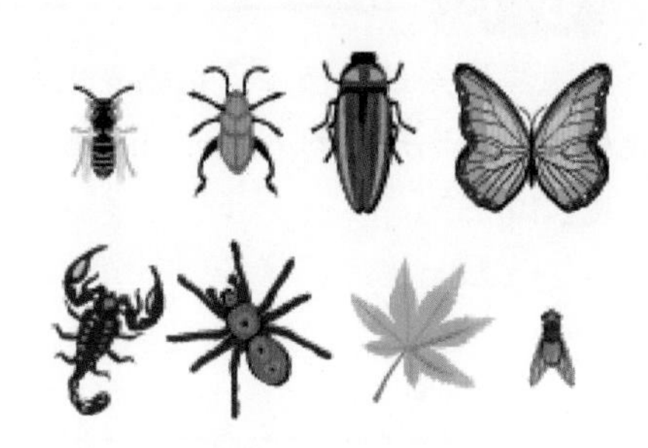
图2-4　打开文档

STEP 1 打开一个由昆虫与树叶组成的文档，如图2-4所示。

STEP 2 下面就通过命令将除树叶以外的所有对象全部选取。首先在树叶对象上单击将其选取，如图2-5所示。

STEP 3 执行菜单“选择”/“反向”命令，此时就可以将除树叶以外的所有对象全部选取，如图2-6所示。

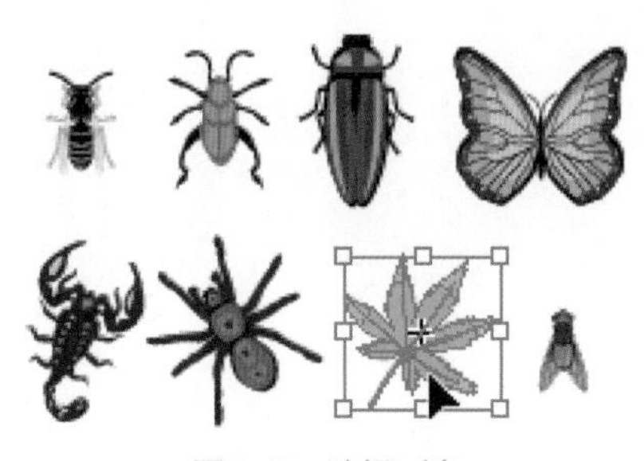
图2-5　选择对象

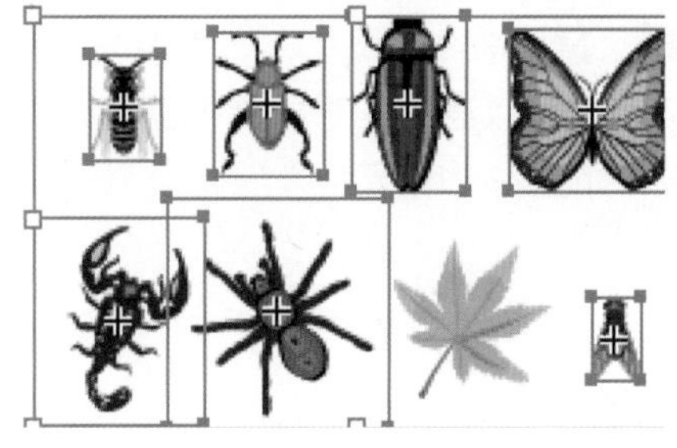
图2-6　反选

2.1.2 直接选择工具

“直接选择工具”的使用方法与“选择工具”类似，但是“直接选择工具”针对的是对象路径的锚点或是路径线段，而且还可以对曲线上的锚点进行编辑。

1. 选取对象或单个锚点

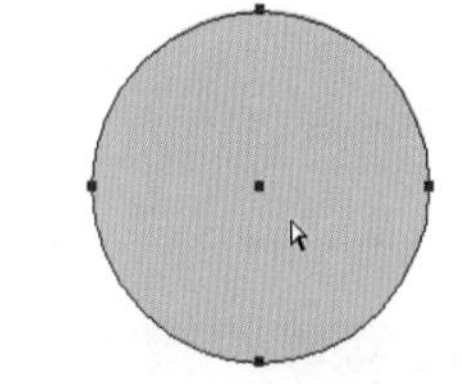
图2-7　选择对象

“直接选择工具”可以选择对象，也可以选取锚点或路径。在绘制的图形上单击就可以将对象选取，此时会出现此对象上的所有锚点，如图2-7所示。

技　巧

使用“直接选择工具”在对象上单击选取所有路径的方法只能应用在已经填充颜色的对象上，如果对象没有进行填充，就不能应用此方法。

使用“直接选择工具”在锚点上单击，即可将对象上的此锚点选取，此时可以调整锚点的位置和路径的曲度，如图2-8所示。

使用“直接选择工具”在空白处单击取消选择，移动鼠标到对象的外围路径上单击，此时会将此段路径选取，在路径两端的锚点上会出现调节手柄，拖动即可调整该段路径，如图2-9所示。

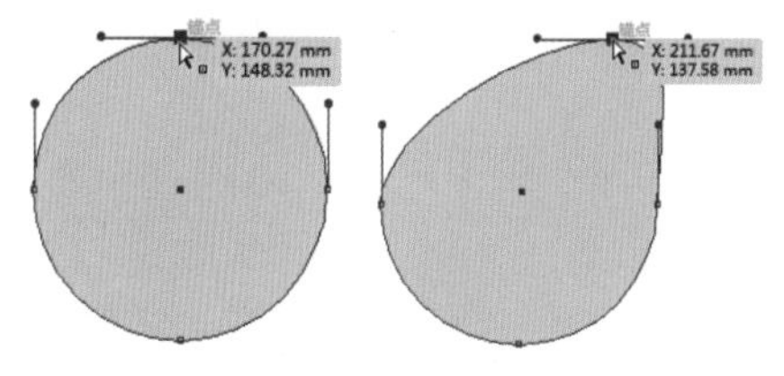

图2-8　选择锚点

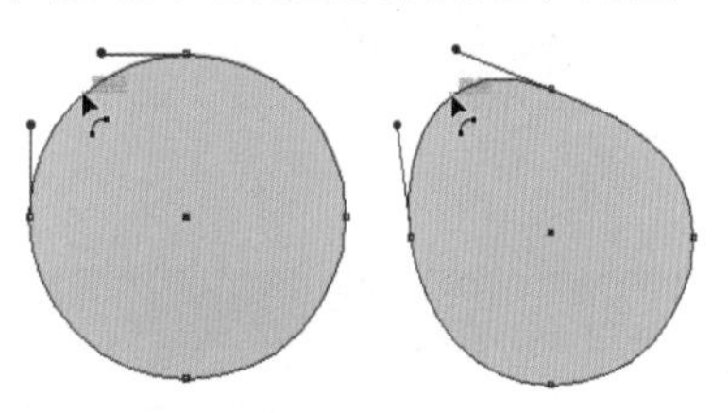
图2-9　选择路径

技 巧

选择锚点或路径后，在锚点上会出现一个控制手柄，拖动控制点就可以调整路径形状，如图2-10所示。

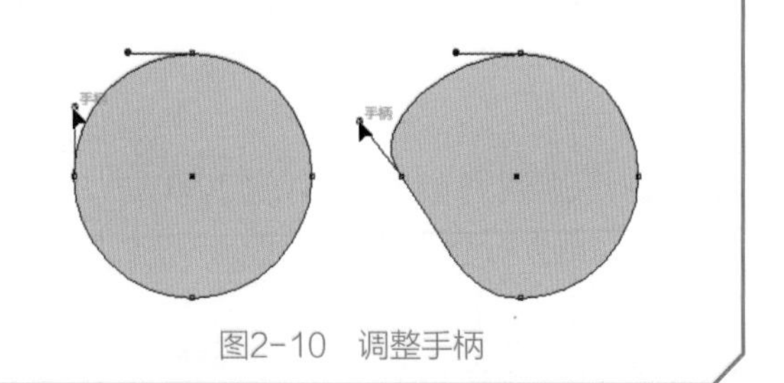

图2-10　调整手柄

2. 选取多个锚点

使用“直接选择工具”，如果想选择对象上的多个锚点，可以通过在对象上拖动框选的方法进行选取，如图2-11所示。

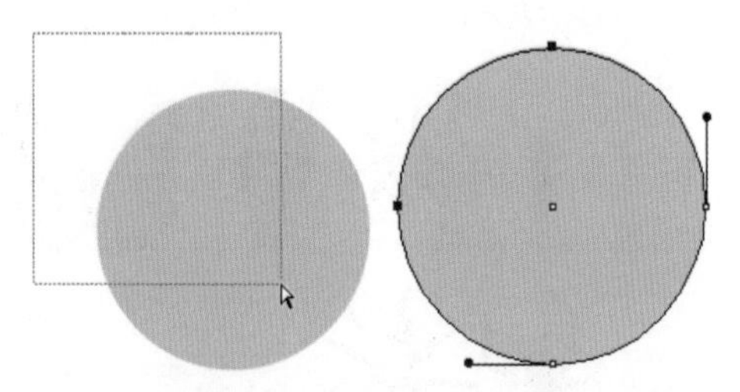

图2-11　选择多个锚点1

技 巧

按住Shift键的同时使用“直接选择工具”，在对象的锚点上单击，可以依次选择多个锚点，如图2-12所示。

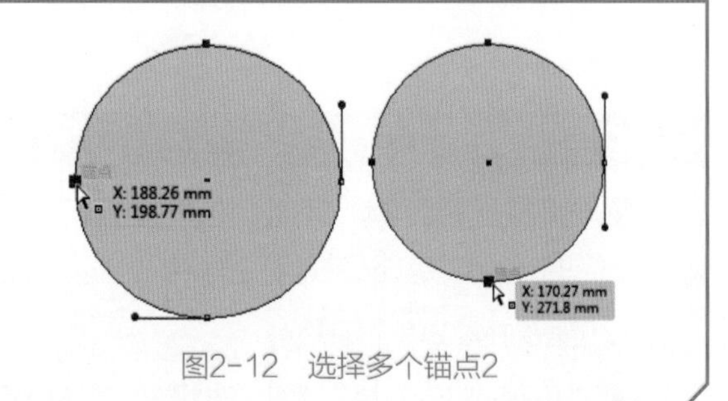

图2-12　选择多个锚点2

2.1.3 编组选择工具

“编组选择工具”主要用来选择群组对象中的单一对象或单一群组。打开一个群组文档，使用 “选择工具”在对象上单击，会发现选取的是整个群组对象，如图2-13所示。

在空白处单击取消选取，使用“编组选择工具”在群组对象的单个对象上单击，即可将此对象选取，如图2-14所示。

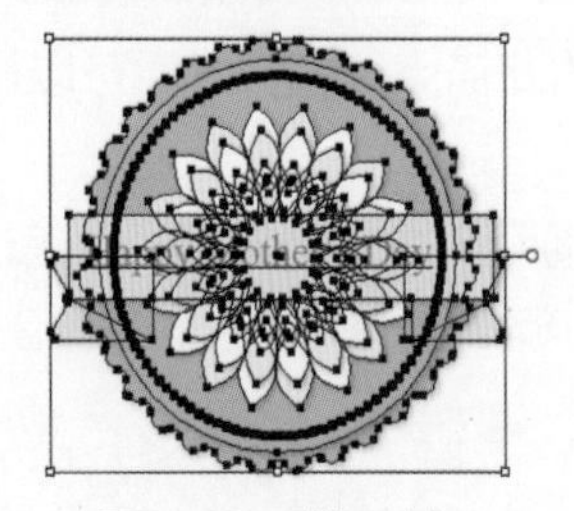

图2-13　群组对象

图2-14　选择单个对象

2.1.4 魔棒工具

“魔棒工具”选择的是属性相似的对象。“魔棒工具”必须要与“魔棒”面板一同使用，在工具箱中双击“魔棒工具”，即可弹出“魔棒”面板，如图2-15所示。单击“双三角”可以增减“魔棒”面板的显示内容。

图2-15　“魔棒”面板

其中的各项含义如下。

- **填充颜色：**勾选此复选框后，使用“魔棒工具”可以选取填充颜色相近或相似的图形。
- **容差：**设置选取范围的大小。数值越大，选取的内容越多。
- **描边颜色：**勾选此复选框后，使用“魔棒工具”可以选取描边颜色相近或相似的图形。
- **描边粗细：**勾选此复选框后，使用“魔棒工具”可以选取描边宽度相近或相似的图形。
- **不透明度：**勾选此复选框后，使用“魔棒工具”可以选取透明度相近或相似的图形。
- **混合模式：**勾选此复选框后，使用“魔棒工具”可以选取混合模式相同的图形。

使用“魔棒工具”在对象上单击，可以按照“魔棒”面板中设置的内容进行选取。本次选取以“填充颜色”为选择依据，将鼠标移动到对象的叶子上单击，会发现所有与选取区域颜色相近的叶子都被选取了，如图2-16所示。

图2-16　魔棒工具选取

2.1.5 套索工具

“套索工具”可以在对象上创建不规则的选取范围，使用“套索工具”绘制一个封闭的区域，区域内的锚点、路径以及对象将会被全部选中。

上机实战　套索工具选取部分区域

STEP 1 打开一个手绘的花卉文档，如图2-17所示。

STEP 2 选择工具箱中的“套索工具”，按住鼠标左键在花的右上角处拖动创建一个封闭的选取范围，如图2-18所示。

STEP 3 松开鼠标左键后，系统会自动创建选取内容，如图2-19所示。

图2-17　打开文档

图2-18　创建套索选区

图2-19　选取

技 巧

使用"套索工具"创建选取范围时，对象即使是处于群组状态，选取范围内的对象也会被选中。使用"套索工具"创建选取范围时，按住Shift键可以加选更多对象；按住Alt键可以将已经选取的对象减去。

2.1.6 "选择"菜单命令

以上讲解了使用工具选择图形的操作方法，并不是所有的选择都必须使用工具来进行，对于特殊的选择任务，可以使用菜单命令来完成。使用菜单命令可以选择具有相同属性的图形对象，还可以选择当前文档中的全部图形对象，还可以利用"反向"命令快速选择其他图形对象。另外，还可以将选择的图形进行存储，更加方便了图形的编辑操作。下面来具体讲解一下"选择"菜单中各项命令的功能。

- **全部：** 将当前文档中的所有图形对象选中。其快捷键为Ctrl+A。
- **取消选择：** 将当前文档中所选中的图形对象取消选中状态，相当于使用"选择工具"在文档空白处单击来取消选择。其快捷键为Shift+Ctrl+A。
- **重新选择：** 在默认状态下，该命令处于不可用状态，只有使用过"取消选择"命令后，才可以使用该命令，用来重新选择刚取消选择的原图形对象。其快捷键为Ctrl+6。
- **反向：** 将当前文档中选择的图形对象取消，而将没有选中的对象选中。比如在一个文档中有两部分图形对象A和B，其中图形对象B相对来说比较容易选择，这时就可以首先选择图形对象B，然后应用"反向"命令选择图形对象A，同时取消图形对象B的选择。
- **上方的下一个对象：** 在Illustrator CC中绘制图形的顺序不同，图形的层次也就不同。一般来说，后绘制的图形位于先绘制的图形上面。利用该命令可以选择当前选中对象的上一个对象。其快捷键为Alt+Ctrl+]。
- **下方的下一个对象：** 利用该命令可以选择当前选中对象的下一个对象。其快捷键为Alt+Ctrl+[。
- **相同：** 其子菜单中有多个命令，可以在当前文档中选择具有相同属性的图形对象，其用法与前面讲过的"魔棒"面板相似。
- **对象：** 其子菜单中有多个命令，可以在当前文档中选择特殊的对象，如同一图层上的所有对象、方向手柄、画笔描边、剪切蒙版、游离点和文本对象等。
- **存储所选对象：** 当在文档中选择图形对象后，该命令才处于激活状态，其用法类似于编组，只不过在这里只是将选择的图形对象作为集合保存起来，使用"选择工具"选择时，还是独立存在的对象，而不是一个集合。使用该命令后将弹出一个"存储所选对象"对话框，可以为其命名，然后单击"确定"按钮，此时在"选择"菜单的底部将出现一个新的命令，选择该命令即可重新选择这个集合。
- **编辑所选对象：** 只有使用"存储所选对象"命令存储过对象后，该命令才可以使用。选择该命令将弹出"编辑所选对象"对话框，可以对存储的对象集合重新命名或删除对象集合。

2.2　常用的编辑命令

在实际工作中，有些编辑命令使用得会非常频繁，如移动、复制、剪切和粘贴等；有些编辑命令的使用率则非常低，如锁定、显示与隐藏等。适当地使用编辑命令可以大大地提高工作效率，本节就为大家讲解常用的编辑命令。

2.2.1 移动对象

工作中移动对象的使用率是非常高的，可以直接通过“选择工具”拖曳的方式进行移动，也可以通过“移动”命令来进行精准移动。

1. 使用工具移动对象

使用“选择工具”移动对象时，被移动的对象可以自由移动。方法是选择工具箱中的“选择工具”，选中要移动的对象，当鼠标指针变为▶形状时，按下鼠标左键并进行拖曳，此时会发现选择的对象会跟随鼠标的移动而改变位置，当拖曳被移动的对象到合适位置时，松开鼠标左键，就可以完成对象的移动了，如图2-20所示。

图2-20　工具移动对象

2. 使用命令精确移动对象

通过“移动”命令可以将选择的对象进行精确位置的移动。

上机实战　精确移动选择对象的位置

STEP 1 执行菜单“文件”/“打开”命令，打开“小丑”素材，如图2-21所示。

STEP 2 使用“选择工具”选择下面的小丑，执行菜单“对象”/“变换”/“移动”命令，打开“移动”对话框，如图2-22所示。

图2-21　打开文档

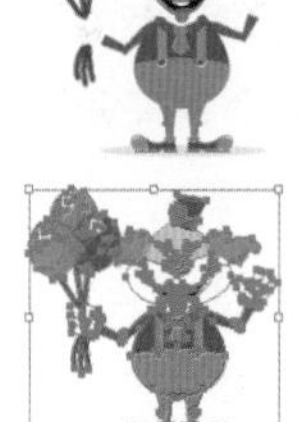

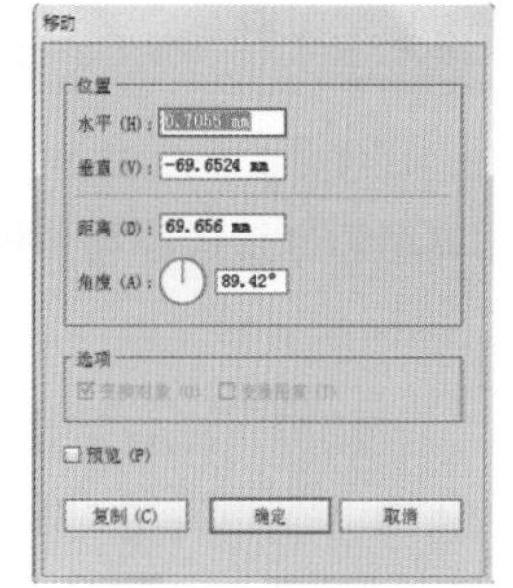

图2-22　“移动”对话框

其中各项参数的含义如下。

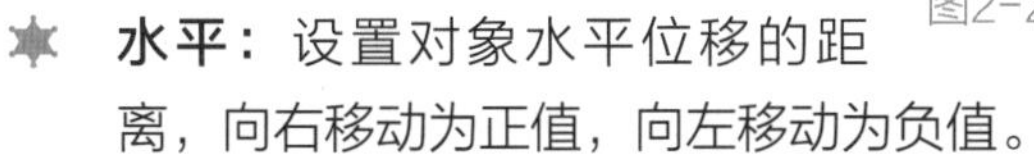

- **水平：** 设置对象水平位移的距离，向右移动为正值，向左移动为负值。
- **垂直：** 设置对象垂直位移的距离，向下移动为正值，向上移动为负值。
- **距离：** 设置对象移动的距离，向右、向下为正值，向左、向上为负值。
- **角度：** 设置对象移动的角度。
- **选项：** 当对象中填充了图案时，可以通过选中“变换对象”和“变换图案”复选框，定义对象移动的部分。
- **预览：** 勾选“预览”复选框，可以实时预览移动后的效果。
- **复制：** 单击该按钮，可以保持原对象不动而复制出一个移动后的对象。

STEP 3 在“移动”对话框中设置各项参数，如图2-23所示。

STEP 4 设置完毕后单击“确定”按钮，此时会将选择的对象向右移动60mm，效果如图2-24所示。

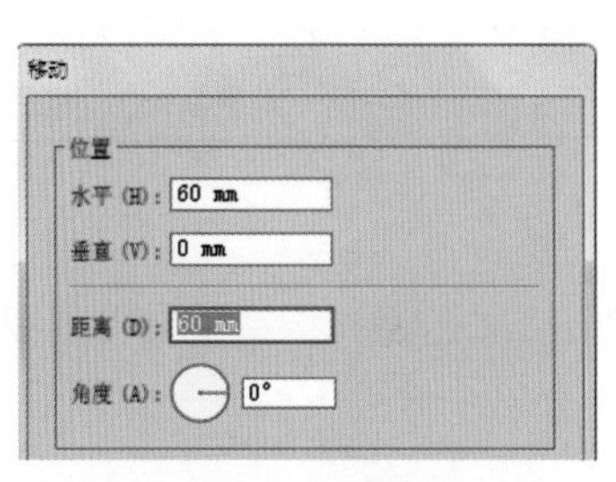

图2-23　设置参数

图2-24　精确移动

技　巧

使用“选择工具”选择对象后，右击鼠标，在弹出的菜单中选择“变换”/“移动”命令(如图2-25所示)，或按Shift+Ctrl+M键，同样可以打开“移动”对话框。

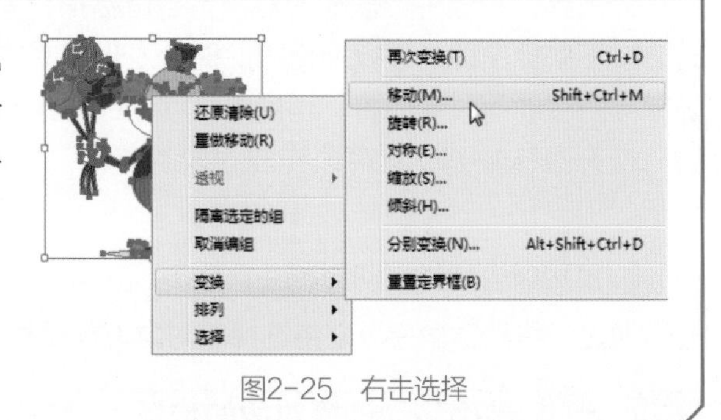

图2-25　右击选择

2.2.2 对象的还原与重做

在使用Illustrator CC编辑对象时，并不能确保每次都是正确的操作，当出现错误的操作时我们就可以通过还原与重做命令来返回到上一步。

1. 对象的还原

“还原”命令就是返回到上一步的操作状态。如果对编辑后的对象仍不满意，还可以进行多次还原。需要清楚的是这种还原是按操作步骤一步一步还原的。还原的操作方法是执行菜单“编辑”/“还原……”命令或按Ctrl+Z键，如图2-26所示。如果需要多次还原，只要多次执行该命令就可以了。

2. 对象的重做

“重做”命令是针对“还原”命令而言的，就是重新恢复还原前的操作状态。需要注意的是重做也是可以进行多次操作的。重做的操作方法是执行菜单“编辑”/“重做……”命令或按Shift+Ctrl+Z键，如图2-27所示。如果需要多次重做，只要多次执行该命令就可以了。

图2-26　还原

图2-27　重做

提 示

在默认状态下，“重做”命令是不可以使用的，只有执行了“还原”命令后“重做”命令才可以使用，执行了几次“还原”命令就可以应用几次“重做”命令。

2.2.3 对象的剪切、复制和粘贴

剪切、复制和粘贴都是Illustrator CC中的基础编辑命令，虽然操作非常的简单，但是这几个命令却是实际工作中使用率非常高的。

1. 对象的剪切

“剪切”命令就是将选中的对象暂时放置到剪贴板上，以便以后的粘贴操作。与复制不同的是，被剪切的对象在原文件中不被保留。剪切的操作方法是使用“选择工具”选择对象，之后执行菜单“编辑”/“剪切”命令或按Ctrl+X键，如图2-28所示。执行“剪切”命令后选择的对象会在文件中消失，此时代表剪切操作已完成。

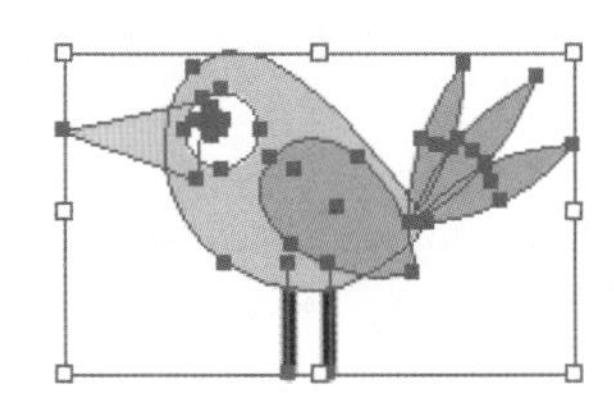

图2-28 选择对象并剪切

2. 对象的复制

“复制”命令就是将选中的对象拷贝下来，与剪切不同的是复制的对象在文件中不消失。复制的操作方法是使用“选择工具”选择对象之后，执行菜单“编辑”/“复制”命令或按Ctrl+C键，如图2-29所示。

图2-29 复制

3. 对象的粘贴

“粘贴”命令是配合“剪切”或“复制”命令来使用的。“粘贴”命令只有在执行“剪切”或“复制”命令后，才能被使用。Illustrator CC提供了5种粘贴方式，如图2-30所示。

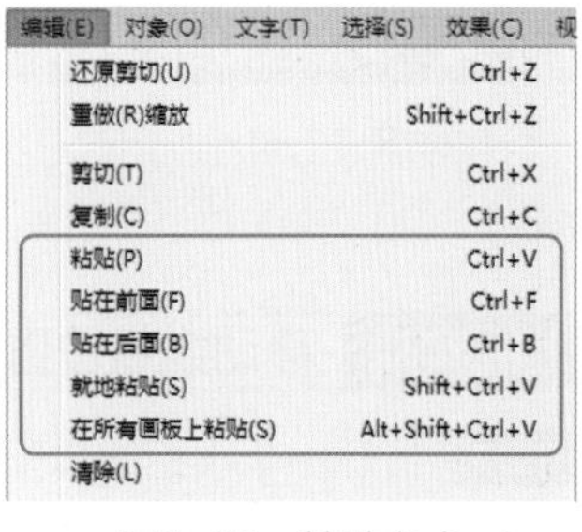

图2-30 粘贴方式

- **粘贴：**其操作方法就是选择一个对象，执行“剪切”或“复制”命令后，再执行“编辑”/“粘贴”命令，以此种方式粘贴后，系统会自动将“剪切”或“复制”的对象粘贴在原对象的附近，如图2-31所示。
- **贴在前面：**此种粘贴就是将复制后的对象直接粘贴在原对象的正前方，就是两个对象会叠加在一起，被粘贴的对象处于选中状态，按键盘上的方向键可以看到粘贴的对象在原对象的上方，如图2-32所示。
- **贴在后面：**此种粘贴就是将复制后的对象直接粘贴在原对象的正后方，就是两个对象会叠加在一起，被粘贴的对象处于选中状态，按键盘上的方向键可以看到粘贴的对象在原对象的后方，如图2-33所示。

图2-31 粘贴

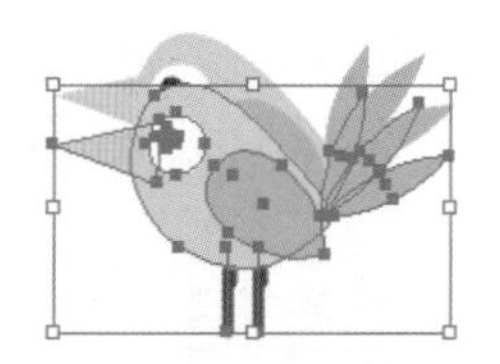

图2-32 贴在前面

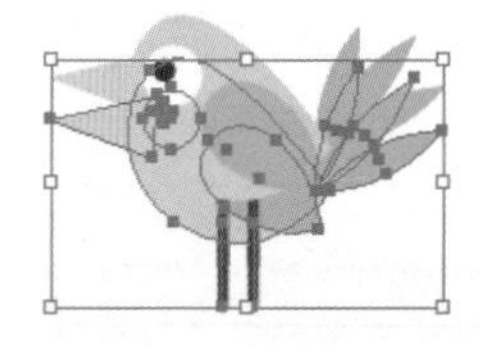

图2-33 贴在后面

- **就地粘贴：**此种粘贴就是将剪切或复制后的对象直接粘贴在原对象的位置。如果是通过复制后粘贴，那么两个对象会叠加在一起；如果不是在同一文件中进行粘贴，那么被粘贴的位置也是不变的，如图2-34所示。
- **在所有画板上粘贴：**此种粘贴就是将剪切或复制后的对象直接粘贴在此文件的所有画板中，如图2-35所示。

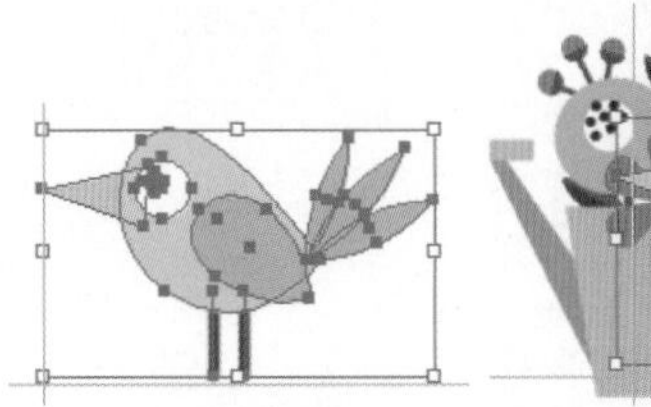

图2-34 就地粘贴

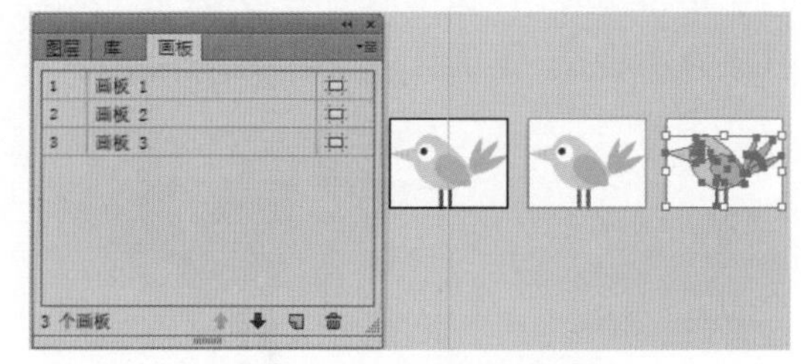

图2-35 在所有画板上粘贴

提 示

“粘贴”命令不仅可以在原文件中执行，还可以在新建或其他打开的Illustrator文件中执行。对象被粘贴进来后是处于选中状态的。可以多次使用“粘贴”命令，将多个对象粘贴进来。

技 巧

在Illustrator CC中还可以通过更快捷的方式进行复制与粘贴，方法是使用“选择工具”选择对象后，按住Alt键的同时拖曳鼠标，松开鼠标后系统会自动复制一个副本。

2.2.4 对象锚点的移动

在使用Illustrator CC绘制图形时，很多图形都需要移动路径中的锚点，以此来改变路径的形状。

上机实战 移动锚点位置调整路径形状

STEP 1 打开一个手绘的水壶文档，如图2-36所示。

STEP 2 在工具箱中选择“直接选择工具”，然后在水壶的手柄处单击，调出锚点，如图2-37所示。

STEP 3 在最上面的锚点上单击，将其选中，如图2-38所示。

图2-36　打开文档

图2-37　调出锚点

图2-38　选择锚点

STEP 4 选择锚点后，按住鼠标左键进行移动，如图2-39所示。

STEP 5 松开鼠标，此时发现路径改变后，描边形状也跟随改变了，在空白处单击完成调整，如图2-40所示。

图2-39　移动锚点

图2-40　改变形状

2.2.5 清除对象 

在Illustrator CC中编辑对象时，如果遇到不需要的图形，只要执行菜单“编辑”/“清除”命令，就可以把选中的对象删除，或者是选择对象后直接按Delete键，也可以快速将其删除，如图2-41所示。

图2-41　清除对象

2.3 对象的变换

在Illustrator CC中除了使用工具变换对象外，还可以通过“变换”命令进行旋转、缩放、镜像等操作，执行菜单“对象”/“变换”命令，弹出“变换”子菜单，如图2-42所示。

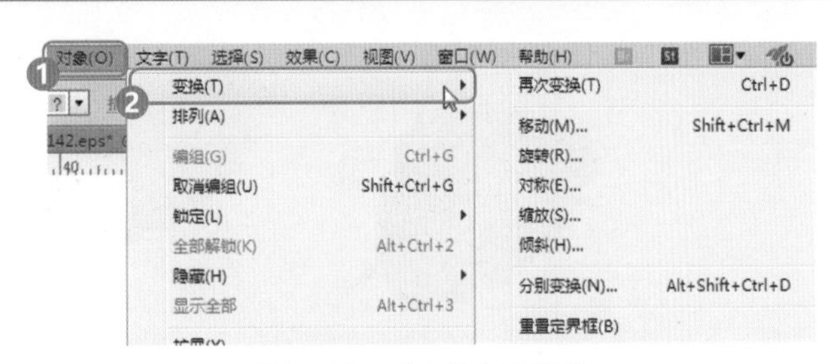

图2-42　“变换”子菜单

2.3.1 旋转对象

旋转对象是指精确按照旋转中心点进行旋转变换对象。旋转变换可以通过变换框进行自由旋转，也可以通过“旋转”对话框进行精确旋转。

1. 直接旋转对象

在工具箱中选择“选择工具”，选中需要旋转的对象，移动鼠标指针到对象的选取框上，当鼠标指针变为形状时，表示此对象已经可以旋转了，此时按住鼠标左键进行拖动，对象就会跟随鼠标的移动而进行旋转，松开鼠标完成旋转，如图2-43所示。

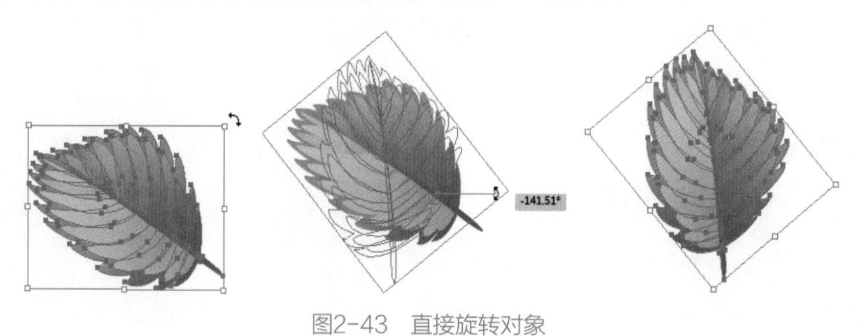

图2-43　直接旋转对象

> **提　示**
>
> 使用“选择工具”为对象进行旋转时，旋转的对象只能按照对象默认的旋转中心点进行旋转。

2. 自由变换工具旋转对象

在工具箱中选择“选择工具”，选中需要旋转的对象，再选择“自由变换工具”，移动鼠标指针到所选对象的选取框上，当鼠标指针变为或形状时，表示此对象已经可以旋转了，此时按住鼠标左键进行拖动，就可以将此对象进行旋转了，如图2-44所示。

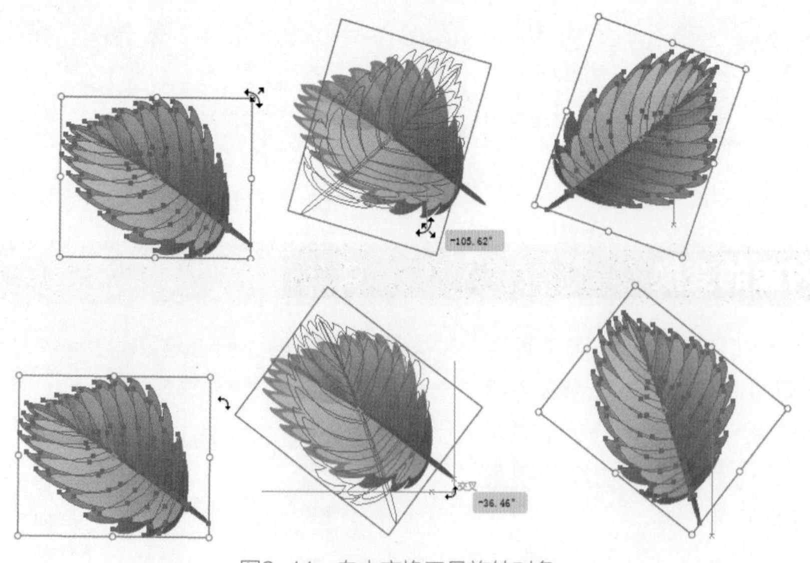

图2-44　自由变换工具旋转对象

提　示

使用“自由变换工具”为对象进行旋转时，可以自由改变旋转中心点的位置，之后旋转的对象会按照新的旋转中心点进行旋转，如图2-45所示。

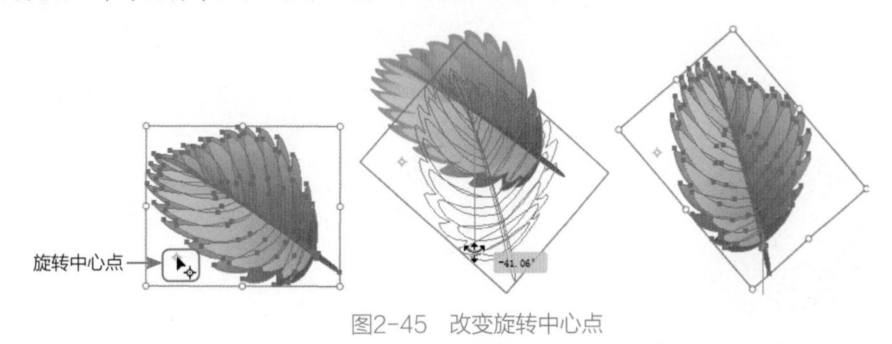

图2-45　改变旋转中心点

提　示

使用“自由变换工具”为对象进行旋转时，可以通过限制来将对象按照45°角的倍数进行旋转，如图2-46所示。

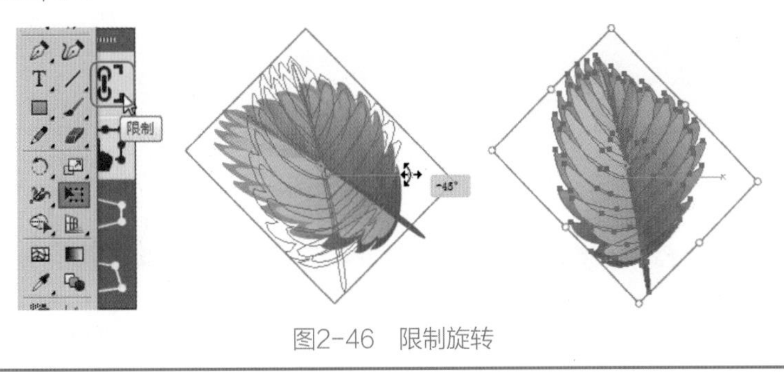

图2-46　限制旋转

3. 旋转工具旋转对象

在工具箱中选择“选择工具”，选中需要旋转的对象，再选择“旋转工具”，此时按住鼠标左键进行拖动，就可以将此对象进行旋转，如图2-47所示。

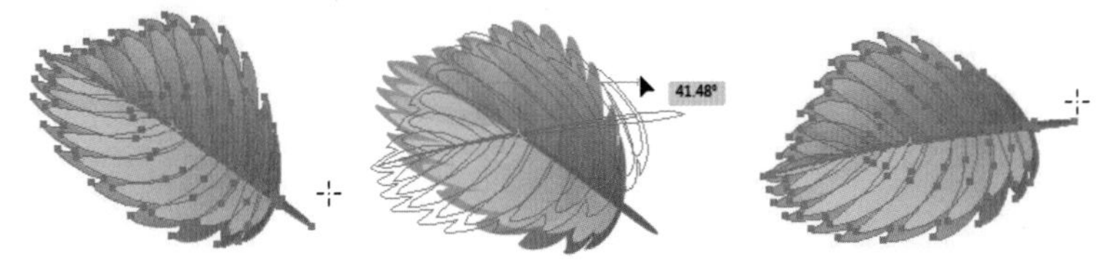

图2-47　旋转工具旋转对象

提　示

使用“旋转工具”为对象进行旋转时，同样可以根据需要改变旋转中心点。

4. 精确旋转对象

将对象精确旋转可以通过“旋转”对话框来操作。

上机实战 精确旋转62° 并复制

STEP 1 执行菜单“文件”/“打开”命令，打开“草莓”素材，如图2-48所示。

STEP 2 使用 “选择工具”选择草莓，执行菜单“对象”/“变换”/“旋转”命令，打开“旋转”对话框，如图2-49所示。

图2-48 打开文档

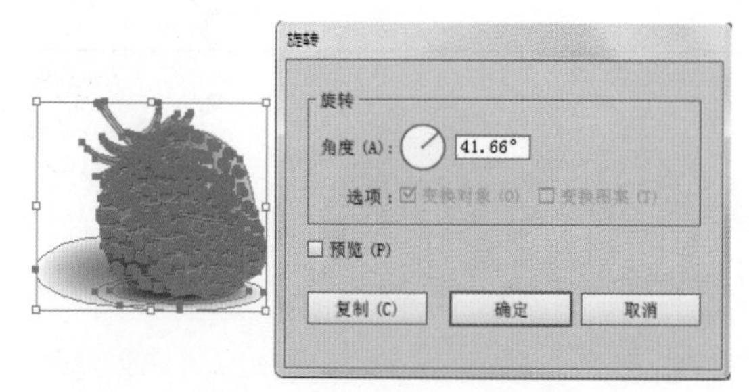

图2-49 “旋转”对话框

STEP 3 “角度”选择指设置对象旋转后的角度。设置“角度”为62° ，如图2-50所示。

STEP 4 单击“复制”按钮，此时会发现选择的对象会自动被复制一个副本并进行62° 旋转，效果如图2-51所示。

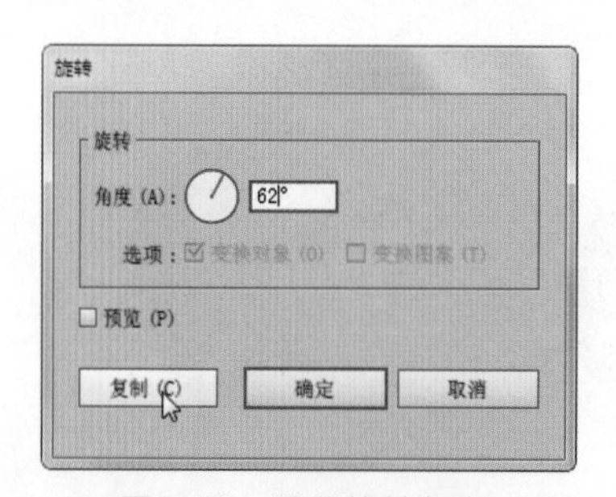

图2-50 设置旋转角度

图2-51 精确旋转并复制

2.3.2 倾斜对象

倾斜对象是指将选择的对象进行一定角度的倾斜。倾斜变换可以通过工具进行自由倾斜，也可以通过“倾斜”对话框进行精确倾斜。

1. 自由变换工具倾斜对象

在工具箱中选择 “选择工具”，选中需要倾斜的对象，再选择 “自由变换工具”，移动鼠标指针到所选对象的选取框上，当鼠标指针变为 形状时，表示此对象已经可以倾斜了，此时按住鼠标左键进行拖动，就可以将此对象进行倾斜，如图2-52所示。

2. 倾斜工具倾斜对象

在工具箱中选择 “选择工具”，选中需要倾斜的对象，再选择 “倾斜工具”，此时按住鼠标左键进行拖动，就可以将此对象进行倾斜，如图2-53所示。

图2-52　自由变换工具倾斜对象

3. “倾斜”命令倾斜对象

在工具箱中选择“选择工具”，选中需要倾斜的对象，执行菜单“对象”/“变换”/“倾斜”命令，打开“倾斜”对话框，如图2-54所示。

图2-53　倾斜工具倾斜对象

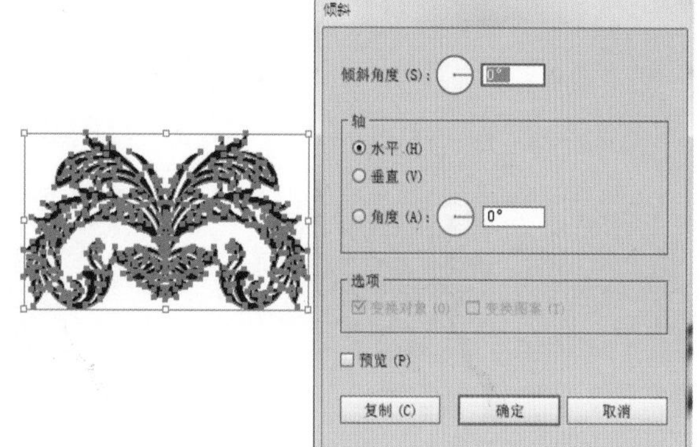

图2-54　“倾斜”对话框

其中的参数含义如下。

- **倾斜角度：**设置对象在轴向上的倾斜角度。
- **轴：**确定倾斜时的轴向，可以以“水平”“垂直”或“角度”作为倾斜时的轴向。

设置“倾斜角度”为30°，选择“水平”单选框，最后单击“确定”按钮，得到如图2-55所示的倾斜效果。

图2-55　30° 水平倾斜

2.3.3 镜像对象

镜像对象是指将选择的对象进行水平、倾斜或垂直的镜像变换。可以通过工具进行镜像操作，也可以通过“镜像”对话框进行镜像调整。

1. 镜像工具镜像对象

在工具箱中选择“选择工具”，选中需要镜像变换的对象，再选择“镜像工具”，调整镜像中心点后，按住鼠标左键进行拖动，就可以将此对象进行镜像变换，如图2-56所示。

2. “镜像”命令镜像对象

将对象精确镜像变换可以通过“镜像”对话框来操作。

图2-56 镜像对象

上机实战 精确镜像复制

STEP 1 执行菜单“文件”/“打开”命令，打开“树”素材，如图2-57所示。

STEP 2 使用“选择工具”选择树，执行菜单“对象”/“变换”/“镜像”命令，打开“镜像”对话框，如图2-58所示。

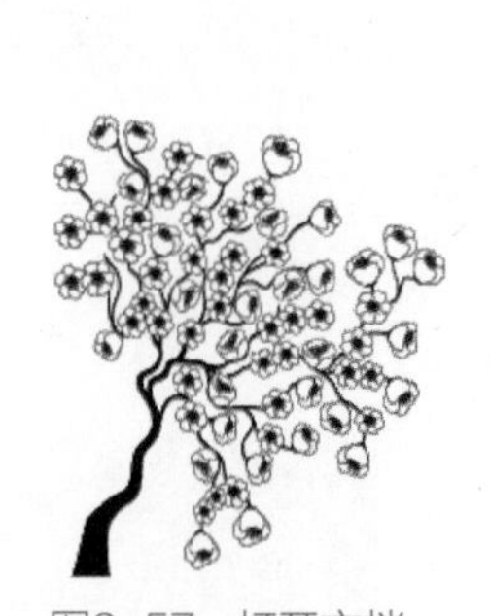

图2-57 打开文档

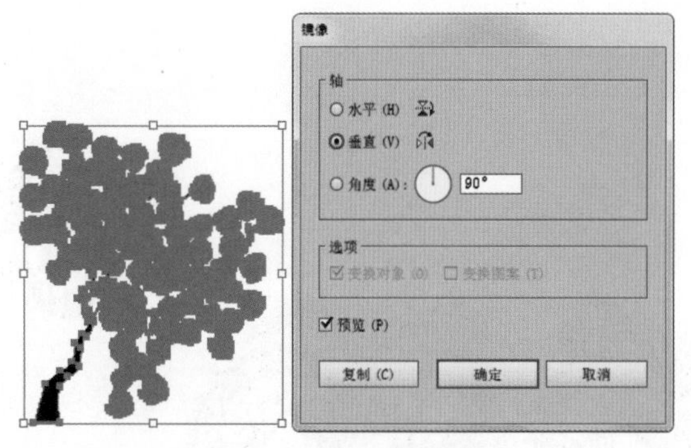

图2-58 “镜像”对话框

其中的参数含义如下。

- **水平：**将选择的对象进行上下镜像变换。
- **垂直：**将选择的对象进行左右镜像变换。
- **角度：**设置对象进行镜像变换的角度。

STEP 3 在“镜像”对话框中选择“垂直”单选框，单击“复制”按钮，效果如图2-59所示。

STEP 4 使用“选择工具”将复制后的对象进行移动，效果如图2-60所示。

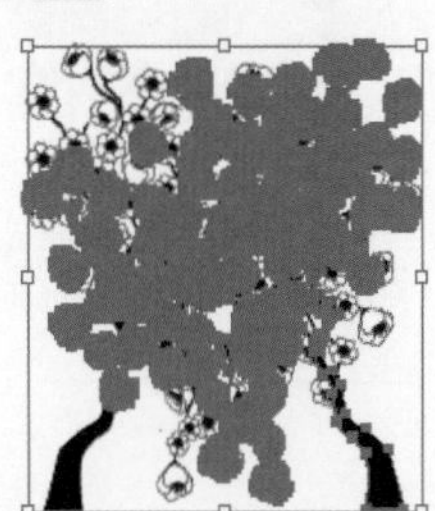

图2-59 镜像复制

图2-60 移动镜像复制的对象

2.3.4 缩放对象

缩放对象是指将选择的对象进行缩放变换。可以通过工具进行缩放操作，也可以通过“缩放”对话框进行缩放调整。

1. 直接缩放对象

在工具箱中选择“选择工具”，选中需要缩放的对象，移动鼠标指针到对象的选取框上，当鼠标指针变为形状时，表示此对象已经可以缩放了，此时按住鼠标左键向外拖动，对象就会跟随着鼠标的移动而放大，松开鼠标完成缩放，如图2-61所示。

图2-61　直接缩放对象

2. 缩放工具缩放对象

在工具箱中选择“选择工具”，选中需要缩放的对象，再选择“比例缩放工具”，按住鼠标左键进行拖动，就可以将此对象进行缩放变换，如图2-62所示。

图2-62　缩放工具缩放对象

3. “缩放”命令缩放对象

执行菜单“对象”/“变换”/“缩放”命令，打开“比例缩放”对话框，如图2-63所示。在该对话框中可以对缩放进行详细设置。

图2-63　“比例缩放”对话框

其中的参数含义如下。

- **等比：** 选中该单选框，在文本框中输入数值，可以对所选图形进行等比例的缩放操作。当值大于100%时，放大对象；当值小于100%时，缩小对象。
- **不等比：** 选中该单选框，可以分别在“水平”或“垂直”文本框中输入不同的数值，用来编辑对象的长度和宽度。
- **缩放矩形圆角：** 勾选该复选框，在缩放圆角矩形时可以将圆角进行等比例缩放。
- **比例缩放描边和效果：** 勾选该复选框，可以将图形的描边粗细和图形的效果进行缩放操作。

选中“不等比”单选框，设置“水平”为50%，“垂直”为100%，其他参数值不变，效果如图2-64所示。

图2-64　不等比缩放对象

2.3.5 分别变换

分别变换是指将选择的对象分别进行缩放、位移等操作。执行菜单“对象”/“变换”/“分别变换”命令，打开“分别变换”对话框，如图2-65所示。

设置“移动”选项组中的“水平”为200pt，勾选“对称Y”复选框，其他参数不变，单击“复制”按钮，效果如图2-66所示。

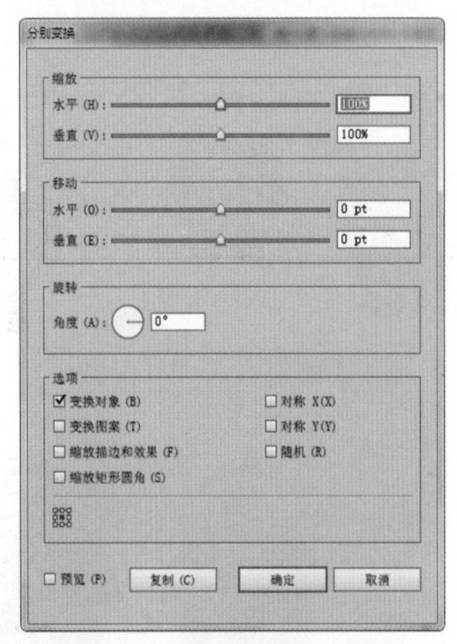

图2-65 “分别变换”对话框

图2-66 分别变换效果

2.3.6 再次变换

再次变换是指再一次应用上一次的变换设置，执行菜单“对象”/“变换”/“再次变换”命令或按Ctrl+D键即可。

2.3.7 “变换”面板操作

通过“变换”面板可以精确地设置对象的长、宽，还可以设置旋转角度以及倾斜等。执行菜单“窗口”/“变换”命令，打开“变换”面板，如图2-67所示。

其中的参数含义如下。

- **对齐像素网格：** 勾选该复选框，保持对象边界与像素网格对齐(防止线条模糊)。

在“变换”面板中设置⊿:“旋转”为-30°，其他参数不变，效果如图2-68所示。

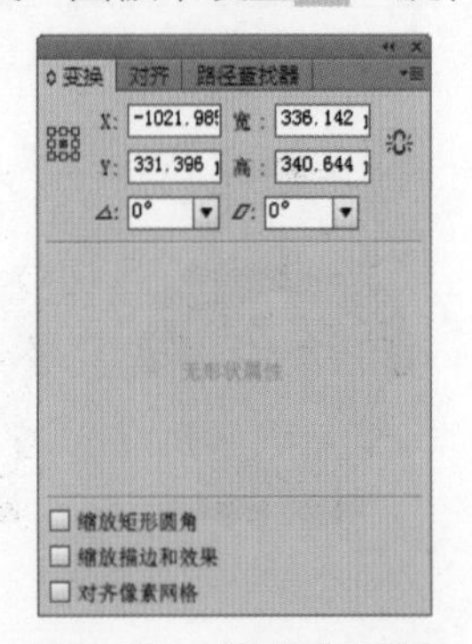

图2-67 “变换”面板

图2-68 变换效果

2.4 综合练习：制作日记本内页

由于篇幅所限，综合练习只介绍技术要点和制作流程，具体的操作步骤请观看视频教程学习。

实例效果图	技术要点
	✱ 将圆角矩形转换为反向圆角矩形 ✱ 复制正圆 ✱ 应用“再次变换”命令复制多个图形 ✱ 导入素材

操作流程：

STEP 1 打开相应的素材。

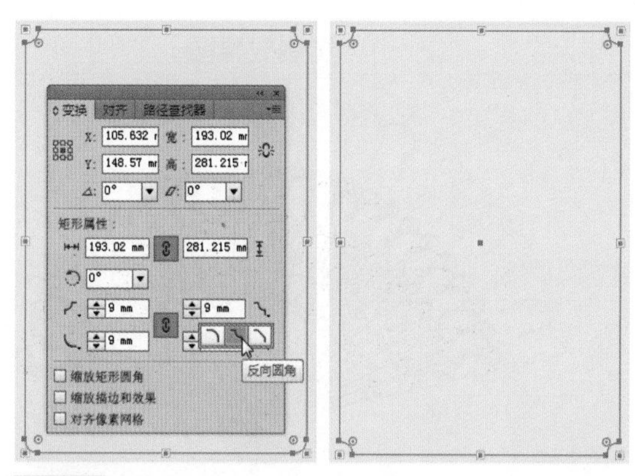

STEP 2 选择素材中的圆角矩形，执行菜单“窗口”/“变换”命令，打开“变换”面板。

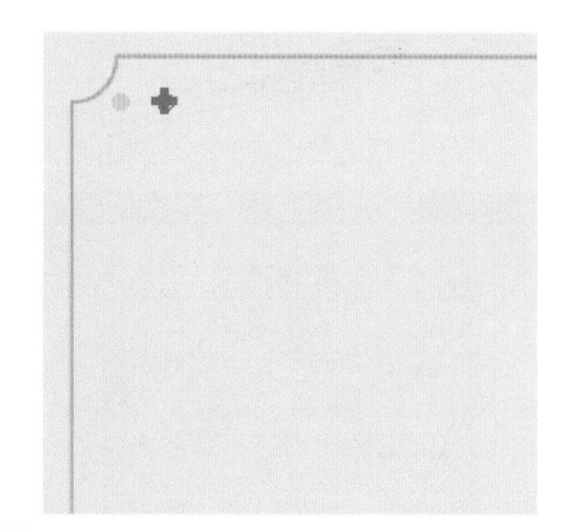

STEP 3 选择左上角的正圆，按住Alt键将其向右复制一个副本。

STEP 4 选择复制的正圆，执行菜单“对象”/“变换”/“再次变换”命令或按Ctrl+D键，反复执行此命令，直到复制到右侧为止。

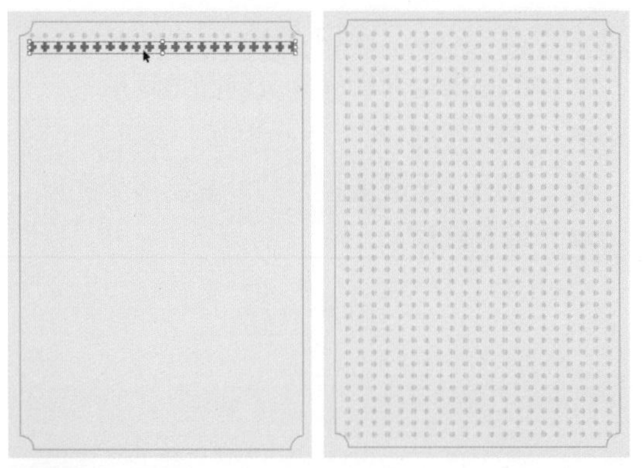

STEP 5 框选水平的所有正圆，向下复制一个副本后，按Ctrl+D键数次，直到复制到底部为止。

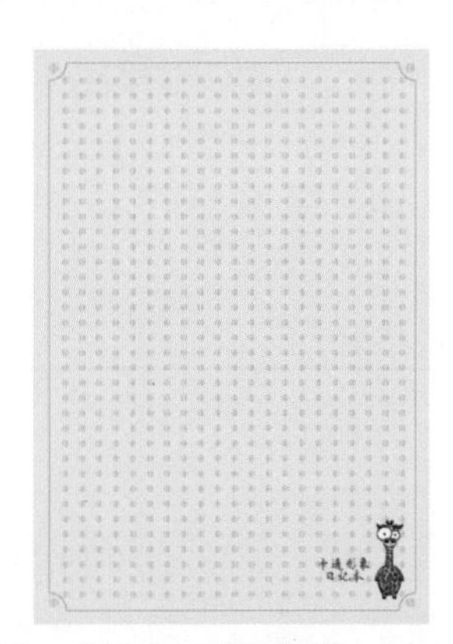

STEP 6 导入“长颈鹿”素材，在长颈鹿左侧键入文字，在四个角处复制正圆，至此本例制作完毕。

2.5 综合练习：制作扇子

实例效果图	技术要点
	✱ 使用“选择工具”旋转对象 ✱ 使用“旋转工具”调整旋转中心点 ✱ 使用“旋转”对话框旋转复制 ✱ 再次变换

操作流程：

STEP 1 新建文档，导入“扇叶”素材。

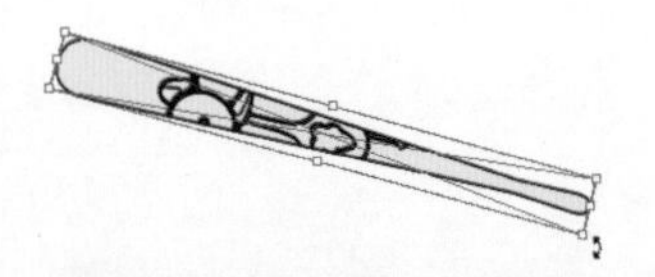

STEP 2 使用“选择工具”将扇叶进行旋转。

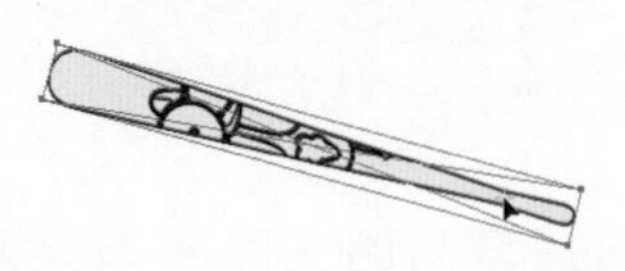

STEP 3 使用“旋转工具”调整旋转中心点到右下角处。

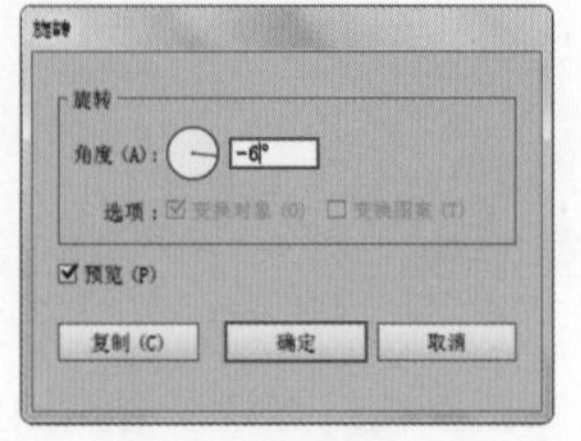

STEP 4 按住Alt键单击旋转中心点，打开“旋转”对话框，设置“角度”为-6°。

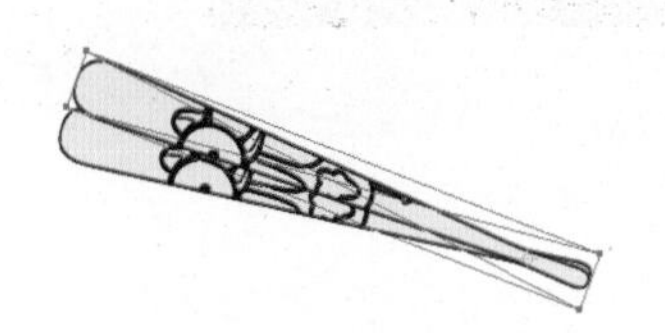

STEP 5 单击“复制”按钮，复制一个副本。

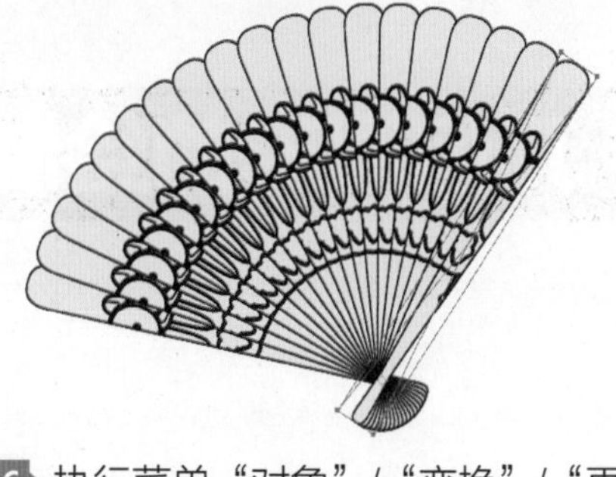

STEP 6 执行菜单“对象”/“变换”/“再次变换”命令多次。

STEP 7 多次应用“再次变换”命令，直到复制到右侧为止。

STEP 8 在扇轴部位绘制一个黑色正圆，至此本例制作完毕。

2.6　练习与习题

1. 练习

练习组合对象，进行组内选取。

2. 习题

(1) 对象的选取方式包括以下哪些?

A. 普通　　B. 魔棒　　C. 套索　　D. Tab键

(2) 可以创建不规则选区的工具是什么?

A. 自由变换　　B. 套索　　C. 缩放　　D. 增强

第 3 章

几何图形的绘制工具

生活中我们看到的各种形状，其实都是由方形、圆形、多边形等演变而来的。几何图形的绘制在Illustrator中具体地被划分到矩形工具组以及矩形网格工具、极坐标网格工具。本章将向大家介绍在Illustrator中绘制这些基本几何图形的方法。

3.1 矩形工具

"矩形工具"是Illustrator中一个重要的绘图工具，使用该工具可以在页面中绘制矩形和正方形，具体的绘制方法可以分为拖曳绘制和精确绘制两种。

1. 拖曳绘制

拖曳绘制矩形的方法是选择工具箱中的"矩形工具"，在页面中按住鼠标左键向对角处拖曳鼠标，松开鼠标后即可绘制一个矩形，如图3-1所示。

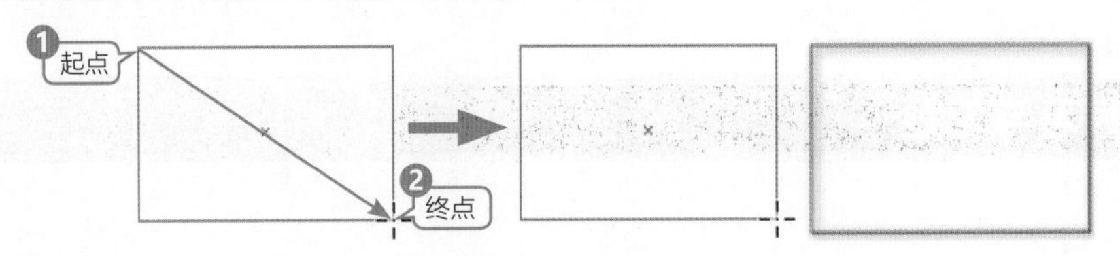

图3-1 绘制矩形

技 巧

在使用"矩形工具"绘制矩形的过程中，按住Shift键可以绘制一个正方形；按住Alt键可以以单击点为中心绘制矩形；按住Shift+Alt键可以以单击点为中心绘制正方形；按住空格键可以移动矩形的绘制位置；按住~键可以绘制多个矩形；按住Alt+~键可以绘制多个以单击点为中心并向两端延伸的矩形。

2. 精确绘制

选择工具箱中的"矩形工具"，在页面空白处单击鼠标左键，系统会打开如图3-2所示的"矩形"对话框，设置"宽度"与"高度"，单击"确定"按钮，即可绘制精确的矩形。

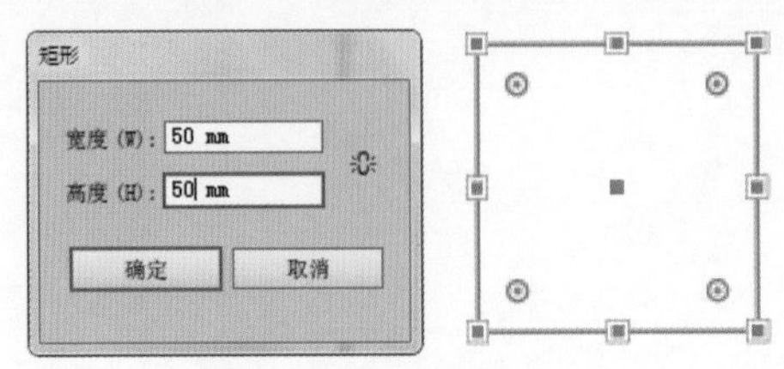

图3-2 "矩形"对话框

技　巧

矩形绘制完毕后，单击属性栏中的“形状”，系统会弹出“形状”下拉面板，在面板中可以重新设置矩形的大小、旋转矩形、改变边角类型，如图3-3所示。

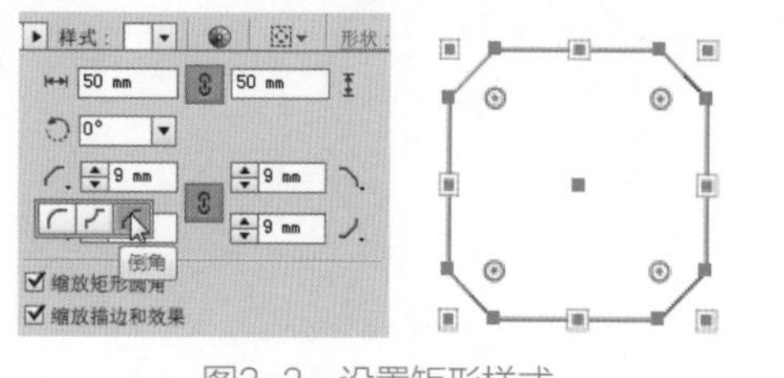

图3-3　设置矩形样式

3.2　椭圆工具

“椭圆工具”是Illustrator中一个重要的绘图工具，使用该工具可以在页面中绘制椭圆和正圆，具体的绘制方法可以分为拖曳绘制和精确绘制两种。

1. 拖曳绘制

方法是选择“椭圆工具”，在页面中按住鼠标左键向对角处拖曳鼠标，松开鼠标后即可绘制一个椭圆，如图3-4所示。

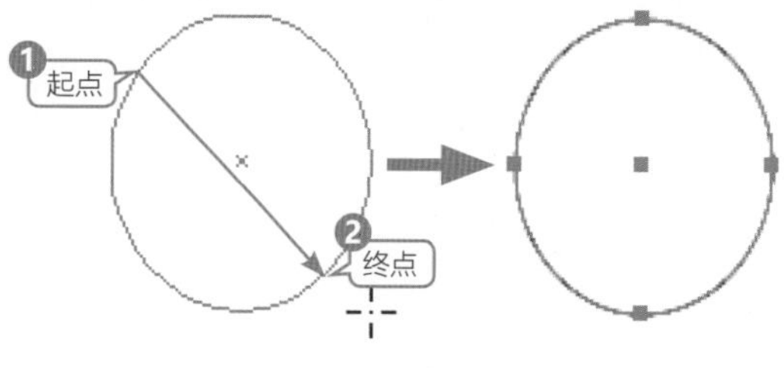

图3-4　绘制椭圆

技　巧

在使用“椭圆工具”绘制椭圆的过程中，按住Shift键可以绘制一个正圆形；按住Alt键可以以单击点为中心绘制椭圆；按住Shift+Alt键可以以单击点为中心绘制正圆形；按住空格键可以移动椭圆的绘制位置；按住~键可以绘制多个椭圆；按住Alt+~键可以绘制多个以单击点为中心并向两端延伸的椭圆。

2. 精确绘制

选择工具箱中的“椭圆工具”，在页面空白处单击鼠标左键，系统会打开如图3-5所示的“椭圆”对话框，设置“宽度”与“高度”，单击“确定”按钮，即可绘制精确的椭圆。

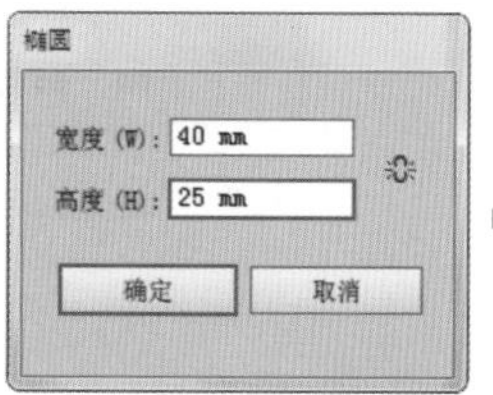

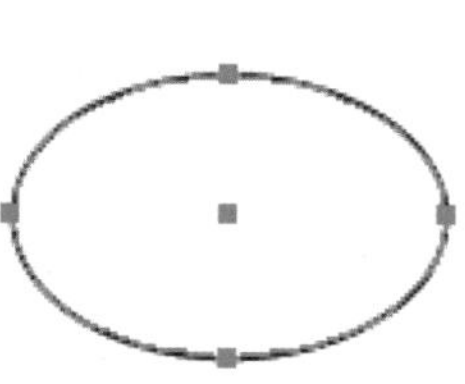

图3-5　“椭圆”对话框

上机实战　使用椭圆和矩形工具绘制卡通头像

STEP 1 新建空白文档，在工具箱中选择“椭圆工具”，在页面中选择一个合适位置，按下鼠标并拖动，松开鼠标后在页面中绘制一个椭圆，如图3-6所示。

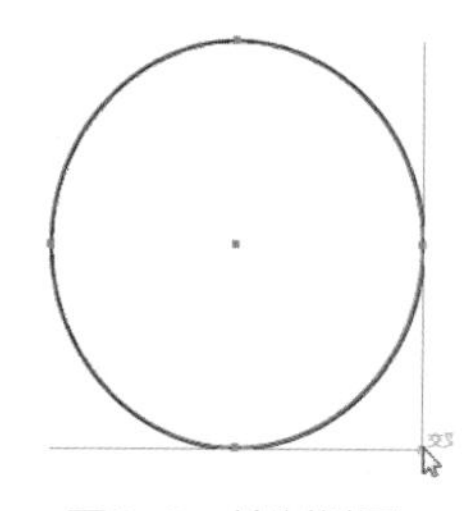

图3-6　绘制椭圆

STEP 2 使用“直接选择工具”选择最上面的锚点，将其向上拖曳，如图3-7所示。

STEP 3 顶部调整完毕后，使用“直接选择工具”选择最下面的锚点，将其向上拖曳，如图3-8所示。

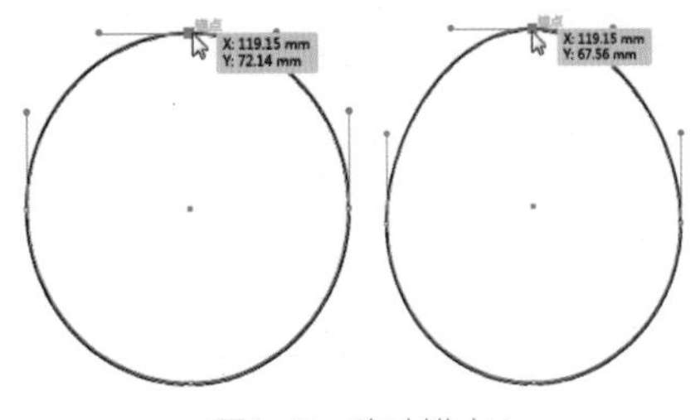

图3-7　移动锚点1

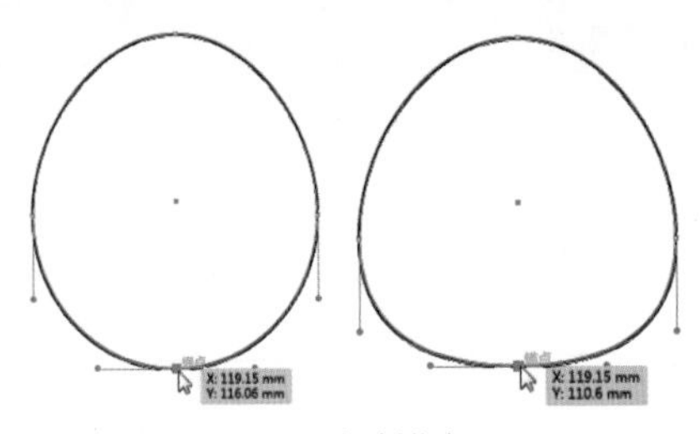

图3-8　移动锚点2

STEP 4 使用 “矩形工具”绘制一个矩形，将其作为卡通人的嘴巴，如图3-9所示。

STEP 5 将鼠标指针移动到矩形中间的调整圆点上拖曳，将矩形调整为圆角矩形，如图3-10所示。

STEP 6 使用 “矩形工具”在嘴巴内部绘制两个黑色矩形，将其作为牙齿，如图3-11所示。

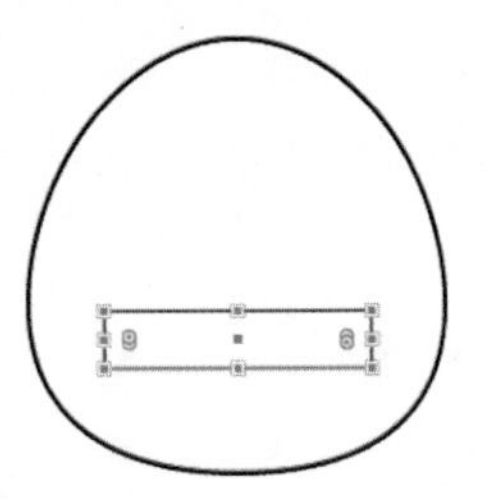

图3-9　绘制矩形

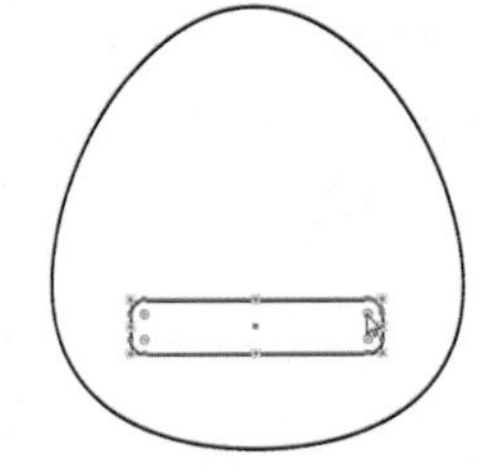

图3-10　调整为圆角矩形

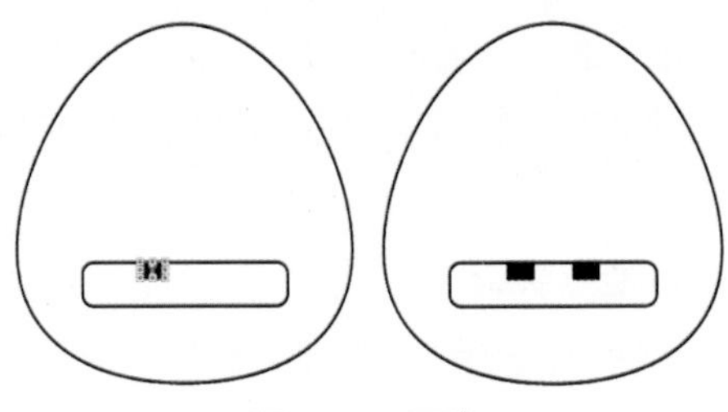

图3-11　牙齿

STEP 7 嘴巴部位绘制完毕后，下面绘制眼睛。使用 “椭圆工具”在嘴巴上面绘制椭圆，如图3-12所示。

STEP 8 使用 “直接选择工具”调整椭圆形状，如图3-13所示。

STEP 9 使用 “选择工具”将调整后的眼睛旋转，再使用 “椭圆工具”绘制一个黑色的正圆，如图3-14所示。

图3-12　绘制椭圆

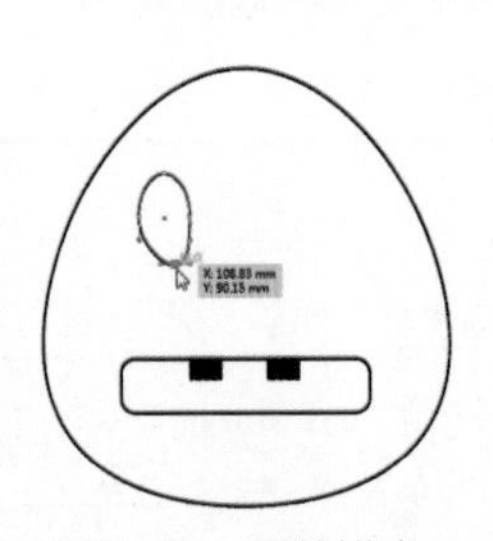

图3-13　调整锚点

图3-14　眼睛

STEP 10 使用 “选择工具”将眼睛选取，选择 “镜像工具”，按住Alt键的同时在头像中间部位单击，调整镜像中心点后，打开“镜像”对话框，选择“垂直”单选框，单击“复制”按钮，如图3-15所示。

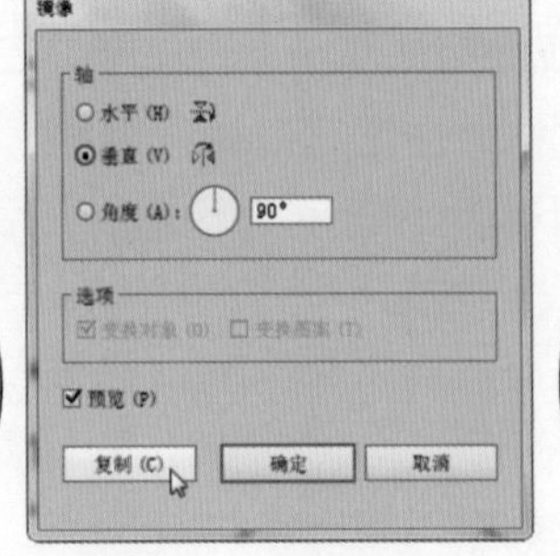

图3-15　镜像复制

STEP 11 使用"椭圆工具"在眼睛和嘴巴的中间绘制两个黑色正圆作为鼻孔，如图3-16所示。

STEP 12 使用"直接选择工具"选择头部顶端的锚点，向下拖曳的同时按住Alt键，复制一个副本，如图3-17所示。

STEP 13 使用"椭圆工具"绘制两个黑色椭圆作为卡通人的耳机，至此本次上机实战制作完毕，效果如图3-18所示。

图3-16　绘制鼻孔

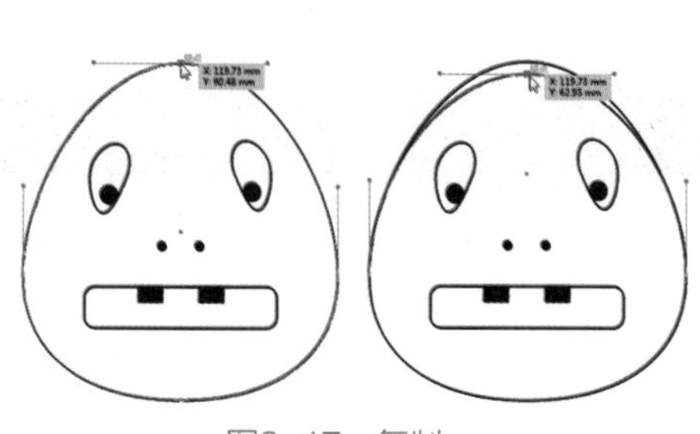

图3-17　复制

图3-18　最终效果

3.3　圆角矩形工具

使用"圆角矩形工具"可以绘制具有平滑边缘的矩形，具体的绘制方法可以分为拖曳绘制和精确绘制两种。

1. 拖曳绘制

方法是选择"圆角矩形工具"，在页面中按住鼠标左键向对角处拖曳鼠标，松开鼠标后即可绘制一个圆角矩形，如图3-19所示。

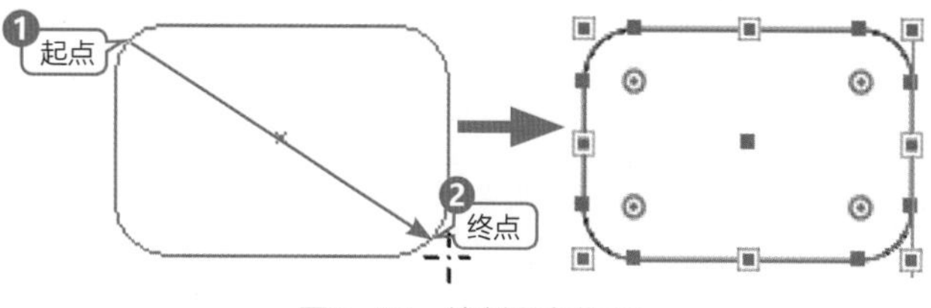

图3-19　绘制圆角矩形

技　巧

在使用"圆角矩形工具"绘制圆角矩形的过程中，按住键盘上的向左键可以将圆角矩形的半径值设置为0；按住键盘上的向右键可以将圆角矩形的半径值设置为最大；按住键盘上的向上键可以将圆角矩形的半径值逐渐增大；按住键盘上的向下键可以将圆角矩形的半径值逐渐减小。

技　巧

在使用"圆角矩形工具"绘制圆角矩形的过程中，按住Shift键可以绘制一个圆角正方形；按住Alt键绘制时鼠标的起点就是圆角矩形的中心点。

2. 精确绘制

选择工具箱中的"圆角矩形工具"，在页面空白处单击鼠标左键，系统会打开如图3-20所示的"圆角矩形"对话框，设置"宽度""高度"和"圆角半径"，单击"确定"按钮，即可绘制精确的圆角矩形。

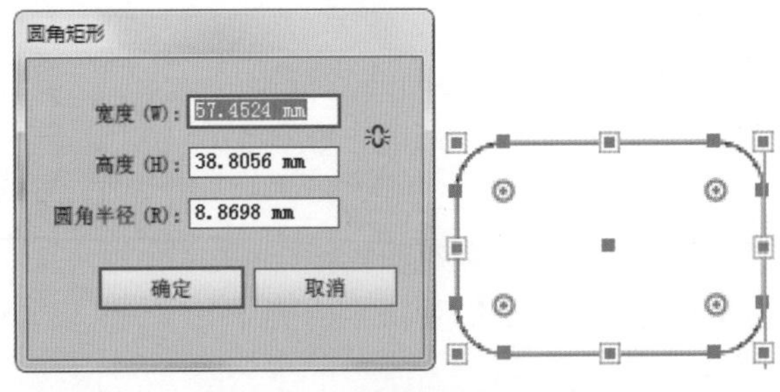

图3-20 “圆角矩形”对话框

3.4 多边形工具

“多边形工具”是Illustrator中一个重要的绘图工具，使用该工具可以在页面中绘制多边形，具体的绘制方法可以分为拖曳绘制和精确绘制两种。

1. 拖曳绘制

方法是选择“多边形工具”，在页面中按住鼠标左键向对角处拖曳鼠标，松开鼠标后即可绘制一个多边形，系统默认的是六边形，如图3-21所示。

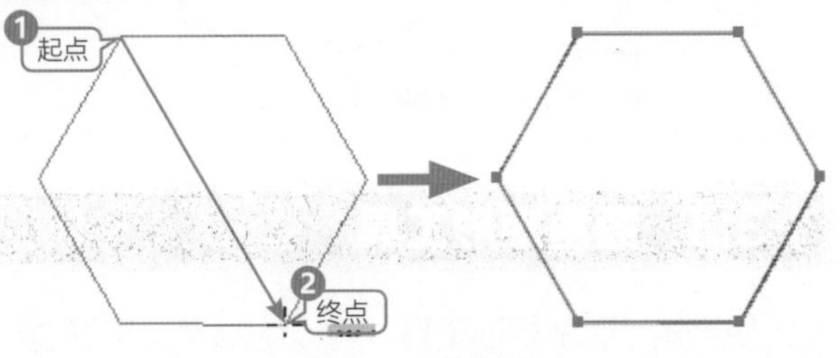

图3-21 绘制多边形

技 巧

在使用“多边形工具”绘制多边形的过程中，在页面中改变鼠标位置的同时，多边形的角度也会随之改变；按住Shift键的同时拖动鼠标，无论如何改变鼠标位置，最后都会绘制一个正多边形；按住键盘上的向上键可以增加多边形的边数；按住键盘上的向下键可以减少多边形的边数。

2. 精确绘制

选择工具箱中的“多边形工具”，在页面空白处单击鼠标左键，系统会打开如图3-22所示的“多边形”对话框，设置“半径”和“边数”，单击“确定”按钮，即可绘制精确的多边形。

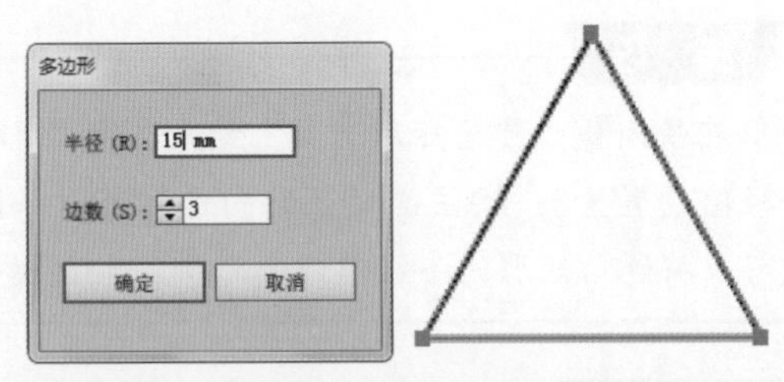

图3-22 “多边形”对话框

3.5 星形工具

“星形工具”在Illustrator中用来绘制星形，具体的绘制方法可以分为拖曳绘制和精确绘制两种。

1. 拖曳绘制

方法是选择“星形工具”，在页面中按住鼠标左键向对角处拖曳鼠标，松开鼠标后即可绘制一个星形，系统默认的是五角星，如图3-23所示。

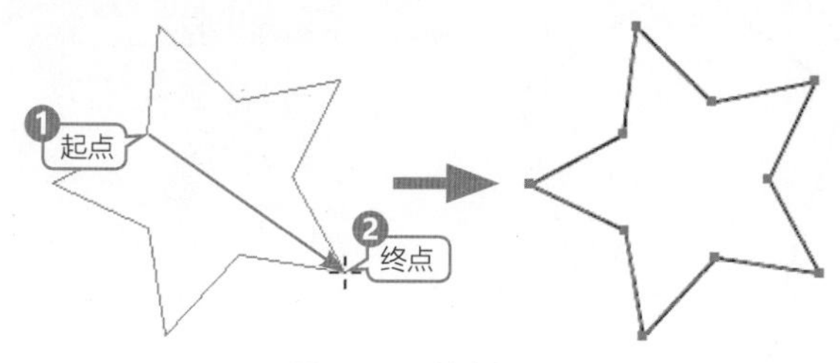

图3-23 绘制星形

技 巧

在使用"星形工具"绘制星形的过程中，在页面中改变鼠标位置的同时，星形的角度也会跟随改变；按住Shift键的同时拖动鼠标，无论如何改变鼠标位置，最后都会绘制一个正星形；按住键盘上的向上键可以增加星形的边数；按键盘上的向下键可以减少星形的边数。

2. 精确绘制

选择工具箱中的"星形工具"，在页面空白处单击鼠标左键，系统会打开如图3-24所示的"星形"对话框，设置"半径1""半径2"和"角点数"，单击"确定"按钮，即可绘制精确的星形。

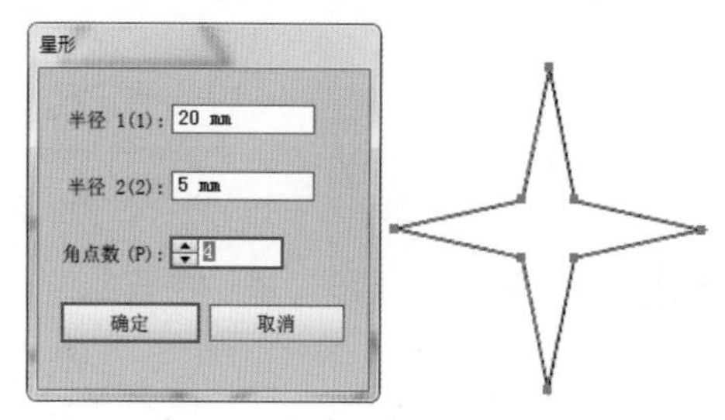

图3-24 "星形"对话框

技 巧

星形绘制完毕后，使用"直接选择工具"框选星形，拖动调整点，可以改变星形的形状，如图3-25所示。

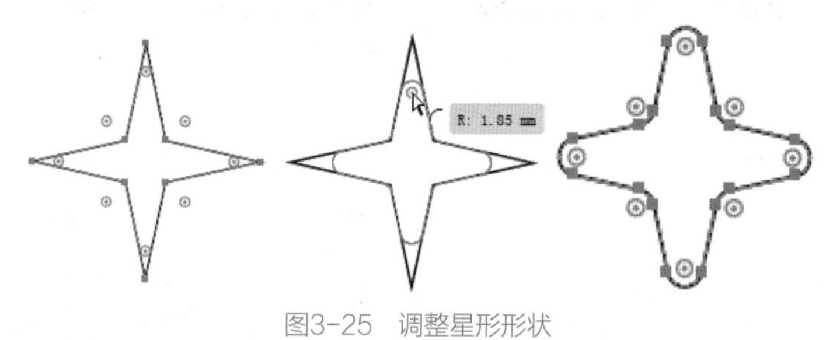

图3-25 调整星形形状

上机实战 使用星形和多边形工具绘制五角星

STEP 1 新建空白文档，在工具箱中选择"多边形工具"，在页面空白处单击，打开"多边形"对话框，设置"半径"为20mm，"边数"为5，单击"确定"按钮，在页面中绘制一个五边形，如图3-26所示。

STEP 2 五边形绘制好后，在工具箱中选择"星形工具"，在页面空白处单击，打开"星形"对话框，设置"半径1"为20mm，"半径2" 为10mm，"角点数"为5，单击"确定"按钮，在页面中绘制一个五角星，如图3-27所示。

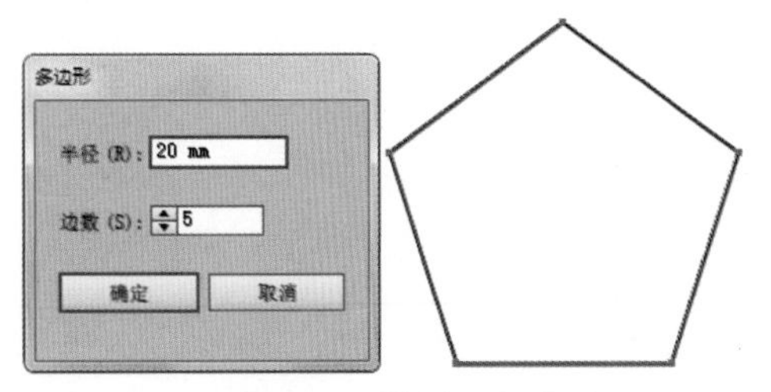

图3-26　绘制五边形

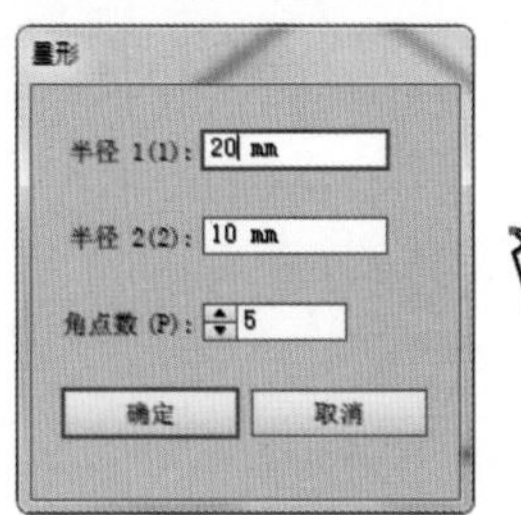

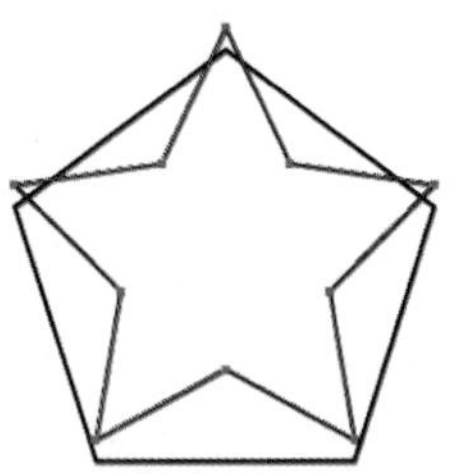

图3-27　绘制五角星

STEP 3 使用“选择工具”框选五边形和五角星，在属性栏中单击“水平居中对齐”按钮和“垂直居中对齐”按钮，将两个图形进行对齐，如图3-28所示。

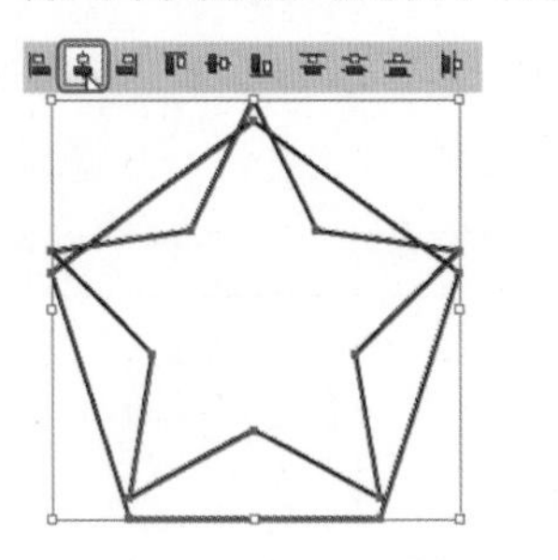

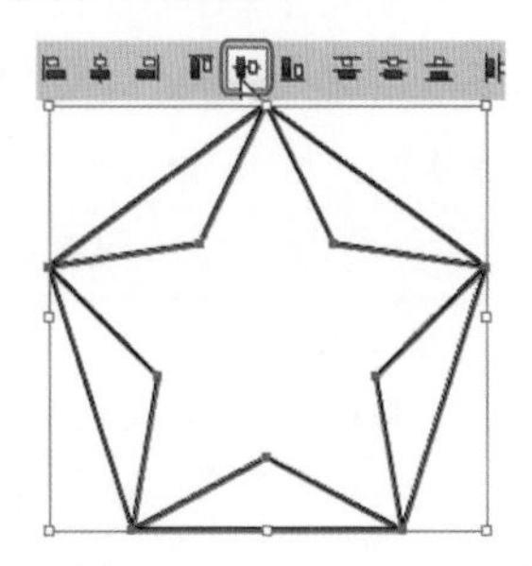

图3-28　对齐

STEP 4 使用“直线段工具”在五角星上绘制直线段，如图3-29所示。

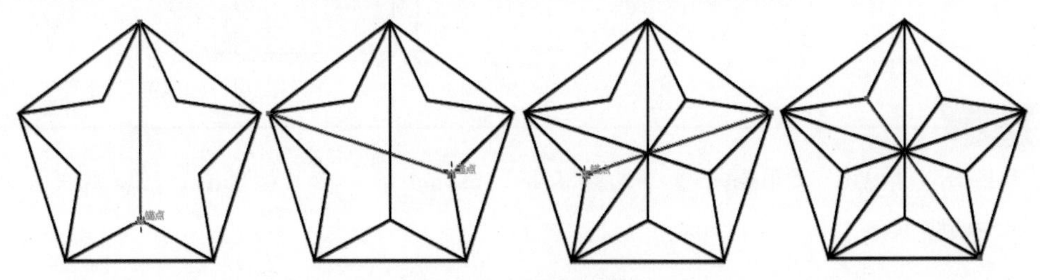

图3-29　绘制直线段

STEP 5 在工具箱中将“填色”设置为“C：4、M：61、Y：58、K：0”，使用“选择工具”框选所有对象，再使用“实时上色工具”在图形中进行填色，如图3-30所示。

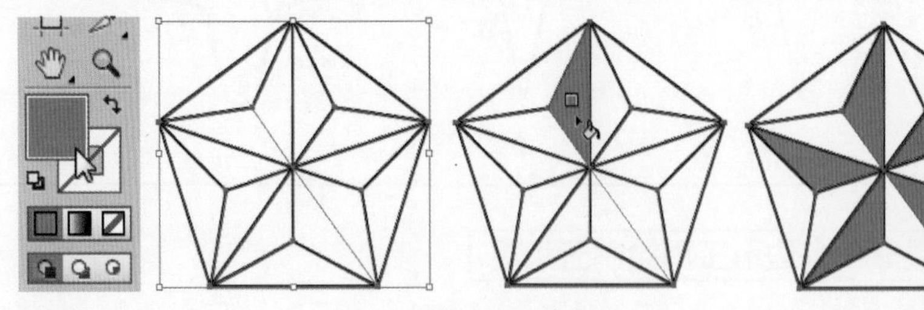

图3-30　填色1

STEP 6 在工具箱中将“填色”设置为“C：4、M：61、Y：58、K：0”，使用“选择工具”框选所有对象，再使用“实时上色工具”在图形中进行填色，如图3-31所示。

STEP 7 使用“实时上色工具”在图形中依次填充颜色，至此本次上机实战制作完毕，效果如图3-32所示。

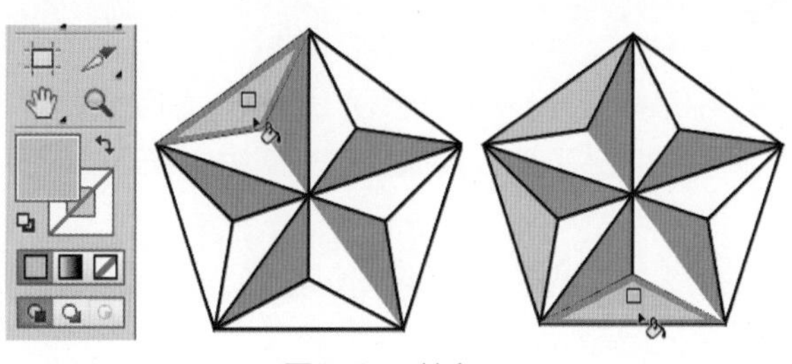

图3-31　填色2

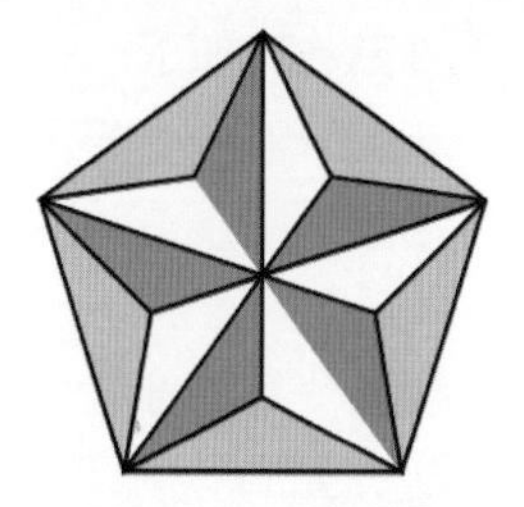

图3-32　最终效果

3.6　光晕工具

“光晕工具”可以模拟相机拍摄时产生的光晕效果。具体的绘制方法可以分为拖曳绘制和精确绘制两种。

1. 拖曳绘制

方法是选择“光晕工具”，在页面中按住鼠标左键向对角处拖曳鼠标绘制出光晕效果，达到满意效果后释放鼠标，然后在合适的位置单击鼠标，确定光晕的方向，这样就绘制出了光晕效果，如图3-33所示。

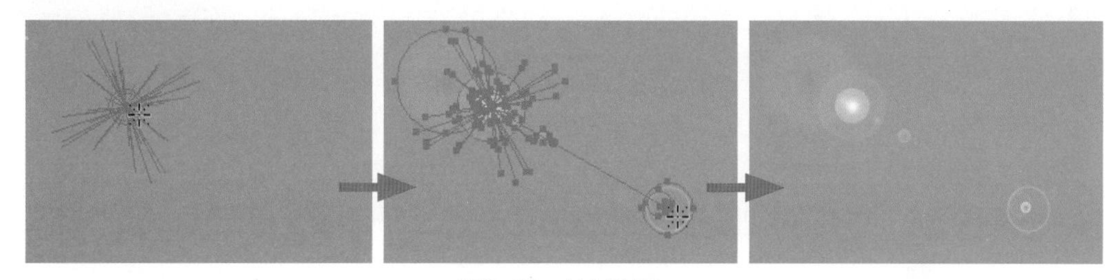

图3-33　绘制光晕

技　巧

在绘制光晕的过程中，按住键盘上的向上或向下键，可以增加或减少光晕的射线数量。

2. 精确绘制

选择工具箱中的“光晕工具”，在页面中的合适位置单击鼠标左键，系统会打开如图3-34所示的“光晕工具选项”对话框，设置参数后单击“确定”按钮，即可绘制精确的光晕。

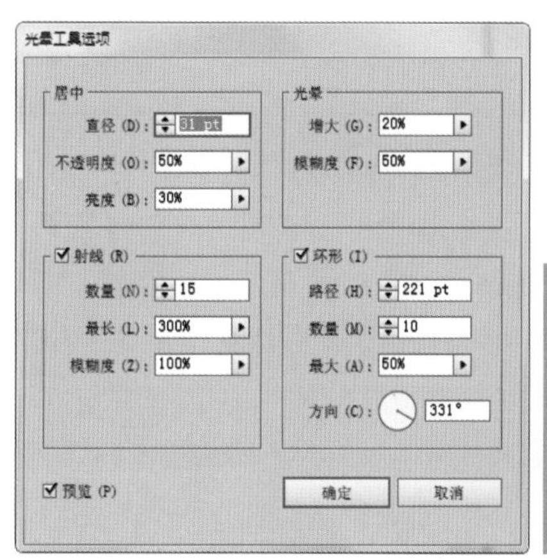

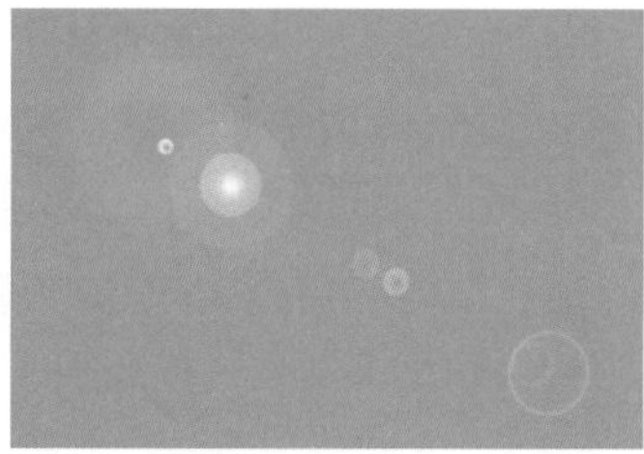

图3-34　“光晕工具选项”对话框

其中的参数含义如下。

- **居中：**设置光晕中心的光环。“直径”用来指定光晕中心光环的大小；“不透明度”用来指定光晕中心光环的不透明度，值越小，越透明；“亮度”用来指定光晕中心光环的明亮程度，值越大，光环越亮。
- **光晕：**设置光环外部的光晕。“增大”用来指定光晕的大小，值越大，光晕越大；“模糊度”用来指定光晕的羽化柔和程度，值越大，光晕越柔和。
- **射线：**勾选该复选框，可以设置光环周围的射线。“数量”用来指定射线的数目；“最长”用来指定射线的最长值，以此来确定射线的变化范围；“模糊度”用来指定射线的羽化柔和程度，值越大，射线越柔和。
- **环形：**设置外部光环及尾部方向的光环。“路径”用来指定尾部光环的偏移数值；“数量”用来指定光圈的数量；“最大”用来指定光圈的最大值，以此来确定光圈的变化范围；“方向”用来设置光圈的方向，可以直接在文本框中输入数值，也可以拖动其左侧的指针来调整光圈的方向。

3.7 矩形网格工具

“矩形网格工具”可以快速绘制网格，具体的绘制方法可以分为拖曳绘制和精确绘制两种。

1. 拖曳绘制

方法是选择“矩形网格工具”，在页面中按住鼠标左键向对角处拖曳鼠标，松开鼠标后即可绘制一个矩形网格，系统默认的是6行6列的网格，如图3-35所示。

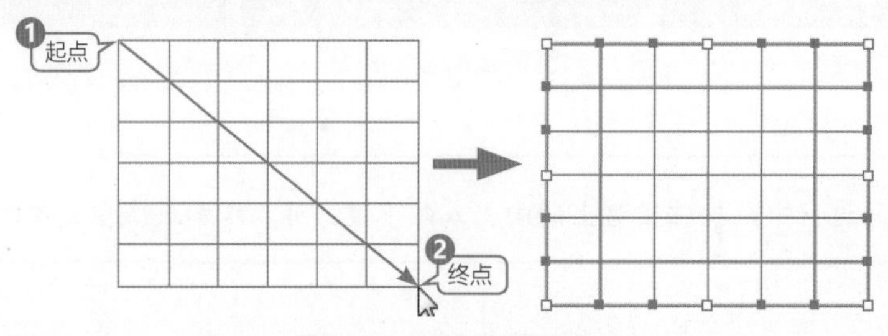

图3-35　绘制矩形网格

技　巧

在绘制矩形网格时，按住Shift键可以绘制正方形网格；按住Alt键可以绘制以单击点为中心并向两边延伸的网格；按住Shift+Alt键可以绘制以单击点为中心并向两边延伸的正方形网格；按住空格键可以移动网格；按住向上方向键或向下方向键，可以增加或删除水平线段；按住向右方向键或向左方向键，可以增加或删除垂直线段；按住F键可以让水平分隔线的对数偏斜值减少10%；按住V键可以让水平分隔线的对数偏斜值增加10%；按住X键可以让垂直分隔线的对数偏斜值减少10%；按住C键可以让垂直分隔线的对数偏斜值增加10%；按住~键可以绘制多个网格；按住Alt+~键可以绘制多个以单击点为中心并向两端延伸的网格。

2. 精确绘制

选择工具箱中的“矩形网格工具”，在页面中的合适位置单击鼠标左键，系统会打开如图3-36所示的“矩形网格工具选项”对话框，设置参数后单击“确定”按钮，即可绘制精确的矩形网格。

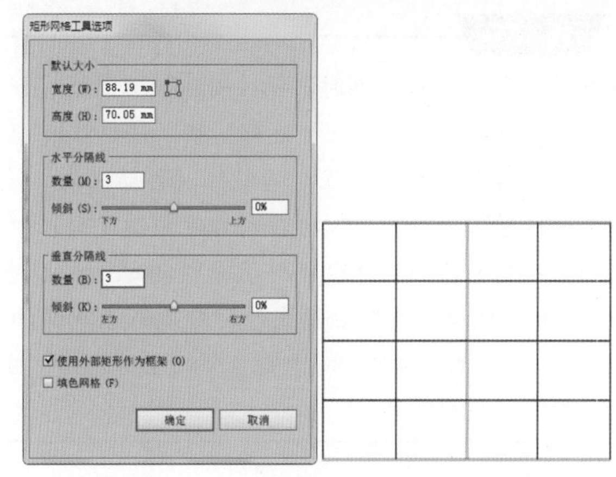

图3-36　“矩形网格工具选项”对话框

其中的参数含义如下。

- **默认大小：** 设置网格整体的大小。“宽度”用来指定整个网格的宽度；“高度”用来指定整个网格的高度；“基准点”用来设置绘制网格时的参考点，就是确认单击时的起始位置位于网格的哪个角。
- **水平分隔线：** 在“数量”文本框中输入在网格上下之间出现的水平分隔线数目；“倾斜”用来决定水平分隔线偏向上方或下方的偏移量，如图3-37所示。

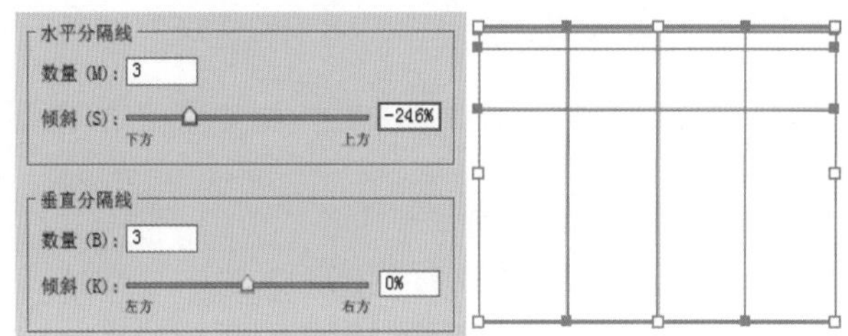

图3-37　水平分隔线

- **垂直分隔线：** 在“数量”文本框中输入在网格左右之间出现的垂直分隔线数目；“倾斜”用来决定垂直分隔线偏向左方或右方的偏移量，如图3-38所示。
- **使用外部矩形作为框架：** 将外部矩形作为框架使用，决定是否用一个矩形对象取代上、下、左、右的线段。
- **填色网格：** 勾选该复选框，使用当前的填充色填满网格线，否则填充色就会被设定为无。

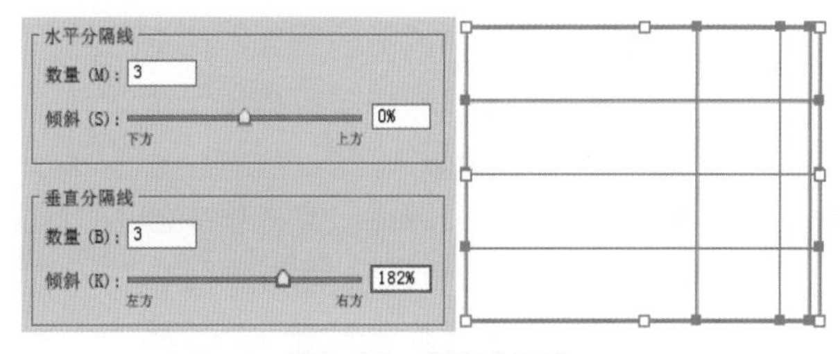

图3-38　垂直分隔线

3.8　极坐标网格工具

“极坐标网格工具”可以快速绘制类似统计图表的极坐标网格，具体的绘制方法可以分为拖曳绘制和精确绘制两种。

1. 拖曳绘制

方法是选择“极坐标网格工具”，在页面中按住鼠标左键向对角处拖曳鼠标，达到满意效果后松开鼠标，即可得到一个极坐标网格，如图3-39所示。

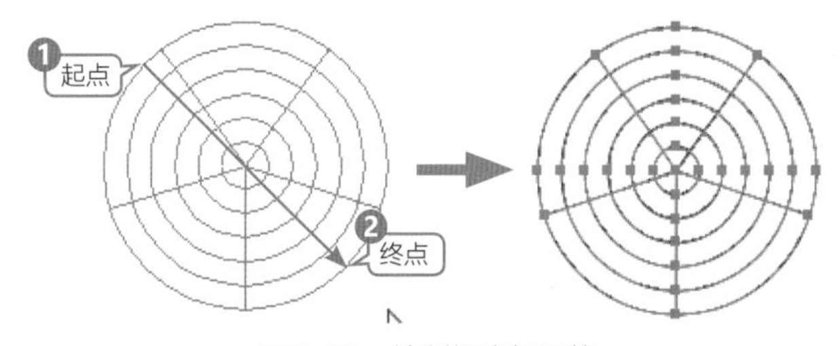

图3-39　绘制极坐标网格

技　巧

在绘制极坐标网格时，按住Shift键可以绘制正圆形极坐标网格；按住Alt键可以绘制以单击点为中心并向两边延伸的极坐标网格；按住Shift+Alt键可以绘制以单击点为中心并向两边延伸的正圆形极坐标网格；按住空格键可以移动极坐标网格；按住向上方向键或向下方向键，可以增加或删除同心圆分割线；按住向右方向键或向左方向键，可以增加或删除径向分割线；按住F键可以让径向分隔线的对数偏斜值减少10%；按住V键可以让径向分隔线的对数偏斜值增加10%；按住X键可以让同心圆分隔线的对数偏斜值减少10%；按住C键可以让同心圆分隔线的对数偏斜值增加10%；按住~键可以绘制多个极坐标网格；按住Alt+~键可以绘制多个以单击点为中心并向两端延伸的极坐标网格。

2. 精确绘制

选择工具箱中的“极坐标网格工具”，在页面中的合适位置单击鼠标左键，系统会打开如图3-40所示的“极坐标网格工具选项”对话框，设置参数后单击“确定”按钮，即可绘制精确的极坐标网格。

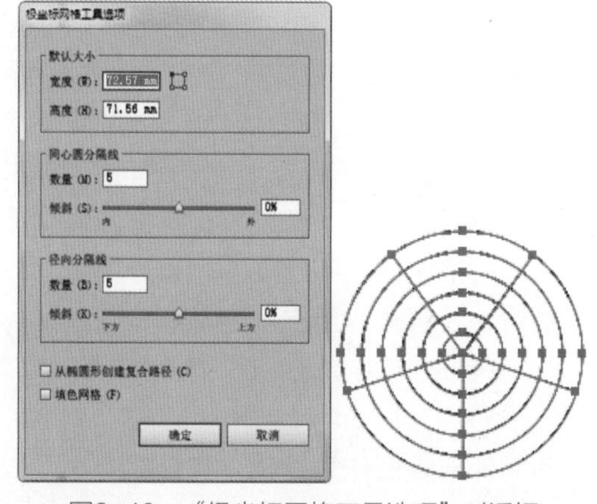

图3-40　“极坐标网格工具选项”对话框

其中的参数含义如下。

- **默认大小：**设置极坐标网格的大小。“宽度”用来指定极坐标网格的宽度；“高度”用来指定极坐标网格的高度；“基准点”用来设置绘制极坐标网格时的参考点，就是确认单击时的起始位置位于极坐标网格的哪个角点位置。
- **同心圆分隔线：**在“数量”文本框中输入在网格中出现的同心圆分隔线数目；在“倾斜”文本框中输入向内或向外偏移的数值，以决定同心圆分隔线偏向网格内侧或外侧的偏移量，如图3-41所示。

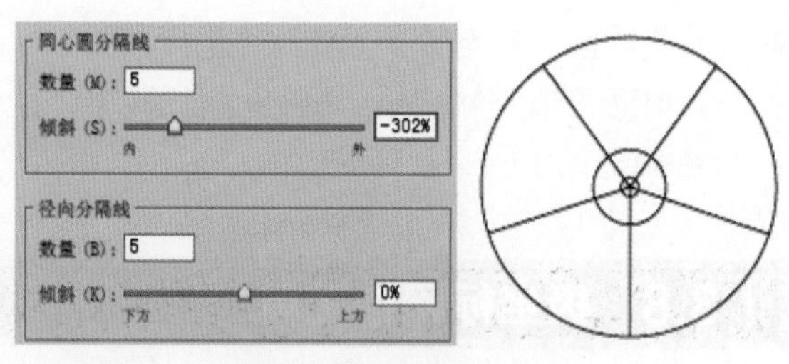

图3-41　同心圆分割线

- **径向分隔线：**在“数量”文本框中输入在网格中出现的径向分隔线数目；在“倾斜”文本框中输入向下方或向上方偏移的数值，以决定径向分隔线偏向网格顺时针或逆时针方向的偏移量，如图3-42所示。

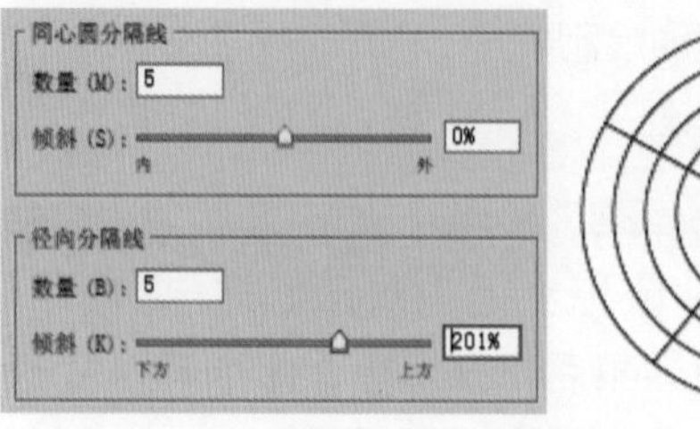

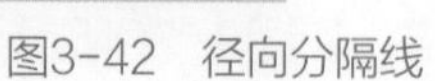

图3-42　径向分隔线

- **从椭圆形创建复合路径：**根据椭圆形建立复合路径，可以将同心圆转换为单独的复合路径，而且每隔一个圆就填色。勾选与不勾选该复选框，填充效果对比如图3-43所示。

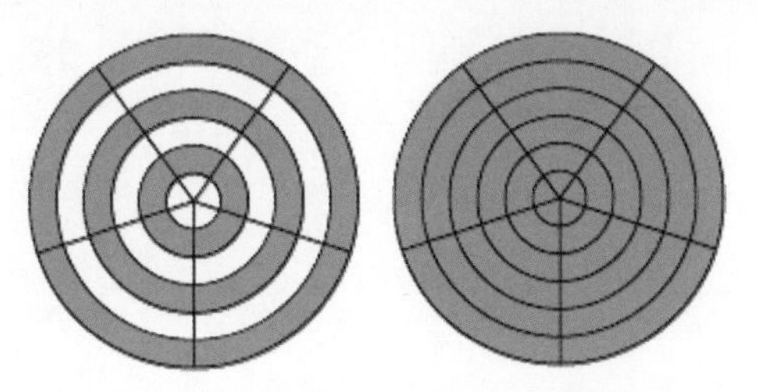

图3-43　勾选与不勾选的效果对比

3.9　综合练习：绘制 WC 指示小人

由于篇幅所限，综合练习只介绍技术要点和制作流程，具体的操作步骤请观看视频教程学习。

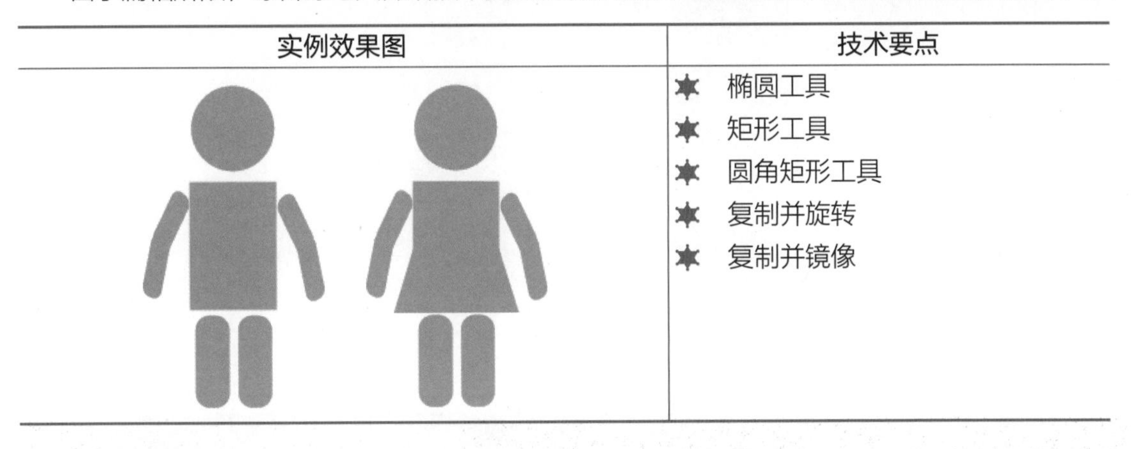

实例效果图	技术要点
	✱ 椭圆工具 ✱ 矩形工具 ✱ 圆角矩形工具 ✱ 复制并旋转 ✱ 复制并镜像

操作流程：

STEP 1 新建一个空白文档，使用“椭圆工具”绘制正圆。

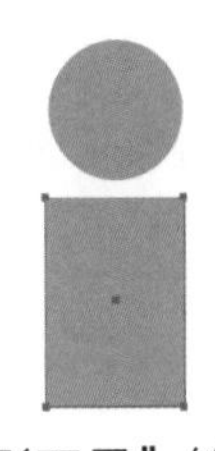

STEP 2 使用“矩形工具”绘制矩形。

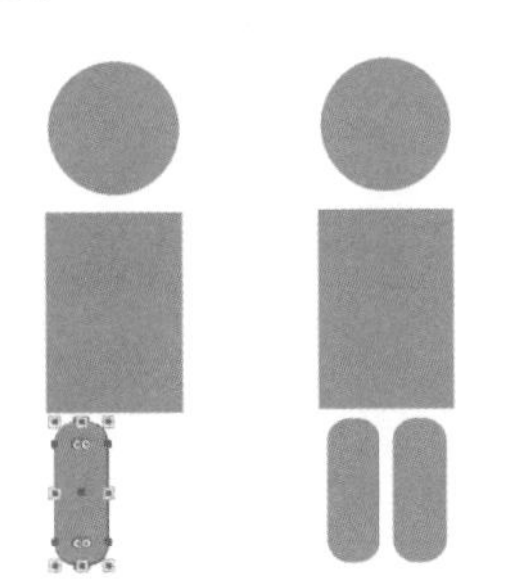

STEP 3 使用“圆角矩形工具”绘制两个圆角矩形。

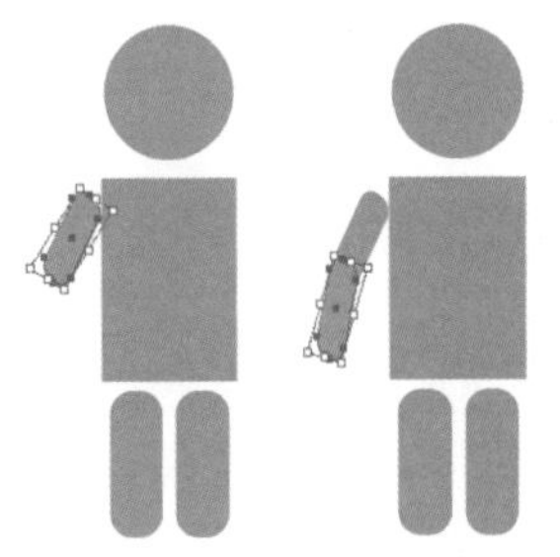

STEP 4 复制圆角矩形，移动位置缩小后并进行旋转。

STEP 5 复制胳膊，将其进行镜像调整。

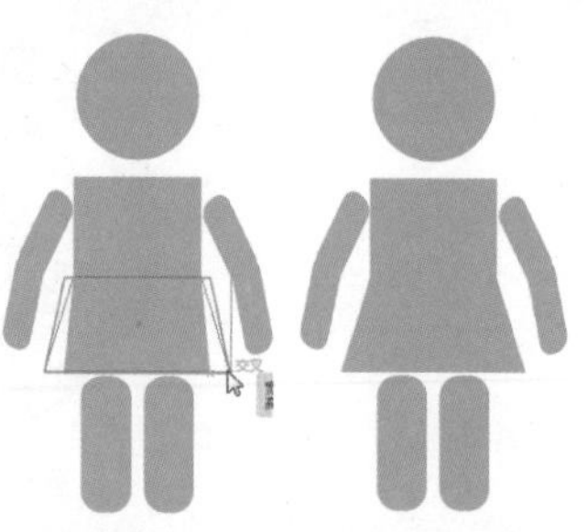

STEP 6 复制矩形，使用“自由变换工具”调整为透视矩形，将其作为裙子。

STEP 7 至此本例制作完毕。

3.10 练习与习题

1. 练习

练习几何工具的使用。

2. 习题

(1) 使用“矩形工具”绘制矩形的过程中，按住哪个键可以绘制正方形？

A. Shift　　B. Alt　　C. Ctrl　　D. Tab

(2) 使用“椭圆工具”绘制椭圆的过程中，按住哪个组合键可以绘制以单击点为中心的正圆形？

A. Shift+Alt　　B. Shift+Ctrl　　C. Ctrl+V　　D. Shift+PgUp

第4章

线与曲线的绘制工具 

在日常生活中使用绘图工具可以很容易地绘制出直线、曲线，如直尺、圆规等。使用Illustrator CC软件如何绘制直线、曲线呢？本章将为大家具体讲解线形与曲线工具的应用。

4.1 路径基础知识 

任何一款矢量图形软件的绘图基础都是建立在对路径和锚点的操作之上的，Illustrator最吸引人之处就在于它能够把非常简单的、常用的几何图形组合起来并做色彩处理，生成具有奇妙形状和丰富色彩的图形。任何矢量图形都离不开路径和锚点。本节重点介绍Illustrator CC中的各种路径和锚点。

4.1.1 认识路径

在Illustrator CC中绘制的路径由一个或多个直线或曲线线段组成。每个线段的起点和终点都有锚点标记。路径可以是闭合的，也可以是开放的并具有不同的端点，还可以是多个路径组成的复合路径。

1. 闭合路径

闭合路径指的是起点与终点相重合的路径，也可以是圆形、星形、多边形等等，如图4-1所示。

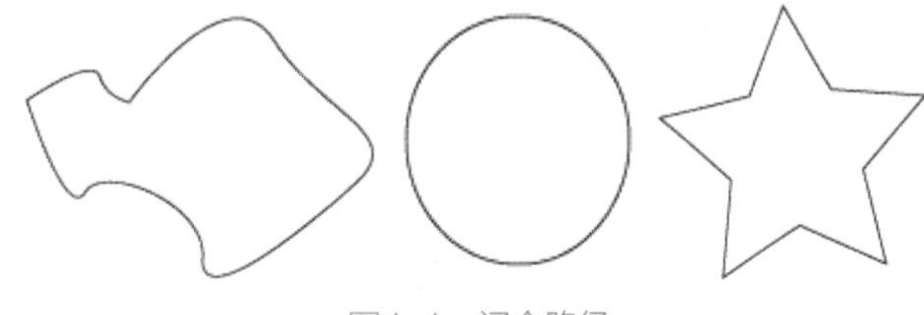

图4-1　闭合路径

2. 开放路径

开放路径指的是终点与起点没有重合的曲线或图形，如果要将其进行填充，可以默认在起点与终点之间绘制一条连接线，如图4-2所示。

图4-2　开放路径

3. 复合路径

复合路径是一种较为复杂的路径对象，它是由两个或多个开放或封闭的路径组成，可以通过执行菜单“对象”/“复合路径”/“建立”命令来制作复合路径，也可以利用菜单“对象”/“复合路径”/“释放”命令将复合路径释放。

4.1.2 认识锚点

在Illustrator CC中的锚点也叫节点，是用来调整路径形状的重要组成部分，移动锚点位置就可以改变路径的形状，如图4-3所示。

在Illustrator CC中的锚点属性可分为“平滑点”和“尖角点”两种，如图4-4所示。

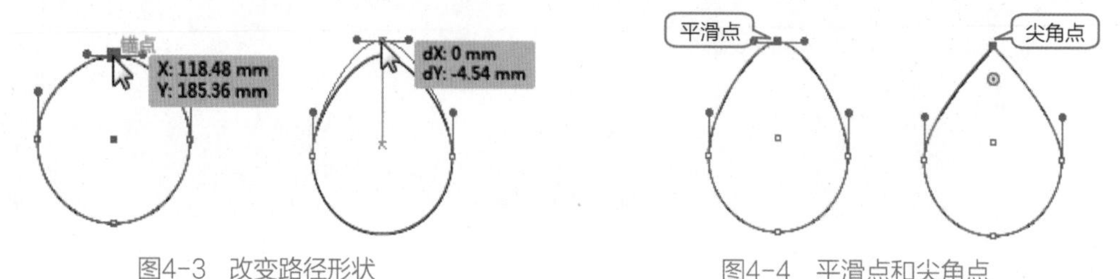

图4-3　改变路径形状　　图4-4　平滑点和尖角点

1. 平滑点

在Illustrator CC中曲线对象使用最多的锚点就是平滑点，平滑点不会突然地改变方向，在平滑点某一侧或两侧将出现控制柄，而且控制柄是独立的，可以单独操作以改变路径曲线，有时平滑点的一侧是直线，另一侧是曲线。

2. 尖角点

在Illustrator CC中角点是指能够使通过它的路径的方向发生突然改变的锚点。如果在锚点上两条直线相交成一个明显的角度，这种锚点就是尖角点，尖角点的两侧没有控制柄。

4.1.3 认识方向线和方向点

当选择连接曲线段的锚点或曲线段本身时，连接曲线段的锚点会显示由方向线构成的方向手柄。方向线的角度和长度决定曲线段的形状和大小。移动方向点将改变曲线形状。方向线不会出现在最终的输出中，如图4-5所示。

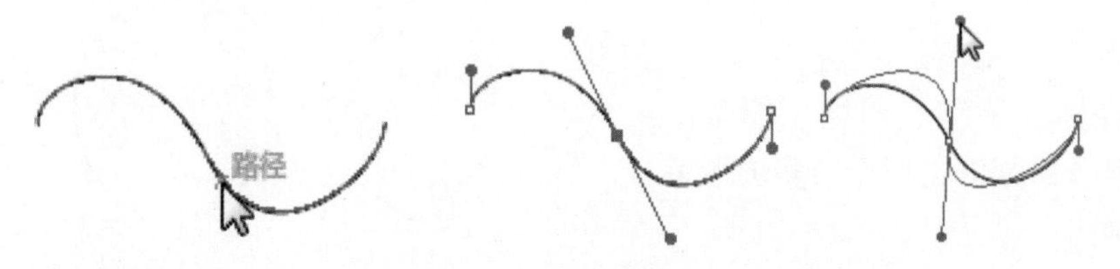

图4-5　方向线和方向点

平滑点始终有两条方向线，这两条方向线作为一条直线单元一起移动。当在平滑点上移动方向线时，将同时调整该点两侧的曲线段，以保持该锚点处的连续曲线。

相比之下，角点可以有两条、一条或者没有方向线，具体取决于它分别连接两条、一条还是没有连接曲线段。角点的方向线通过使用不同角度来保持拐角。当移动角点的方向线时，只调整与该方向线位于角点同侧的曲线，如图4-6所示。

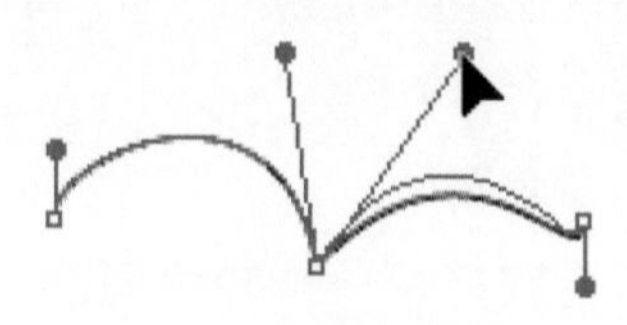

图4-6　角点调整

4.2　线形工具的使用

线形工具在Illustrator CC中被一起放置到一个工具组中，每个线形工具都有属于自己的线形属性，该组中的工具包括“直线段工具”、“弧形工具”和“螺旋线工具”。

4.2.1 直线段工具

“直线段工具”是Illustrator中一个用来绘制直线的工具，具体的绘制方法可以分为拖曳绘制和精确绘制两种。

1. 拖曳绘制

拖曳绘制直线的方法是选择工具箱中的“直线段工具”，在页面中按住鼠标左键随意拖曳鼠标，松开鼠标后即可绘制一条直线段，如图4-7所示。

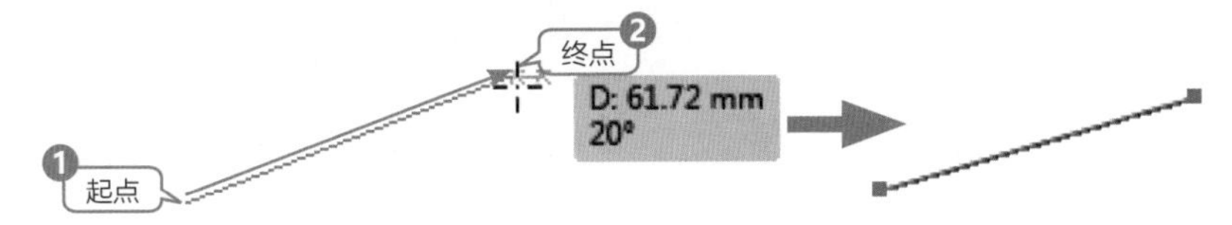

图4-7　绘制直线段

技　巧

在使用“直线段工具”绘制直线的过程中，按住Shift键可以绘制一条水平或垂直的直线段，改变角度时绘制的直线段会以45°为夹角进行增减来确定绘制的直线段的角度；按住Alt键可以以单击点为中心向两端进行延伸绘制直线段。

2. 精确绘制

选择工具箱中的“直线段工具”，在页面空白处单击鼠标左键，系统会打开如图4-8所示的“直线段工具选项”对话框，设置“长度”与“角度”，单击“确定”按钮，即可绘制精确的直线段。

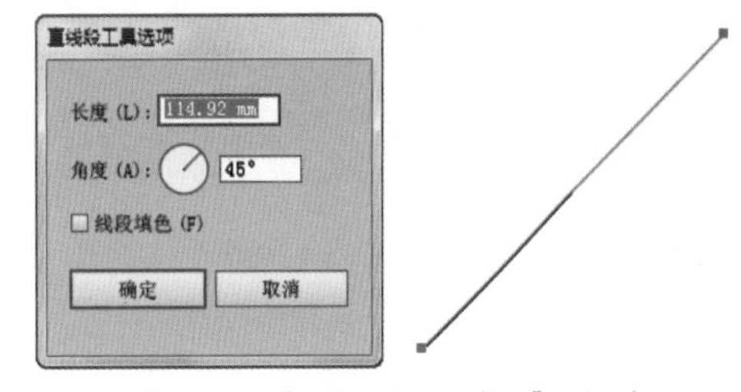

图4-8　“直线段工具选项”对话框

4.2.2 弧形工具

“弧形工具”是Illustrator中一个用来绘制任意弧形和弧线的工具，使用方法与“直线段工具”类似，具体的绘制方法可以分为拖曳绘制和精确绘制两种。

1. 拖曳绘制

拖曳绘制弧线的方法是选择工具箱中的“弧形工具”，在页面中按住鼠标左键随意拖动，松开鼠标后即可绘制一条弧线，如图4-9所示。

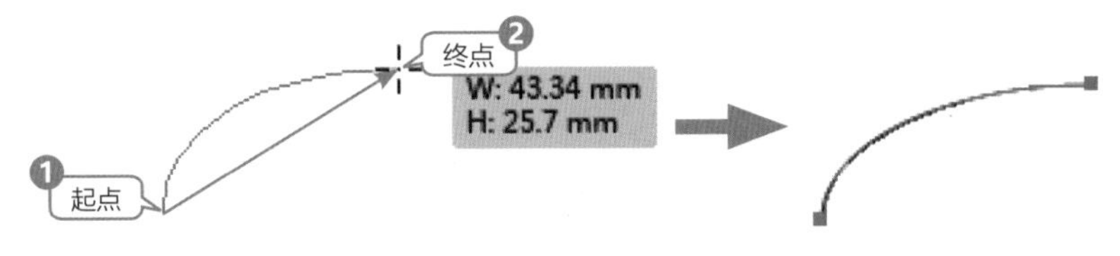

图4-9　绘制弧线

技 巧

在绘制弧形或弧线的同时按住空格键可以移动弧形或弧线的位置；按住Alt键可以绘制以单击点为中心向两边延伸的弧形或弧线；按住~键可以绘制多条弧线或多个弧形；按住Alt+~键可以绘制多个以单击点为中心并向两端延伸的弧形或弧线。在绘制的过程中，按C键可以在开启和封闭弧形间切换；按F键可以在原点维持不动的情况下翻转弧形；按向上方向键或向下方向键，可以增加或减少弧形角度。

2. 精确绘制

选择工具箱中的“弧形工具”，在页面空白处单击鼠标左键，系统会打开如图4-10所示的“弧线段工具选项”对话框，设置各项参数，单击“确定”按钮，即可绘制精确的弧线段。

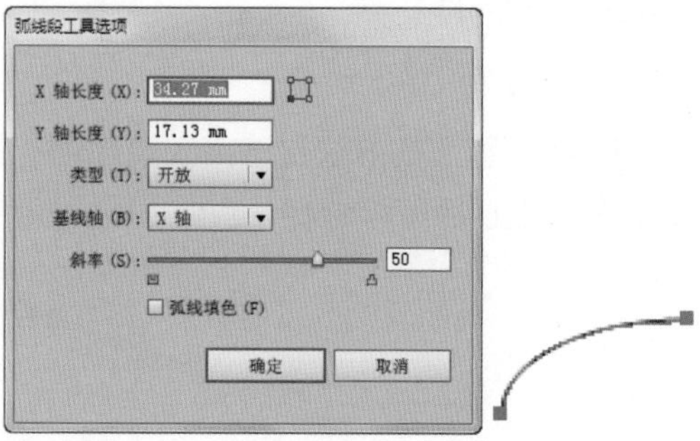

图4-10　“弧线段工具选项”对话框

其中的参数含义如下。

- **X轴长度：** 文本框中输入弧线水平长度值。
- **Y轴长度：** 文本框中输入弧线垂直长度值。
- **“基准点”：** 设置弧线的基准点。
- **类型：** 下拉列表中选择弧线为开放路径或封闭路径。
- **基线轴：** 下拉列表中选择弧线方向，指定X轴(水平)或Y轴(垂直)基准线。
- **斜率：** 指定弧线斜度的方向，负值偏向“凹”方，正值偏向“凸”方，也可以直接拖动下方的滑块来确定斜率。
- **弧线填色：** 勾选该复选框，绘制的弧线将自动填充颜色。

上机实战　通过弧形工具绘制装饰画

STEP 1 新建空白文档，在工具箱中选择“弧形工具”，在页面中单击鼠标左键，打开“弧线段工具选项”对话框，设置“斜率”为-78，如图4-11所示。

STEP 2 设置完毕后单击“确定”按钮，将“描边”设置为“红色”，在页面中选择一点后按住~键，按照如图4-12所示的路径绘制花朵。

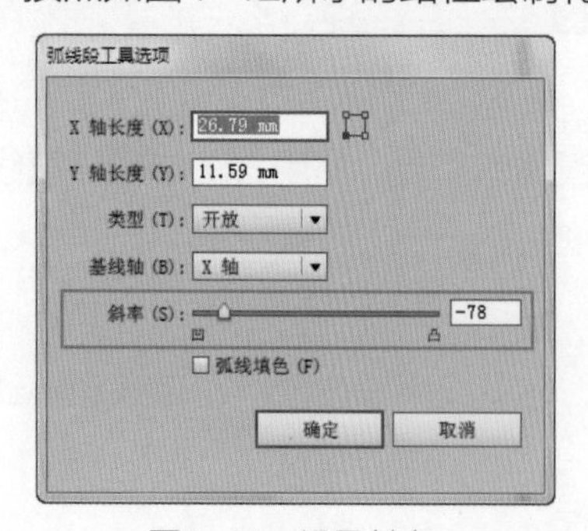

图4-11　设置斜率

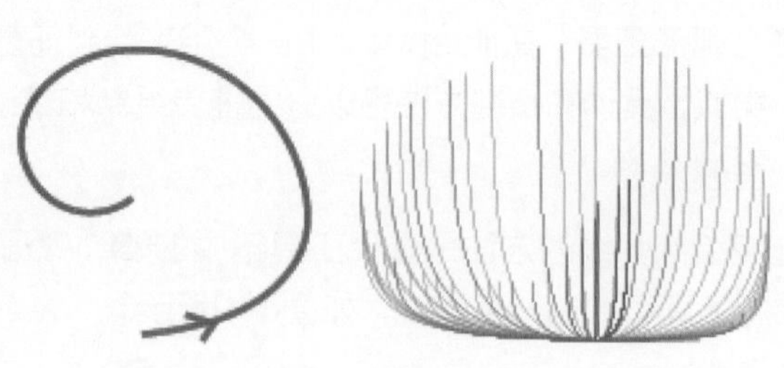

图4-12　绘制花朵

STEP 3 框选花朵，按住Alt键后向另一处移动，松开鼠标会复制一个副本，如图4-13所示。

STEP 4 按Ctrl+G键进行编组，拖动控制点将副本缩小并移动到花朵底部，如图4-14所示。

STEP 5 使用“弧形工具”在花朵底部向下垂直拖曳，绘制一条弧线，如图4-15所示。

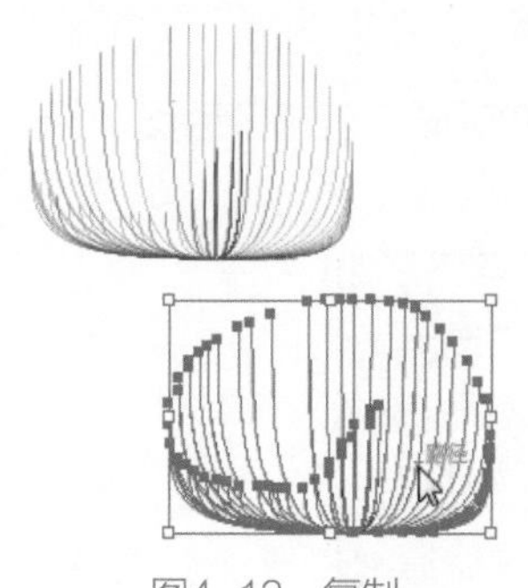

图4-13　复制

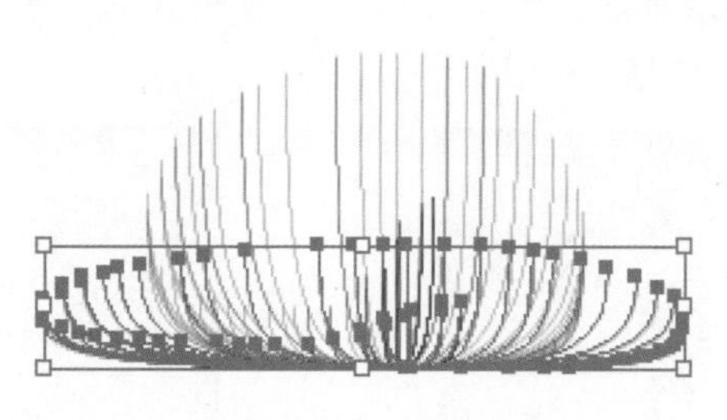

图4-14　调整

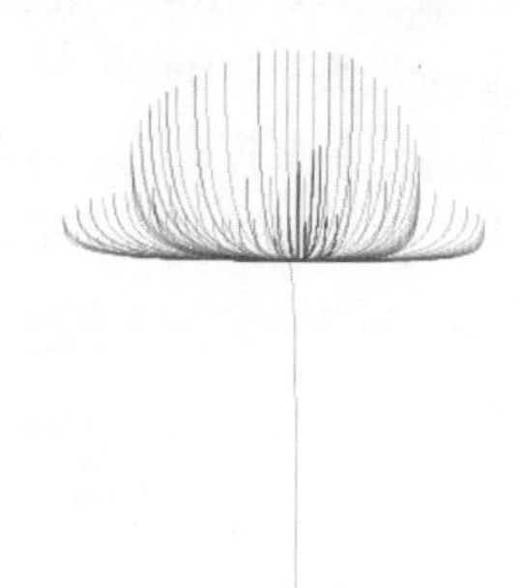

图4-15　绘制弧线

STEP 6 在属性栏中设置“描边”粗细为3pt，如图4-16所示。

STEP 7 在茎杆处按住~键的同时使用“弧形工具”绘制多条弧线，如图4-17所示。

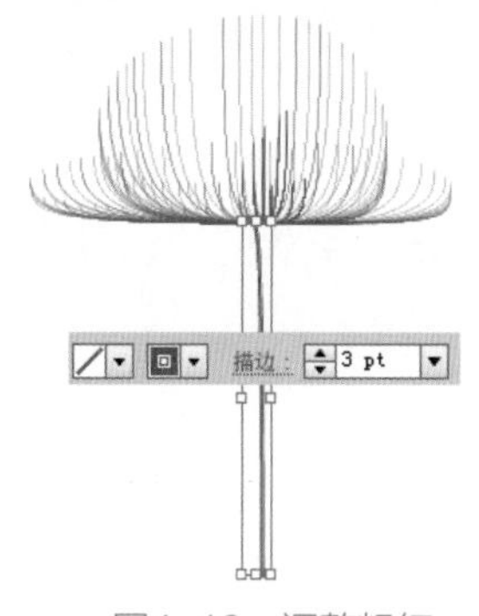

图4-16　调整粗细

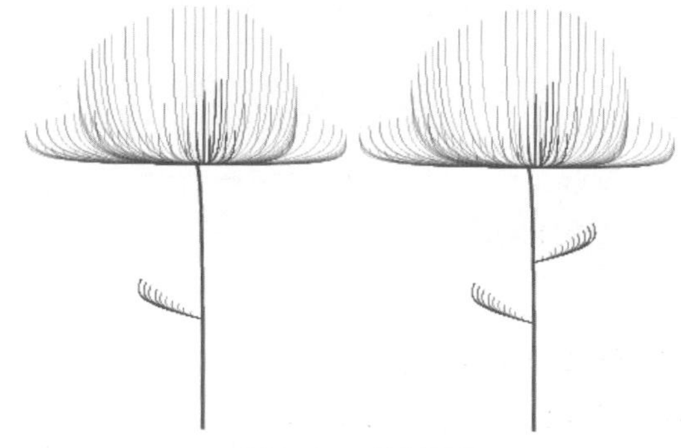

图4-17　绘制弧线

STEP 8 执行菜单“窗口”/“符号”命令，打开“符号”面板，单击“符号库菜单”按钮，在弹出的下拉菜单中选择“自然”命令，打开“自然”面板，如图4-18所示。

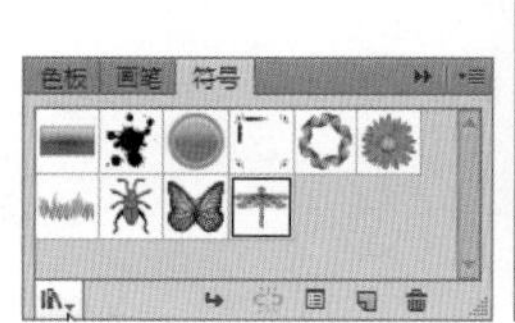

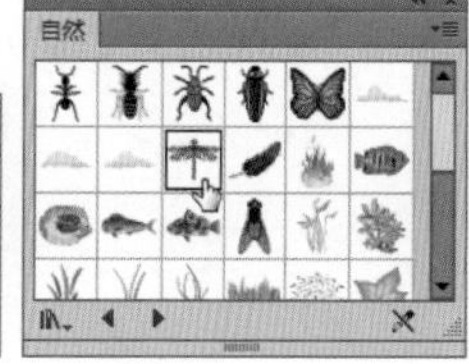

图4-18　面板

STEP 9 在“自然”面板中选择“蜻蜓”符号，将其拖曳到花朵上，调整大小和位置，如图4-19所示。

STEP 10 在“自然”面板中选择“草”符号，将其拖曳到花朵根茎处，调整大小和位置，如图4-20所示。

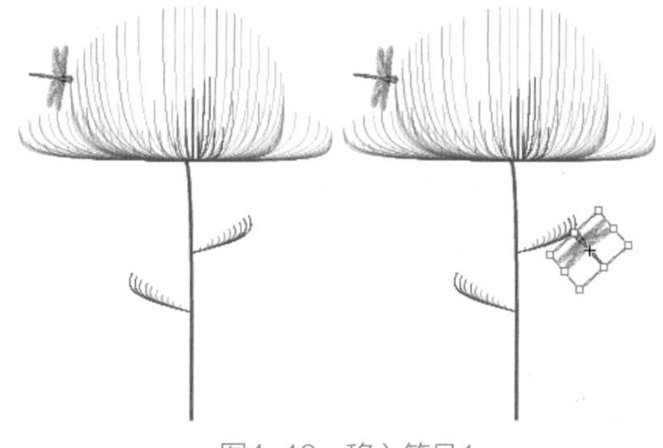

图4-19　移入符号1

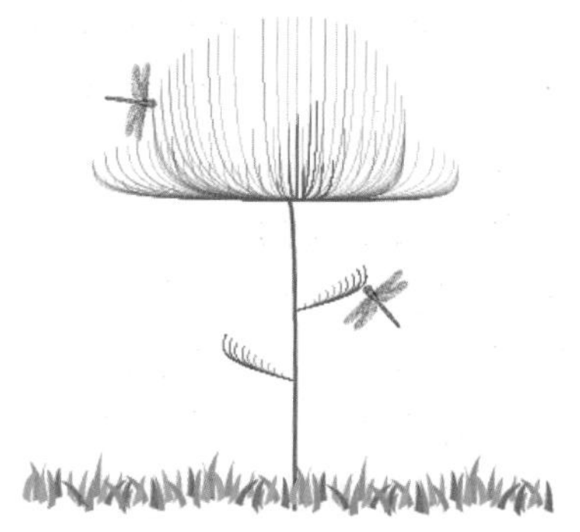

图4-20　移入符号2

STEP 11 使用"矩形工具"在页面中绘制一个"描边"为"红色""填充"为"青色"的矩形，如图4-21所示。

STEP 12 选择矩形，执行菜单"对象"/"排列"/"置于底层"命令，将矩形移至花朵后面，至此本次上机实战制作完毕，效果如图4-22所示。

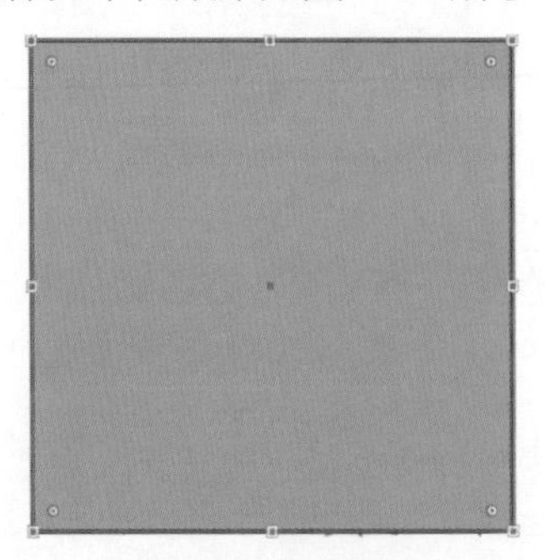

图4-21　绘制矩形

图4-22　最终效果

4.2.3 螺旋线工具

"螺旋线工具"是Illustrator中一个用来绘制螺旋状图形的工具，具体的绘制方法可以分为拖曳绘制和精确绘制两种。

1. 拖曳绘制

拖曳绘制螺旋线的方法是选择工具箱中的"螺旋线工具"，在页面中按住鼠标左键随意拖动，松开鼠标后即可绘制一条螺旋线，如图4-23所示。

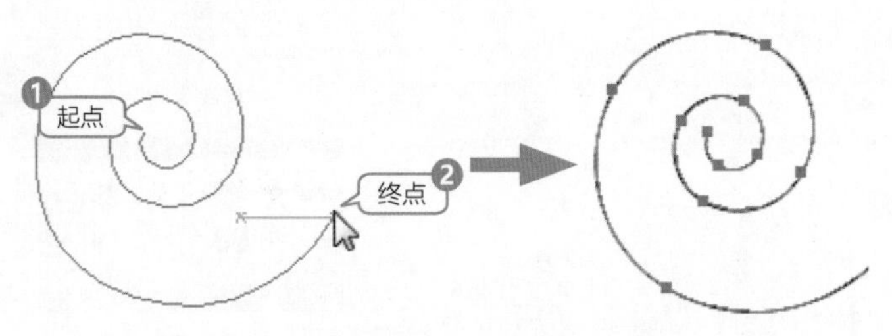

图4-23　绘制螺旋线

2. 精确绘制

选择工具箱中的"螺旋线工具"，在页面空白处单击鼠标左键，系统会打开如图4-24所示的"螺旋线"对话框，设置各项参数，单击"确定"按钮，即可绘制精确的螺旋线。

其中的参数含义如下。

- **半径：** 设置螺旋线的半径。
- **衰减：** 设置螺旋线间距的衰减比例。
- **段数：** 设置组成螺旋线弧线的个数。
- **样式：** 设置绘制螺旋线的样式，包括对称式和对数式。

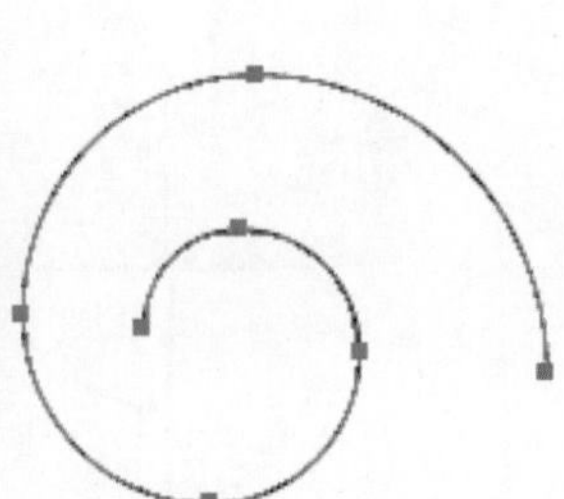

图4-24　"螺旋线"对话框

4.3　钢笔工具绘制及编辑路径

“钢笔工具”是Illustrator CC中一个专门绘制直线与曲线的工具，而且还能在绘制过程中添加和删除锚点，方法是选择“钢笔工具”，在页面中单击鼠标左键，移动到另一位置单击，即可绘制直线，如果在第二点按住鼠标拖动，会得到一条与前一点形成的曲线，按回车键完成绘制，如图4-25所示。

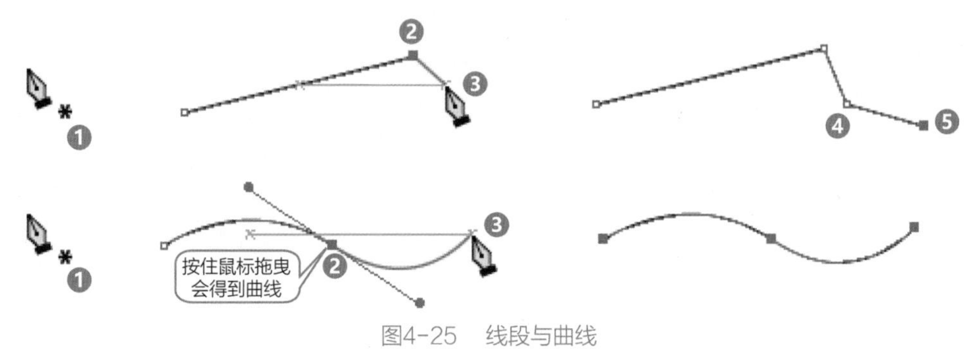

图4-25　线段与曲线

技　巧

如果想结束路径的绘制，按住Ctrl键的同时在路径以外的空白处单击鼠标，即可取消绘制；在绘制直线时，按住Shift键的同时单击，可以绘制水平、垂直或成45°的直线；在绘制过程中，按住空格键可以移动锚点的位置；按住Alt键可以将两个控制柄分离成为独立的控制柄。

4.3.1 接续直线与曲线

使用“钢笔工具”在页面中绘制一条直线线段后，将鼠标指针移到线段的末端锚点上，此时光标变为形状，如图4-26所示。单击鼠标会将新线段与之前的线段末端相连接，向另外方向拖曳鼠标单击，即可创建一个新的直线锚点，以此类推可以绘制连续的直线线段，如图4-27所示。

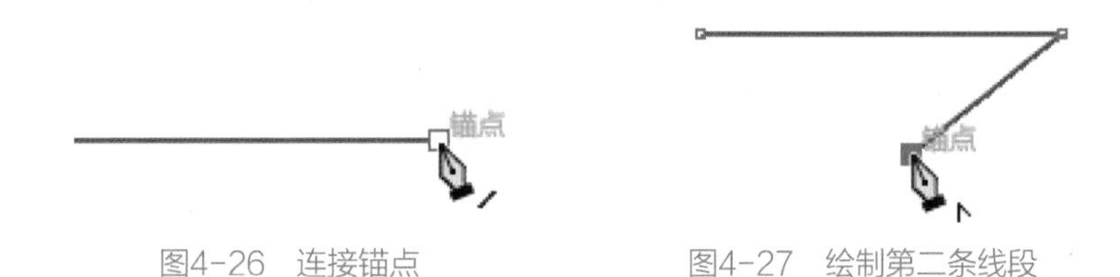

图4-26　连接锚点　　图4-27　绘制第二条线段

接续曲线的方法也是一样的，只是在绘制时需要按曲线的方式进行绘制。

上机实战　在直线上接续曲线

STEP 1 新建空白文档，在工具箱中选择“直线段工具”，在页面中选择一个起点后按下鼠标向另一处拖曳，绘制一条斜线，如图4-28所示。

STEP 2 在工具箱中选择“钢笔工具”，将鼠标指针移到斜线的末端锚点上，此时会发现鼠标指针变为形状，如图4-29所示。

STEP 3 单击鼠标，当鼠标指针变为形状时，拖曳鼠标到另一点，如图4-30所示。

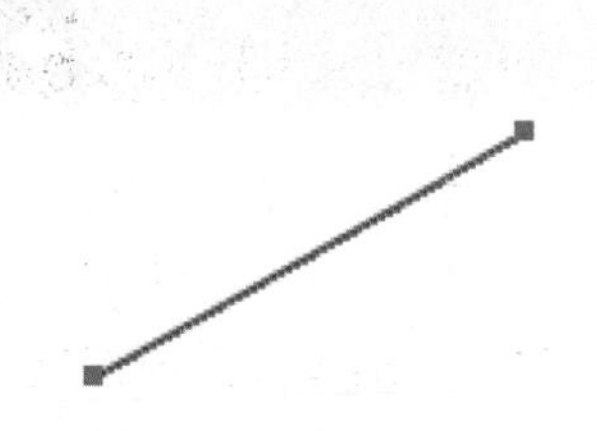
图4-28 绘制直线段

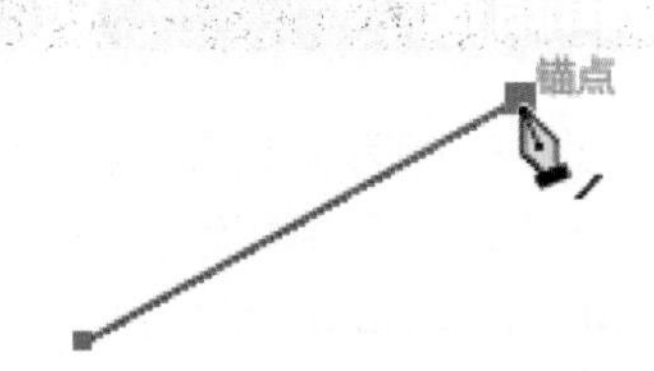

图4-29 选择接续点

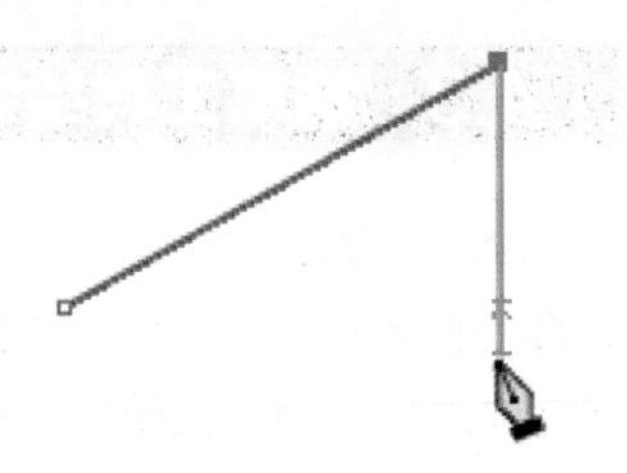
图4-30 接续后移动到另一点

STEP 4 按下鼠标向右下角拖曳，创建曲线，如图4-31所示。

STEP 5 曲线创建完毕后按回车键完成曲线的接续，如图4-32所示。

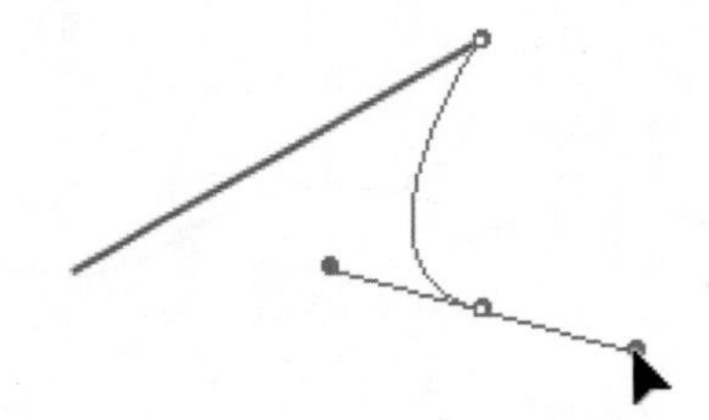
图4-31 创建曲线

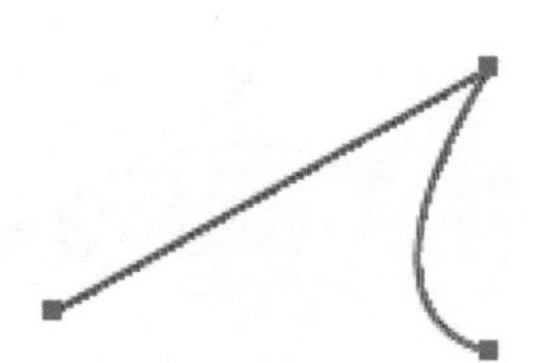
图4-32 接续曲线

4.3.2 使用钢笔工具绘制封闭路径

使用“钢笔工具”在页面中绘制多条线段或曲线时，当终点与起点相交时光标变为形状，此时单击鼠标会完成封闭路径的创建，如图4-33所示。

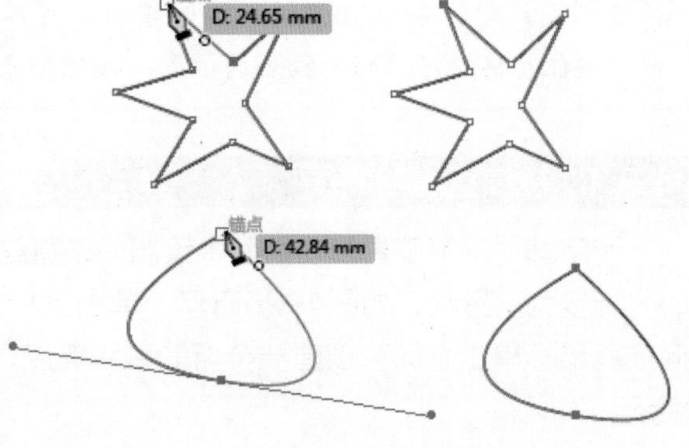

图4-33 封闭路径

4.3.3 添加与删除锚点

使用“钢笔工具”在页面中已经绘制的路径上单击，当选择点不是锚点时鼠标指针变为形状，系统会自动在此处添加一个锚点，如图4-34所示。当单击点正好处于锚点时，系统会自动将此处的锚点删除，如图4-35所示。

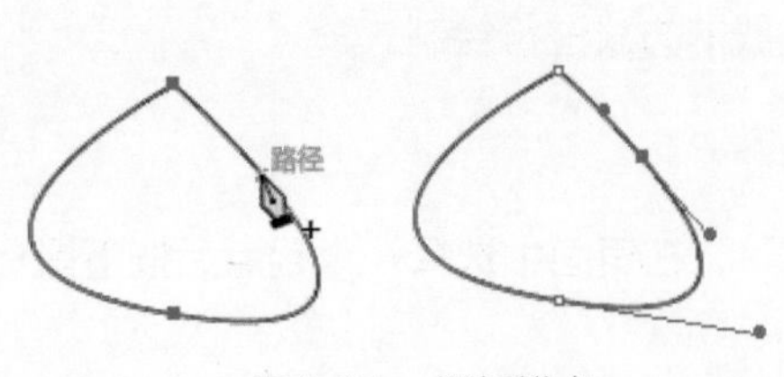

图4-34 添加锚点

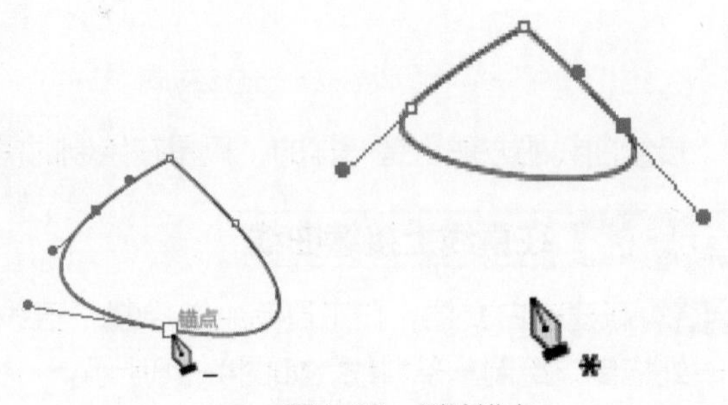

图4-35 删除锚点

4.4 曲率工具

“曲率工具”可以简化路径的创建，使绘图变得简单、直观。使用此工具可以创建、切换、编辑、添加或删除平滑点或角点。你无需在不同的工具之间来回切换，即可快速准确地处理路径，如图4-36所示。要结束绘制只要按Esc键即可。

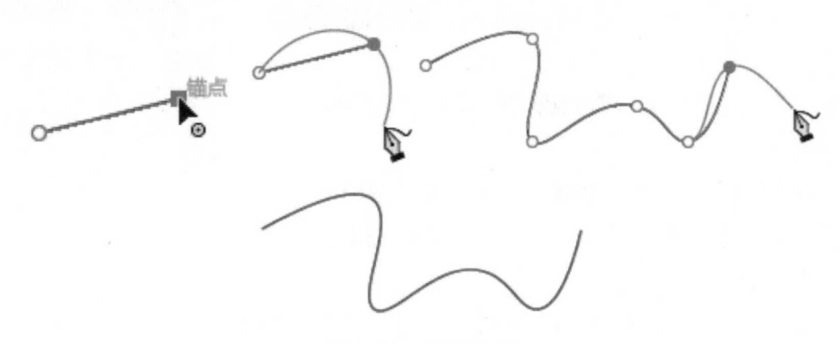

图4-36　创建路径

在画板上设置两个点，然后移动鼠标位置可以查看橡皮筋预览，会根据鼠标悬停位置显示生成路径的形状。使用鼠标拖放到某个位置，单击可以创建一个平滑点，如图4-37所示。要创建角点，请双击或者在单击的同时按 Alt 键，如图4-38所示。

图4-37　创建平滑点

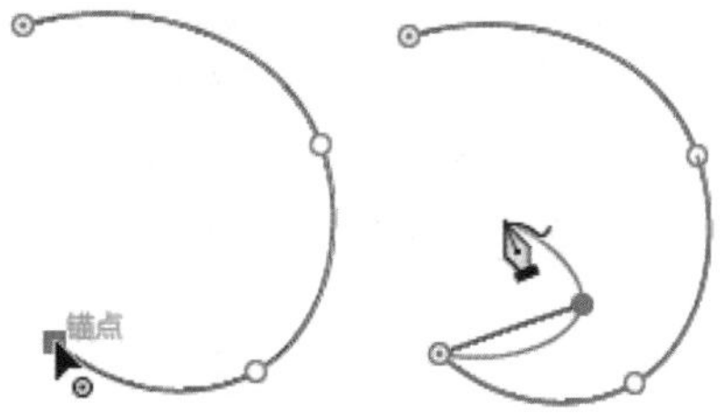

图4-38　创建角点

技 巧

默认情况下，工具中的橡皮筋功能已打开。要关闭该功能，请使用首选项设置。执行菜单“编辑”/“首选项 ”/“选择和锚点显示”命令，在打开的对话框中启用橡皮筋即可。

4.5 铅笔工具

使用“铅笔工具”可以绘制闭合路径或非闭合路径，就像使用铅笔在纸张上绘图一样。绘图时Illustrator CC可以创建锚点并将其放在路径上，绘制完毕后还可以调整这些锚点，如图4-39所示。

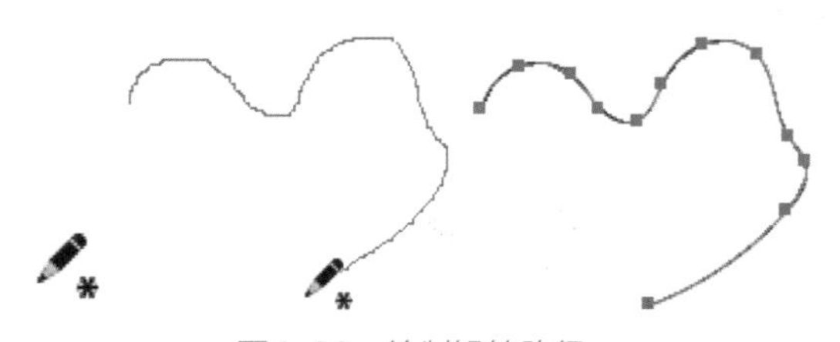

图4-39　绘制铅笔路径

4.5.1 设置铅笔工具参数

在工具箱中双击“铅笔工具”，即可打开“铅笔工具选项”对话框，如图4-40所示。

其中的参数含义如下。

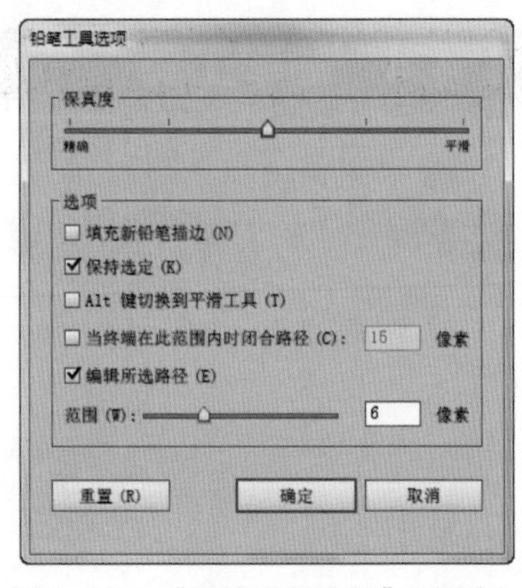

图4-40 “铅笔工具选项”对话框

- **保真度：**设置使用“铅笔工具”绘制曲线时路径上各点的精确度。值越小，路径越粗糙；值越大，路径越平滑且简单，取值范围为0.5～20像素之间。
- **填充新铅笔描边：**勾选该复选框，在使用“铅笔工具”绘制图形时，系统会根据当前填充颜色将铅笔绘制的图形进行填色。
- **保持选定：**勾选该复选框，将使“铅笔工具”绘制的曲线处于选中状态。
- **Alt键切换到平滑工具：**使用“铅笔工具”绘制曲线时，按住Alt键会自动将“铅笔工具”切换为“平滑工具”。
- **当终端在此范围内时闭合路径：**使用“铅笔工具”绘制曲线，起点和终点在设置的范围内时，松开鼠标会自动创建封闭路径。
- **编辑所选路径：**勾选该复选框，则可以编辑选中的曲线路径，可以使用“铅笔工具”来改变现有选中的路径，并可以在“范围”文本框中设置编辑范围。当“铅笔工具”与该路径之间的距离接近设置的数值时，即可对路径进行编辑修改。

4.5.2 绘制开放路径

在工具箱中选择“铅笔工具”，在页面中选择起始点，当光标变为形状时，按住鼠标拖曳，得到自己需要的路径时松开鼠标，即可得到一个开放的路径，如图4-41所示。

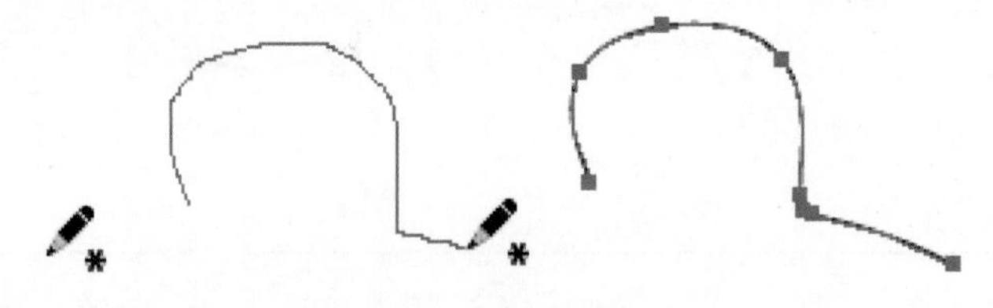
图4-41 绘制开放路径

4.5.3 绘制封闭路径

在工具箱中选择“铅笔工具”，在页面中选择起始点，当光标变为形状时，按住鼠标拖曳，将终点拖曳到起点，鼠标指针变为形状时松开鼠标，即可得到一个封闭的路径，如图4-42所示。

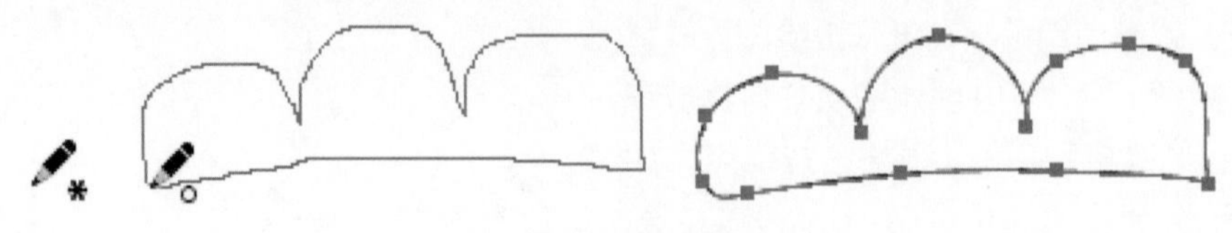
图4-42 绘制封闭路径

技　巧

在绘制过程中，必须是先绘制再按Alt键；当绘制完成时，要先释放鼠标再释放Alt键。这也是大部分辅助键的使用技巧。另外，如果此时"铅笔工具"并没有返回到起点位置，在中途按Alt键并释放鼠标，系统会沿起点与当前铅笔位置自动连接一条线将其封闭。

4.5.4 改变路径形状

如果对绘制的路径不满意，还可以使用"铅笔工具"快速修改路径。首先要确认路径处于选中状态，将光标移动到路径上，当光标变成形状时，按住鼠标按自己的需要重新绘制图形，绘制完成后释放鼠标，即可看到路径的修改效果，如图4-43所示。

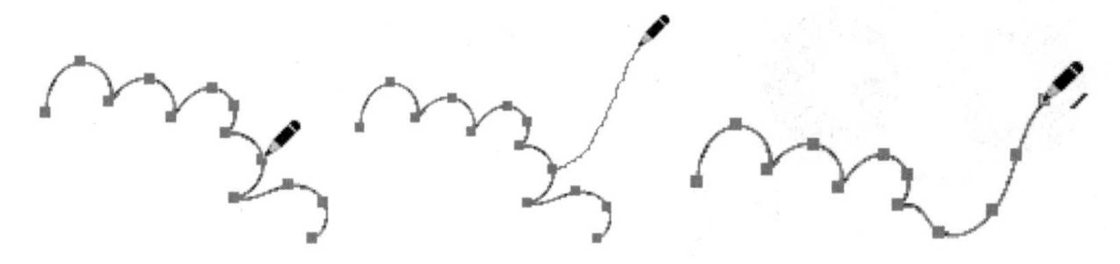

图4-43　改变路径形状

4.5.5 将封闭路径转换为开放路径

使用"铅笔工具"还可以将封闭路径转换为开放路径，首先选择要修改的封闭路径，将光标移动到封闭路径上，当光标变成形状时，按住鼠标向路径的外部或内部拖动，当到达满意的位置后释放鼠标，即可将封闭路径转换为开放路径，如图4-44所示。

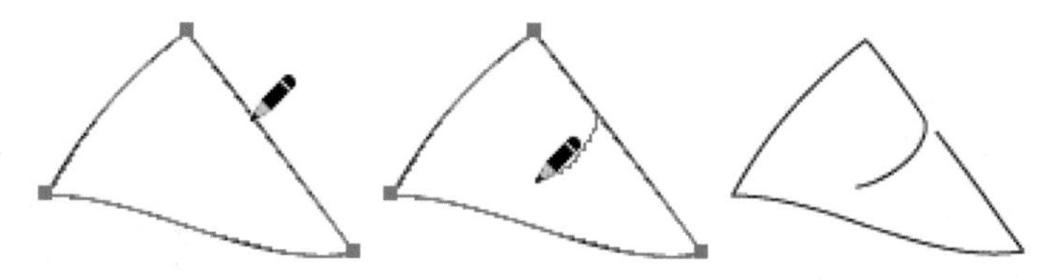

图4-44　将封闭路径转换为开放路径

4.5.6 将开放路径转换为封闭路径

使用"铅笔工具"还可以将开放路径转换为封闭路径，首先选择要修改的开放路径，将光标移动到开放路径的终点上，当光标变成形状时，按住鼠标向路径的起点处拖曳，当光标变为形状时松开鼠标，即可将开放路径转换为封闭路径，如图4-45所示。

图4-45　将开放路径转换为封闭路径

4.6 综合练习：绘制拖鞋超人

由于篇幅所限，综合练习只介绍技术要点和制作流程，具体的操作步骤请观看视频教程学习。

实例效果图	技术要点
	✱ 钢笔工具 ✱ 椭圆工具 ✱ 直线段工具 ✱ 添加锚点调整曲线 ✱ 复制并镜像 ✱ 直接选择工具

操作流程：

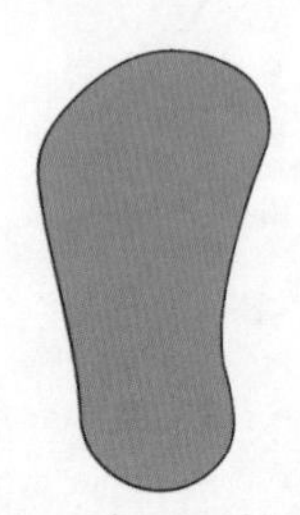

STEP 1 新建一个空白文档，使用“钢笔工具”绘制拖鞋底。

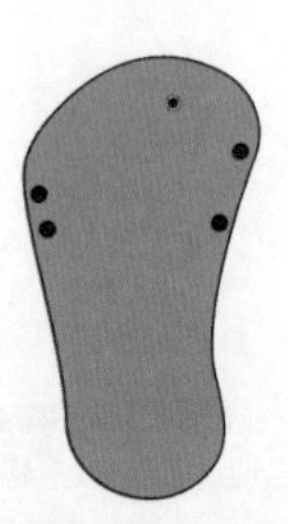

STEP 2 使用“椭圆工具”绘制椭圆形。

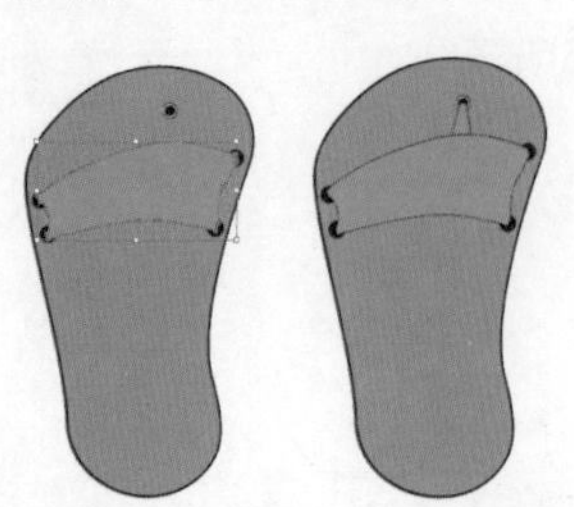

STEP 3 使用“钢笔工具”绘制图形，添加锚点后调整形状。

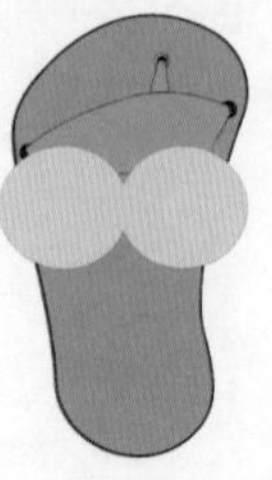

STEP 4 绘制正圆，将两个正圆合并为一体。

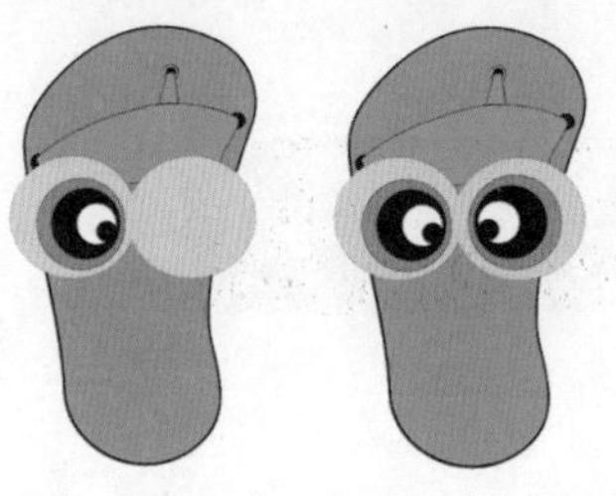

STEP 5 绘制正圆眼睛，复制副本移动位置。

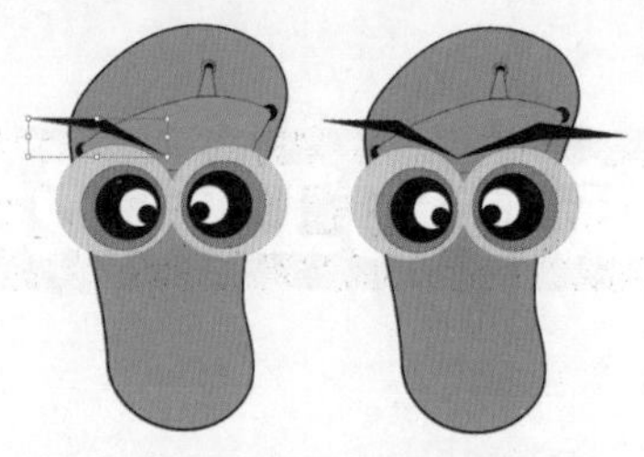

STEP 6 使用“钢笔工具”绘制眉毛。

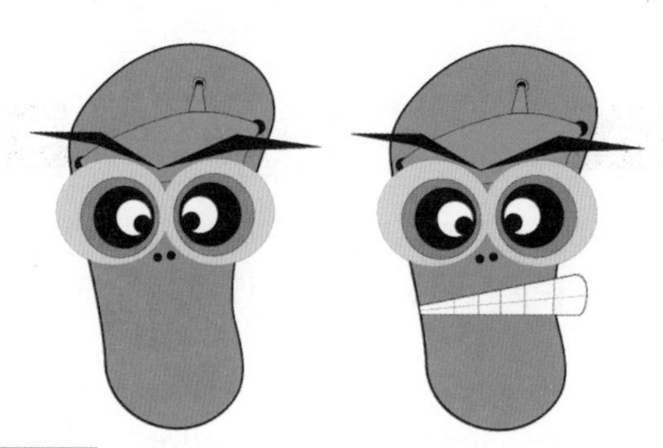

STEP 7 使用“椭圆工具”绘制鼻孔，使用“钢笔工具”绘制嘴巴，使用“直线段工具”绘制牙齿。

STEP 8 使用“钢笔工具”绘制手臂和腿，使用“椭圆工具”绘制手和脚，使用“直接选择工具”调整形状，至此本例制作完毕。

4.7　练习与习题

1. 练习

练习线条工具的使用。

2. 习题

(1) 使用“直线段工具”绘制直线的过程中，可以以单击点为中心向两端进行延伸绘制直线段，应该按住哪个键?

A. Shift　　B.Alt　　C. Ctrl　　D. Tab

(2) 使用“钢笔工具”绘制线条时，如果想结束绘制应该如何操作?

A. 按住Ctrl键的同时在路径以外的空白处单击鼠标

B. 按住Shift键的同时在路径以外的空白处单击鼠标

C. 按住Alt键的同时在路径以外的空白处单击鼠标

D. 按住Ctrl+Alt键的同时在路径以外的空白处单击鼠标

第 5 章

编修的工具及命令应用

使用Illustrator CC绘制出形状、直线或曲线后，并不是每次绘制的效果都能直接使用，后期的编修是必不可少的。编修可以通过命令或工具来完成。使用工具可以更加直观地为绘制的对象进行精细的调整和编辑。本章将为大家具体讲解编修工具及命令的具体应用。

5.1 平滑工具

“平滑工具”可以将绘制的锐利路径调整得更加平滑一些，首先要确定被调整的路径处于选取状态，然后使用“平滑工具”在路径上拖动即可对路径进行调整，在调整时可以多次拖动直到路径变为需要的平滑效果为止，如图5-1所示。

在使用“平滑工具”前，我们可以先设置该工具的平滑选项。方法是在工具箱中双击“平滑工具”，系统会打开“平滑工具选项”对话框，如图5-2所示。在该对话框中可以设置“平滑工具”的“保真度”。

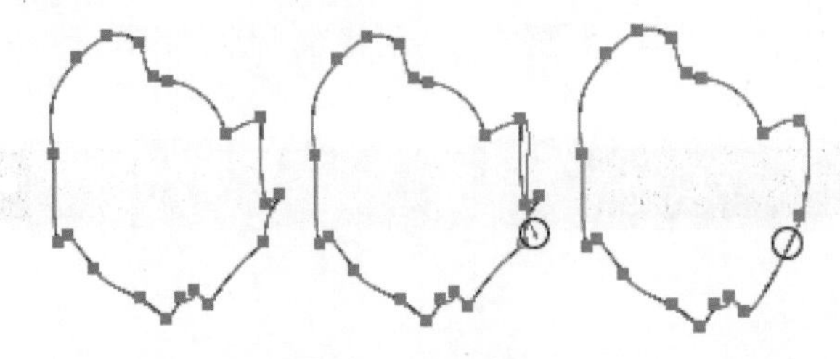

图5-1　平滑路径

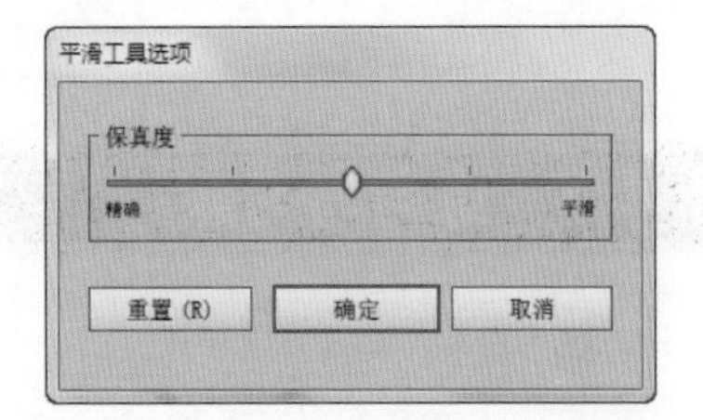

图5-2　“平滑工具选项”对话框

其中的参数含义如下。

- **保真度：**用来控制拖动时调整路径的平滑程度。滑块靠左，路径平滑效果较复杂；滑块靠右，路径平滑效果较简单。

5.2 路径橡皮擦工具

“路径橡皮擦工具”可以擦除路径的全部或部分，使用方法是选择绘制的路径后，使用“路径橡皮擦工具”在路径上涂抹，即可将鼠标指针经过的区域擦除，如图5-3所示。

图5-3　路径橡皮擦工具

技　巧

使用“路径橡皮擦工具”在开放路径的中间位置擦除后，被断开的路径可以变为两条路径；如果是闭合的路径，鼠标指针经过的区域就会被擦除。

上机实战　将开放路径一分为二

STEP 1 新建空白文档，使用“铅笔工具”绘制一条曲线，如图5-4所示。

STEP 2 选择“路径橡皮擦工具”，属性栏采用默认值即可，然后在绘制的曲线上按下鼠标并拖曳，鼠标经过的路径会被擦除，如图5-5所示。

图5-4　绘制曲线　　　图5-5　擦除中间的曲线

STEP 3 使用“选择工具”在空白处单击后，再选择其中的一条路径，发现之前的整条路径已经变为了两条，如图5-6所示。

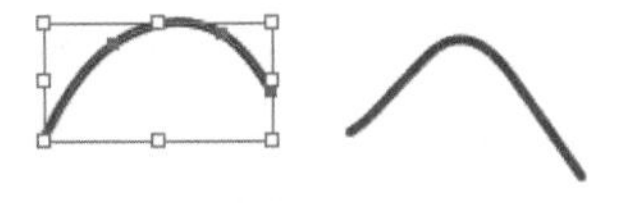

图5-6　变为两条路径

5.3　连接工具

“连接工具”可以将相交的路径中不封闭的区域删除，使路径变为一个闭合的路径，如图5-7所示。

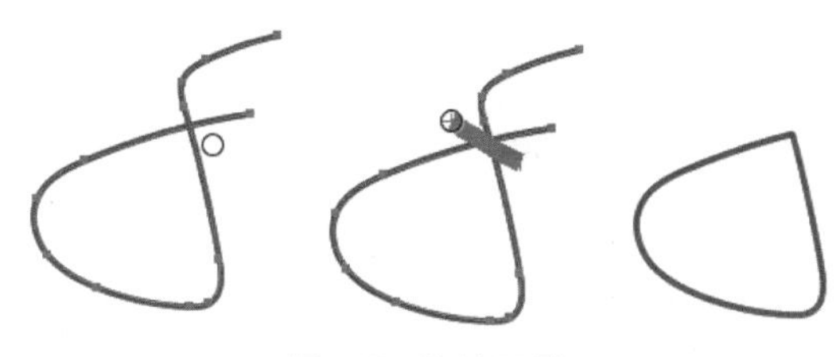

图5-7　连接工具

5.4 橡皮擦工具 

“橡皮擦工具”与现实生活中的橡皮擦的使用方法基本一致，鼠标经过的区域会将图形删除，如图5-8所示。“橡皮擦工具”擦除的对象只针对矢量图，不能擦除位图。

在使用“橡皮擦工具”前，可以先设置橡皮擦的相关参数，比如橡皮擦的角度、圆度和大小等。方法是在工具箱中双击“橡皮擦工具”，系统会打开“橡皮擦工具选项”对话框，如图5-9所示。

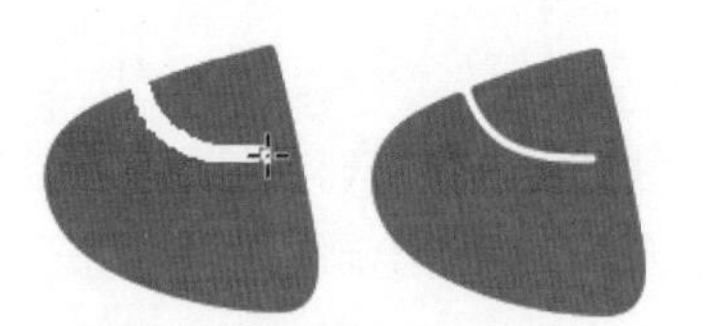

图5-8 橡皮擦工具

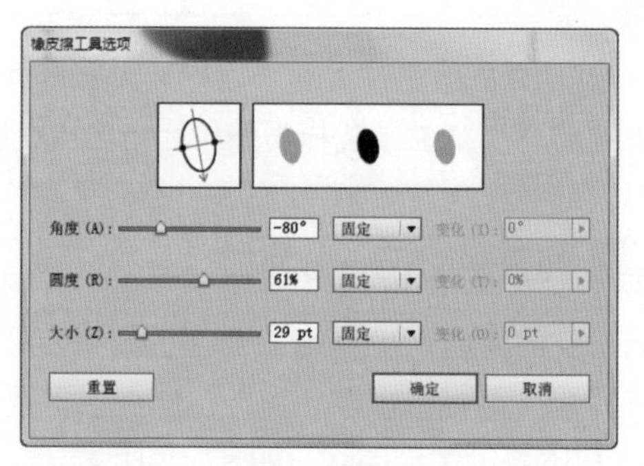

图5-9 “橡皮擦工具选项”对话框

其中的参数含义如下。

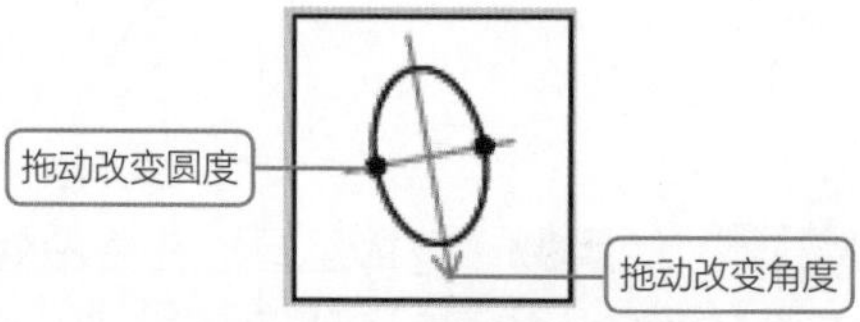

- **调整区**：拖动图中的小黑点，可以修改橡皮擦的圆度；拖动箭头，可以修改橡皮擦的角度，如图5-10所示。

拖动改变圆度

拖动改变角度

图5-10 改变圆度与角度

- **预览区**：用来查看调整后的效果。
- **角度**：在右侧的文本框中输入数值，可以修改橡皮擦的角度。它与“调整区”中的角度修改相同，只是调整的方法不同。从下拉列表中可以修改角度的变化模式，“固定”表示以固定的角度来擦除；“随机”表示在擦除时角度会出现随机变化。其他选项需要搭配绘图板来设置绘图笔刷的压力、光笔轮等效果，以产生不同的擦除效果。另外，通过修改“变化”值，可以设置角度的变化范围。

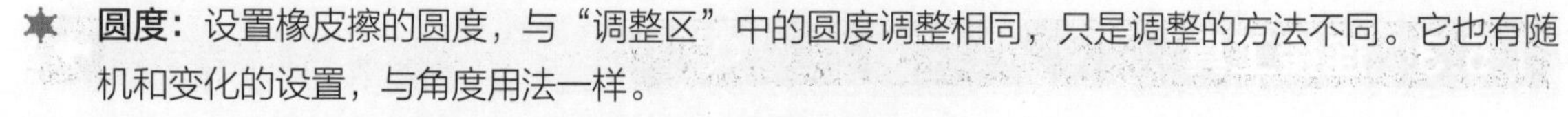

- **圆度**：设置橡皮擦的圆度，与“调整区”中的圆度调整相同，只是调整的方法不同。它也有随机和变化的设置，与角度用法一样。
- **大小**：设置橡皮擦的大小。其他选项与“角度”用法一样。

设置完毕后，可以根据设置的参数为对象进行擦除，如图5-11所示。

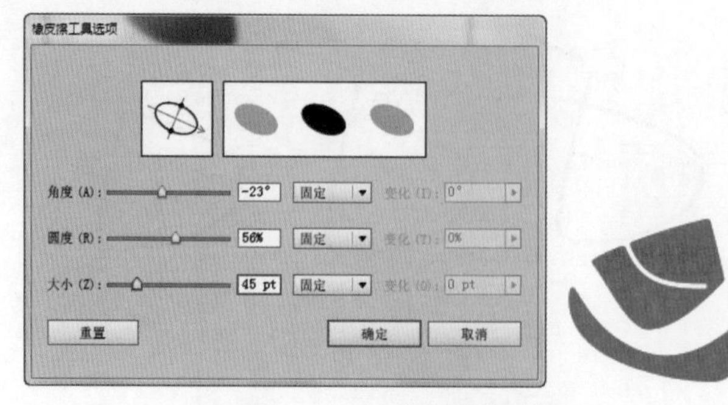

图5-11 按参数擦除对象

技　巧

在使用“橡皮擦工具”擦除图形时，如果只是在多个图形中擦除某个图形的一部分，可以选择该图形后使用“橡皮擦工具”；如果没有选择任何图形，则“橡皮擦工具”将擦除所有鼠标经过的图形。

5.5　剪刀工具

“剪刀工具”主要是将选择的路径进行分割，可以将封闭路径剪成开放路径，也可以将开放路径剪成两个或多个。使用方法是在线段或锚点上单击，此时就可以将路径截成两段。使用“直接选择工具”拖动锚点，此时可以看出路径已经被裁剪了，如图5-12所示。

图5-12　剪刀工具分割路径

上机实战　使用剪刀工具将图形分成两半

STEP 1 新建空白文档，使用“椭圆工具”绘制一个正圆形并将其填充渐变色，如图5-13所示。

STEP 2 使用“剪刀工具”在正圆的左侧路径上单击，再将鼠标移动到右侧路径上单击，如图5-14所示。

STEP 3 使用“选择工具”选择下半圆进行移动，效果如图5-15所示。

图5-13　绘制正圆

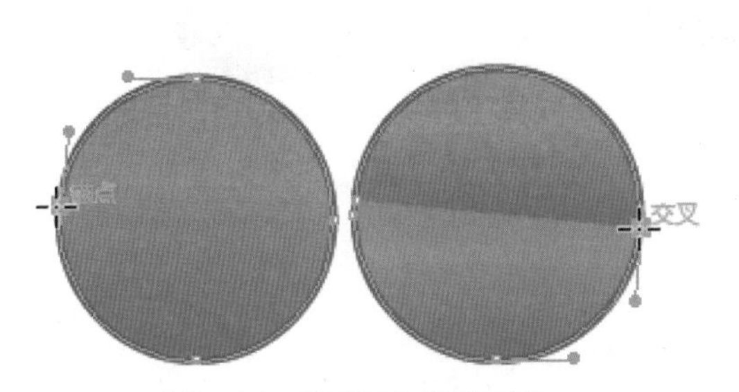

图5-14　剪刀工具裁剪正圆

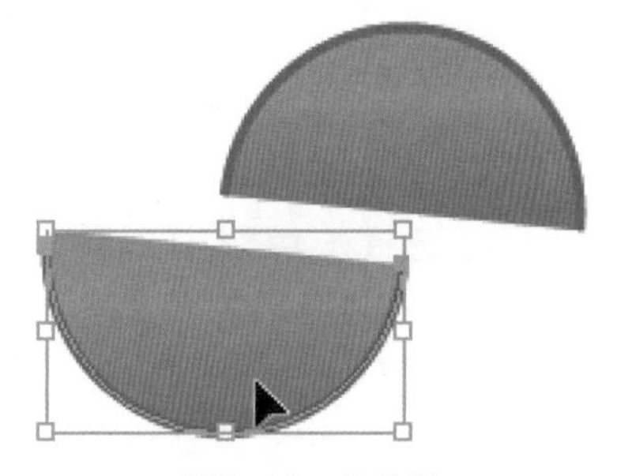

图5-15　裁剪后

5.6 刻刀工具

“刻刀工具”与“剪刀工具”都是用来分割图形的，不同的是“刻刀工具”只能将封闭路径进行分割，对于开放路径“刻刀工具”不能进行操作。“刻刀工具”的使用方法是在图形上按下鼠标进行拖曳，鼠标经过的区域会出现一条分割线，利用“选择工具”可以将分割开的区域进行移动，效果如图5-16所示。

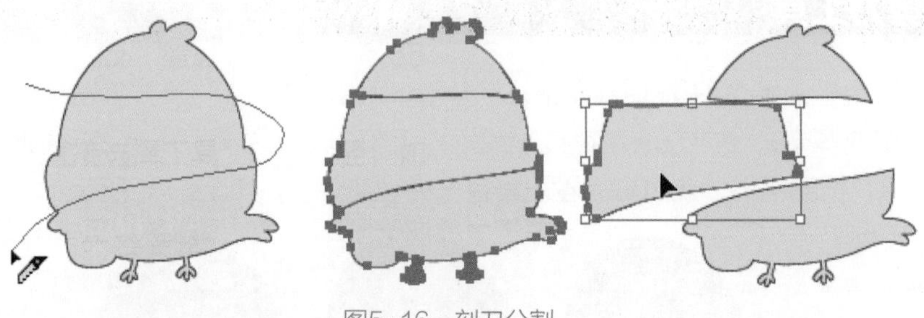

图5-16 刻刀分割

5.7 宽度工具

“宽度工具”可以用来对路径快速便捷地调整线条的粗细宽度，创造不同的笔锋效果，该工具还可以为“画笔工具”调整局部或整体的粗细，使用方法是在路径上按下鼠标直接拖动，便可以调整路径的宽度，效果如图5-17所示。

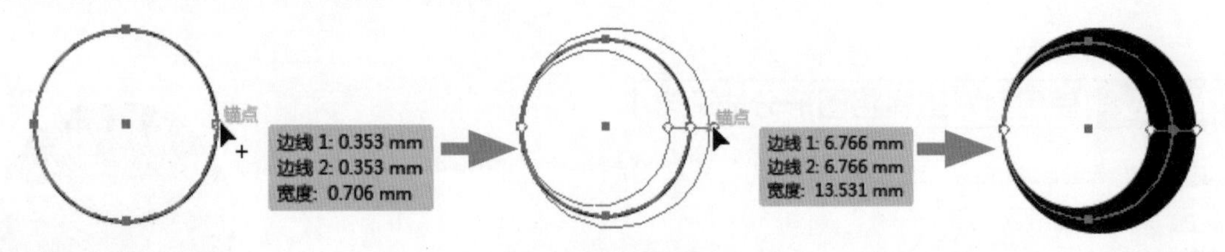

图5-17 调整宽度

在调整的路径上选择一点按下鼠标继续拖动，可以对改变的宽度进行重新调整，如图5-18所示。

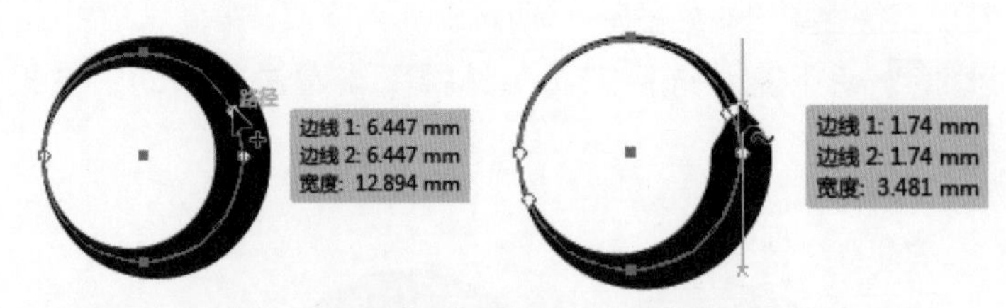

图5-18 重新调整宽度

在路径上选择一点双击，系统会弹出如图5-19所示的“宽度点数编辑”对话框，在其中可以进行更加精确的调整，设置完毕后单击“确定”按钮，效果如图5-20所示。

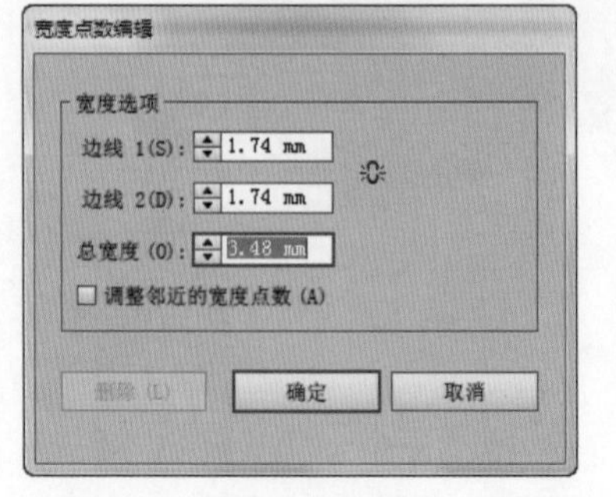

图5-19 “宽度点数编辑”对话框

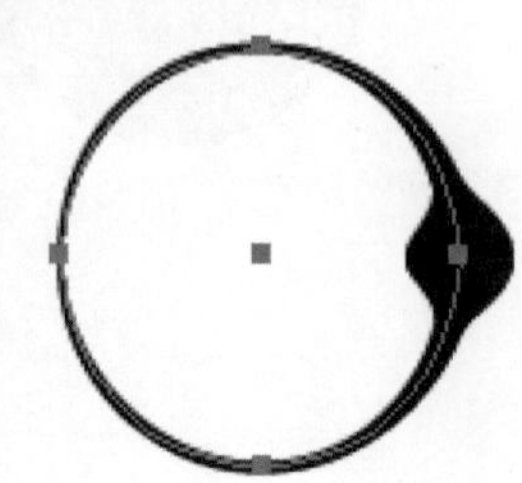

图5-20 宽度调整后

上机实战　使用宽度工具调整路径文字

STEP 1 新建空白文档，使用“铅笔工具”在页面中绘制一个文字路径，如图5-21所示。

STEP 2 使用“平滑工具”在绘制的文字路径上进行平滑处理，如图5-22所示。

图5-21　绘制文字路径　　图5-22　平滑

STEP 3 使用“宽度工具”在路径上选择点进行编辑，过程如图5-23所示。

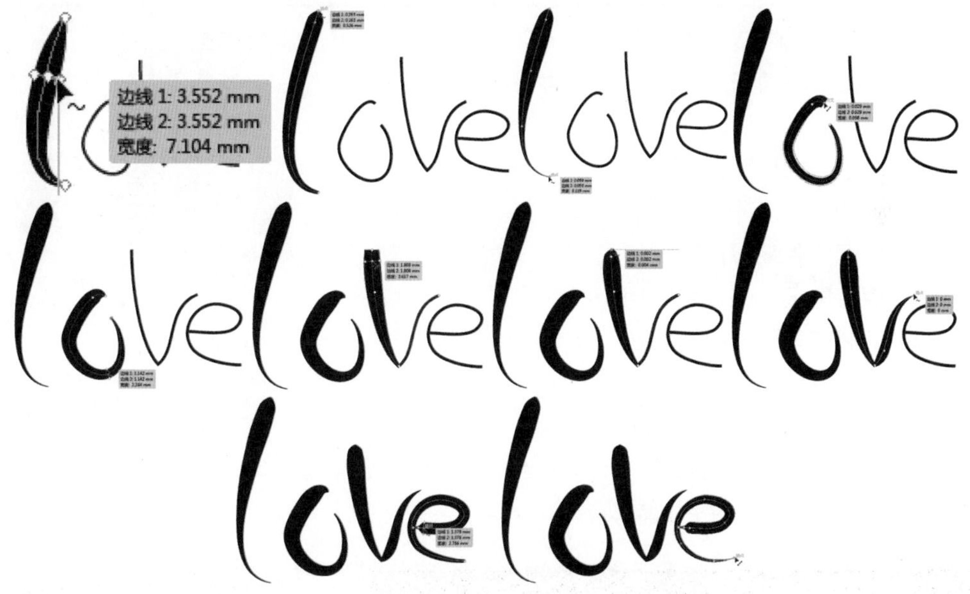

图5-23　宽度调整

STEP 4 调整完毕后，再将组成文字的路径进行位置调整，最终效果如图5-24所示。

图5-24　最终效果

5.8　变形工具

“变形工具”可以用来进行拖拉变形，使用方法是直接在矢量图形上按下鼠标拖曳，就可以将图形进行变形处理，效果如图5-25所示。

图5-25 变形操作

技 巧

在使用“变形工具”时如果想改变画笔笔刷的大小及形状，可以按住Alt键的同时在文档的空白处拖动鼠标来改变笔刷的大小，向右上方拖动放大笔刷，向左下方拖动缩小笔刷。

双击工具箱中的“变形工具”，系统会弹出“变形工具选项”对话框，如图5-26所示。在该对话框中可以进行精细的参数设置。

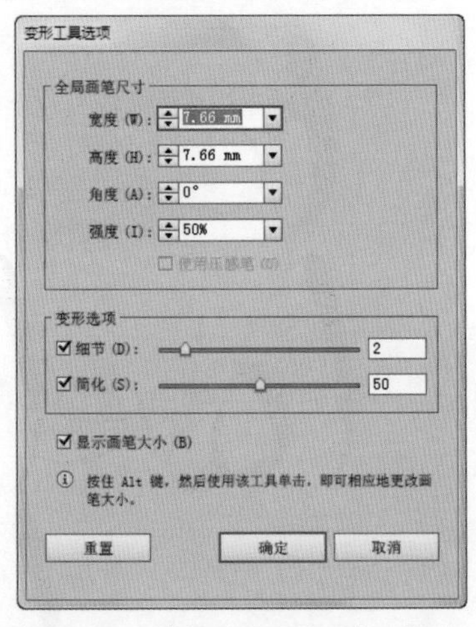

图5-26 “变形工具选项”对话框

其中的参数含义如下。

- **全局画笔尺寸：**指定变形笔刷的大小、角度和强度。“宽度”和“高度”用来设置笔刷的大小；“角度”用来设置画笔笔刷的旋转角度；“强度”用来控制笔刷使用时的变形强度。如果安装的有数位板，勾选“使用压感笔”复选框，可以控制压感笔的强度。
- **变形选项：**设置变形的细节和简化效果。
- **显示画笔大小：**勾选该复选框，光标将显示为画笔；不勾选该复选框，光标将显示为十字线效果。

5.9 旋转扭曲工具

“旋转扭曲工具”可以用来创建旋涡形状的变形效果，该工具可以像“变形工具”一样通过拖曳的方式进行变形创建，还可以通过在某一点上按住鼠标左键的方式进行扭曲变形，默认的旋转方向以逆时针进行旋转扭曲变形，效果如图5-27所示。

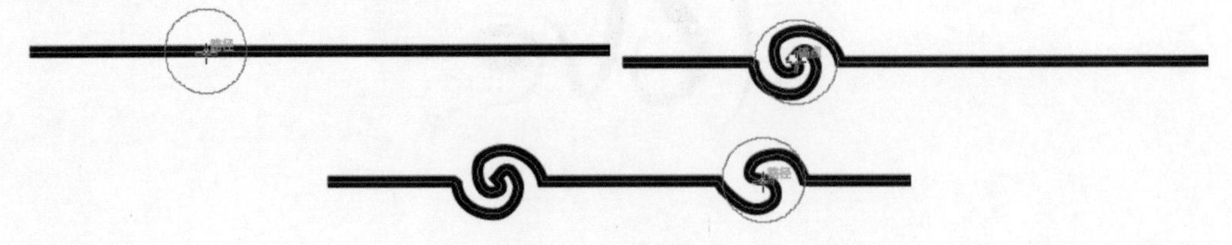

图5-27 旋转变形

技 巧

在使用“旋转扭曲工具”旋转对象时，旋转的强度可以根据按鼠标的时间自行调整。时间越长，圈数越多；时间越短，圈数越少。

双击工具箱中的“旋转扭曲工具”，系统会弹出“旋转扭曲工具选项”对话框，将“旋转扭曲速率”分别设置为-40°和40°，单击“确定”按钮，效果如图5-28所示。

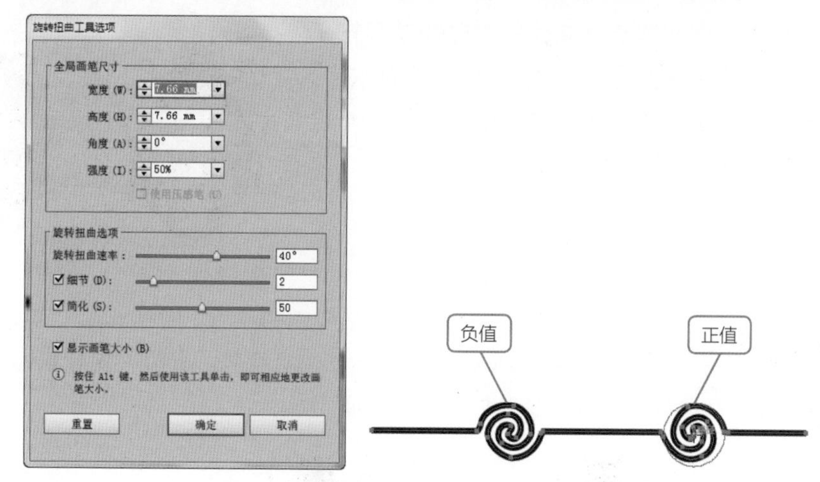

图5-28　“旋转扭曲工具选项”对话框

其中的参数含义如下。

- **旋转扭曲速率：**设置旋转扭曲的变形速度。取值范围为-180°～180°之间。当数值越接近-180°或180°时，对象的扭转速度越快；越接近0°时，扭转速度越平缓；负值以顺时针方向扭转图形；正值则会以逆时针方向扭转图形。

5.10　收缩工具 

“收缩工具”可以将锚点吸引到光标中心处来调节对象的形状，也就是说将对象进行收缩处理。使用方法是使用“收缩工具”在对象上按下鼠标或拖曳鼠标，此时就可以看到收缩效果，如图5-29所示。

双击工具箱中的“收缩工具”，系统会弹出“收缩工具选项”对话框，该对话框与“变形工具选项”对话框一致，如图5-30所示。

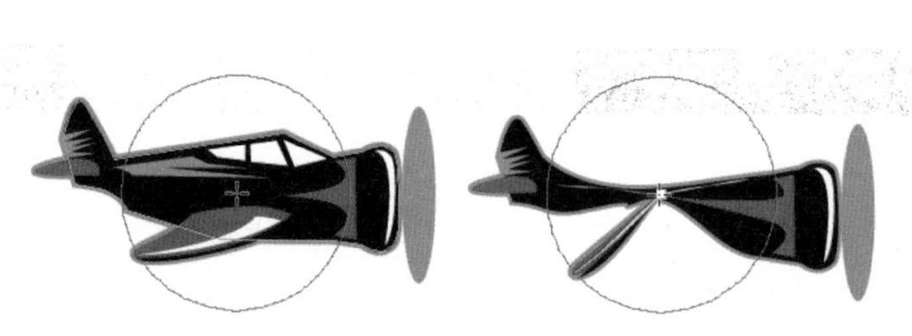

图5-29　收缩效果

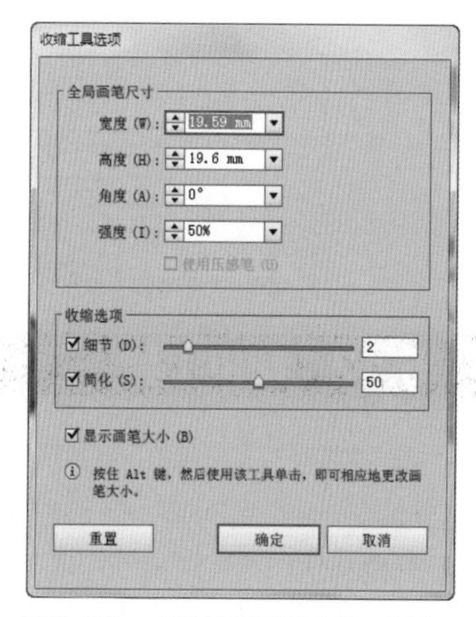

图5-30　“收缩工具选项”对话框

5.11 膨胀工具

“膨胀工具”可以将锚点推向光标边缘处来调节对象的形状，也就是说将对象进行膨胀处理。使用方法是使用“膨胀工具”在对象上按下鼠标或拖曳鼠标，此时就可以看到膨胀效果，如图5-31所示。

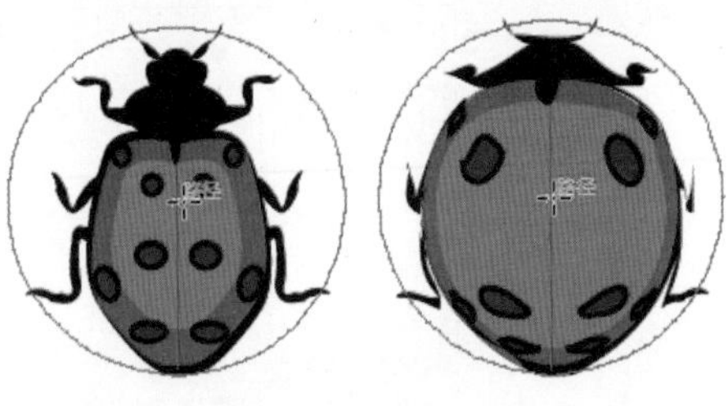
图5-31 膨胀工具

技 巧

使用“膨胀工具”进行调整时，光标中心点在对象内部时，会进行向外鼓出变形；光标中心点在对象外部时，会进行向内凹陷变形，如图5-32所示。

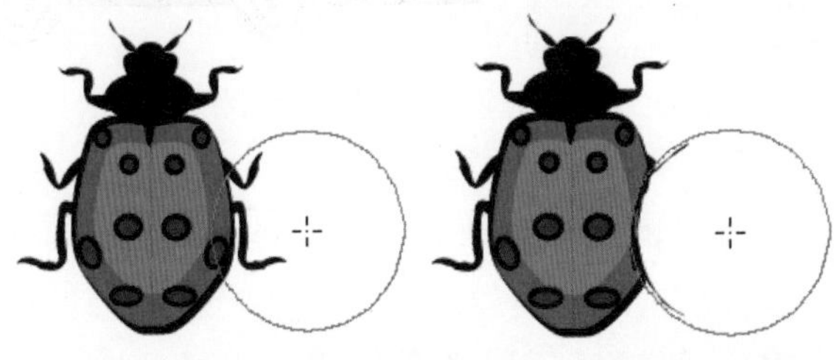
图5-32 膨胀

双击工具箱中的“膨胀工具”，系统会弹出“膨胀工具选项”对话框，该对话框与“变形工具选项”对话框一致，如图5-33所示。

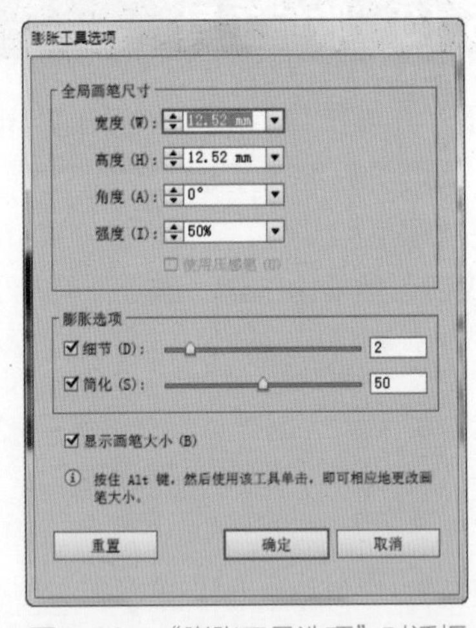

图5-33 “膨胀工具选项”对话框

5.12 扇贝工具

“扇贝工具”可以在图形对象的边缘位置创建随机的三角扇贝形状效果，特别是向图形内部拖动时效果最为明显。使用方法是使用“扇贝工具”在对象上按下鼠标或拖曳鼠标，此时就可以看到鼠标经过处的三角扇贝形状，如图5-34所示。

双击工具箱中的“扇贝工具”，系统会弹出“扇贝工具选项”对话框，如图5-35所示。

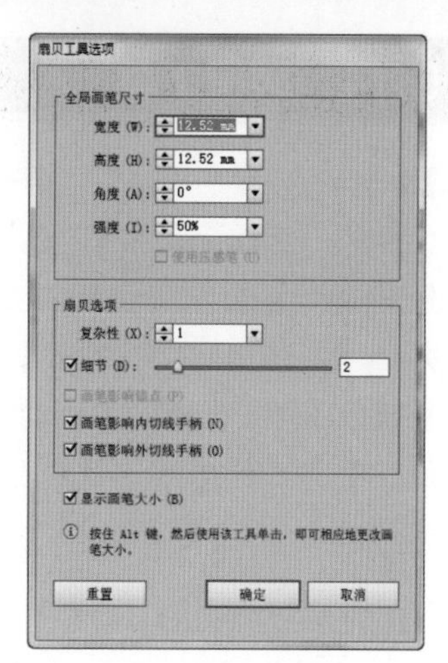

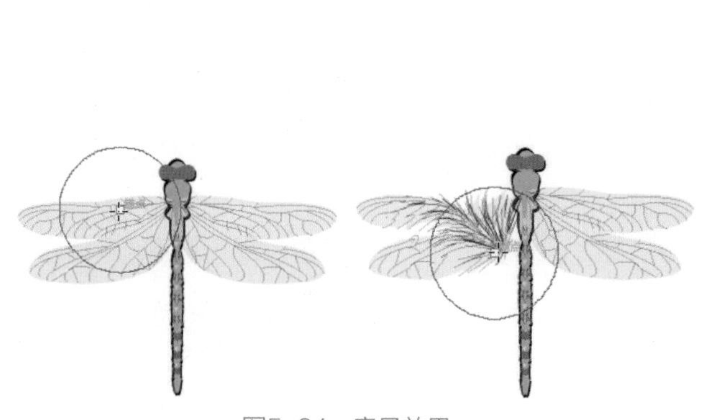

图5-34　扇贝效果

图5-35　“扇贝工具选项”对话框

其中的参数含义如下。

- **复杂性：**设置图形对象变形的复杂程度，产生三角形扇贝形状的数量。从右侧的下拉列表中可以选择1到15，值越大越复杂，产生的扇贝状变形越多。
- **画笔影响锚点：**勾选该复选框，变形的图形对象的每个转角位置都将产生相应的锚点。
- **画笔影响内切线手柄：**勾选该复选框，变形的图形对象将沿三角形正切方向变形。
- **画笔影响外切线手柄：**勾选该复选框，变形的图形对象将沿反三角正切方向变形。

5.13　晶格化工具

“晶格化工具”可以在图形对象的边缘位置创建随机锯齿状效果。使用方法是使用“晶格化工具”在对象上按下鼠标或拖曳鼠标，此时就可以看到鼠标经过处的锯齿状效果，如图5-36所示。

双击工具箱中的“晶格化工具”，系统会弹出“晶格化工具选项”对话框，在其中可以更加精确地设置该工具，如图5-37所示。

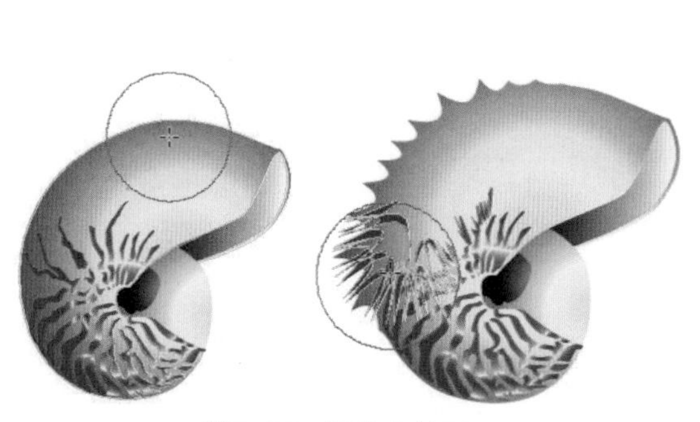
图5-36　锯齿状效果

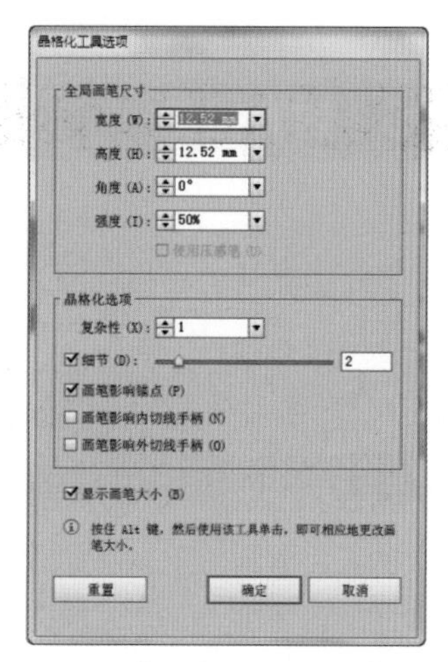

图5-37　“晶格化工具选项”对话框

5.14 皱褶工具

“皱褶工具”可以在图形对象上随机创建类似皱纹效果或是折叠的凸状变形效果。使用方法是使用“皱褶工具”在对象上按下鼠标或拖曳鼠标，此时就可以看到鼠标经过处的皱褶形状，如图5-38所示。

双击工具箱中的“皱褶工具”，系统会弹出“皱褶工具选项”对话框，在其中可以更加精确地设置该工具，如图5-39所示。

图5-38 皱褶形状

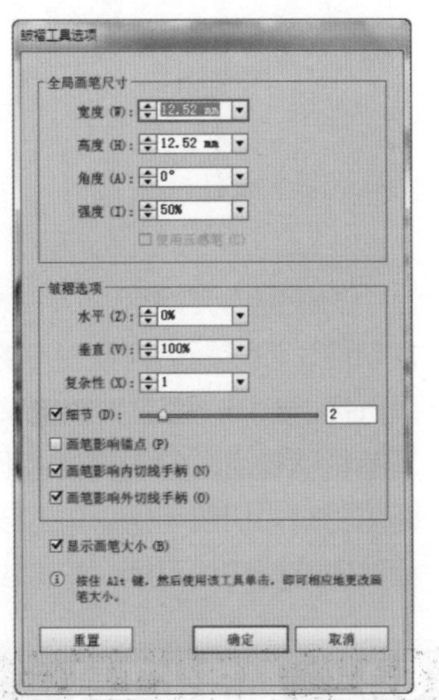

图5-39 “皱褶工具选项”对话框

其中的参数含义如下。

- **水平：**控制水平方向的皱褶数量。值越大，产生的皱褶效果越强烈。如果不想在水平方向上产生皱褶，可以将其设置为0%。
- **垂直：**控制垂直方向的皱褶数量。值越大，产生的皱褶效果越强烈。如果不想在垂直方向上产生皱褶，可以将其设置为0%。

5.15 封套扭曲

封套扭曲是Illustrator CC的一个特色扭曲功能，它除了提供多种默认的扭曲功能外，还可以通过建立网格和使用顶层对象的方式来创建扭曲效果。有了封套扭曲功能，使扭曲变得更加灵活。该命令不但能对矢量图进行扭曲变换，还能为位图进行扭曲变换。

5.15.1 封套选项

对于封套变形的对象，可以修改封套的变形效果，比如扭曲外观、扭曲线性渐变和扭曲图案填充等。执行菜单“对象”/“封套扭曲”/“封套选项”命令，可以打开如图5-40所示的“封套选项”对话框。

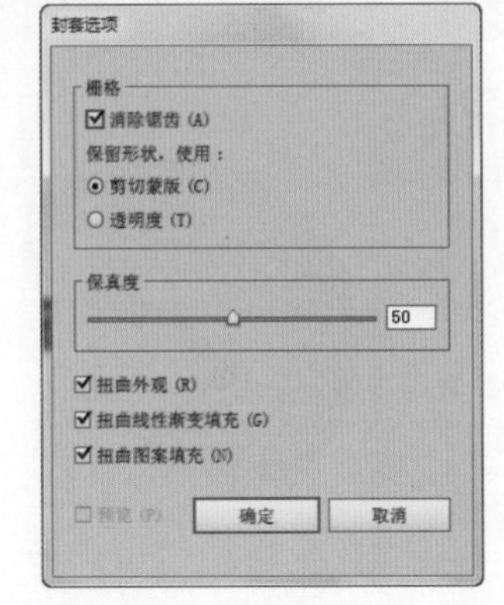

图5-40 “封套选项”对话框

其中的参数含义如下：

- **消除锯齿：** 勾选该复选框，在进行封套变形时可以消除锯齿现象，产生平滑的过渡效果。
- **“保留形状，使用：”：** 选中“剪切蒙版”单选框，可以使用路径的遮罩蒙版形式创建变形，保留封套的形状；选中“透明度”单选框，可以使用位图式的透明通道来保留封套的形状。
- **保真度：** 指定封套变形时的封套内容保真程度，值越大封套的节点越多，保真度也就越大。
- **扭曲外观：** 勾选该复选框，将对图形的外观属性进行扭曲变形。
- **扭曲线性渐变填充：** 勾选该复选，在扭曲图形对象时，同时对填充的线性渐变进行扭曲变形。
- **扭曲图案填充：** 勾选该复选框，在扭曲图形对象时，同时对填充的图案进行扭曲变形。

技　巧

在“封套选项”对话框中可以对封套进行详细设置，既可以在使用封套变形前修改选项参数，也可以在变形后选择图形来修改选项参数。

5.15.2 用变形建立

“用变形建立”命令是Illustrator CC为用户提供的一项系统预设的变换功能，可以利用这些现有的预设功能并通过相关的参数设置达到变形的目的。执行菜单“对象”/“封套扭曲”/“用变形建立”命令，即可打开如图5-41所示的“变形选项”对话框。

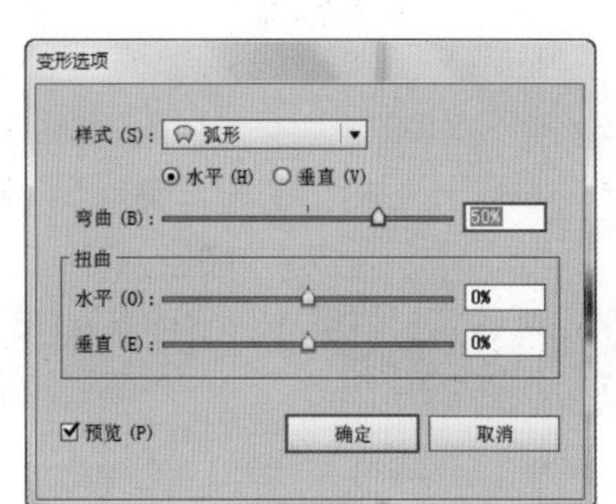

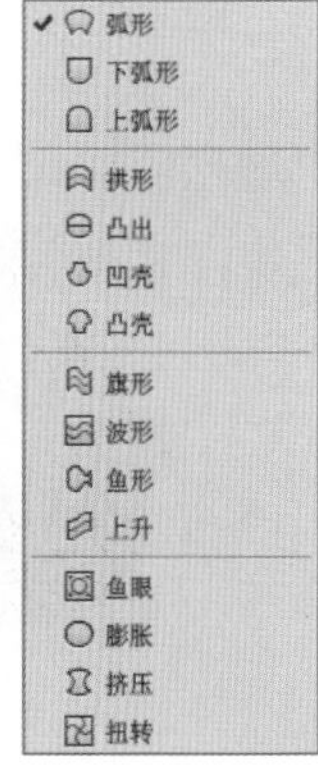

图5-41　“变形选项”对话框

其中的参数含义如下。

- **样式：** 可以从右侧的下拉列表中选择一种变形的样式。总共包括15种变形样式，如图5-42所示的是选择相应变形样式后的变形效果。

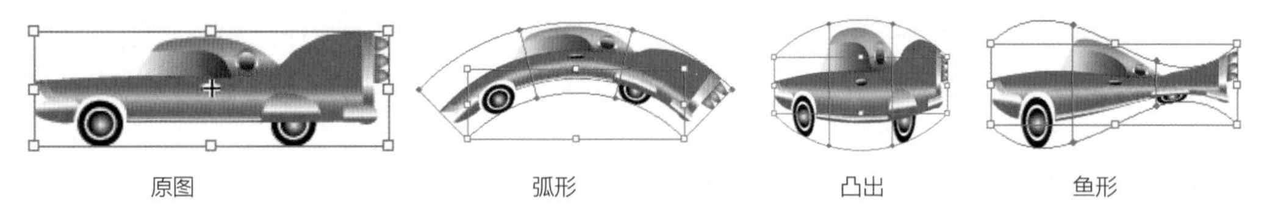

图5-42　各种变形效果

- **水平、垂直和弯曲：** 控制在水平还是垂直方向上弯曲图形，并通过修改“弯曲”的值来设置变形的强度大小，值越大图形的弯曲也就越大。
- **扭曲：** 设置图形的扭曲程度，可以分别控制水平或垂直的扭曲程度。

技　巧

按Alt+Shift+Ctrl+W键，可以快速打开“变形选项”对话框。

5.15.3 用网格建立

封套扭曲除了使用预设的变形功能外，也可以自定义网格来修改图形。首先选择要变形的对象，然后执行菜单“对象”/“封套扭曲”/“用网格建立”命令，打开如图5-43所示的“封套网格”对话框，在该对话框中可以设置网格的“行数”和“列数”，以添加变形网格效果。

图5-43　“封套网格”对话框

技　巧

按Alt +Ctrl+M键，可以快速打开“封套网格”对话框。

创建封套网格后，可以使用“直接选择工具”调整控制点，从而对选择的对象进行变形处理，如图5-44所示。

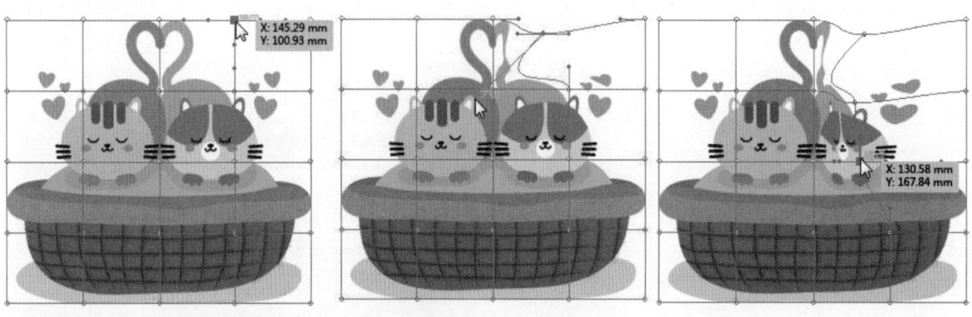

图5-44　封套网格变形

5.15.4 用顶层对象建立

使用该命令可以将选择的图形对象以该对象上方的路径形状为基础进行变形。首先在要扭曲变形的图形对象的上方，绘制一个任意形状的路径作为封套变形的参照物。然后选择要变形的图形对象和路径参照物，执行菜单“对象”/“封套扭曲”/“用顶层对象建立”命令，即可将选择的图形对象以其上方的形状为基础进行变形，变形操作如图5-45所示。

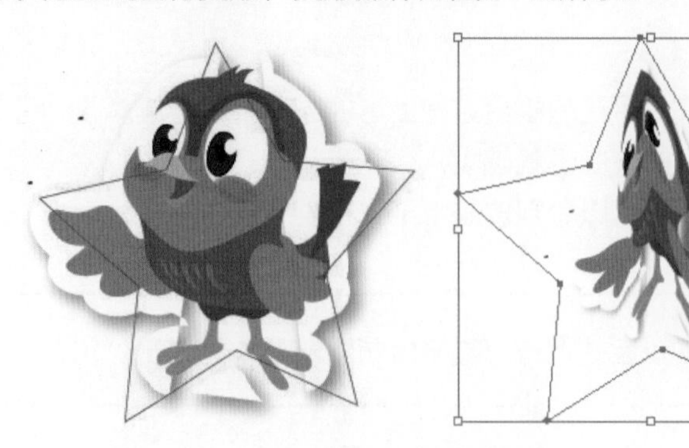

图5-45　顶层创建

技　巧

按Alt +Ctrl+C键，可以快速使用“用顶层对象建立”命令。

技　巧

使用“用顶层对象建立”命令创建扭曲变形后，如果对变形的效果不满意，还可以通过执行菜单“对象”/“封套扭曲”/“释放”命令还原图形，如图5-46所示。

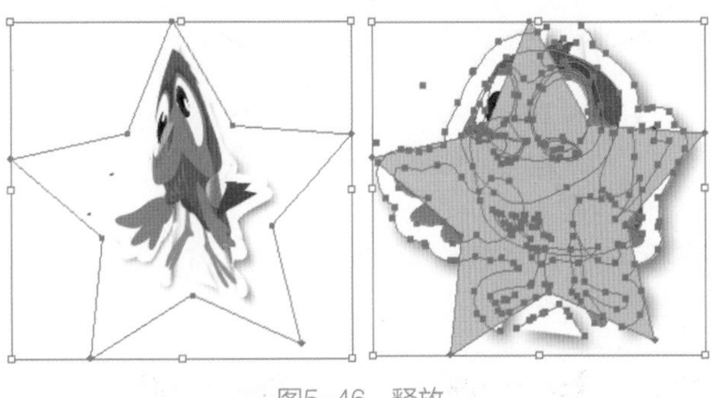

图5-46　释放

5.16　综合练习：绘制卡通小猫

由于篇幅所限，综合练习只介绍技术要点和制作流程，具体的操作步骤请观看视频教程学习。

实例效果图	技术要点
Loading...	✱ 椭圆工具 ✱ 钢笔工具 ✱ 多边形工具 ✱ 直接选择工具 ✱ 路径橡皮擦工具 ✱ 旋转变换 ✱ 剪切蒙版

操作流程：

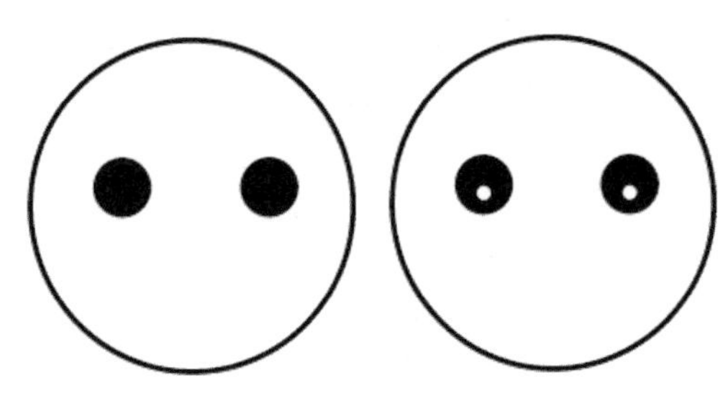

STEP 1 新建空白文档，按住Shift键的同时使用“椭圆工具”绘制正圆，设置填充为“白色”，描边为“黑色”。再绘制正圆形的猫眼。

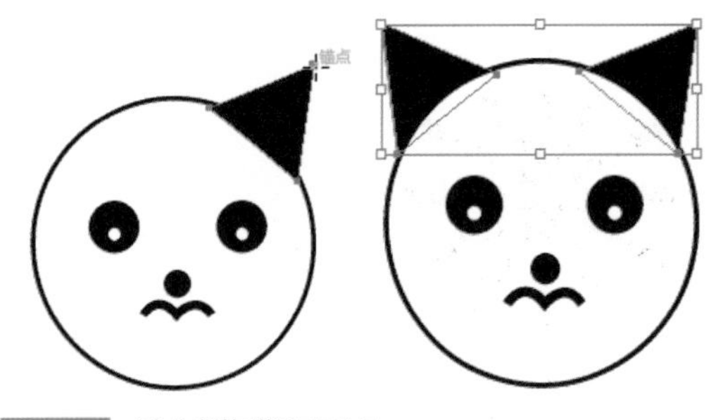

STEP 2 绘制猫嘴和耳朵。

STEP 3 绘制椭圆形作为身体，使用“直接选择工具”调整猫的身体形状。

STEP 4 绘制四肢，使用“路径橡皮擦工具”在路径上涂抹，擦除路径。

STEP 5 绘制尾巴，改变顺序，转换为路径。

STEP 6 绘制椭圆，作为阴影。

STEP 7 键入文字，分离后进行位置调整，再为每个位置制作阴影。

STEP 8 制作背景，调整不透明度。

STEP 9 将绘制的小猫移动到背景上，至此本例制作完毕。

5.17　练习与习题

1. 练习

练习编修工具的使用。

2. 习题

(1) 绘制路径后，想把尾部清除可以应用哪个工具?

A. 路径橡皮擦工具　　B. 橡皮擦工具

C. 剪刀工具　　D. 宽度工具

(2) ___________可以在图形对象的边缘位置创建随机的三角扇贝形状效果，特别是向图形内部拖动时效果最为明显。

第 6 章

对象的颜色填充及调整

使用Illustrator CC绘制出图形形状后，其中大部分是需要进行填充的。本章将为大家具体讲解颜色填充以及调整的相关方法，Illustrator CC提供了多种填充方式，大家可以根据绘制图形的需要来完成最终的颜色填充。

6.1 编辑颜色的相关面板

了解如何创建颜色以及如何将颜色相互关联，可让你在Illustrator中更有效地工作。想要进行统一颜色的填充管理，首先要了解关于编辑颜色的各种面板。本节就为大家讲解一下颜色对应的相关面板的一些内容。

6.1.1 颜色面板

“颜色”面板可以显示当前填充色和描边色的颜色值。使用“颜色”面板中的滑块，可以利用几种不同的颜色模式来编辑填充色和描边色。也可以从面板底部的四色曲线图中选取填充色和描边色。执行菜单“窗口”/“颜色”命令，即可打开“颜色”面板，如图6-1所示。

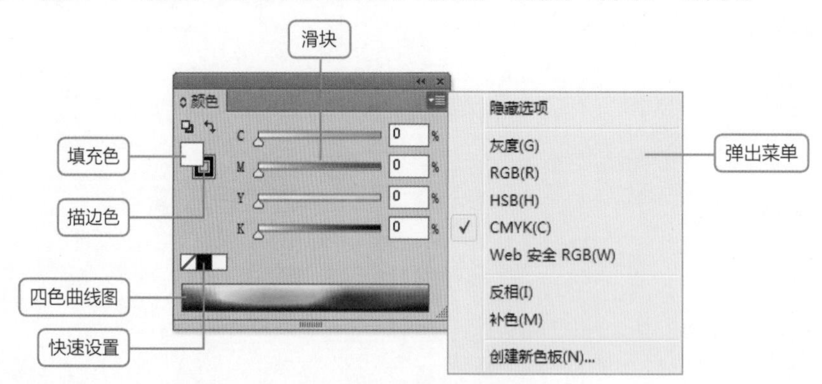

图6-1 “颜色”面板

其中的参数含义如下。

- **填充色：**用来为图形进行颜色的填充。
- **描边色：**用来为图形的轮廓进行颜色的描边填色。
- **滑块：**可以通过拖动控制滑块来改变颜色，也可以在后面的文本框中输入数值进行精确的颜色设置。

- **快速设置：**在3个色块中单击可以快速为“填充”或“描边”设置“无填充”“黑色”或“白色”。
- **四色曲线图：**将鼠标指针直接在此区域单击或滑动，就可以快速设置“填充”或“描边”。
- **弹出菜单：**用来快速设置“填充”或“描边”的颜色模式。

技　巧

按F6键可以快速打开“颜色”面板。

6.1.2 颜色面板的弹出菜单

“颜色”面板的弹出菜单包括灰度、RGB、HSB、CMYK、Web安全RGB、反相、补色和创建新色板8种模式，如图6-1所示。

1. 灰度

在弹出菜单中选择“灰度”命令后，“颜色”面板会变成灰度模式对应的效果，如图6-2所示。

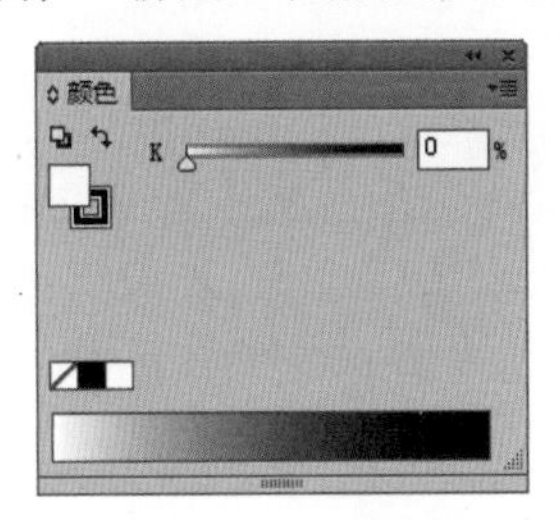

图6-2　灰度模式

2. RGB

在弹出菜单中选择RGB命令后，“颜色”面板会变成RGB模式对应的效果，如图6-3所示。

3. HSB

在弹出菜单中选择HSB命令后，“颜色”面板会变成HSB模式对应的效果，如图6-4所示。

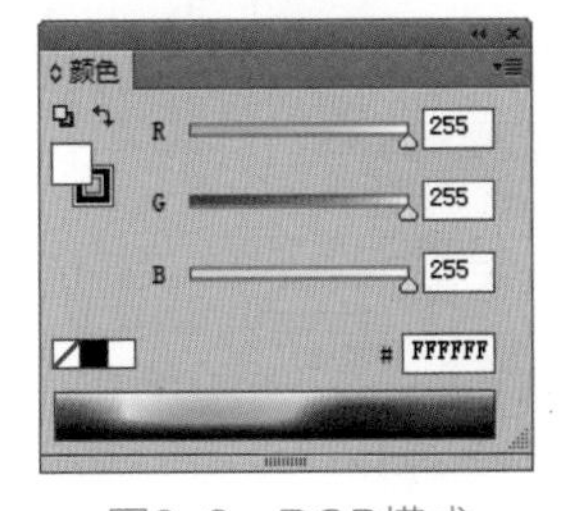

图6-3　RGB模式

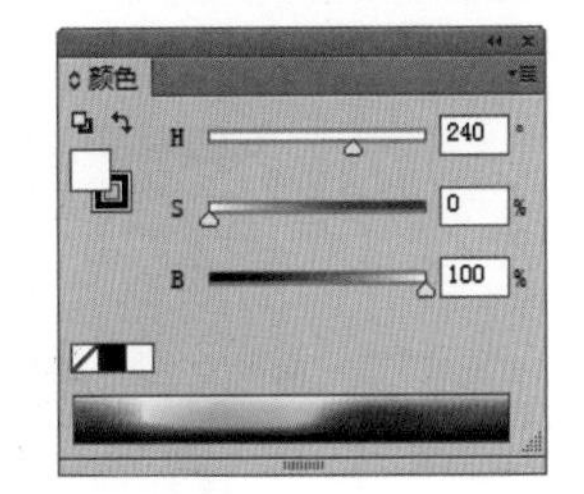

图6-4　HSB模式

4. CMYK

在弹出菜单中选择CMYK命令后，“颜色”面板会变成CMYK模式对应的效果，如图6-5所示。

5. Web安全RGB

Web安全RGB是当红色、绿色、蓝色的数字信号值为0、51、102、153、204、255时构成的颜色组合，它一共有6×6×6＝216 种颜色，其中彩色为210种，非彩色为6种。

Web安全RGB是指在不同硬件环境、不同操作系统、不同浏览器中都能够正常显示的颜色集合(调色板)，也就是说这些颜色在任何用户的显示设备上的显示效果都是相同的。所以使用Web安全RGB进行网页配色可以避免原有的颜色失真问题。Web安全RGB模式的“颜色”面板如图6-6所示。

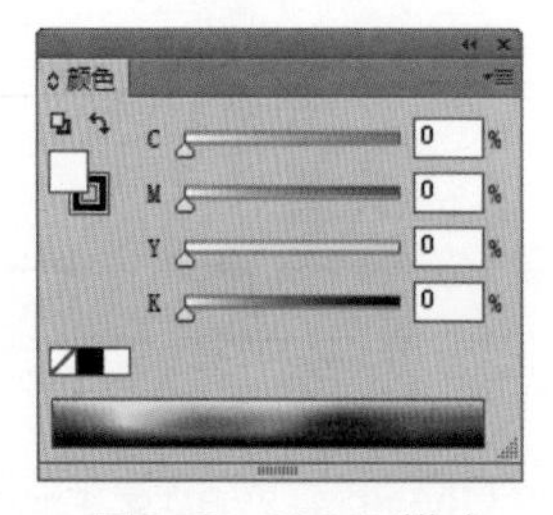

图6-5　CMYK模式

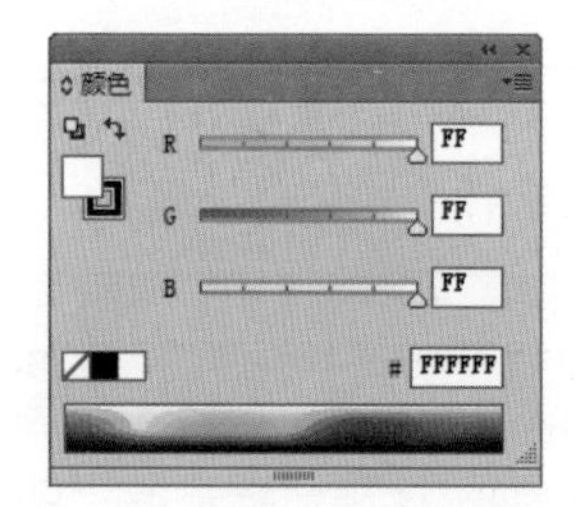

图6-6　Web安全RGB模式

6. 反相

反相就是将颜色的每种成分更改为颜色色标度上的相反值。

7. 补色

补色就是将颜色的每种成分更改为基于所选颜色的最高和最低RGB值总和的新值。

8. 创建新色板

在“颜色”面板中设置完颜色后，执行此命令，会将设置的颜色添加到“色板”面板中，如图6-7所示。

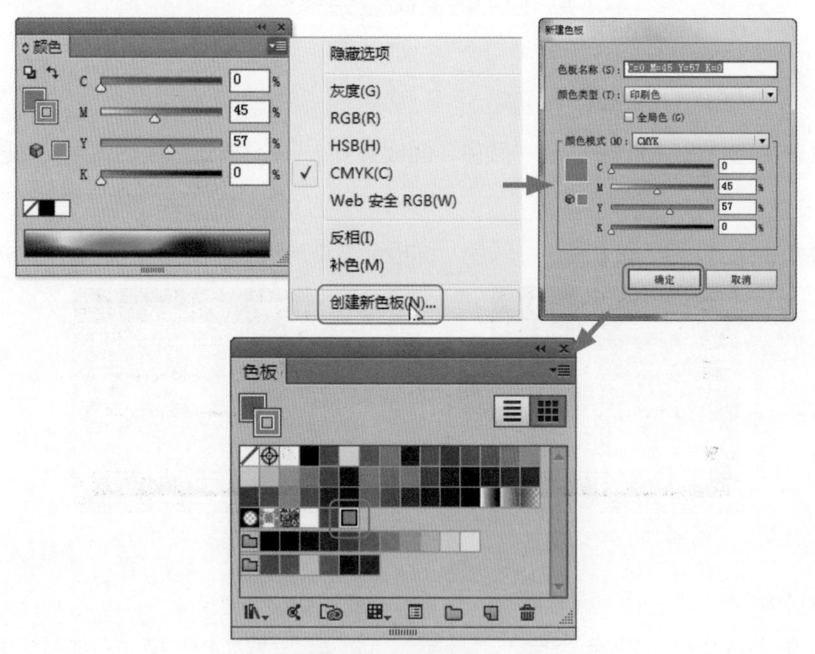

图6-7　创建新色板

6.1.3 颜色面板的应用

“颜色”面板不但可以填充颜色，还可以为对象填充描边色，如图6-8所示。

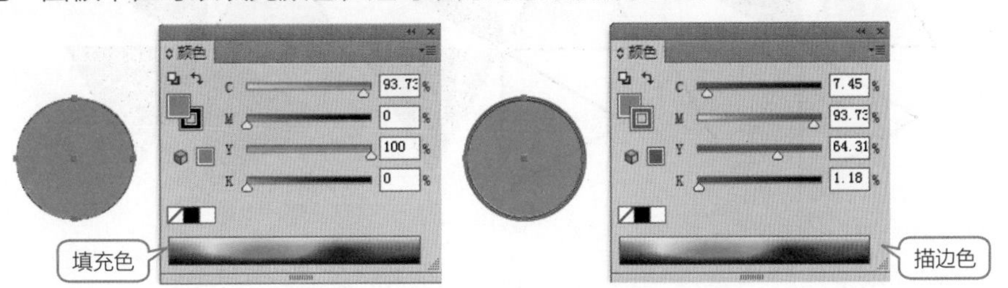

图6-8　填充与描边

上机实战　为图形填充颜色与描边

STEP 1 新建空白文档，使用“多边形工具”绘制一个三角形，设置“描边宽度”为2，如图6-9所示。

STEP 2 使用“旋转工具”按住Alt键将旋转中心点移动到三角形的右下角处，如图6-10所示。

STEP 3 按住Alt键单击旋转中心点，打开“旋转”对话框，设置“角度”为90°，单击“复制”按钮，如图6-11所示。

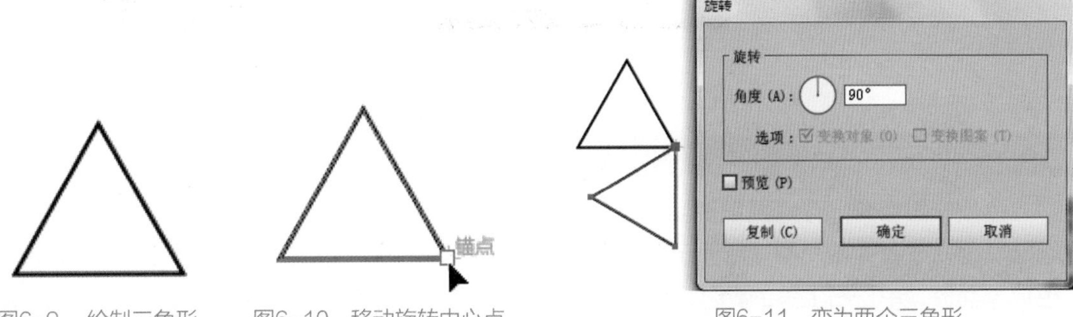

图6-9　绘制三角形　图6-10　移动旋转中心点　图6-11　变为两个三角形

STEP 4 执行菜单“对象”/“变换”/“再次变换”命令或按Ctrl+D键两次，复制两个旋转副本，如图6-12所示。

STEP 5 选择其中的1个三角形，在“颜色”面板中单击“填充”图标，再在“四色曲线图”中单击选择一个颜色，系统会快速为三角形填充颜色，如图6-13所示。

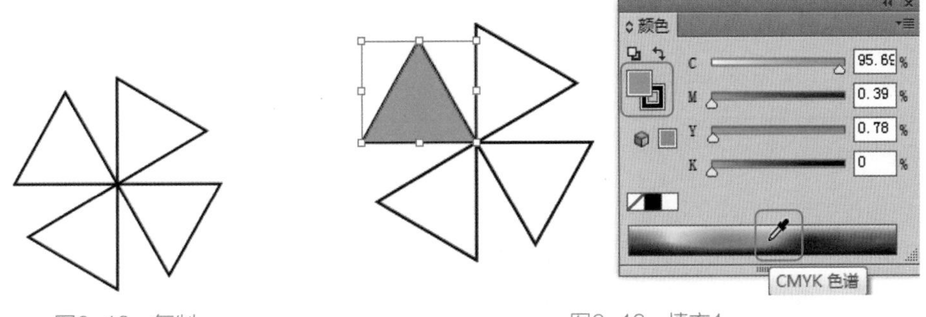

图6-12　复制　图6-13　填充1

STEP 6 选择另外3个三角形，分别填充颜色，如图6-14所示。

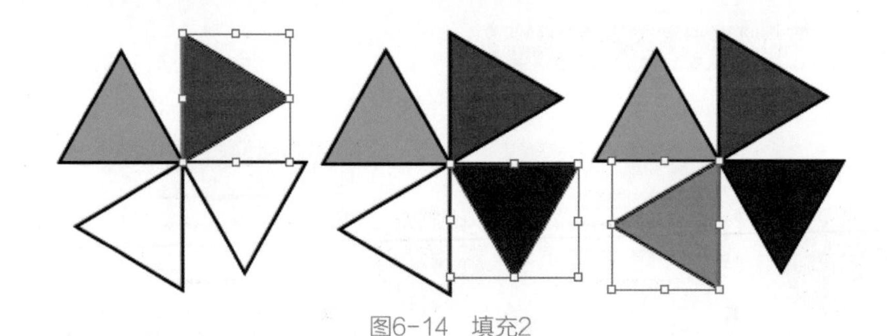

图6-14　填充2

STEP 7 框选4个三角形，在“颜色”面板中单击“描边”图标，再设置“黄色”，如图6-15所示。

STEP 8 此时4个三角形都被填充了颜色和描边色，效果如图6-16所示。

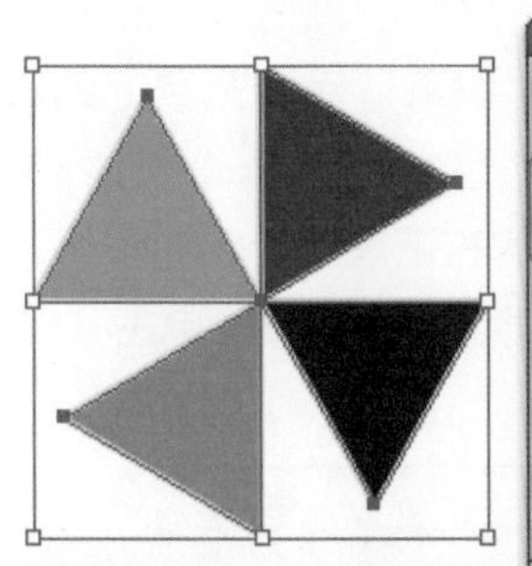

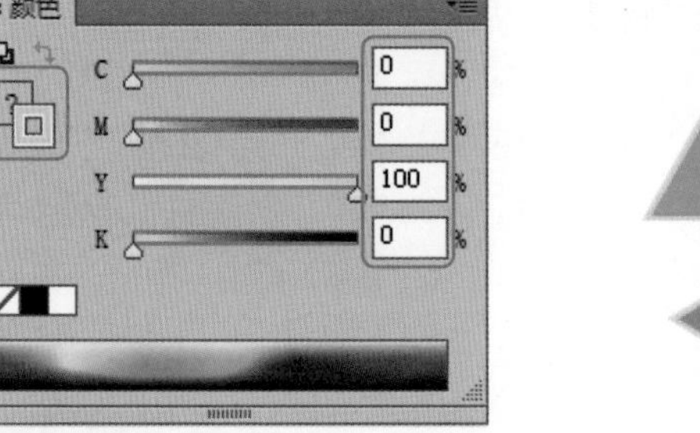

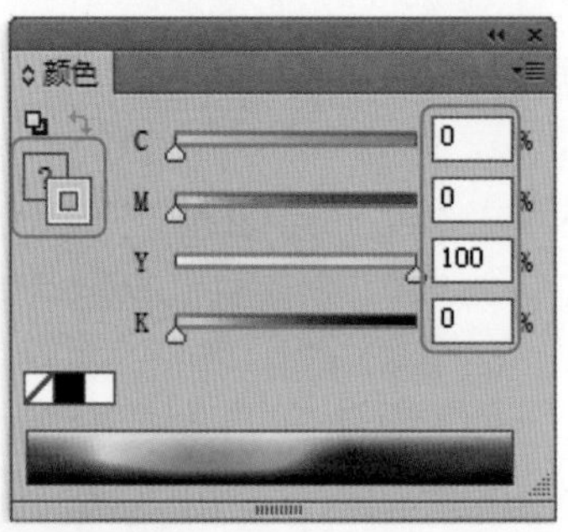

图6-15　描边色

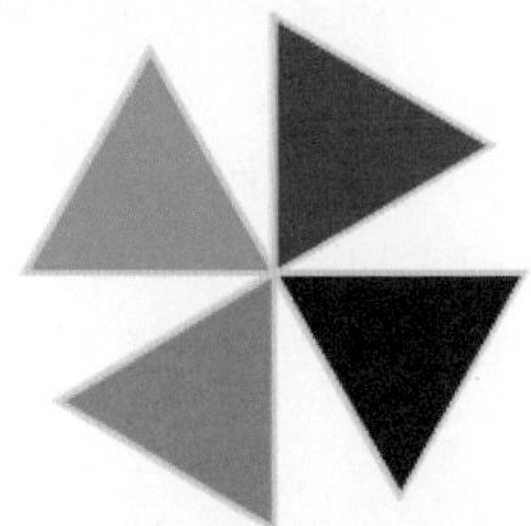

图6-16　填色和描边

6.1.4 色板面板

“色板”面板可以存储经常使用的颜色，包括颜色、渐变色和图案。用户可以在面板中添加或删除颜色，或者为不同的项目显示不同的颜色库。执行菜单“窗口”/“色板”命令，即可打开“色板”面板，单击右上角的“弹出按钮”，系统会弹出“色板”菜单，在此菜单中可以通过命令进行更加详细的设置，如图6-17所示。

技　巧

“色板”面板在默认状态下显示了多种颜色信息，如果想使用更多的预设颜色，可以从“色板”菜单中选择“打开色板库”命令，从子菜单中选择更多的颜色，也可以单击“色板”左下角的“色板库”菜单按钮，从中选择更多的颜色。默认状态下“色板”面板显示了所有的颜色信息，包括颜色、渐变、图案和颜色组，如果想单独显示不同的颜色信息，可以单击“显示‘色板类型’菜单”按钮，从中选择相关的菜单命令即可。

1. 新建色板

新建色板是指在“色板”面板中添加新的颜色块。如果在当前“色板”面板中没有找到需要的颜色，这时可以应用“颜色”面板或其他方式创建新的颜色，为了以后使用方便，可以将新建的颜色添加到“色板”面板中，创建属于自己的色板。

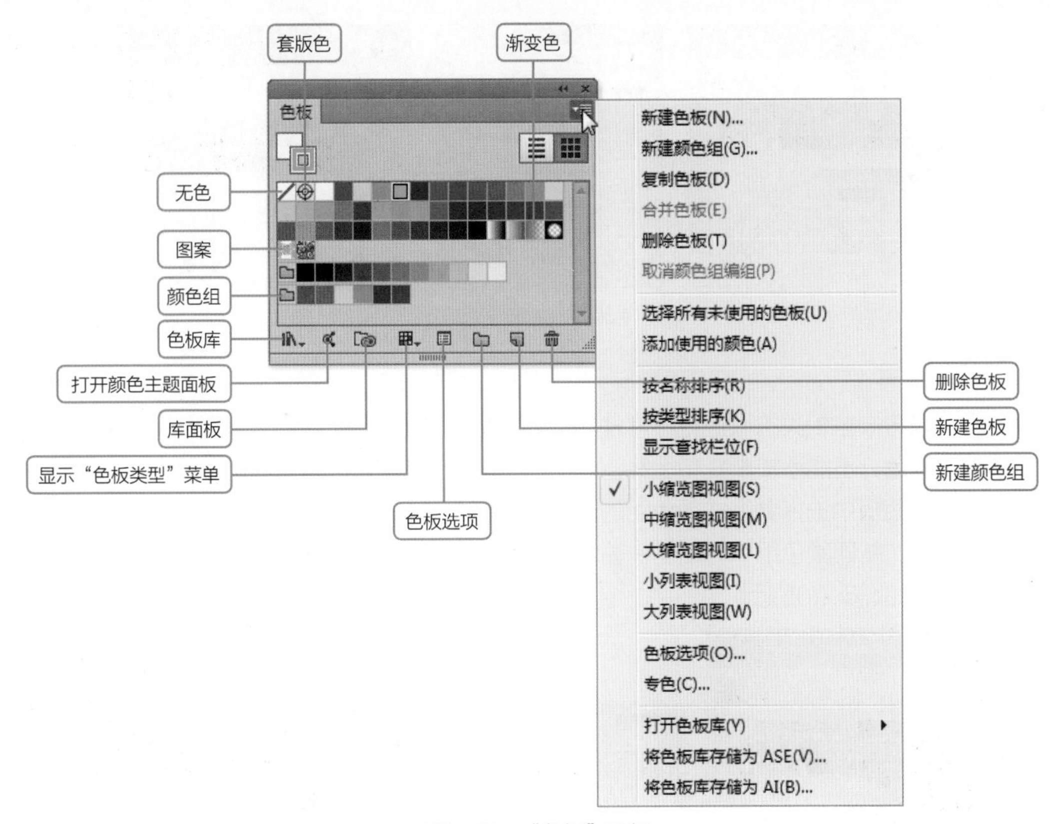

图6-17　“色板”面板

在“颜色”面板中执行“创建新色板”命令，可以将设置的颜色创建到“色板”面板中，如图6-7所示。

在“颜色”面板中选择“填色”或“描边”图标中的颜色，将其直接拖动到“色板”面板中，此时“色板”面板中的鼠标指针会变成一个+号，松开鼠标，即可直接添加到“色板”面板中，如图6-18所示。

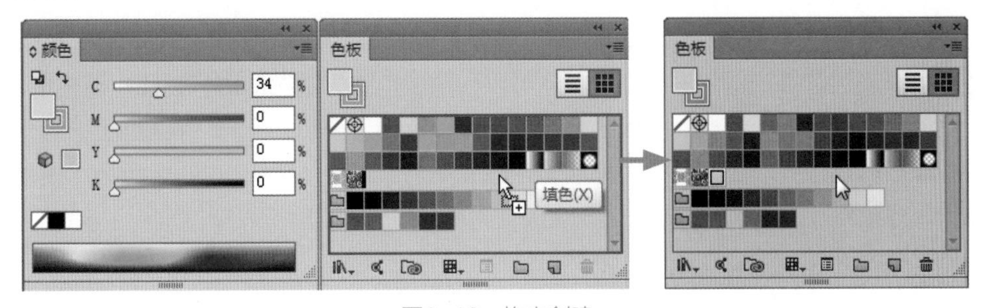

图6-18　拖曳创建

在“色板”面板中单击“新建色板”按钮，此时会弹出“新建色板”对话框，设置参数后单击“确定”按钮，即可创建新的颜色，如图6-19所示。

技　巧

如果想修改“色板”面板中的某个颜色，可以首先选择该颜色，然后单击“色板”面板底部的“色板选项”按钮，打开“色板选项”对话框，在该对话框中可以对颜色进行修改。

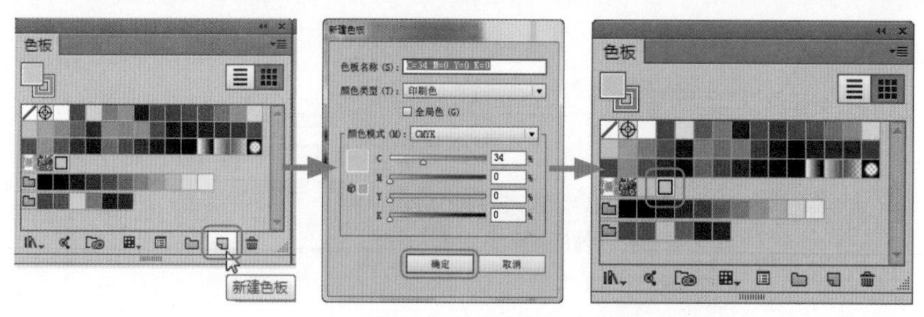

图6-19　新建色板

2. 新建颜色组

颜色组可以将一些相关的颜色或经常使用的颜色放在一个组中，以方便后面的操作。颜色组中只能包括单一颜色，不能添加渐变和图案。

在“色板”面板中选择要组成颜色组的颜色块，然后单击“色板”面板底部的“新建颜色组”按钮，在打开的“新建颜色组”对话框中输入新颜色组的名称，设置完毕后单击“确定”按钮，即可创建颜色组，如图6-20所示。

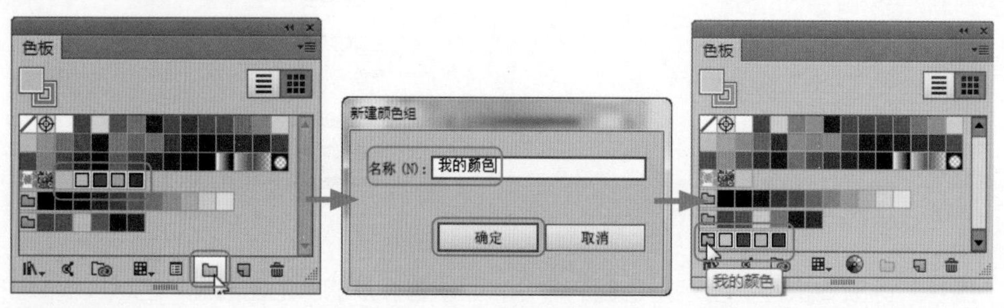

图6-20　创建颜色组

技　巧

在选择颜色时，按住Shift键可以选择多个连续的颜色；按住Ctrl键可以选择多个任意的颜色。

颜色组可以通过选择的颜色进行创建，还可以利用现有的矢量图形进行创建。首先单击选择现有的矢量图形，然后单击“色板”面板底部的“新建颜色组”按钮，打开“新建颜色组”对话框，为新颜色组命名后选中“选定的图稿”单选框，然后单击“确定”按钮，即可从现有对象创建颜色组，如图6-21所示。

其中的参数含义如下。

- **名称：**设置新颜色组的名称。
- **创建自：**创建颜色组的来源。选中“选定的色板”单选框，表示以当前选择色板中的颜色为基础创建颜色组；选中“选定的图稿”单选框，表示以当前选择的矢量图形为基础创建颜色组。
- **将印刷色转换为全局色：**勾选该复选框，将所有创建的颜色组的颜色转换为全局色。
- **包括用于色调的色板：**勾选该复选框，将包括用于色调的颜色也转换为颜色组中的颜色。

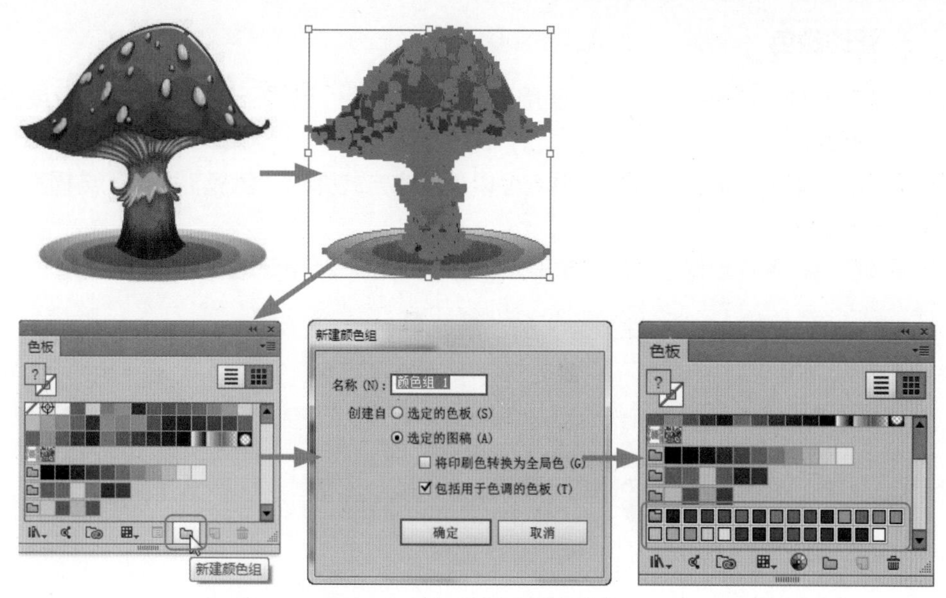

图6-21　选择对象创建颜色组

技　巧

从“颜色”面板中将颜色拖动添加到颜色组中，可以在颜色组中新建颜色。如果想修改颜色组中的颜色，可以双击某个颜色，打开“色板选项”对话框来修改该颜色。如果想修改颜色组中的所有颜色，可以双击颜色组图标，打开“色板选项”对话框，对其进行修改。

3. 删除颜色

“色板”面板中多余的颜色，可以将其删除。方法是在“色板”面板中选择要删除的一个或多个颜色，然后单击“色板”面板底部的“删除色板”按钮，也可以选择“色板”面板弹出菜单中的“删除色板”命令，在打开的对话框中单击“是”按钮，即可将选择的色板颜色删除，如图6-22所示。

图6-22　删除颜色

6.1.5 通过属性栏管理颜色

属性栏位于菜单栏的下方，合理利用属性栏可以大大提升工作效率，在属性栏中可以清楚地看到“填充”和“描边”选项，如图6-23所示。

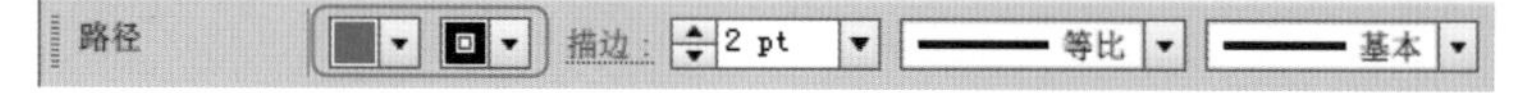

图6-23　属性栏

上机实战 管理颜色

STEP 1 新建空白文档，绘制一个圆形，使用工具箱中的“选择工具”选择要填色或改色的对象，如图6-24所示。

STEP 2 在属性栏中单击“填充”图标，系统会以下拉的方式弹出“色板”面板，选择其中的一个颜色，如图6-25所示。

STEP 3 选择颜色后，系统会将选择的对象填充颜色，如图6-26所示。

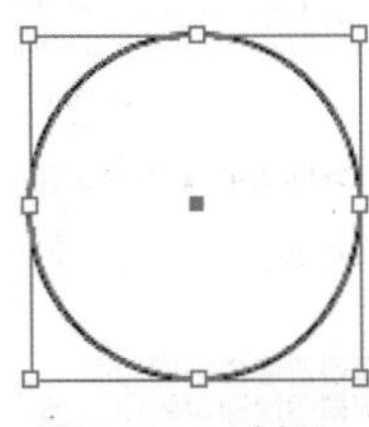

图6-24 选择

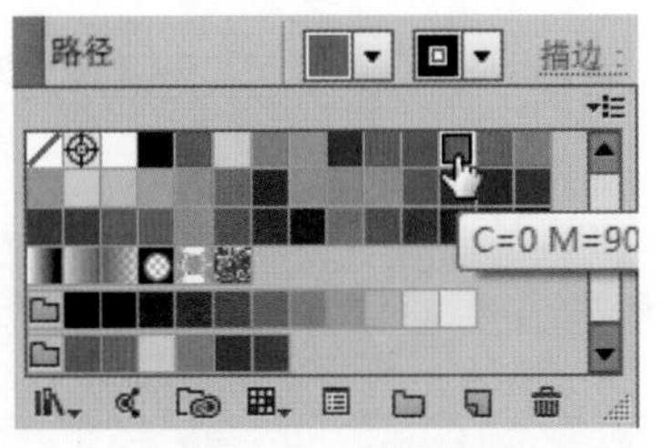

图6-25 选择颜色

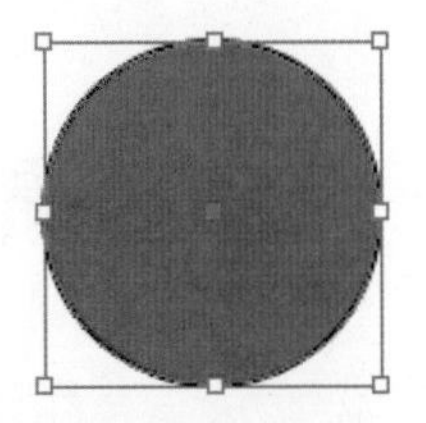

图6-26 填充1

STEP 4 按住Shift键的同时单击“填充”图标，会以下拉的方式弹出“颜色”面板，在其中设置颜色后，同样会为选择的对象改色，如图6-27所示。

STEP 5 单击“描边”图标，会以下拉的方式弹出“描边色板”面板，选择颜色后会改变选择对象的描边颜色，如图6-28所示。

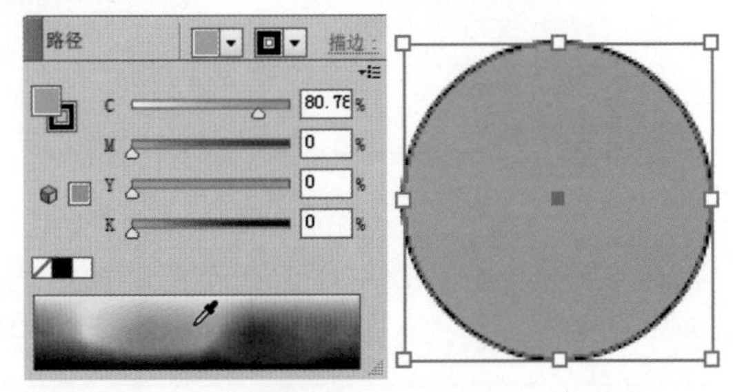

图6-27 填充2

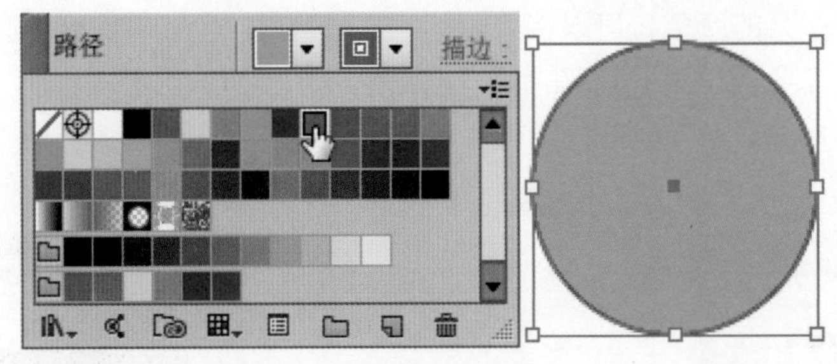

图6-28 描边

技 巧

按住Shift键的同时单击“描边”图标，会以下拉的方式弹出“描边颜色”面板。

上机实战 管理描边

STEP 1 选择绘制的正圆，在“描边宽度”下拉列表中选择一个宽度，会改变之前选择对象的描边宽度，如图6-29所示。

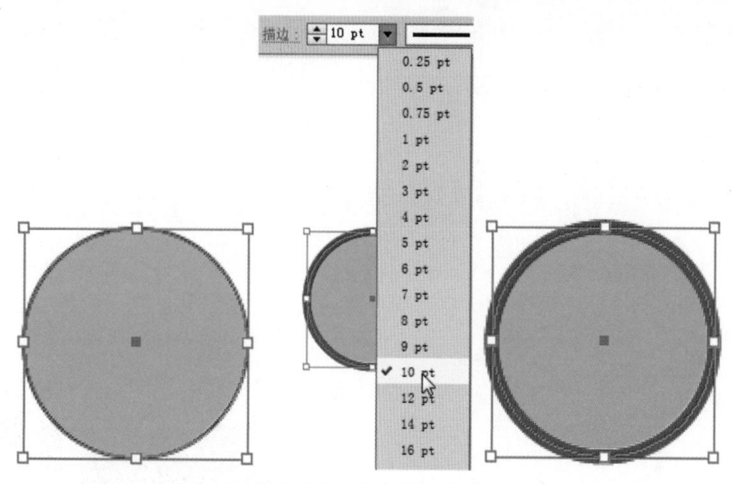

图6-29　改变描边宽度

STEP 2 单击“变量宽度配置文件”按钮，在下拉列表中选择一个配置文件，如图6-30所示。

STEP 3 还原“变量宽度配置文件”为“等比”，如图6-31所示。

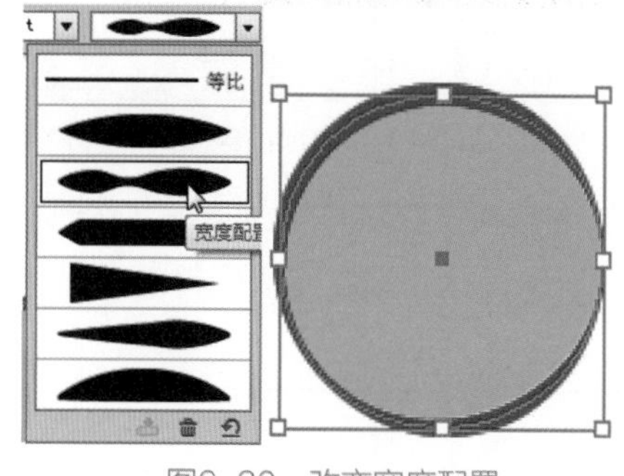

图6-30　改变宽度配置

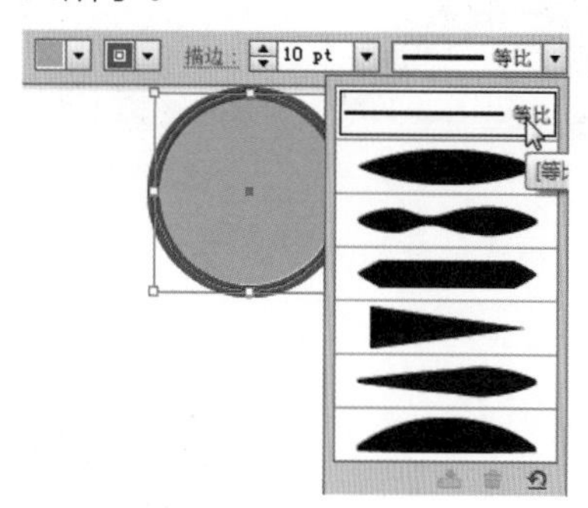

图6-31　还原为等比

STEP 4 单击“画笔定义”按钮，在下拉列表中选择一个笔刷，此时会改变描边的画笔效果，如图6-32所示。

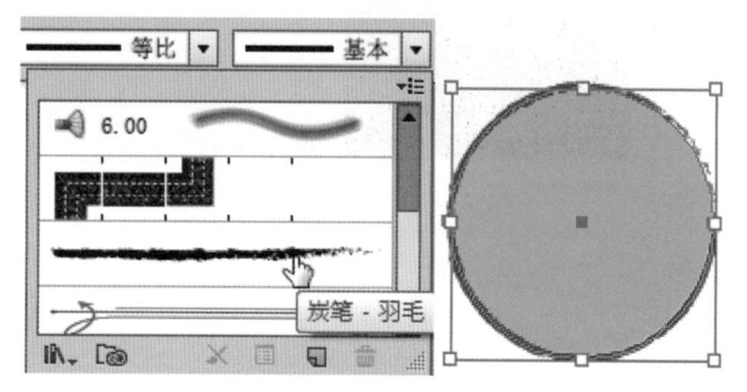

图6-32　改变描边画笔

6.2　单色填充

单色填充指的是填充单一颜色，颜色没有渐变效果。单色填充主要通过“颜色”面板或“色板”面板来完成。单色填充在填充时可以分为填充颜色和描边颜色，单色填充可以在“颜色”面板或“色板”面板中选择单一颜色进行填充，还可以在工具箱中快速改变填充或描边。

上机实战 通过工具箱快速进行单色填充

STEP 1 打开一个文档，使用“选择工具”选择一个图形对象，如图6-33所示。

STEP 2 此时会在工具箱底部自动显示当前对象的填充与描边颜色，如图6-34所示。

STEP 3 在工具箱中双击“填充”图标，在打开的“拾色器”对话框中可以重新设置填充色，如图6-35所示。

图6-33 选择对象

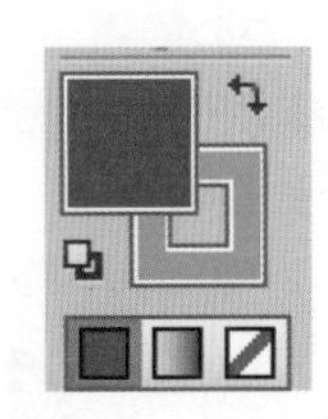

图6-34 工具箱

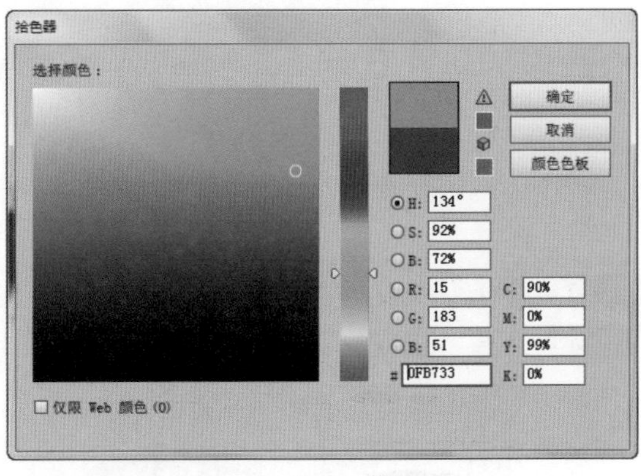

图6-35 “拾色器”对话框

STEP 4 设置完毕后单击“确定”按钮，此时会发现填充颜色已经改变了，如图6-36所示。

STEP 5 双击工具箱中的“描边”图标，打开“拾色器”对话框，设置完毕后单击“确定”按钮，如图6-37所示。

图6-36 改变填充颜色

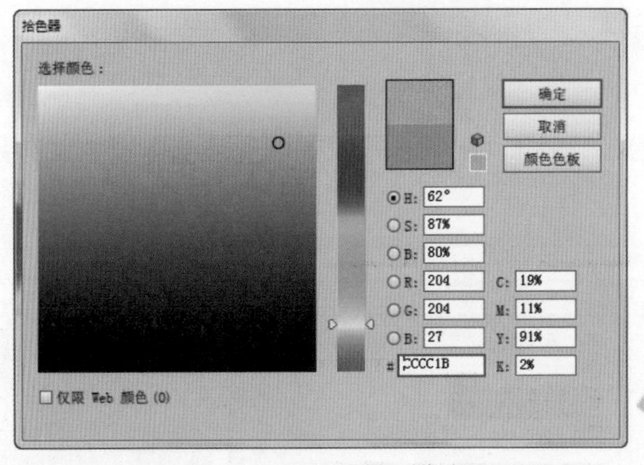

图6-37 改变描边颜色

技 巧

对于工具箱中的“填充”与“描边”图标，当“填充”或“描边”处于编辑状态时，会显示在前面，如图6-38所示。

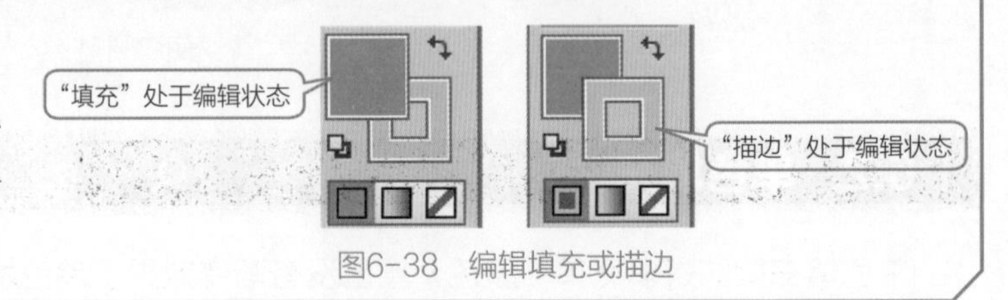

图6-38 编辑填充或描边

6.3　渐变填充

渐变填充是由不同百分比的基本色之间的渐变混合所衍生出来的，可以是从一种颜色到另一种颜色的多色渐变，也可以是黑白灰之间的无色系渐变。与单色填充不同之处是单色填充只要一种颜色，而渐变填充是由两种或两种以上的颜色组成。

6.3.1 渐变面板

执行菜单“窗口”/“渐变”命令，系统会弹出如图6-39所示的“渐变”面板，单击面板中的“渐变填充”图标，会启动渐变填充，如图6-40所示。

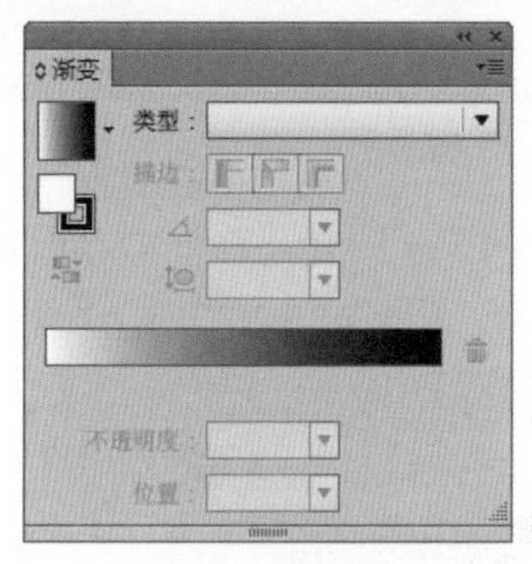

图6-39　“渐变”面板

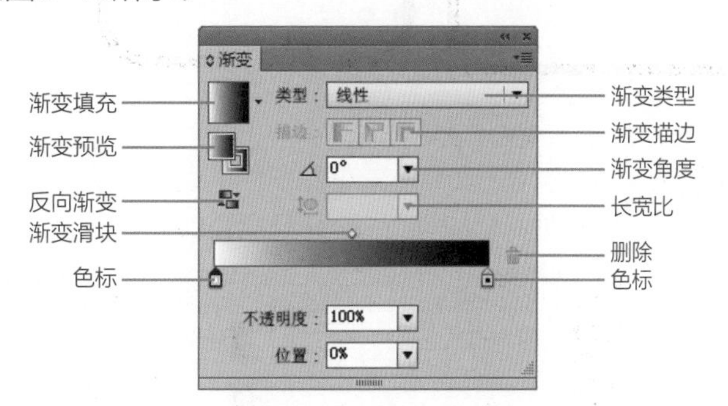

图6-40　启动渐变填充

其中的参数含义如下。

- **渐变填充：**单击可以启动渐变填充，单击右边的倒三角可以打开渐变色板。
- **渐变预览：**用来选择对“填充”或“描边”进行渐变色填充的选项，哪项在前面就是对哪项进行渐变填充。
- **反向渐变：**将渐变顺序进行反转。
- **渐变滑块：**用来控制渐变色的分布范围。
- **色标：**控制渐变色的颜色，色标越多，渐变色也越多。
- **渐变类型：**包括线性渐变和径向渐变。
- **渐变描边：**为对象的轮廓进行渐变填充。
- **渐变角度：**设置渐变色的填充角度。
- **长宽比：**该选项只能应用于径向渐变，用来控制填充径向渐变色的圆度。
- **不透明度：**设置当前色标所对应颜色的不透明度。
- **位置：**设置当前色标的位置。
- **删除：**选择色标后单击此按钮，可以将此色标删除。

6.3.2 双色渐变

双色渐变指的是在对象中填充由两种颜色组成的渐变色，在填充时可以在“渐变”面板中进行精确设置。

上机实战　为图形填充黄红渐变色

STEP 1　新建空白文档，使用“矩形工具”绘制矩形，拖动圆角控制点将矩形转换成圆角矩形，如图6-41所示。

STEP 2 执行菜单“窗口”/“渐变”命令，打开“渐变”面板，单击“渐变填充”图标，启动渐变填充，此时会发现圆角矩形被默认填充了“从白色到黑色”的线性渐变，如图6-42所示。

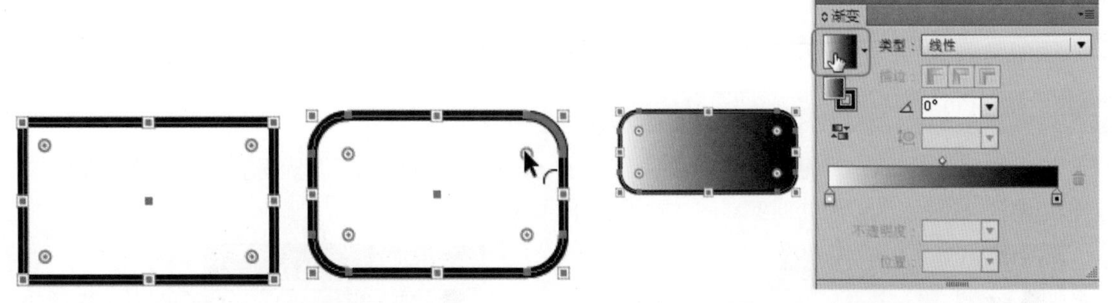

图6-41　圆角矩形　　　　图6-42　启动渐变填充

STEP 3 在“渐变”面板中单击左侧白色的色标，在“色板”面板中拖曳黄色到此色标上，当鼠标指针右下角处出现一个+号时，松开鼠标，即可将黄色应用到此色标上，如图6-43所示。

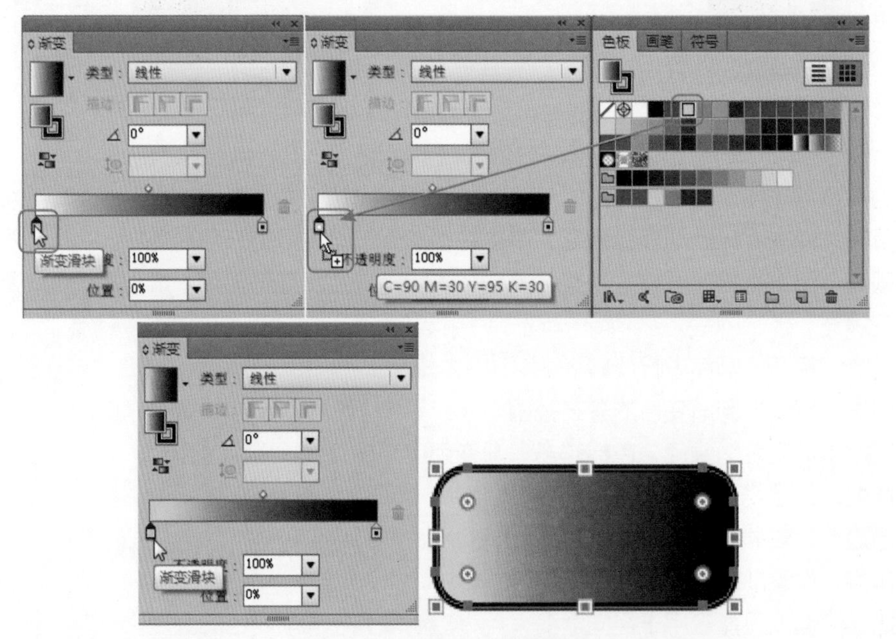

图6-43　设置第一个渐变颜色

STEP 4 除了应用“色板”面板设置渐变颜色外，还可以通过双击色标上的三角形，在弹出的“颜色”面板或“色板”面板中设置颜色，我们把右侧色标的颜色设置为“红色”，如图6-44所示。

STEP 5 拖动渐变条上方的“渐变滑块”或者选择滑块后在“位置”文本框中输入数值，以此来改变渐变色的效果，如图6-45所示。

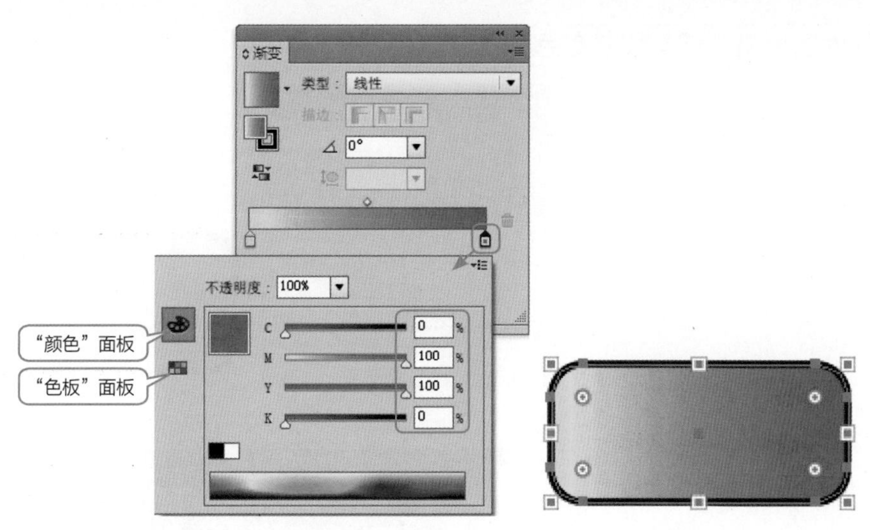

图6-44　设置右侧色标的颜色

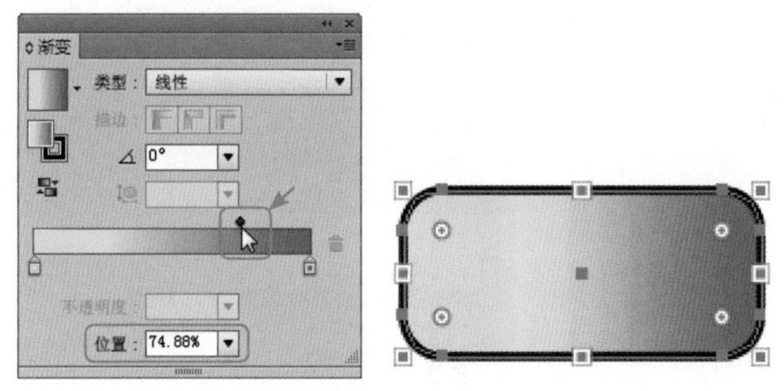

图6-45　调整滑块位置

STEP 6 此时填充的是线性渐变，如果想把渐变类型改为径向渐变，只要在“渐变”面板中设置“渐变类型”为“径向”即可，如图6-46所示。

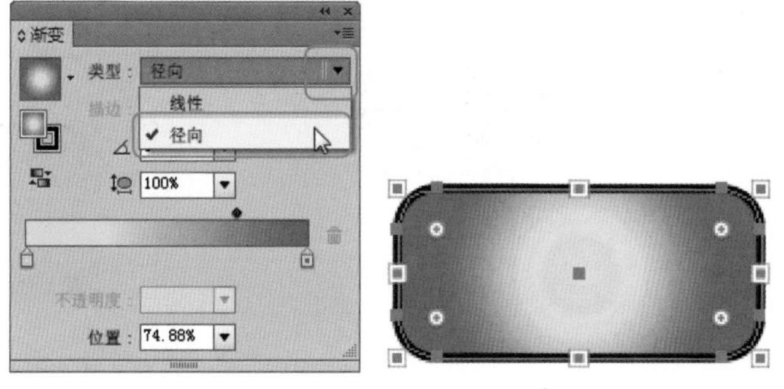

图6-46　径向渐变

6.3.3 多色渐变

多色渐变指的是在对象中填充由两种以上颜色组成的渐变色，在填充时可以在“渐变”面板中进行精确设置。

上机实战 为图形填充红黄红渐变色

STEP 1 在黄红渐变的基础上，我们将黄色色标向中间拖曳，如图6-47所示。

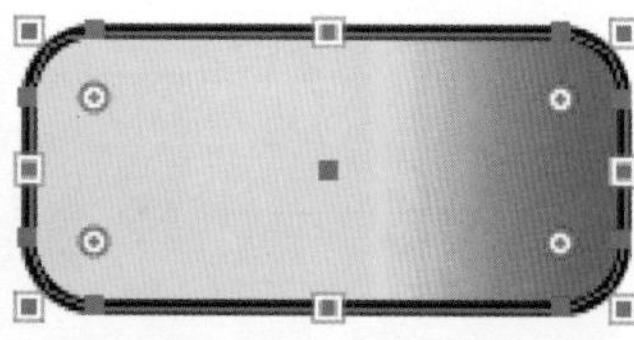

图6-47 改变色标位置

STEP 2 将鼠标移动到渐变颜色条下方，当鼠标右下角出现一个+号时，单击就可以增加一个色标，如图6-48所示。

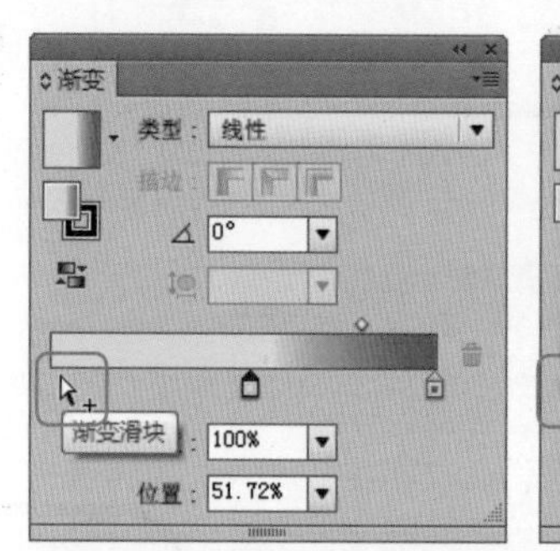

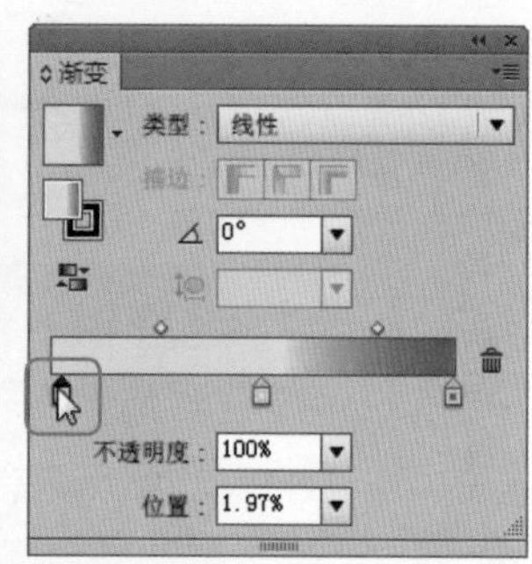

图6-48 增加色标

STEP 3 在新增色标的三角形上双击，在弹出的“色板”面板中选择“红色”，如图6-49所示。

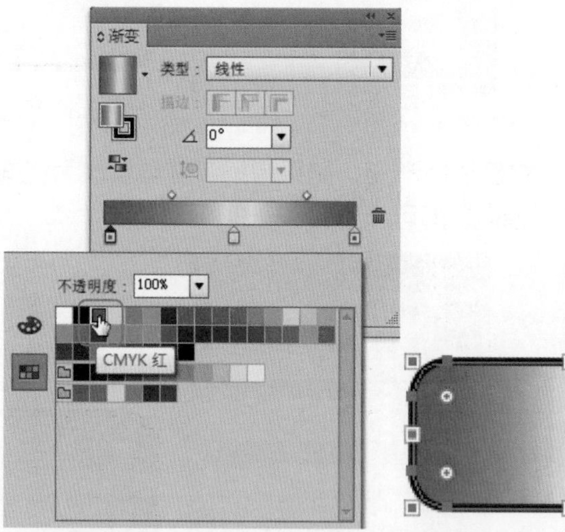

图6-49 设置颜色

STEP 4 径向渐变后的效果，如图6-50所示。

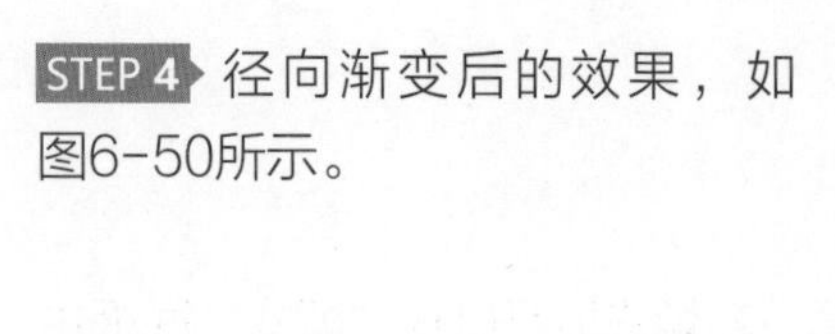

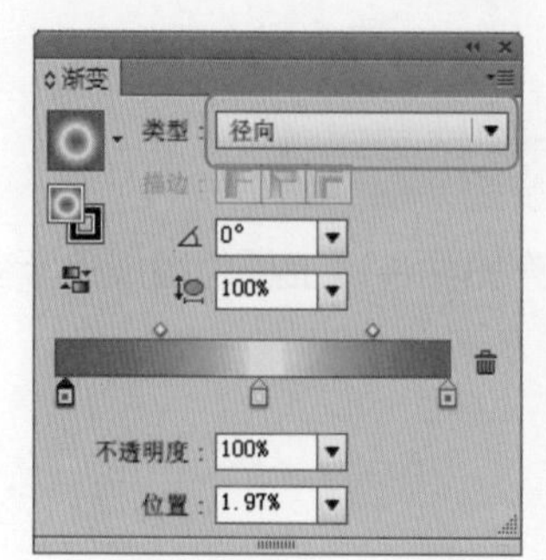

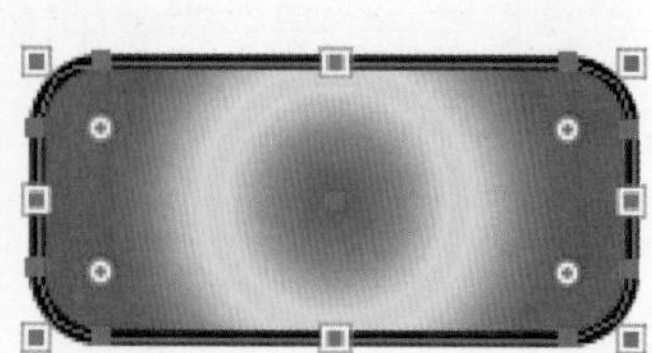

图6-50 径向渐变

6.3.4 渐变填充的其他设置

填充渐变色以后，可以随意改变填充的角度，如果是径向渐变，还可以调整长宽比，以此来调整出更加完美的渐变色。

上机实战 改变渐变角度

STEP 1 选择上节实战中填充的红黄红线性渐变色，调整一下色标位置，如图6-51所示。

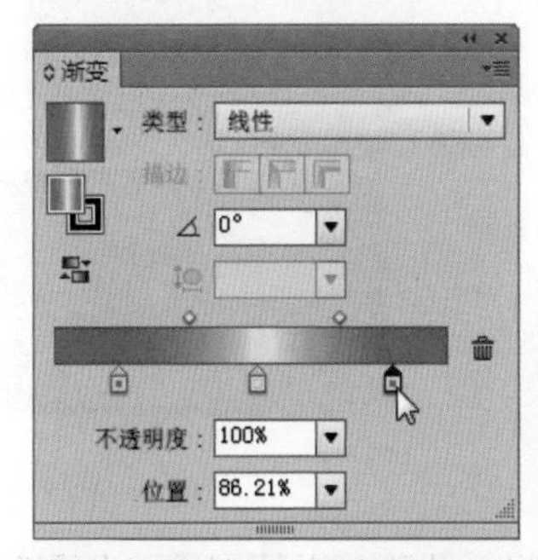

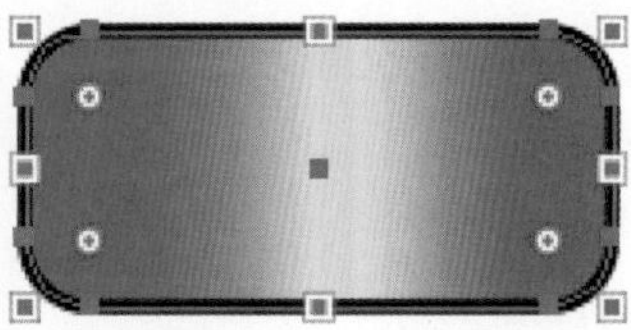

图6-51　改变色标位置

STEP 2 在“渐变”面板中设置“渐变角度”为45°，如图6-52所示。

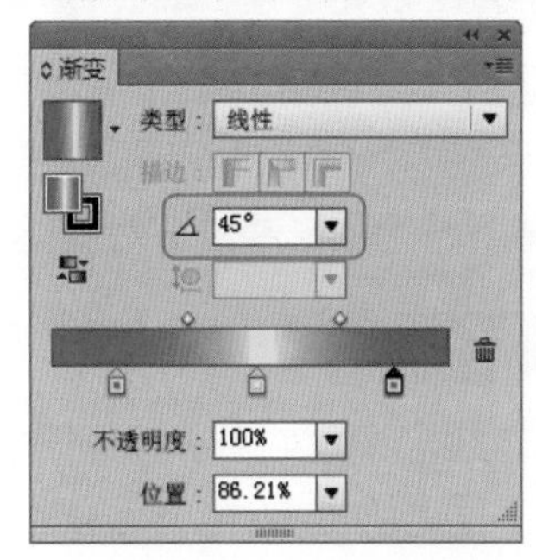

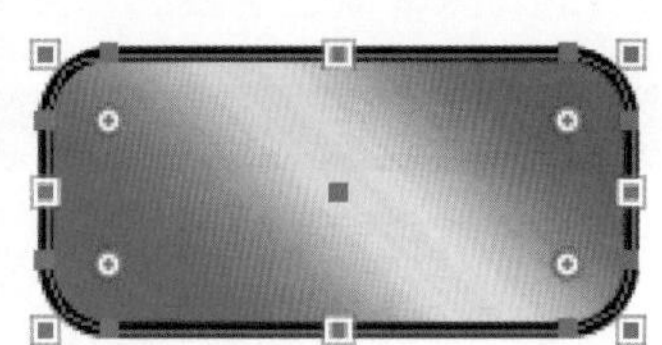

图6-52　设置角度

上机实战 改变长宽比

STEP 1 将线性渐变改为径向渐变，因为“长宽比”只支持径向渐变，如图6-53所示。

STEP 2 设置不同“长宽比”后的填充效果，如图6-54所示。

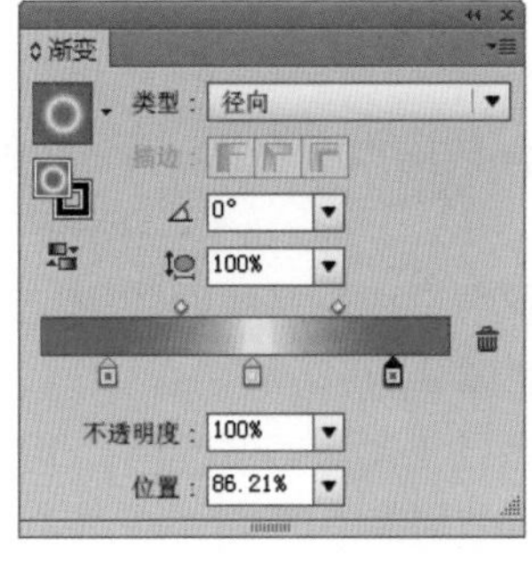

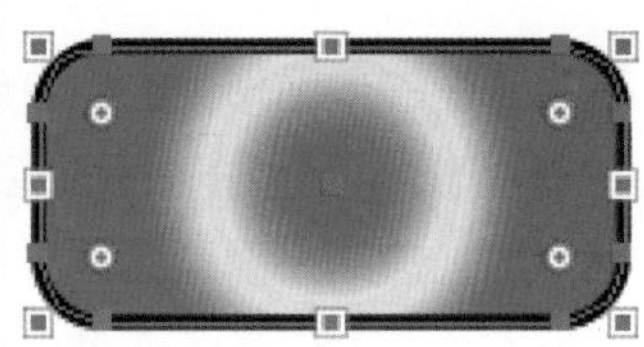

图6-53　转换为径向渐变

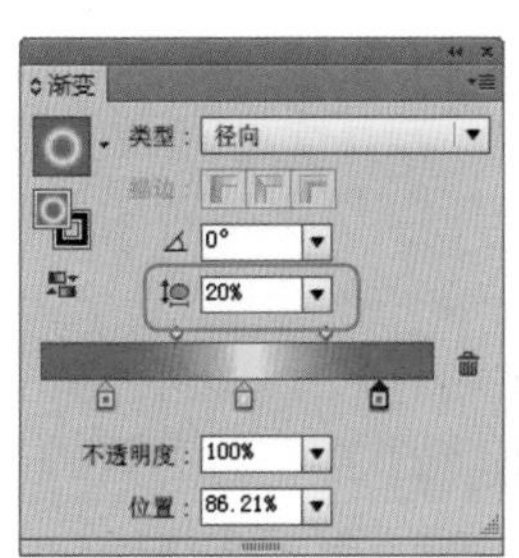

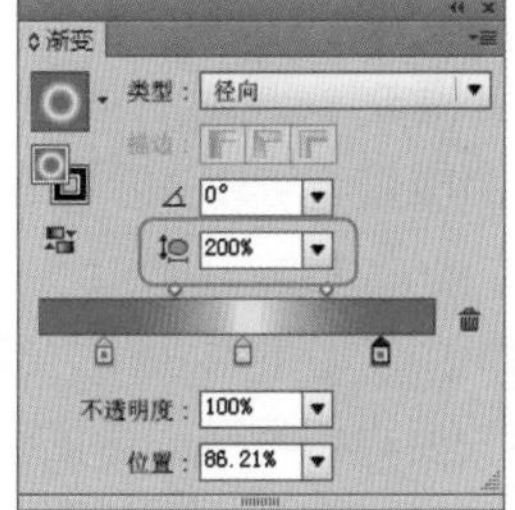

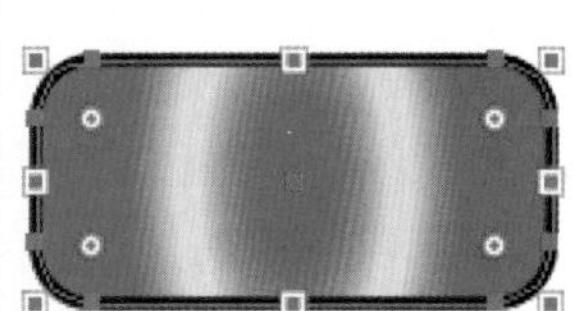

图6-54　不同的长宽比

6.3.5 渐变工具

"渐变工具"可以更加方便地调整渐变颜色，可以随意地改变渐变填充的位置及效果等。在"渐变"面板中设置好渐变后，使用"渐变工具"修改渐变时，起点和终点的不同，出现的渐变效果也会不同，如图6-55所示。

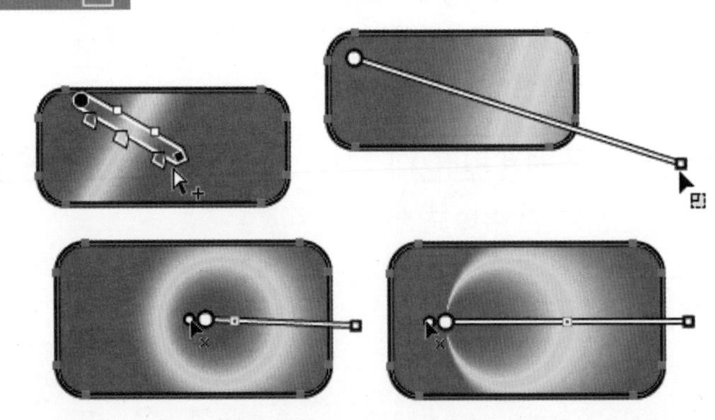

图6-55 渐变工具改变渐变

6.4 透明填充

在Illustrator CC中，可以通过"透明度"面板来调整图形的透明度。可以将一个对象的填充、描边、笔画或编组对象，按照透明百分比进行透明调整，100%为不透明，0%为完全透明。当顶层的对象降低透明度后，会将下方的图形透过该对象显示出来。

6.4.1 混合模式

混合模式主要指当两个对象或图层出现重叠时，用不同的色彩运算方法会使图形产生完全不同的合成效果，Illustrator CC总共提供了16种混色运算模式。该运算要在"透明度"面板中完成，单击面板左上角的"混合模式"选项，在下拉列表中可以看到16种混合模式，如图6-56所示。

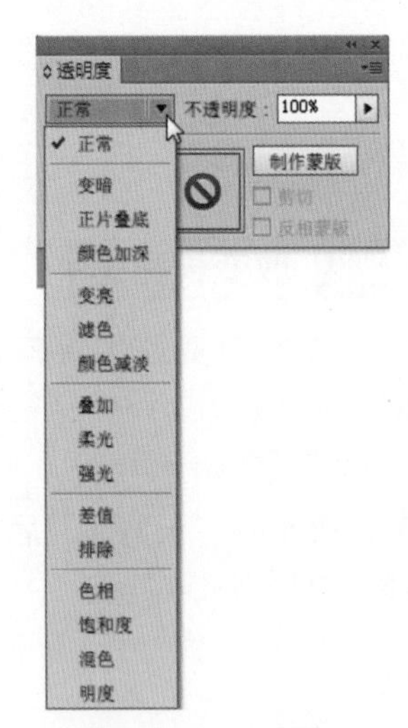

图6-56 混合模式

在具体讲解图层混合模式之前先向大家介绍一下3种色彩概念。

- **基色**：指的是图形中的原有颜色，也就是我们要用混合模式选项时，两个图形中下面的那个图形。
- **混合色**：指的是通过绘画或编辑工具应用的颜色，也就是我们要用混合模式选项时，两个图形中上面的那个图形。
- **结果色**：指的是应用混合模式后的色彩。

其中的参数含义如下。

- **正常**：系统默认的混合模式，混合色的显示与不透明度的设置有关。当"不透明度"为100%，上层图形区域会覆盖下层中该部位的区域。只有"不透明度"小于100%时才能实现简单的图形混合。
- **变暗**：选择基色或混合色中较暗的颜色作为结果色。比混合色亮的像素被替换，比混合色暗的像素保持不变。"变暗"模式将导致比背景颜色淡的颜色从结果色中被去掉。
- **正片叠底**：将上层图形的颜色值与下层图形的颜色值相乘，再除以数值255，就是最终图形的颜色值。这种混合模式会形成一种较暗的效果。将任何颜色与黑色相乘，都会产生黑色。

- **颜色加深：**通过增加对比度使基色变暗以反映混合色。如果与白色混合，将不会产生变化。
- **变亮：**选择基色或混合色中较亮的颜色作为结果色。比混合色暗的像素被替换，比混合色亮的像素保持不变。 在这种与“变暗”模式相反的模式下，较淡的颜色区域在最终的结果色中占主要地位。较暗的区域并不出现在最终的结果色中。
- **滤色：**“滤色”模式与“正片叠底”模式正好相反，它将基色与混合色结合起来，产生比两种颜色都浅的第三种颜色。
- **颜色减淡：**通过减小对比度使基色变亮以反映混合色。如果与黑色混合，则不发生变化。应用该混合模式时，基色上的暗区域都将会消失。
- **叠加：**把基色与混合色相混合产生一种中间色。基色比混合色暗的颜色会加深，比混合色亮的颜色将被遮盖，而图形内的高亮和阴影部分保持不变，因此对黑色或白色像素着色时，“叠加”模式不起作用。
- **柔光：**可以产生一种柔光照射的效果。如果混合色比基色的像素更亮一些，那么结果色将更亮；如果混合色比基色的像素更暗一些，那么结果色将更暗，最终使图形的亮度反差增大。
- **强光：**可以产生一种强光照射的效果。如果混合色比基色的像素更亮一些，那么结果色将更亮；如果混合色比基色的像素更暗一些，那么结果色将更暗。它的效果要比“柔光”模式更强烈一些。
- **差值：**将基色的亮度值减去混合色的亮度值，如果结果为负，则取正值，产生反相效果。由于黑色的亮度值为0，白色的亮度值为255，因此用黑色着色不会产生任何影响，用白色着色则产生反相效果。“差值”模式创建结果色的相反色彩。
- **排除：**“排除”模式与“差值”模式相似，但是具有高对比度和低饱和度的特点。比用“差值”模式获得的颜色更柔和、更明亮一些，其中与白色混合将反转基色值，而与黑色混合则不发生变化。
- **色相：**用混合色的色相值进行着色，而使饱和度和亮度值保持不变。当基色与混合色的色相值不同时，才能将结果色进行着色处理。
- **饱和度：**“饱和度”模式的作用方式与“色相”模式相似，它只用混合色的饱和度值进行着色，而使色相值和亮度值保持不变。当基色与混合色的饱和度值不同时，才能将结果色进行着色处理。
- **混色：**使用混合色的饱和度值和色相值同时进行着色，而使基色的亮度值保持不变。“混色”模式可以看成是“饱和度”模式和“色相”模式的综合效果。
- **明度：**使用混合色的亮度值进行着色，而保持基色的饱和度和色相值不变。其实就是用基色中的色相和饱和度以及混合色的亮度创建结果色。此模式创建的效果与“混色”模式创建的效果相反。

6.4.2 设置透明度

想要设置对象的透明度，首先要把该对象或图形选取，然后执行菜单“窗口”/“透明度”命令，打开“透明度”面板，在“不透明度”文本框中输入新的数值或拖动控制滑块，可以改变图形或对象的透明度，如图6-57所示。

图6-57　设置透明度

技　巧

按Ctrl+Shift+F10键可以快速打开“透明度”面板。

6.4.3 创建蒙版

调整“不透明度”参数值的方法，只能修改整个图形的透明程度，而不能局部调整图形的透明程度。如果想调整局部不透明度，就需要应用不透明度蒙版来创建。不透明度蒙版可以制作透明过渡效果，通过蒙版图形来创建透明过渡，用作蒙版的图形颜色决定了透明的程度。如果蒙版为黑色，则蒙版后将完全不透明；如果蒙版为白色，则蒙版后将完全透明。介于白色与黑色之间的颜色，将根据其灰度的级别显示为半透明状态，级别越高则越不透明。

上机实战　为图形对象创建渐变透明蒙版

STEP 1 打开一个卡通小人文档，使用“椭圆工具”在人物头部绘制一个正圆，如图6-58所示。

STEP 2 执行菜单“窗口”/“渐变”命令，打开“渐变”面板，在其中设置渐变为“从白色到黑色”的径向渐变，如图6-59所示。

图6-58　绘制正圆

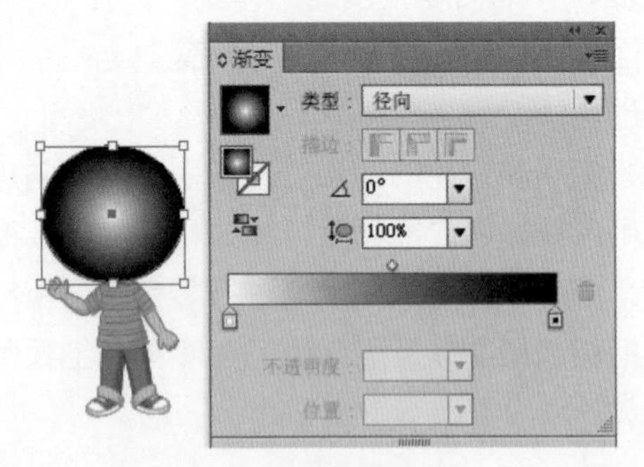

图6-59　编辑渐变

STEP 3 框选小人和渐变圆形，在“透明度”面板中单击“制作蒙版”按钮，如图6-60所示。

STEP 4 单击“制作蒙版”按钮后，系统会为小人添加一个渐变透明蒙版，效果如图6-61所示。

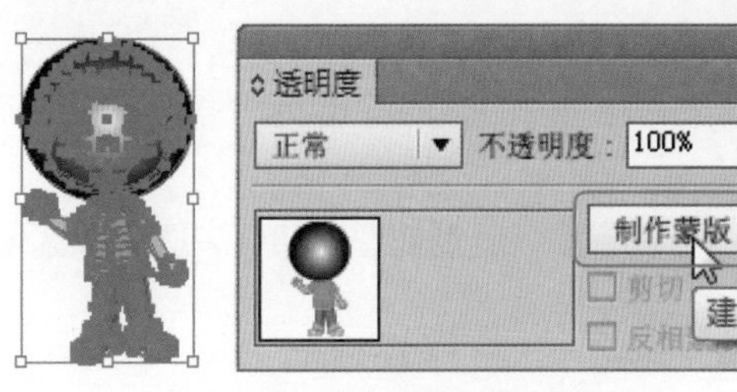

图6-60　单击“制作蒙版”按钮

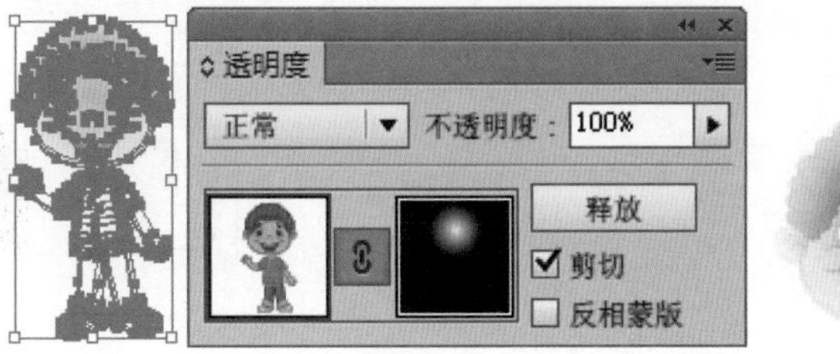

图6-61　渐变透明蒙版

技　巧

在“透明度”面板中创建蒙版后，只要单击“释放”按钮，就可以还原创建的蒙版。

6.4.4 编辑蒙版

在“透明度”面板中创建蒙版后，如果不满意蒙版效果，还可以在不释放蒙版的情况下，对蒙版图形进行编辑修改。创建蒙版后的“透明度”面板，如图6-62所示。

图6-62　“透明度”面板

其中的参数含义如下。

- **原图：**显示要蒙版的图形预览，单击该区域将选择原图形。
- **链接：**用来链接蒙版与原图形，以便在修改时同时修改。单击该按钮可以取消链接。
- **蒙版：**显示用来蒙版的蒙版图形，单击该区域可以选择蒙版图形，如图6-63所示；如果按住Alt键的同时单击该区域，将选择蒙版图形，并且只显示蒙版图形效果，如图6-64所示。选择蒙版图形后，可以利用相关的工具对蒙版图形进行编辑，比如放大、缩小和旋转等操作，也可以使用“直接选择工具”修改蒙版图形的路径。

图6-63　选择蒙版图形

图6-64　只显示蒙版图形

- **释放：** 释放蒙版，原图以及蒙版图形则会完整显示。
- **剪切：** 勾选该复选框，可以将蒙版以外的图形全部剪切掉；不勾选该复选框，蒙版以外的图形也将显示出来。
- **反相蒙版：** 勾选该复选框，可以将蒙版反相处理，即原来透明的区域变成不透明。

上机实战 编辑蒙版

STEP 1 选择刚刚创建的蒙版对象，在“透明度”面板中单击“蒙版”缩略图，如图6-65所示。

STEP 2 使用“直接选择工具”单击路径，如图6-66所示。

STEP 3 选择最下面的锚点将其向下移动，此时会发现蒙版已经发生了变化，效果如图6-67所示。

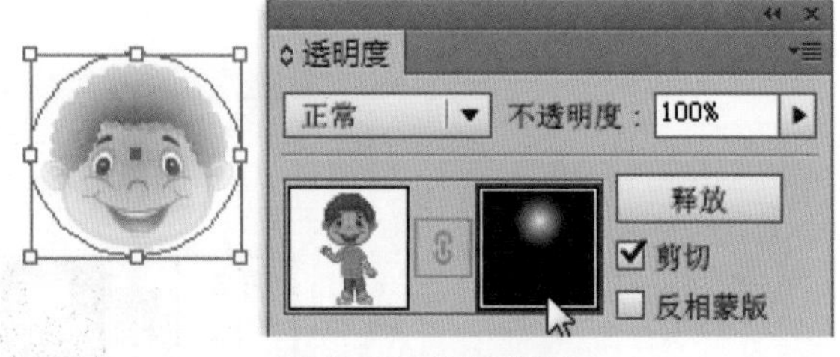

图6-65 选择蒙版

图6-66 选择路径

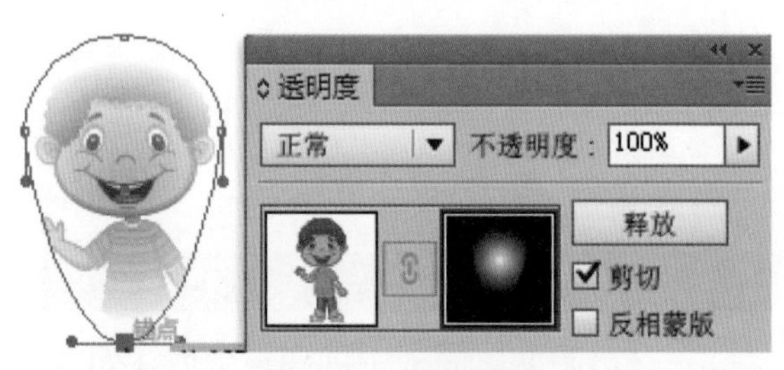

图6-67 编辑蒙版

6.5 实时上色

在Illustrator CC中，实时上色更类似于使用传统的着色工具上色，无需考虑图层或堆栈顺序，从而使工作流程更加流畅自然。实时上色组中的所有对象都可以被视为同一平面中的一部分。这就意味着可以绘制多条路径，然后在这些路径所围出的每个区域(称为一个表面)内分别着色。也可以对各个区域相交的路径部分(称为一条边缘)指定不同的描边颜色。由此得出的结果犹如一款涂色簿，可以使用不同的颜色对每个表面上色，为每条边缘描边。在实时上色组中移动路径、改变路径形状时，表面和边缘会自动做出相应调整。如图6-68所示的图形为圆形被分隔后进行快速填充的效果。

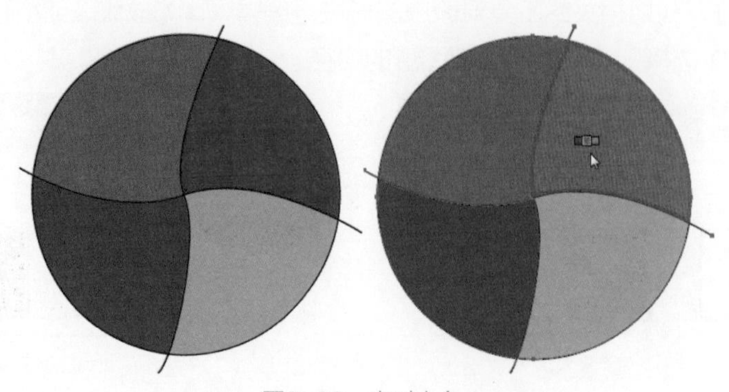
图6-68 实时上色

6.5.1 创建实时上色组

要想使用"实时上色工具"为图形以及描边进行上色，首先要将填充的多个区域创建一个实时上色组，然后才能进行实时上色。

上机实战　创建实时上色组

STEP 1 新建一个空白文档，使用"椭圆工具"在页面中绘制多个同心圆，如图6-69所示。

STEP 2 框选所有的正圆，执行菜单"对象"/"实时上色"/"建立"命令，将选择的圆形变为实时上色组，如图6-70所示。

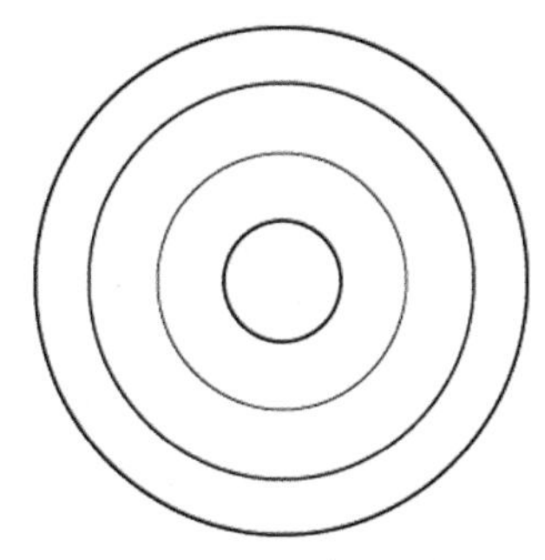

图6-69　绘制多个同心圆

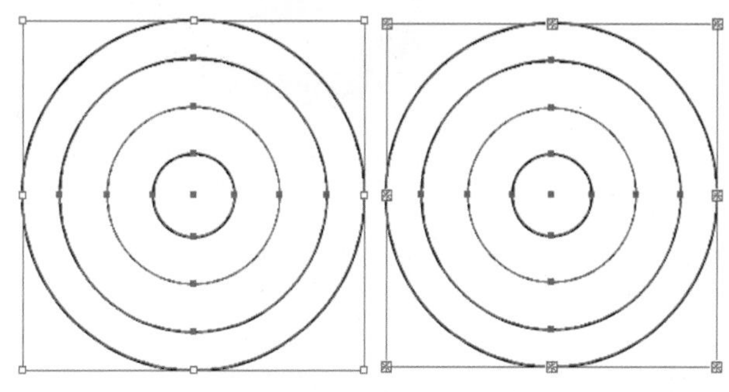

图6-70　创建实时上色组

STEP 3 在页面空白处单击鼠标，取消对象的选择，然后选择"实时上色工具"，在"颜色"面板中设置"填充"为"红色"，在实时上色组的不同圆环上单击，可以进行实时上色，如图6-71所示。

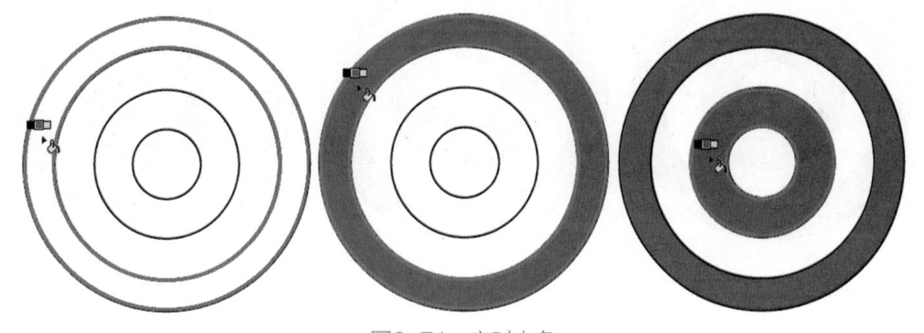

图6-71　实时上色

STEP 4 执行菜单"对象"/"扩展"命令，可以将实时上色组变为普通对象，此时图像定界框上的实时上色标记会消失，如图6-72所示。

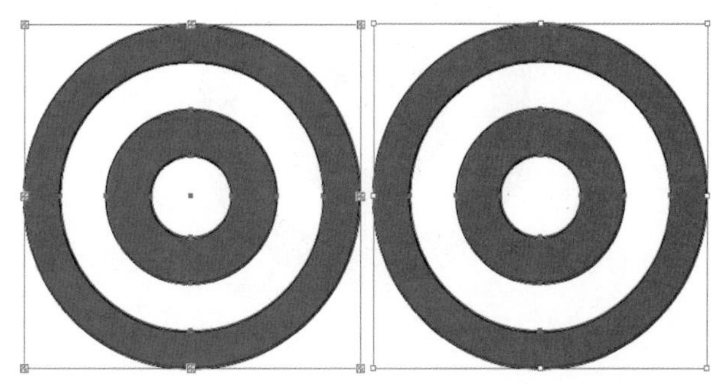

图6-72　扩展后

技 巧

创建实时上色组后的对象，如果执行菜单“对象”/“实时上色”/“释放”命令，可以将当前应用实时上色后的对象恢复成原来效果，如图6-73所示。

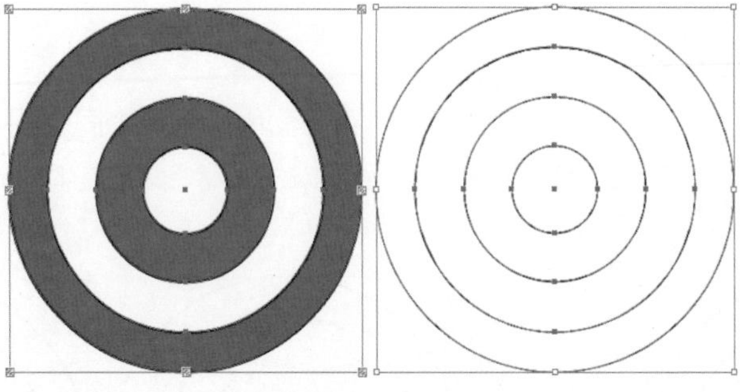

图6-73 释放

6.5.2 在实时上色组中添加路径

如果想在已经应用实时上色后的对象上添加路径，就得对其进行进一步的编辑。

上机实战 在实时上色组中添加路径

STEP 1 选择之前创建的实时上色组，使用“直线段工具”绘制直线路径，如图6-74所示。

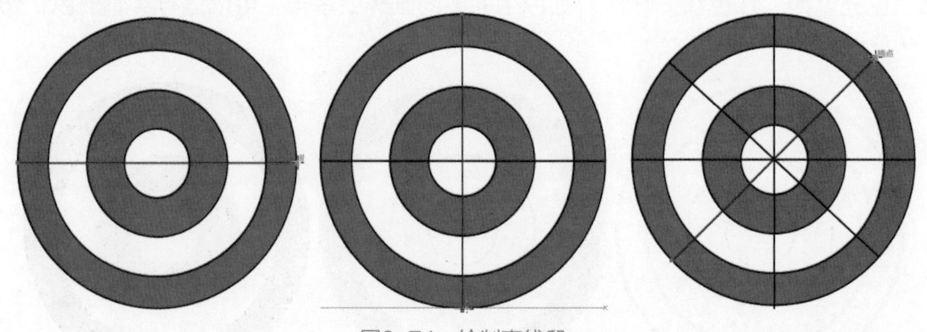

图6-74 绘制直线段

STEP 2 下面就将刚才绘制的线段融入到实时上色组中，方法是框选所有对象，执行菜单“对象”/“实时上色”/“合并”命令，会把绘制的线段融入到实时上色组中，如图6-75所示。

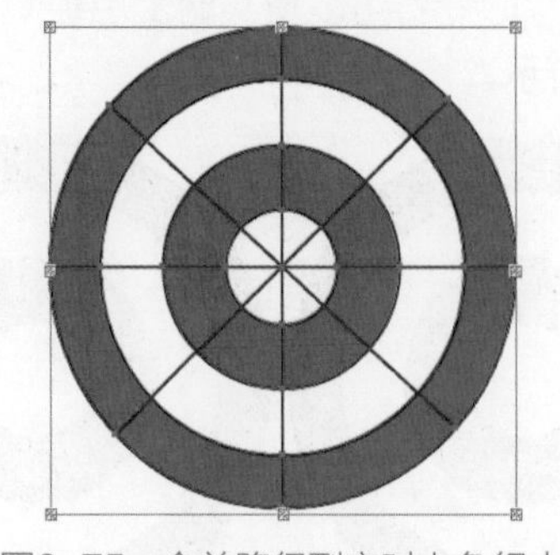

图6-75 合并路径到实时上色组中

6.6　形状生成器工具

“形状生成器工具”可以通过合并或擦除简单的形状创建复杂的形状，它对简单的复合路径有效，可以直观高亮显示所选对象中可合并为新形状的边缘和选区。在两个连接的对象上使用“形状生成器工具”拖动，会将其合并为一个对象，如图6-76所示；在两个连接的对象的重合区域拖动，会把这两个对象分割，如图6-77所示。

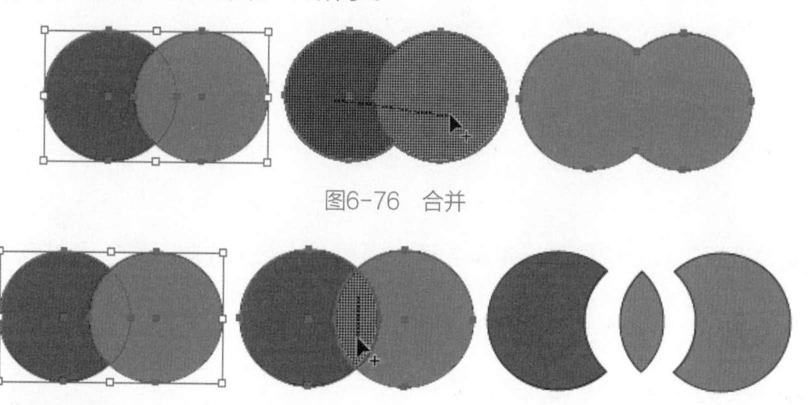

图6-76　合并

图6-77　分割

在“形状生成器工具”上双击，可以打开“形状生成器工具选项”对话框，如图6-78所示。在该对话框中可以精确地设置该工具。

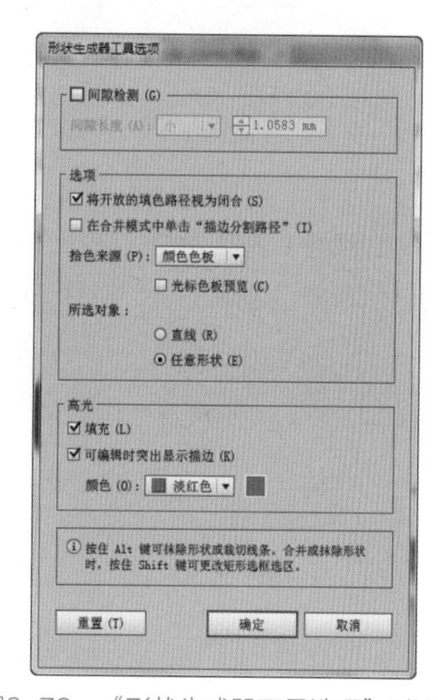

图6-78　“形状生成器工具选项”对话框

其中的参数含义如下。

- **间隙检测：** 勾选该复选框，可以设置间隙的长度为“小”“中”“大”，或者自定为某个精确的数值。此时，软件将查找仅接近指定间隙长度值的间隙。
- **将开放的填色路径视为闭合：** 勾选该复选框，则会为开放路径创建一段不可见的边缘以生成一个选区，单击选区内部时，会创建一个形状。
- **在合并模式中单击“描边分割路径”：** 勾选该复选框，在合并模式中单击描边即可分割路径。该选项允许将父路径拆分为两个路径。第一个路径将从单击的边缘创建，第二个路径是父路径中除第一个路径外剩余的部分。
- **拾色来源：** 可以从“颜色色板”中选择颜色，或者从现有图稿所用的颜色中选择，从而给对象上色。当选择“颜色色板”时，可勾选“光标色板预览”复选框，此时，光标就会变成“实时上色工具”时光标的样子，可以使用方向键来选择色板中的颜色。
- **所选对象：** 用来控制生成形状的线条对象是“直线”还是“任意形状”。
- **填充：** 勾选该复选框，当鼠标指针滑过所选路径时，可以合并的路径或选区将以灰色突出显示。
- **可编辑时突出显示描边：** 勾选该复选框，将突出显示可编辑的笔触，并可以设置笔触显示的颜色。

上机实战 使用形状生成器工具制作蛋壳人

STEP 1 新建一个空白文档，使用“直线段工具”绘制两条交叉线，如图6-79所示。

STEP 2 使用“椭圆工具”绘制四个椭圆，如图6-80所示。

STEP 3 使用“铅笔工具”在大椭圆的偏下部绘制一条铅笔曲线线条，如图6-81所示。

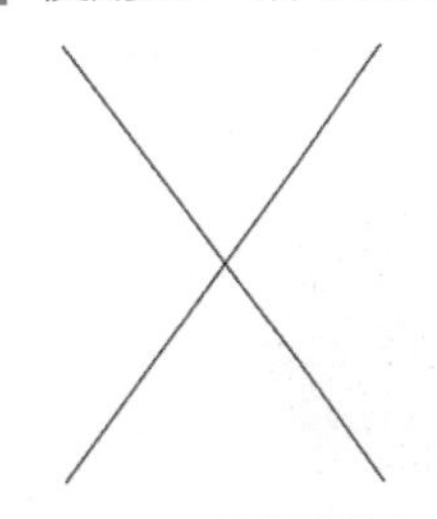

图6-79 绘制直线段

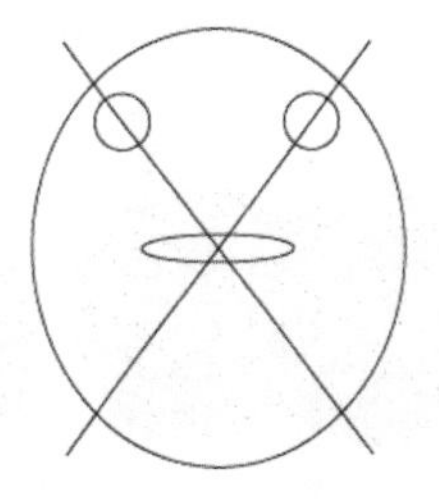

图6-80 绘制椭圆

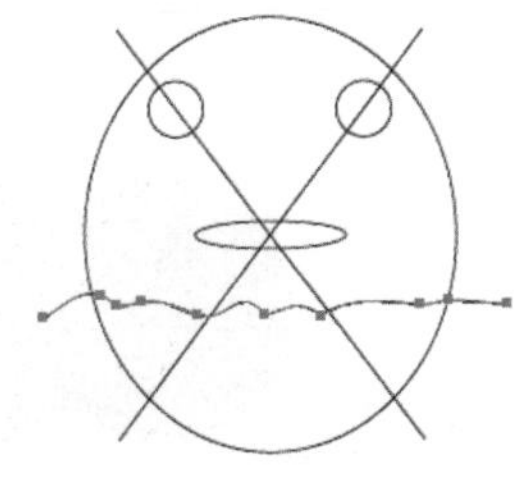

图6-81 绘制曲线

STEP 4 使用“选择工具”框选所有对象，再使用“形状生成器工具”通过拖动创建形状，如图6-82所示。

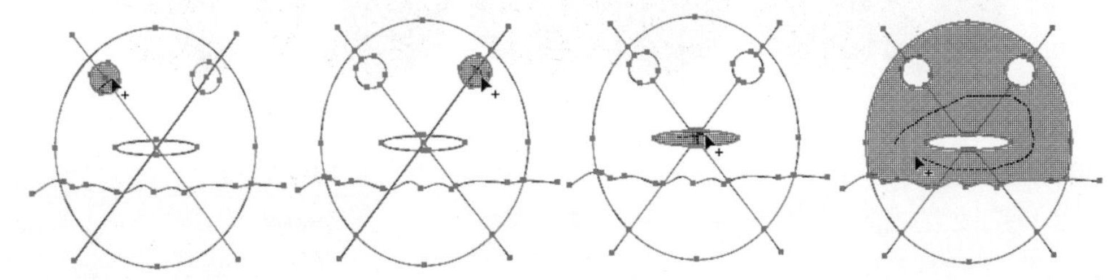

图6-82 创建形状

STEP 5 使用“选择工具”选择多余线条将其删除，如图6-83所示。

STEP 6 使用“选择工具”选择外部形状，将其填充“橘色”，效果如图6-84所示。

图6-83 删除线条

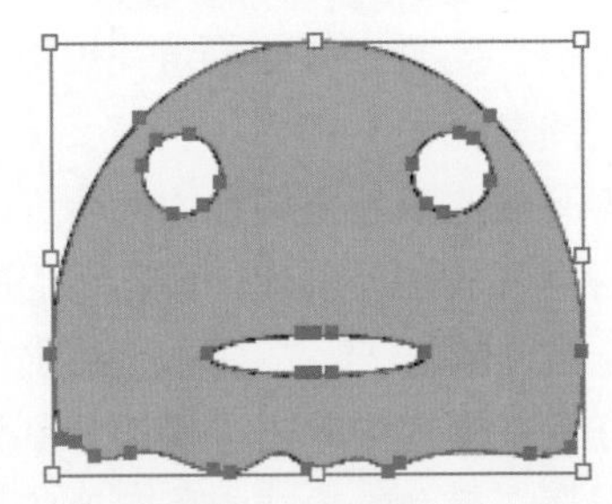

图6-84 填充

6.7 图案填充

在Illustrator CC中，图案填充是一种特殊的填充，在“色板”面板中为用户提供了两种填充方法。图案填充与渐变填充不同，它不但可以用来填充图形的内部区域，也可以用来填充路径描边。图案填充会自动根据图案和所要填充对象的范围决定图案的拼贴效果。图案填充是一个非常简单但又相当有用的填充方式。除了使用预设的图案填充，还可以自行创建自己需要的图案填充。

6.7.1 应用图案色板

执行菜单“窗口”/“色板”命令，打开“色板”面板。在前面已经讲解过“色板”面板的使用，这里单击“色板类型”菜单按钮，选择“显示图案色板”命令，则“色板”面板只显示图案填充内容，如图6-85所示。

使用图案填充图形的操作方法十分简单。首先选中要填充的图形对象，然后在“色板”面板中单击要填充的图案图标，即可将选中的图案填充到图形中，如图6-86所示。

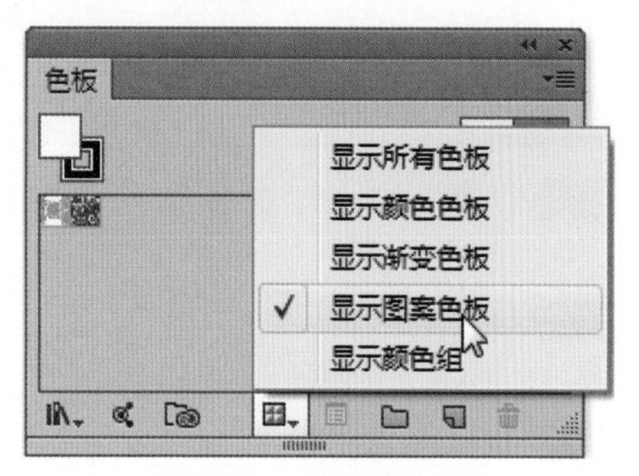

图6-85 “色板”面板

图6-86 填充图案

技 巧

使用图案填充时，可以选择图形对象后单击图案图标填充图案，还可以使用鼠标直接拖动图案图标到要填充的图形对象上，然后释放鼠标，即可应用图案填充。

6.7.2 定义图案

Illustrator CC为大家提供两种默认图案，除了默认的图案外，还可以自行创建图案，以此来进行填充，有时会根据情况，我们将某个图形的整体或局部定义为图案。

上机实战 将整体图形定义为图案

STEP 1 新建一个空白文档，置入一个“卡通小人2”素材，如图6-87所示。

STEP 2 框选置入的素材将其选取，然后拖曳到“色板”面板中，如图6-88所示。

图6-87 置入素材

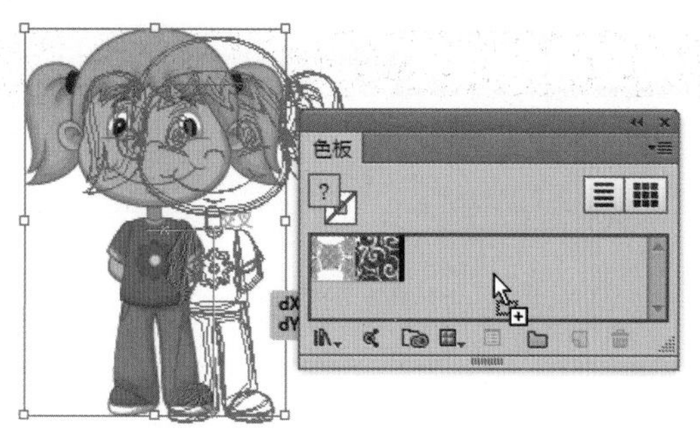

图6-88 拖曳

STEP 3 当鼠标指针右下角处出现一个+号时，释放鼠标，就可以将其定义为图案，如图6-89所示。

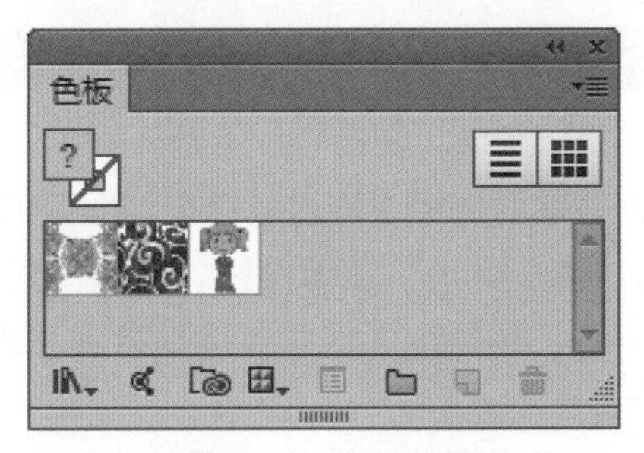

图6-89　定义图案

上机实战　将图形局部定义为图案

STEP 1 在置入的“卡通小人2”素材上绘制一个矩形，如图6-90所示。

STEP 2 将矩形的“填充”和“描边”都设置为“无”，如图6-91所示。

STEP 3 执行菜单“对象”/“排列”/“置于底层”命令，将矩形放置到最底层，再按Ctrl+A键全选所有对象，最后将其拖曳到“色板”面板中，当鼠标指针右下角出现一个+号时，释放鼠标，就可以将矩形对应的区域定义成图案，如图6-92所示。

图6-90　绘制矩形　　图6-91　取消填充和描边

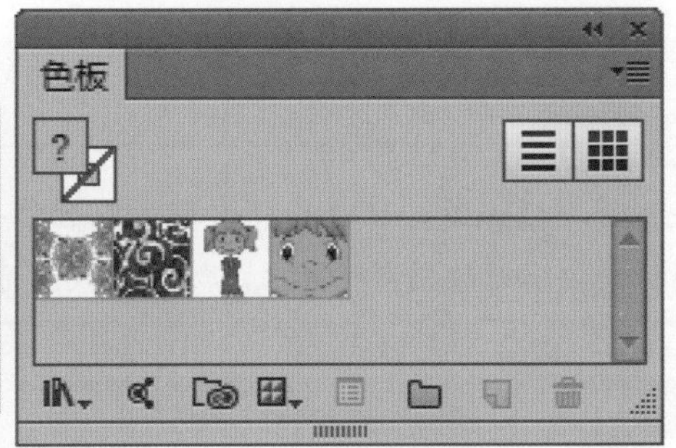

图6-92　定义图案

技　巧

图案也可以像图形对象一样，进行缩放、旋转、倾斜和扭曲等多种操作，它与图形的操作方法相同。

6.8　渐变网格填充

在Illustrator CC中，渐变网格填充类似于渐变填充，但比渐变填充具有更大的灵活性，它可以在图形上以创建网格的形式进行多种颜色的填充，而且不受任何其他颜色的限制。渐变填充具有一定的顺序性和规则性，而渐变网格填充则打破了这些规则，它可以在图形的任何位置任意填充渐变颜色，并可以使用“直接选择工具”修改这些渐变颜色的位置和效果。

6.8.1 创建渐变网格填充

渐变网格填充可以通过“创建渐变网格”命令、“扩展”命令和“网格工具”来创建，下面就来详细讲解这几种创建方法。

1. 通过“创建渐变网格”命令来创建

该命令可以为选择的图形创建渐变网格，首先选择一个图形对象，然后执行菜单“对象”/“创建渐变网格”命令，系统会打开“创建渐变网格”对话框，在该对话框中可以设置渐变网格的参数，创建渐变网格效果如图6-93所示。

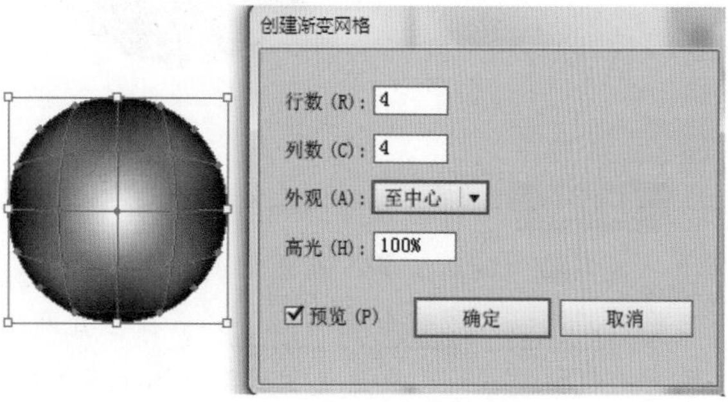

图6-93　创建渐变网格效果

其中的参数含义如下。

- **行数：**设置渐变网格的行数。
- **列数：**设置渐变网格的列数。
- **外观：**设置渐变网格的外观效果。包括“平淡色”“至中心”和“至边缘”3个选项。

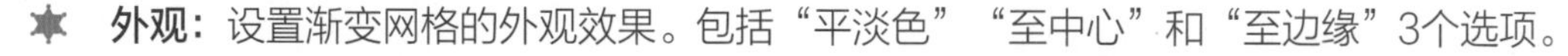

- **高光：**设置颜色的淡化程度，数值越大高光越亮。取值范围为0%～110%。

2. 通过“扩展”命令来创建

使用“扩展”命令可以将渐变填充的图形对象转换为渐变网格对象。首先选择一个具有渐变填充的图形对象，然后执行菜单“对象”/“扩展”命令，系统会打开“扩展”对话框，在“扩展”选项组中可以选择要扩展的对象、填充或描边。然后在“将渐变扩展为”选项组中选中“渐变网格”单选框，设置完毕后单击“确定”按钮，即可将渐变填充转换为渐变网格填充，效果如图6-94所示。

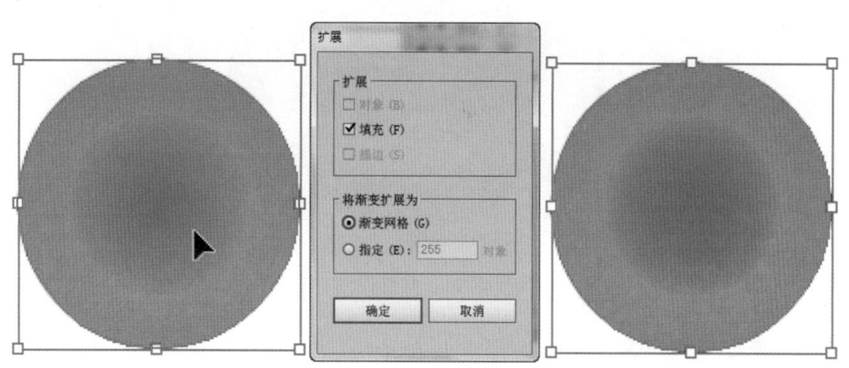

图6-94　扩展创建渐变网格

3. 通过工具来创建

使用“网格工具”创建渐变网格填充与前两种方法不同，它创建的渐变网格更加方便和自由，可以在图形中的任意位置单击创建渐变网格。方法是在工具箱中选择“网格工具”，在填充颜色位置设置好要填充的颜色，然后将光标移动到要创建渐变网格的图形上，此时鼠标指针将变成形状，单击鼠标即可在当前位置创建渐变网格，并为其填充设置好的填充颜色。多次单击可以添加更多的渐变网格，在创建的渐变网格中选择锚点，可以更改此处的颜色。使用“网格工具”创建渐变网格效果如图6-95所示。

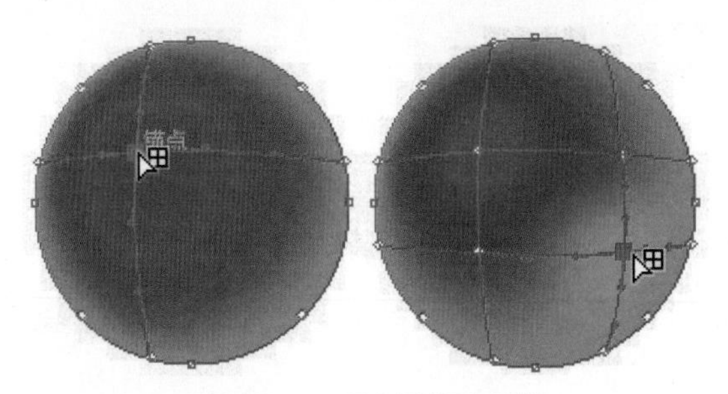

图6-95 工具创建渐变网格

技 巧

使用"网格工具"在图形的空白处单击，将创建水平和垂直的网格；如果在水平网格线上单击，可以只创建垂直网格；如果在垂直网格线上单击，可以只创建水平网格；如果在渐变填充的图形上单击，不管是否在工具箱中事先设置什么颜色，图形的填充都将变成黑色。

6.8.2 编辑渐变网格填充

创建渐变网格后，如果对渐变网格的颜色和位置不满意，还可以对其进行调整。

在编辑渐变网格之前，要先了解渐变网格的组成部分，这样更有利于编辑操作。选择渐变网格后，网格上会显示很多的点，与路径上的显示相同，这些点叫锚点；如果这个锚点为曲线点，还将在该点旁边显示出控制柄效果；创建渐变网格后，还会出现网格线组成的网格区域。熟悉这些元素后，就可以轻松编辑渐变网格了，如图6-96所示。

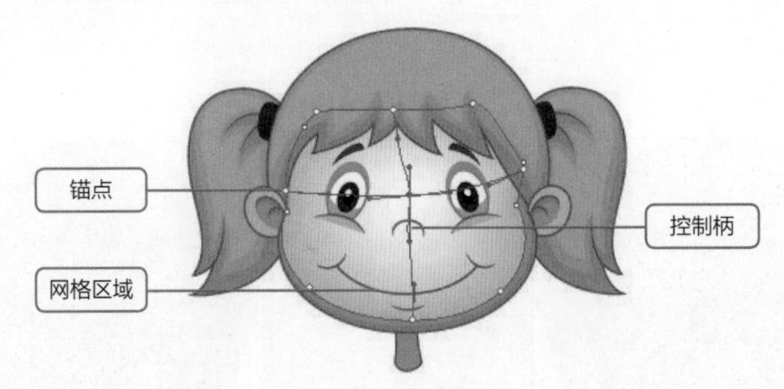

图6-96 渐变网格

1. 选择或移动锚点或网格区域

要想编辑渐变网格，首先要选择渐变网格的锚点或网格区域，使用"网格工具"可以选择锚点，但不能选择网格区域。所以一般都使用"直接选择工具"来选择锚点或网格区域，其使用方法与编辑路径的方法相同，只需要在锚点上单击，即可选择该锚点，选择的锚点将显示为黑色实心效果，而没有选中的锚点将显示为空心效果。选择网格区域的方法更加简单，只需要在网格区域中单击鼠标，即可将其选中，如图6-97所示。

使用"直接选择工具"在需要移动的锚点上单击，按住鼠标拖动，到达合适的位置后释放鼠标，即可将该锚点移动。同样的方法可以移动网格区域，移动锚点的操作效果如图6-98所示。

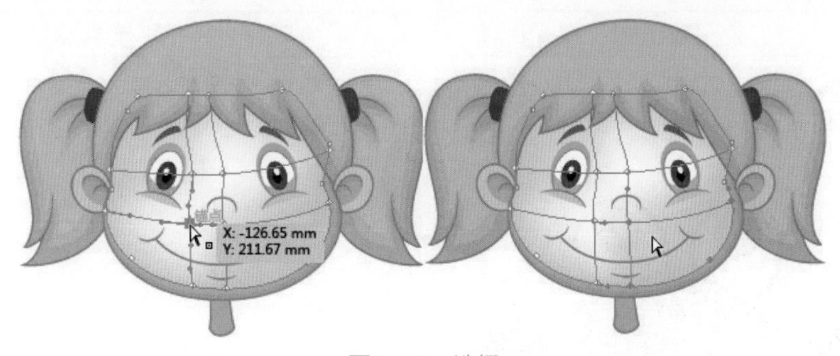

图6-97　选择

图6-98　移动

技　巧

在使用“直接选择工具”选择锚点或网格区域时，按住Shift键可以多次单击选择多个锚点或网格区域。

2. 为锚点或网格区域填色

渐变网格的颜色还可以再次修改，首先使用“直接选择工具”选择锚点或网格区域，然后确认工具箱中的填充颜色为当前状态，单击“色板”面板中的某种颜色，即可为该锚点或网格区域填色。也可以使用“颜色”面板编辑颜色来填充。为锚点和网格区域着色效果如图6-99所示。

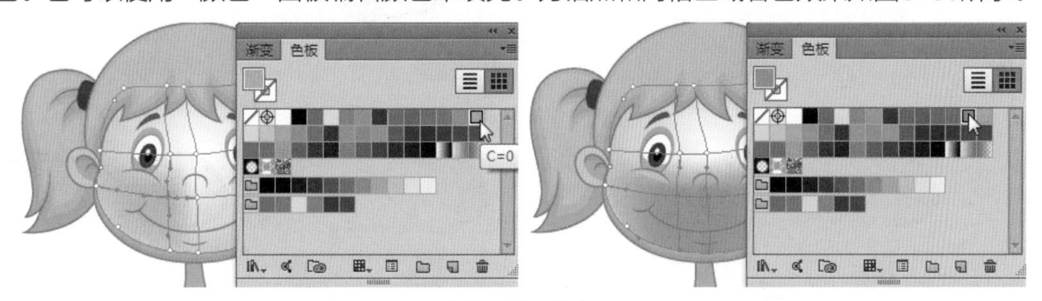

图6-99　填色

6.9　综合练习：绘制卡通属相狗

由于篇幅所限，综合练习只介绍技术要点和制作流程，具体的操作步骤请观看视频教程学习。

实例效果图	技术要点
	✱ 圆角矩形工具 ✱ 创建混合 ✱ 椭圆工具 ✱ 钢笔工具 ✱ 直接选择工具 ✱ “色板”面板 ✱ 铅笔工具

操作流程：

STEP 1 新建空白文档，使用“圆角矩形工具”绘制两个圆角矩形。

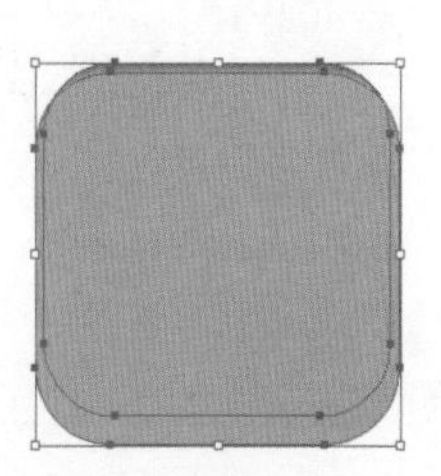

STEP 2 为两个矩形创建混合。

STEP 3 再绘制一个浅色圆角矩形。

STEP 4 使用“钢笔工具”绘制耳朵形状，并分别填充深灰色和浅灰色。

STEP 5 使用“椭圆工具”和“钢笔工具”绘制图形。

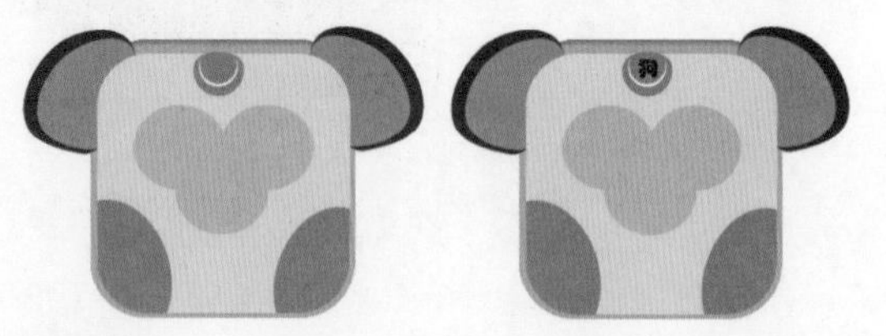

STEP 6 绘制椭圆，使用“直接选择工具”调整形状，填充不同颜色，再键入文字。

STEP 7 使用“椭圆工具”绘制眼睛和嘴巴。

STEP 8 使用“铅笔工具”绘制嘴唇。

STEP 9 使用“钢笔工具”绘制前爪。

STEP 10 使用“钢笔工具”绘制后爪。

STEP 11 将后爪移动到合适位置，调整顺序，至此本例制作完毕。

6.10 练习与习题

1. 练习

(1) 练习通过“色板”面板或“颜色”面板填充颜色。

(2) 练习实时上色。

2. 习题

(1) “颜色”面板不但可以填充颜色，还可以为对象填充________________。

(2) ________________可以通过合并或擦除简单形状创建出复杂的形状，它对简单复合路径有效，可以直观高亮显示所选对象中可合并为新形状的边缘和选区。

第 7 章

对象的管理及修整

Illustrator CC为大家提供了强大的对象管理及修整相关的命令和面板。管理及修整对象能够有效地提高绘图的工作效率。例如，将多个图形对象组合在一起，使它们具有统一的属性，或者能够统一进行某种操作；两个对象在一起还可以进行相应的修剪，以达到我们需要的某种效果。

7.1 对象的管理

对象在编辑时可以通过群组、锁定与解锁、隐藏与显示、对齐、调整对象次序等相关命令来进行更加方便的管理，以此来提高工作效率和作品的统一性。

7.1.1 对象的群组

群组是指把选中的两个或两个以上的对象捆绑在一起，形成一个整体，作为一个有机整体统一应用某些编辑格式或特殊效果。取消群组是和群组相对应的一个命令，可以将群组后的对象进行打散，使其恢复单独的个体。

1.将对象群组

群组以后，群组里面的每个对象都会保持原来的属性，移动其中的某一个对象，则其他的对象会一起移动，如果要几个群组后的对象填充上统一的颜色，那么只要选中群组后的对象，单击需要填充的颜色即可。执行菜单“对象”/“编组”命令或按Ctrl+G键，即可将选取的多个对象组合为一个整体，在某个区域单击就可以将整个群组对象选取，如图7-1所示。

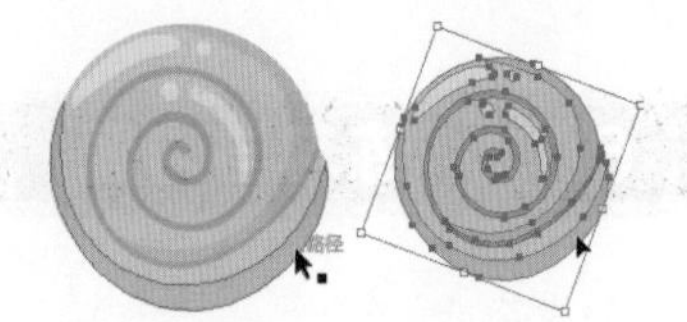

图7-1　群组

2. 将群组对象取消组合

“取消编组”可以将群组后的对象进行解散，它和“编组”相对应。“取消编组”只有在组合的基础上才能被激活。执行菜单“对象”/“取消编组”命令或按Ctrl+Shift+G键，即可将选取的对象打散为多个独立体，选择一个对象移动可以看出其他对象没有跟随移动，如图7-2所示。

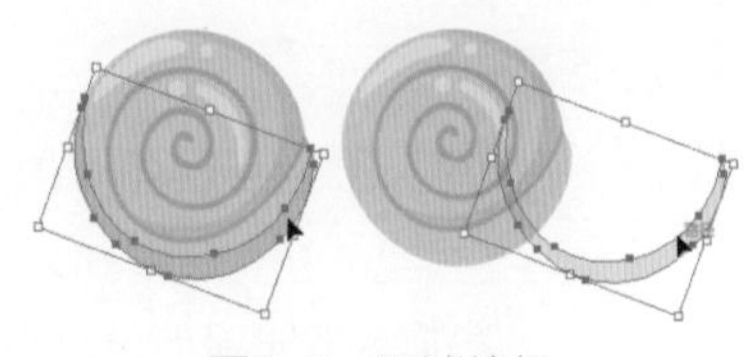

图7-2　取消编组

技　巧

当对选取对象进行群组之前，如果已经存在群组效果的对象，那么执行“取消编组”命令后，之前的群组效果还是存在的；群组后添加的属性，在取消群组时，添加的属性会随之消失，例如群组后添加的投影，取消群组后会消失，如图7-3所示。

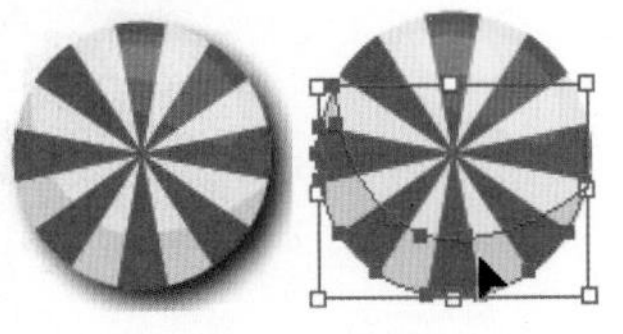

图7-3　取消效果

7.1.2 对象的隐藏与显示

“隐藏”与“显示”对象指的是在当前文档中将选择的对象隐藏起来或显示出来。

1. 隐藏对象

“隐藏对象”就是将选择的一个或多个对象隐藏起来，选择对象后，执行菜单“对象”/“隐藏”/“所选对象”命令，此时就可以将选择的对象隐藏起来，如图7-4所示。

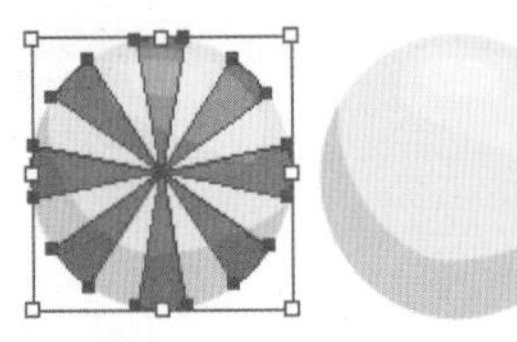

图7-4　隐藏

技　巧

在“图层”面板中，直接单击图层对应的小眼睛图标，可以将对象进行隐藏或显示，如图7-5所示。

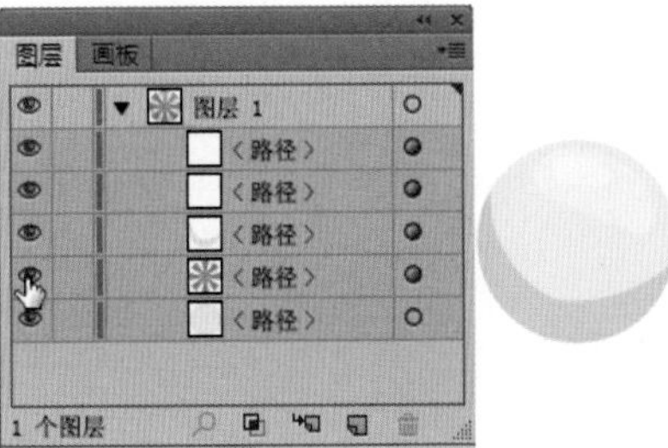

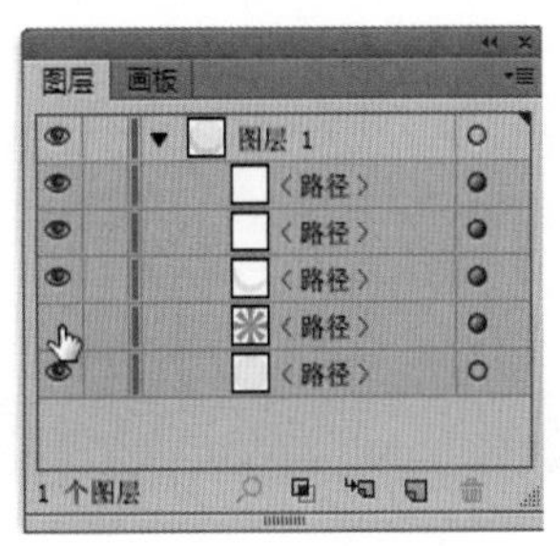

图7-5　通过图层隐藏

2. 显示对象

“显示对象”就是将隐藏起来的对象重新显示出来，执行菜单“对象”/“显示全部”命令，此时就可以将隐藏的所有对象都显示出来。

7.1.3 对象的锁定与解锁

在Illustrator CC中将对象进行锁定，可以对绘制的矢量图或导入的位图进行保护，期间不会对其应用任何操作；解锁可以把受保护的对象转换为可编辑状态。

1. 锁定对象

在Illustrator CC中将对象锁定后，那么被锁定的对象就不能被进行移动复制或其他任何的操作，换句话说也就是将对象进行了保护，执行菜单“对象”/“锁定”/“锁定对象”命令，此时对象的选择框会被隐藏起来，如图7-6所示。

图7-6 锁定

技 巧

在“图层”面板中，直接单击图层对应的小锁头图标，可以将对象进行锁定与解锁，如图7-7所示。

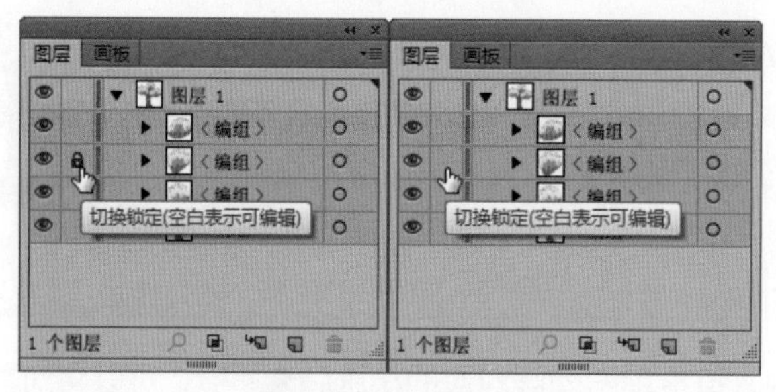

图7-7 锁定与解锁

2. 解锁对象

在Illustrator CC中当需要对已经锁定的对象进行编辑时，只要将其解锁即可恢复对象的属性，执行菜单“对象”/“全部解锁”命令，可以将所有锁定的对象全部解锁，将其变为可编辑状态。

7.1.4 对齐与分布

当页面上包含多个不同的对象时，屏幕可能会显得杂乱不堪，此时需要对它们进行分布，为此Illustrator CC提供了“对齐”面板，使用面板中的相关命令可以自由地选择在页面中对象的分布方式以及将它们对齐到指定的位置，执行菜单“窗口”/“对齐”命令，打开“对齐”面板，如图7-8所示。

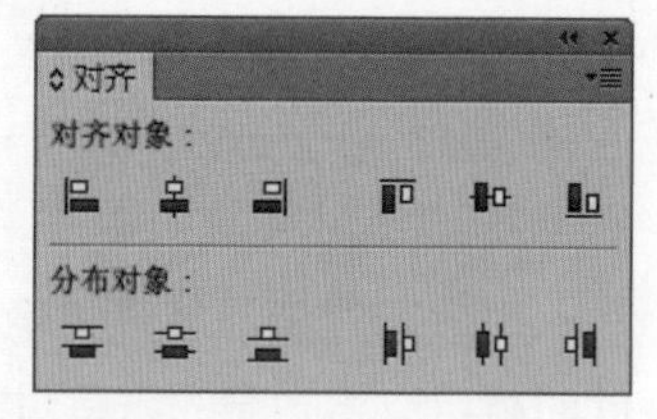

图7-8 “对齐”面板

1. 水平左对齐

“水平左对齐”可以将选取的对象按左边框进行对齐，如图7-9所示。

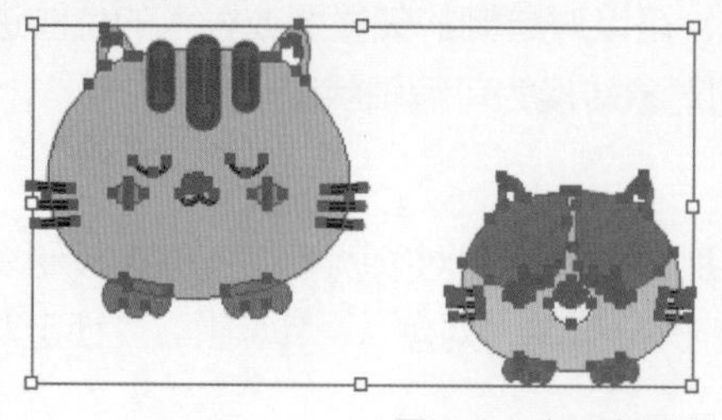
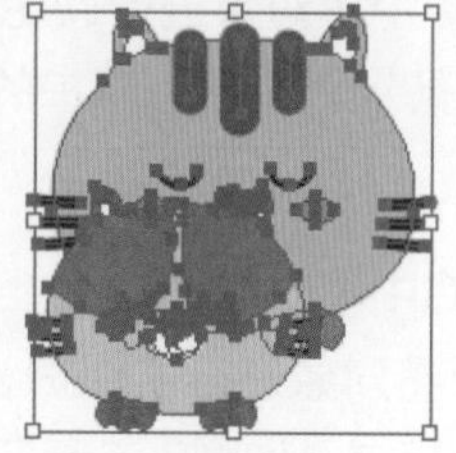

图7-9 水平左对齐

2. 水平居中对齐

“水平居中对齐”可以将选取的对象按垂直方向居中进行对齐，如图7-10所示。

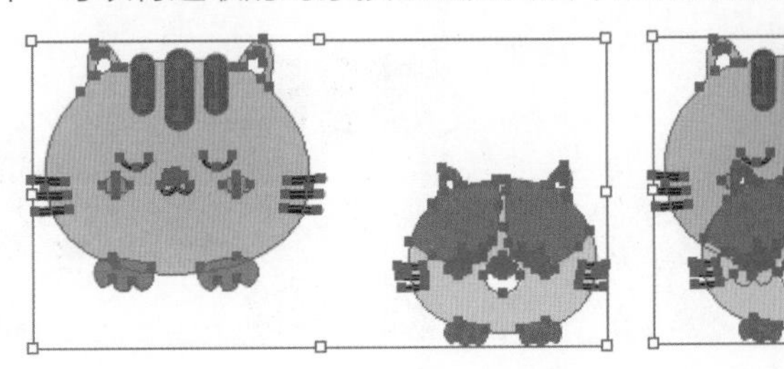

图7-10　水平居中对齐

3. 水平右对齐

“水平右对齐”可以将选取的对象按右边框进行对齐，如图7-11所示。

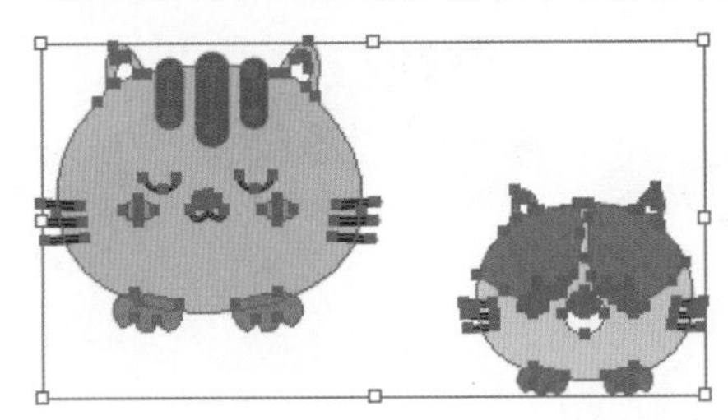

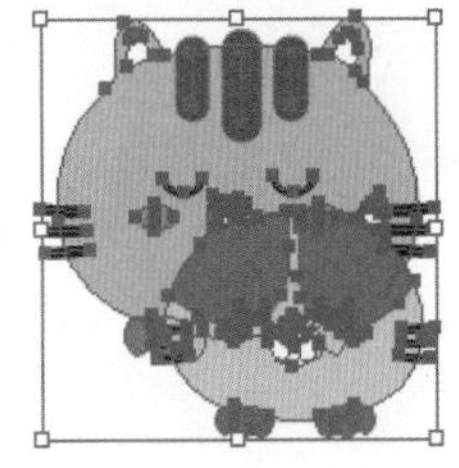

图7-11　水平右对齐

4. 垂直顶对齐

“垂直顶对齐”可以将选取的对象按顶边进行对齐，如图7-12所示。

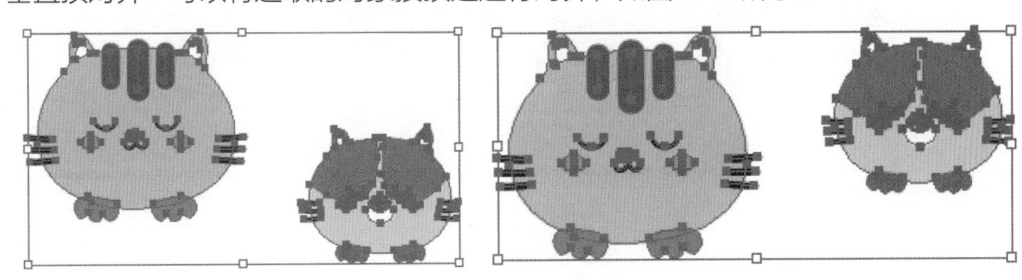

图7-12　垂直顶对齐

5. 垂直居中对齐

“垂直居中对齐”可以将选取的对象按水平方向居中进行对齐，如图7-13所示。

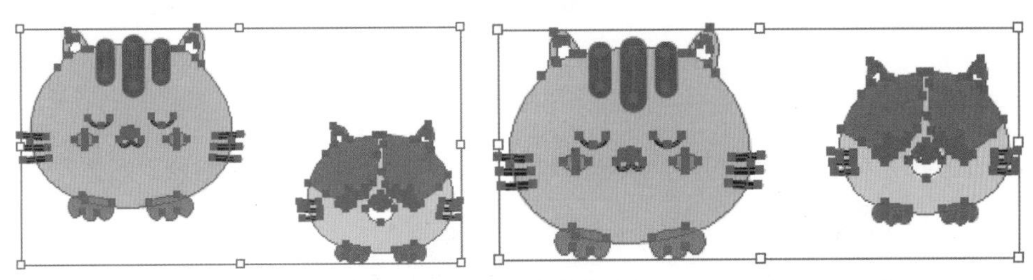

图7-13　垂直居中对齐

6. 垂直底对齐

“垂直底对齐”可以将选取的对象按底边进行对齐，如图7-14所示。

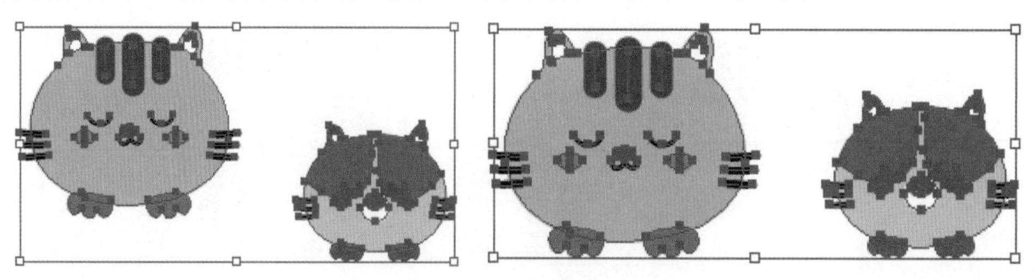

图7-14　垂直底对齐

7. 垂直顶分布

“垂直顶分布”可以将选取的对象以顶部对象为基准，均匀分布所选对象，如图7-15所示。

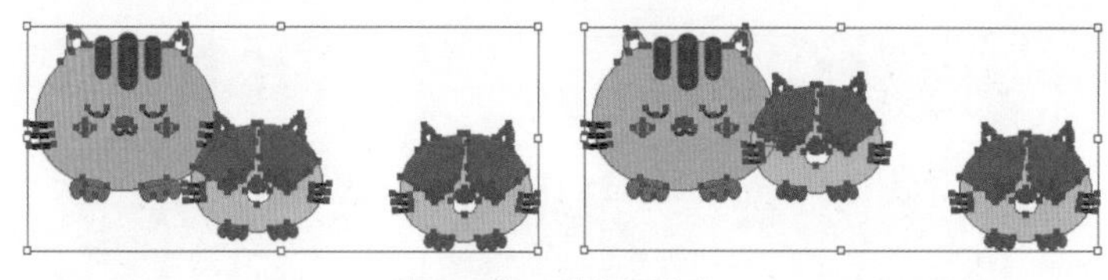

图7-15　垂直顶分布

8. 垂直居中分布

“垂直居中分布”可以将选取的对象以垂直方向为基准，均匀分布所选对象，如图7-16所示。

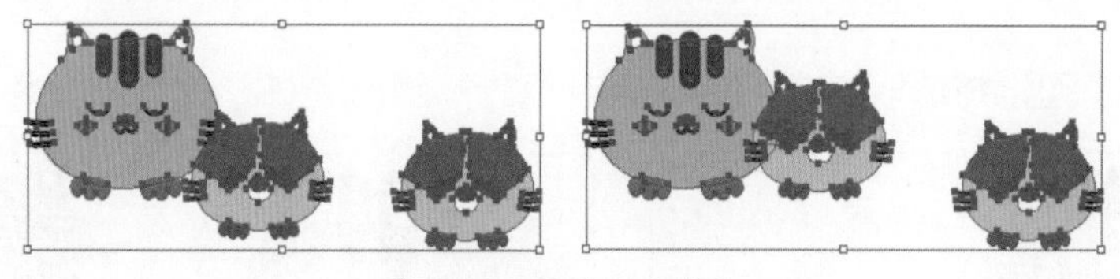

图7-16　垂直居中分布

9. 垂直底分布

“垂直底分布”可以将选取的对象以底部对象为基准，均匀分布所选对象，如图7-17所示。

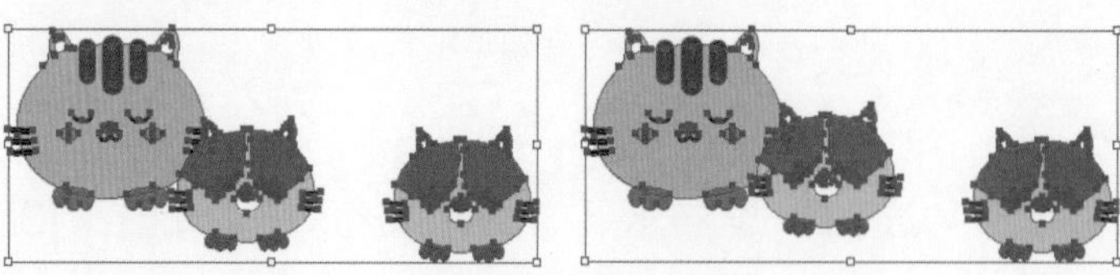

图7-17　垂直底分布

10. 水平左分布

“水平左分布”可以将选取的对象以左部对象为基准，均匀分布所选对象，如图7-18所示。

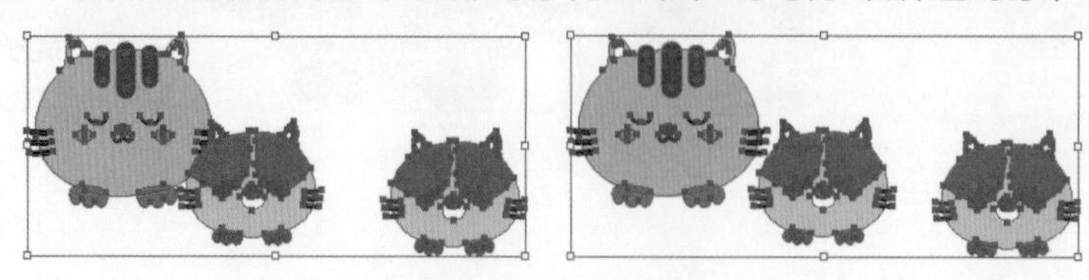

图7-18　水平左分布

11. 水平居中分布

“水平居中分布”可以将选取的对象以水平方向为基准，均匀分布所选对象，如图7-19所示。

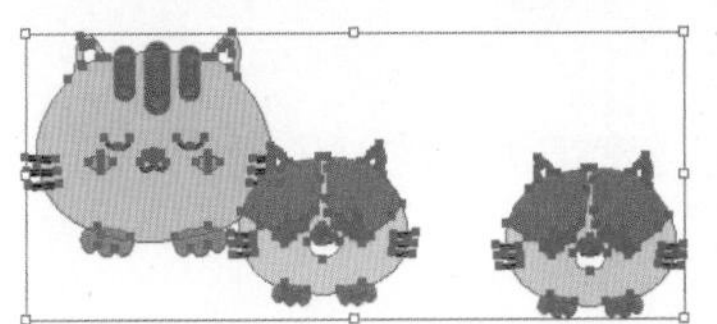
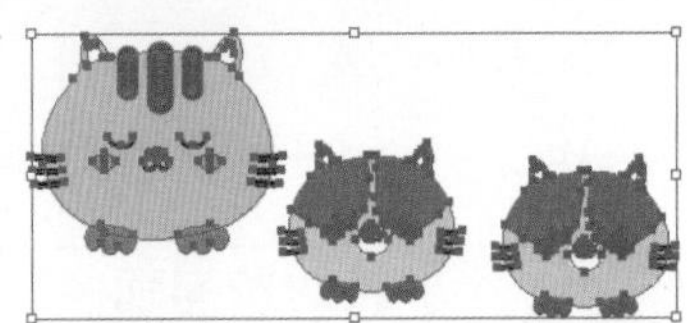

图7-19　水平居中分布

12. 水平右分布

“水平右分布”可以将选取的对象以右部对象为基准，均匀分布所选对象，如图7-20所示。

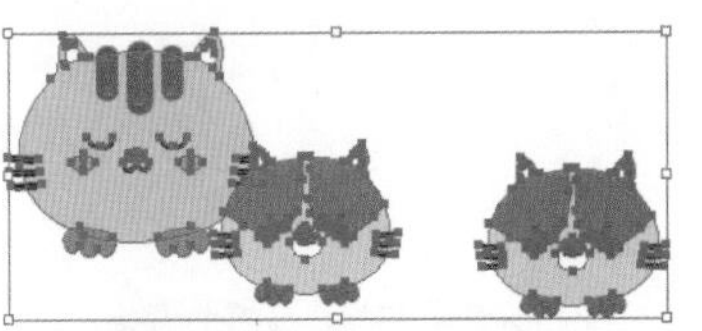
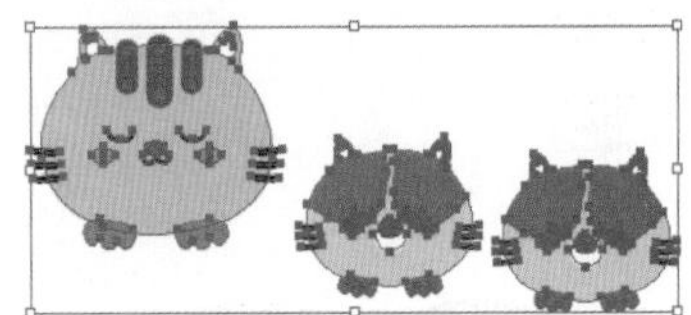

图7-20　水平右分布

7.1.5 调整对象的顺序

在Illustrator CC中绘制的图形对象都存在着重叠关系，在通常情况下，图形的排列顺序是由绘图过程中的绘制顺序决定的，当用户绘制第一个对象时，Illustrator CC会将其放置在最底层，依次类推，用户绘制的最后一个对象将被放置在最顶层。同样的几个图形对象，排列的顺序不同，所产生的视觉效果也不同。调整对象的顺序可以通过“对象”/“排列”命令，在弹出的子菜单中可以根据命令来调整选择对象的顺序。

1. 置于顶层

“置于顶层”命令可以使所选择的对象移到当前文档中所有对象的上方，存在图层时会变为最上方图层。

上机实战　将对象移动至最上方

STEP 1 打开本书附带的“蘑菇.ai”文件，如图7-21所示。

STEP 2 使用工具箱中的“选择工具”选中最后面的蘑菇图形，如图7-22所示。

STEP 3 执行菜单“对象”/“排列”/“置于顶层”命令，此时被选中的蘑菇图形已被移动至所有对象的最上方，效果如图7-23所示。

图7-21　打开文档

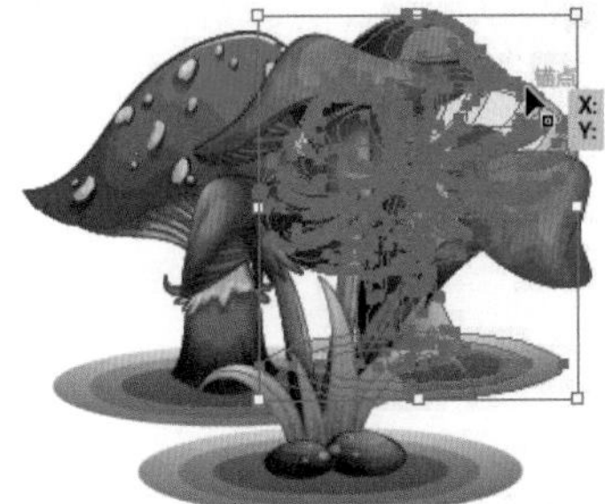

图7-22　选择

图7-23　置于顶层

技　巧

执行“置于顶层”命令也可以按Shift+Ctrl+]键。

2. 前移一层

执行“前移一层”命令，可以使被选中的对象向前移动一层位置。

上机实战 将对象向前移动一层

STEP 1 新建空白文档，绘制3个正圆，分别填充“红色”“橙色”和“绿色”，如图7-24所示。

STEP 2 使用工具箱中的“选择工具”选中最后面的红色对象，如图7-25所示。

STEP 3 执行菜单“对象”/“排列”/“前移一层”命令，此时选中的“红色”图形上移了一层，效果如图7-26所示。

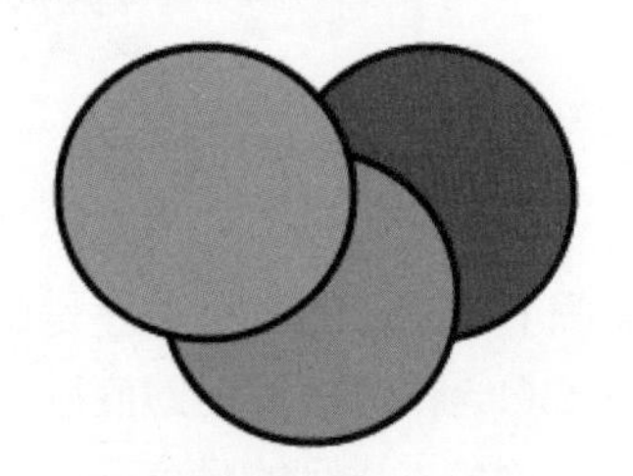

图7-24 绘制圆形

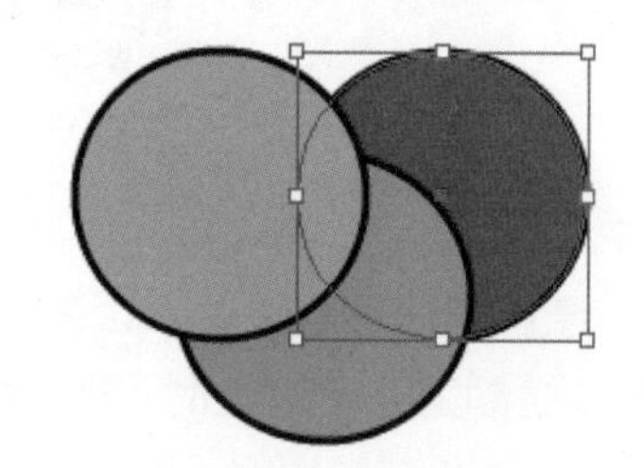

图7-25 选择

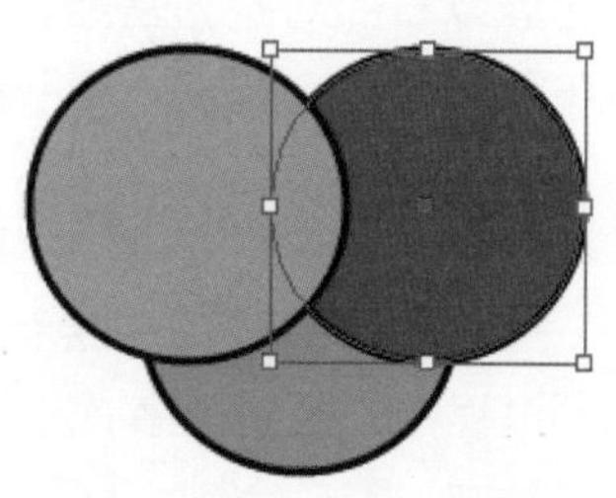

图7-26 改变顺序

技 巧

执行“前移一层”命令也可以按Ctrl+]键。

3. 后移一层

选择对象后，执行菜单“对象”/“排列”/“后移一层”命令，可以使被选中的对象向后移动一层位置，如图7-27所示。

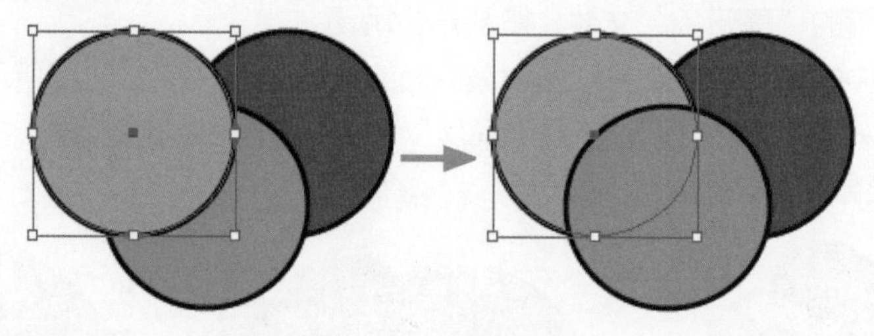

图7-27 后移一层

4. 置于底层

选择对象后，执行菜单“对象”/“排列”/“置于底层”命令，可以使被选中的对象移动到最后面一层位置，如图7-28所示。

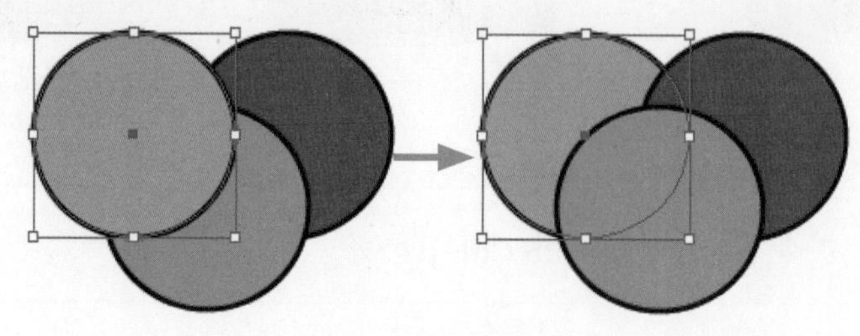

图7-28 置于底层

技　巧

执行“后移一层”命令也可以按Ctrl+[键；执行“置于底层”命令也可以按Shift+Ctrl+[键。

7.2　路径的命令操作

除了应用面板对对象及路径进行编辑外，还可以通过一些不包括在面板中的菜单命令来执行。

7.2.1 路径的平均化

路径的平均化是指将路径中选择的锚点依水平、垂直或两者兼有的3种平均位置来对齐排列。执行菜单“对象”/“路径”/“平均”命令，系统会打开“平均”对话框，通过此对话框可以实现路径平均化的操作，如图7-29所示。

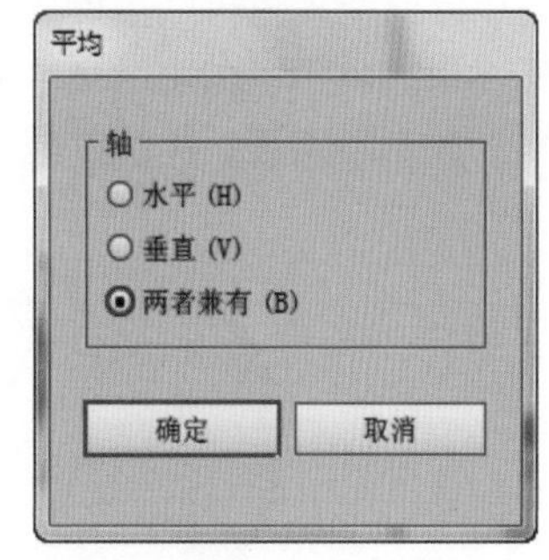

图7-29　“平均”对话框

其中的参数含义如下。

- **水平：**将所选的锚点取水平的平均位置对齐排列。
- **垂直：**将所选的锚点取垂直的平均位置对齐排列。
- **两者兼有：**将所选的锚点同时取水平和垂直的平均位置对齐排列。

绘制一个正圆后，在“平均”对话框中分别选择“水平”“垂直”和“两者兼有”后的平均效果，如图7-30所示。

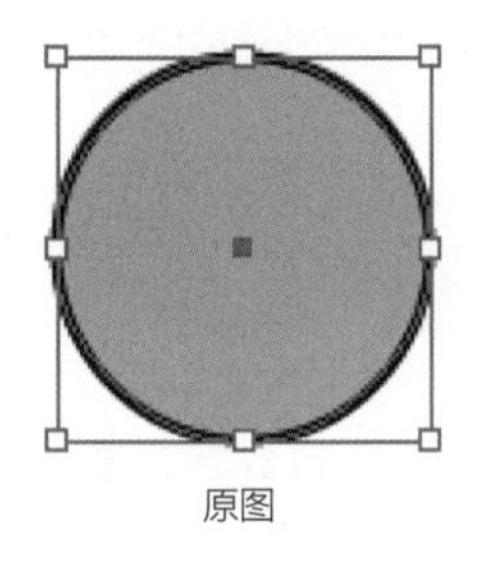

原图

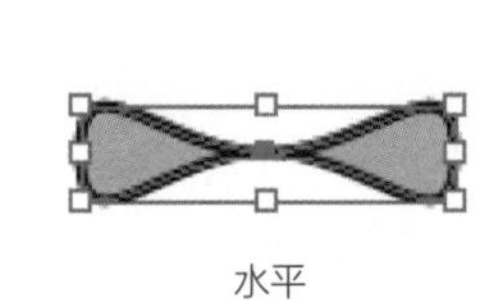

水平

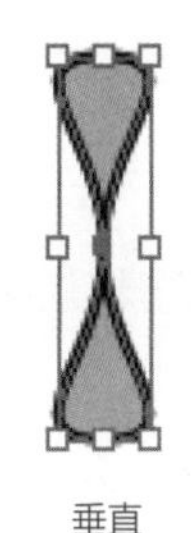

垂直

两者兼有

图7-30　平均效果

7.2.2 路径的简化

简化路径主要用来删减路径上的锚点，以此来改变对象的形状。执行菜单“对象”/“路径”/“简化”命令，系统会打开“简化”对话框，通过此对话框可以实现路径简化的操作，如图7-31所示。

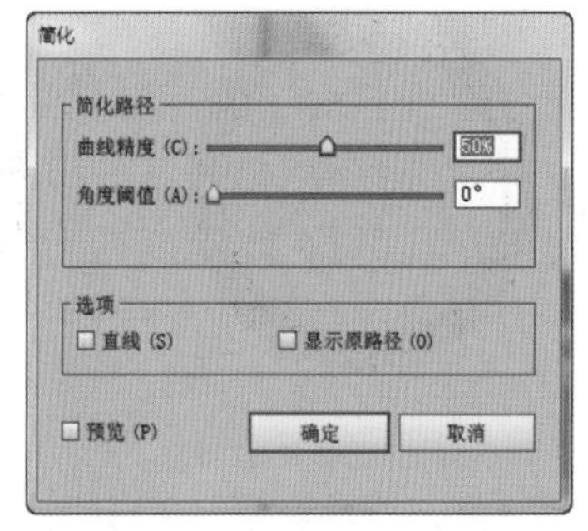

图7-31　“简化”对话框

其中的参数含义如下。

- **曲线精度：**数值越低表示曲线简化的程度越高，取值范围为0%~100%，如图7-32所示。

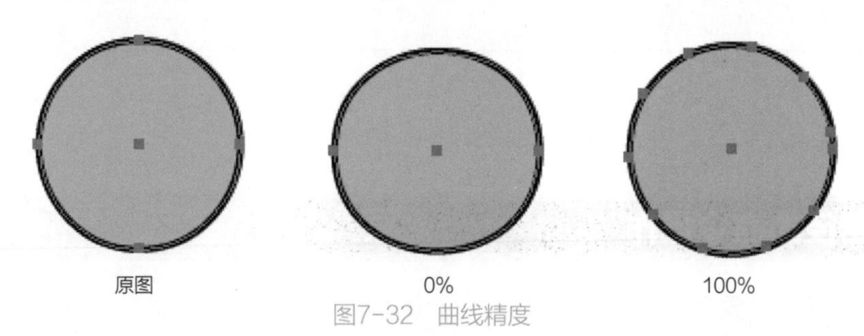

图7-32 曲线精度

- **角度阈值：**用来控制对象简化后的形状，当转角锚点的角度低于角度临界点值时，转角锚点不会改变。具体的数值设置可以根据设计的要求来定，取值范围为0%~100%。
- **直线：**勾选此复选框，可以将曲线变为直线显示，如图7-33所示。
- **显示原路径：**勾选此复选框，在简化的曲线上仍然显示原来的路径，如图7-34所示。

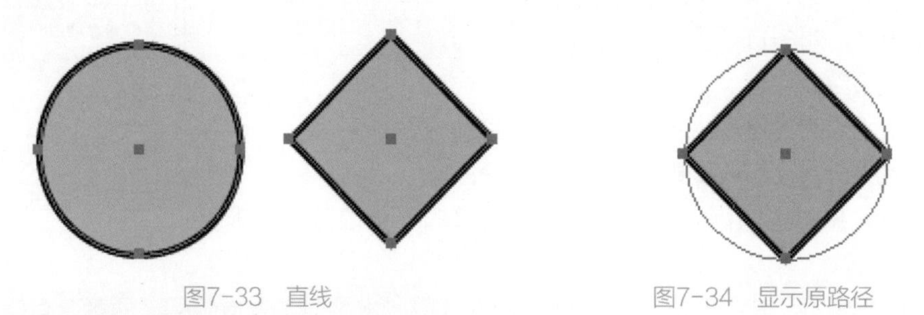
图7-33 直线　　图7-34 显示原路径

7.2.3 轮廓化描边

轮廓化描边就是将描边转换为填充效果，如果需要将描边转换为复合路径，则可以修改描边的轮廓。

上机实战 轮廓化描边制作新的轮廓圆环

STEP 1 新建一个空白文档，绘制一个绿色的正圆图形，如图7-35所示。

STEP 2 执行菜单“对象”/“路径”/“轮廓化描边”命令，会将生成的复合路径与已填充的对象编辑到一起，如图7-36所示。

STEP 3 执行菜单“对象”/“取消编组”命令，再将中心的圆删除，选择圆环将其填充“绿色”，如图7-37所示。

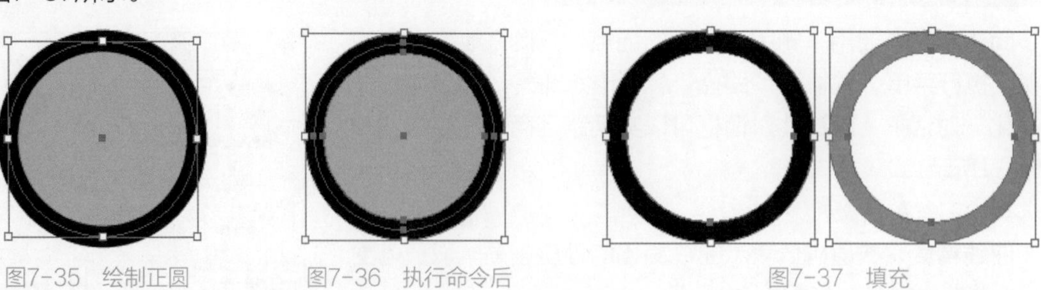
图7-35 绘制正圆　　图7-36 执行命令后　　图7-37 填充

STEP 4 为圆环设置一个“橙色”描边，如图7-38所示。

STEP 5 按住Alt键将圆环向右侧拖曳，复制两个副本，分别填充另外的颜色，效果如图7-39所示。

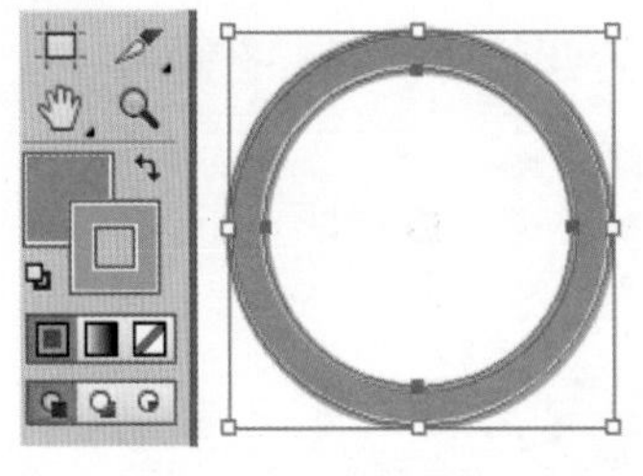

图7-38 设置描边

图7-39 填充后

7.2.4 路径偏移

路径偏移是将选择对象的描边依据设置的距离，偏移并复制出一个对象。方法是绘制一个矩形，然后执行菜单“对象”/“路径”/“偏移路径”命令，系统会打开“偏移路径”对话框，设置相应的参数后单击“确定”按钮，如图7-40所示。

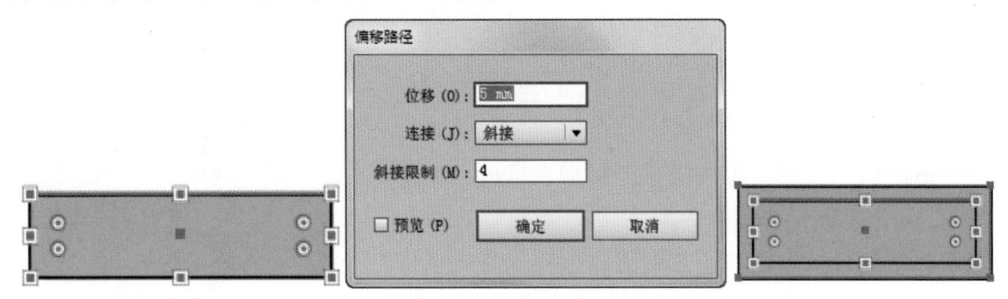

图7-40 偏移路径

其中的参数含义如下。

- **位移：**设置偏移路径的距离，正值时为扩大，负值时为缩小，如图7-41所示。

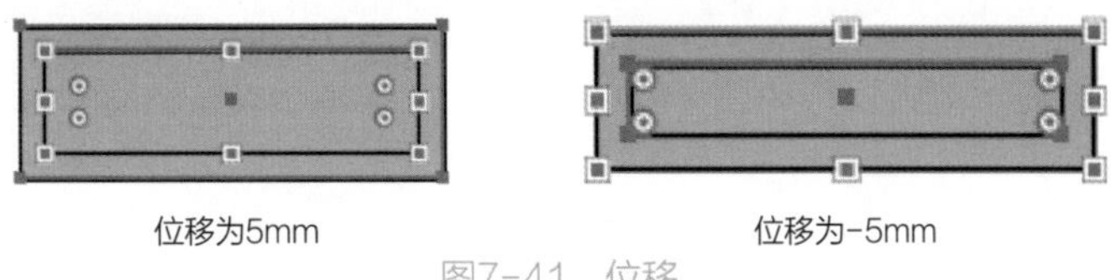

图7-41 位移

- **连接：**设置偏移路径的四个角的连接样式，其中包括“斜接”“圆角”“斜角”，如图7-42所示。

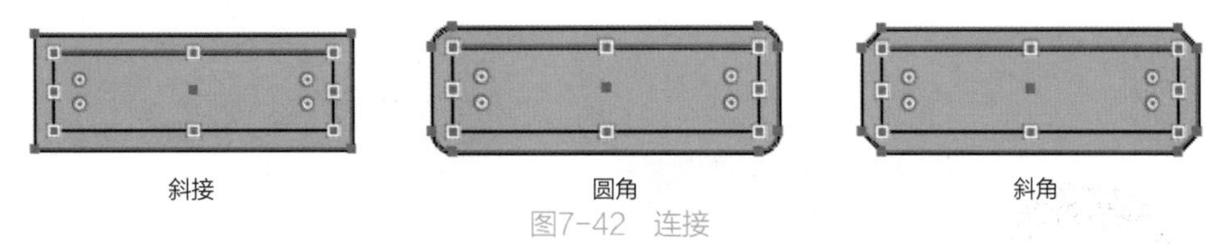

图7-42 连接

- **斜接限制：**设置在任何情况下由斜接连接切换成斜角连接。默认值为4，表示当连接点的长度达到描边粗细的4倍时，系统会将其从斜接连接切换成斜角连接。如果“斜接限制”为1，则直接生成斜角连接。数值范围为1～500。

7.3 外观

外观属性是一组在不改变对象基础结构的前提下影响对象外观的属性。外观可以调整“描边”“填充”“不透明度”以及“效果”等内容，执行菜单“窗口”/“外观”命令，即可打开如图7-43所示的“外观”面板。

图7-43 “外观”面板

其中的参数含义如下。

- **添加新描边：**单击此按钮，可以在“外观”面板中新增一个“描边”。
- **添加新填充：**单击此按钮，可以在“外观”面板中新增一个“填色”。
- **添加新效果：**单击此按钮，在下拉菜单中可以选择一个效果，如图7-44所示。
- **清除外观：**单击此按钮，可以把外观中的所有内容全部清除。
- **复制所选项目：**在面板中选择一个外观选项后，单击此按钮，可以复制一个当前选项。
- **删除所选项目：**单击此按钮，可以将选择的外观选项删除。
- **弹出菜单：**单击系统会弹出下拉菜单命令。

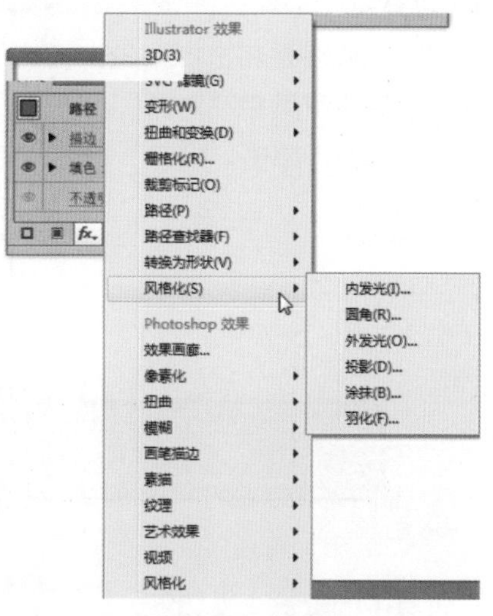

图7-44 效果

7.3.1 设置描边

在“外观”面板中，可以随时设置描边颜色和描边宽度，设置方法是绘制一个图形后，在“外观”面板中单击“描边颜色”按钮，可以在下拉列表中选择描边颜色，单击“描边粗细”按钮，可以设置描边宽度，如图7-45所示。

如果想要精确设置描边，可以通过执行菜单“窗口”/“描边”命令，在打开的“描边”面板中进行详细设置，如图7-46所示。

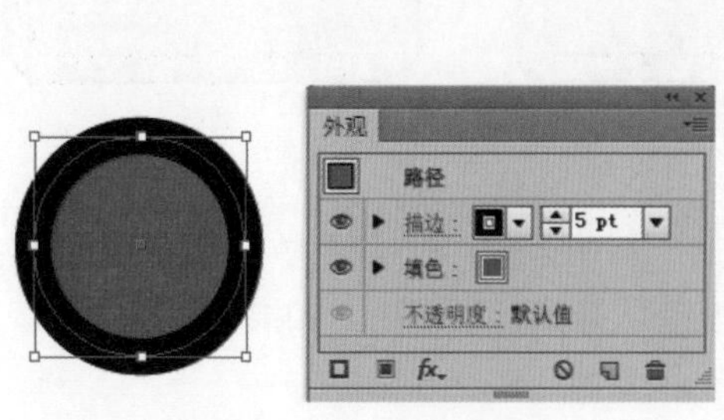

图7-45 描边颜色及宽度

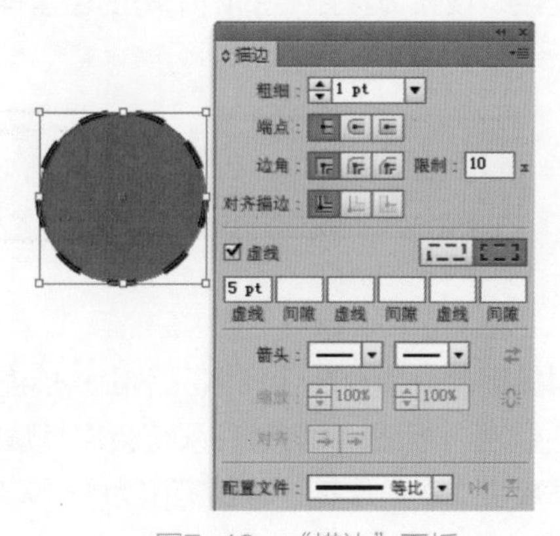

图7-46 “描边”面板

其中的参数含义如下。

- **粗细：**设置描边的宽度。
- **端点：**设置线条路径的端点样式。
- **边角：**设置封闭图形边角的连接方式，3种效果如图7-47所示。

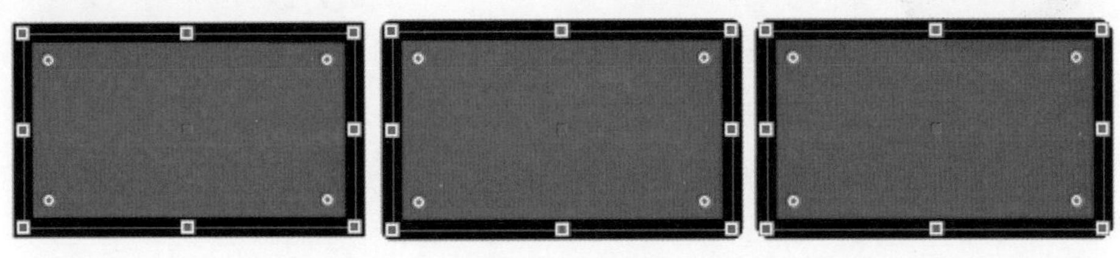

图7-47 边角

- **对齐描边：**用来控制描边在图形中的对齐方式，3种效果如图7-48所示。

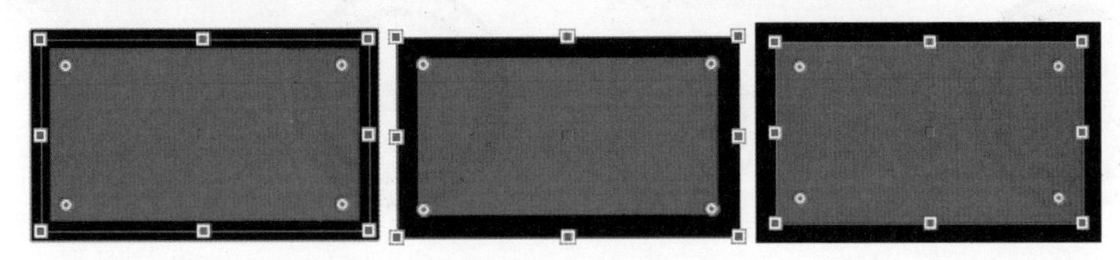

图7-48 对齐描边

- **虚线：**用来控制描边在图形中的线条样式，如图7-49所示。

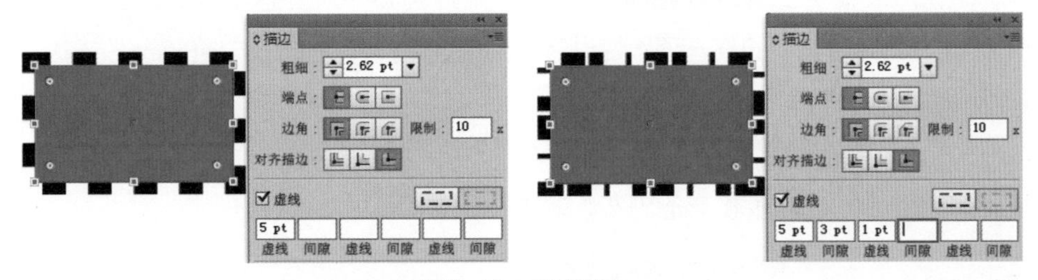

图7-49 虚线描边

- **箭头：**设置开放式图形中的路径箭头样式，如图7-50所示。
- **缩放：**控制箭头的大小。
- **对齐：**控制箭头在线条上的对齐方式。

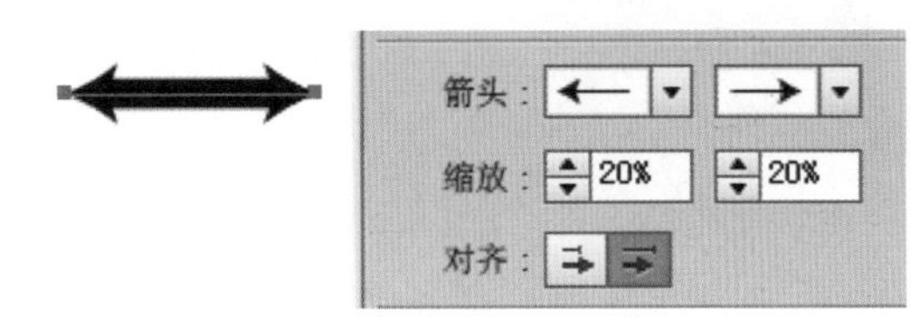

图7-50 箭头

7.3.2 设置多重描边

多重描边指的是在同一个填充中应用多个描边。

上机实战 为图形添加3个描边效果

STEP 1 新建一个空白文档，使用“椭圆工具”在页面中绘制一个红色填充黑色描边的正圆，在“外观”面板中设置填色和描边，设置“描边粗细”为5pt，如图7-51所示。

STEP 2 在“外观”面板中单击“添加新描边”按钮，会在“外观”面板中新建一个描边，如图7-52所示。

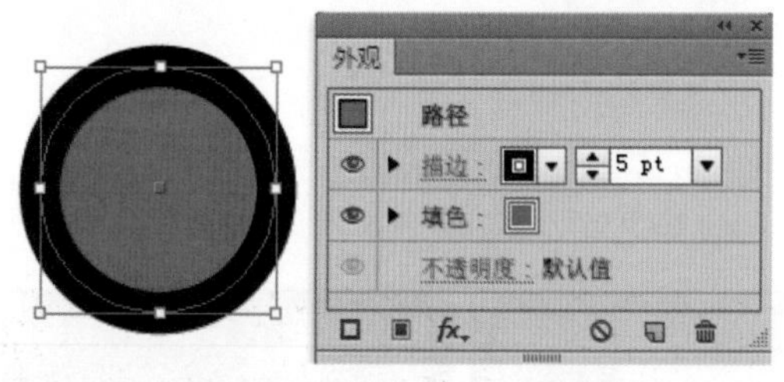

图7-51 设置填色和描边

图7-52 添加新描边

STEP 3 对于新添加的描边，设置“描边颜色”为“橘色”“描边粗细”为2pt，如图7-53所示。

STEP 4 单击 “添加新描边”按钮，添加一个新描边，设置“描边颜色”为“青色”“描边粗细”为1pt，如图7-54所示。

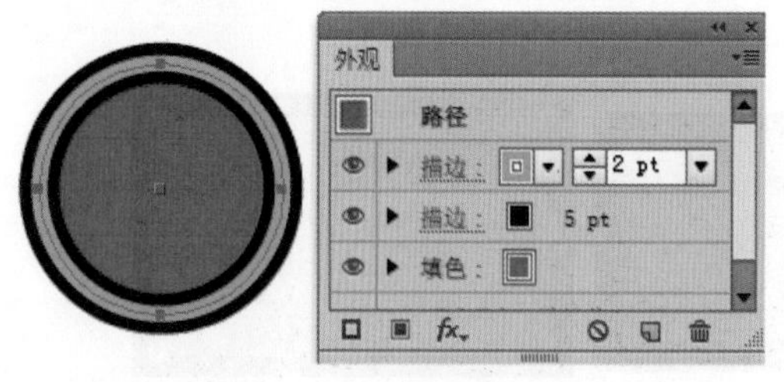

图7-53 设置新描边1

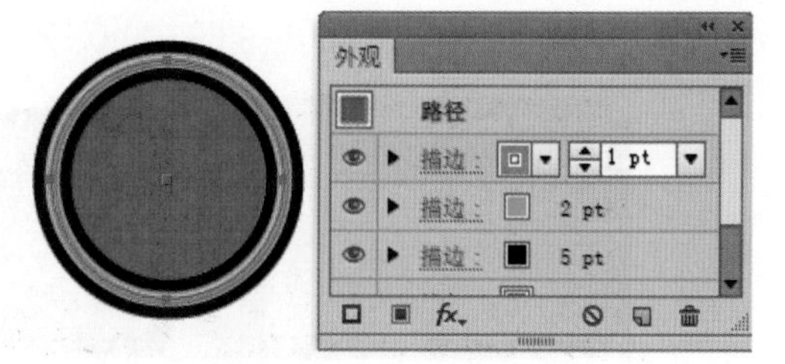

图7-54 设置新描边2

7.3.3 复制与删除外观属性

通过“外观”面板对其中的某一项属性进行复制或删除操作是非常方便的。

1. 复制外观属性

选择一个添加投影特效的对象，在“外观”面板中选择“投影”后，单击 “复制所选项目”按钮，系统会得到一个当前投影的副本，如图7-55所示。

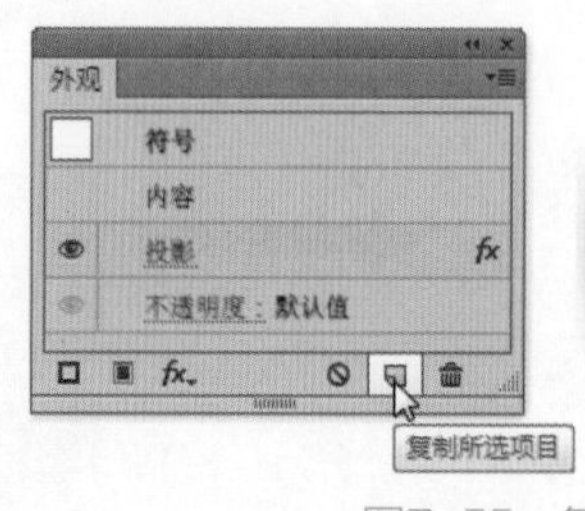

图7-55 复制

2. 删除外观属性

选择对象，在“外观”面板中选择一项外观属性，单击 “删除所选项目”按钮，会将所选内容删除，如图7-56所示。

选择对象，在“外观”面板中单击 “清除外观”按钮，会将所有外观都删除，如图7-57所示。

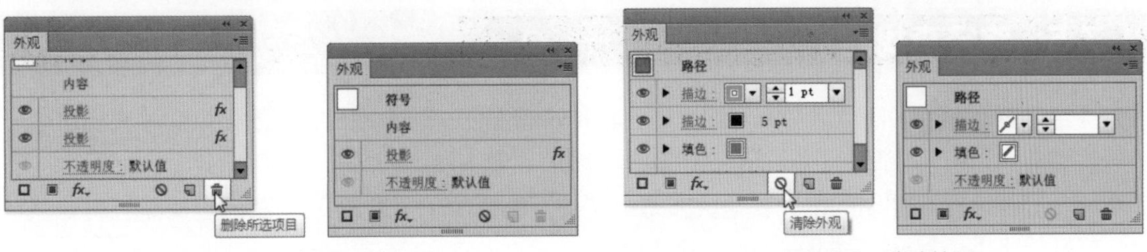

图7-56　删除所选项目　　图7-57　清除外观

7.4　对象的扩展

在Illustrator CC中的扩展分为扩展和扩展外观两种，可以非常方便地帮助大家进行创作。

7.4.1 扩展

扩展在Illustrator CC中的作用就是可以将绘制图形的描边转换成填充，例如绘制一个矩形后，执行菜单“对象”/“扩展”命令，可以将绘制的矩形轮廓转为填充，此时再执行菜单“对象”/“取消编组”命令，就可以将图形分离，如图7-58所示。

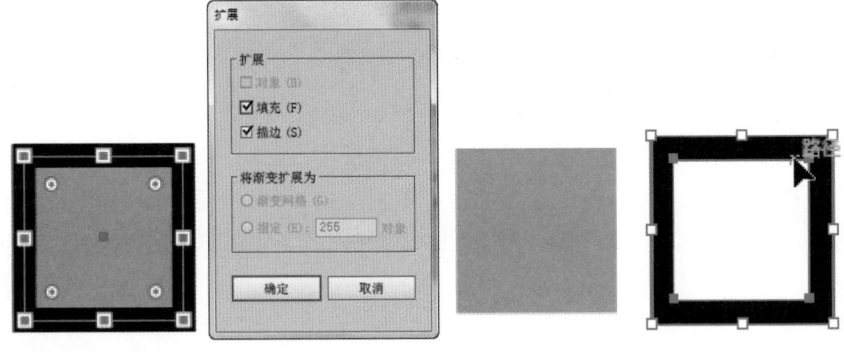

图7-58　扩展

其中的参数含义如下。

- **对象：**可以为选择的对象或符号进行扩展。
- **填充：**扩展填色。
- **描边：**扩展描边。
- **渐变网格：**将渐变扩展为单一的网格图像。
- **指定：**将渐变扩展为指定数量的对象。

7.4.2 扩展外观

扩展外观在Illustrator CC中的作用就是为添加外观属性的对象进行属性分离，例如添加投影效果的对象通过“扩展外观”命令可以将其拆分，执行菜单“对象”/“扩展外观”命令，可以将添加的投影扩展出来，此时再执行菜单“对象”/“取消编组”命令，就可以将效果分离，如图7-59所示。

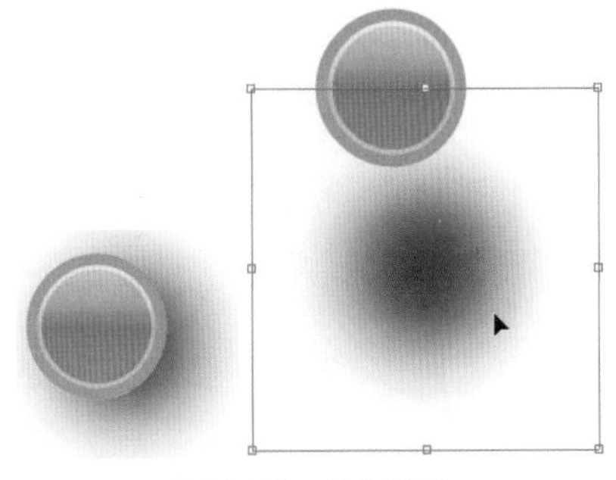

图7-59　扩展外观

7.5 路径查找器

“路径查找器”面板可以对图形对象进行各种修剪操作，通过组合、分割、相交等方式对图形进行修剪造型，可以将简单的图形修改出复杂的图形效果。熟悉并掌握“路径查找器”面板中的各项功能，能够让复杂图形的设计变得更加得心应手。执行菜单“窗口”/“路径查找器”命令，系统会打开“路径查找器”面板，如图7-60所示。

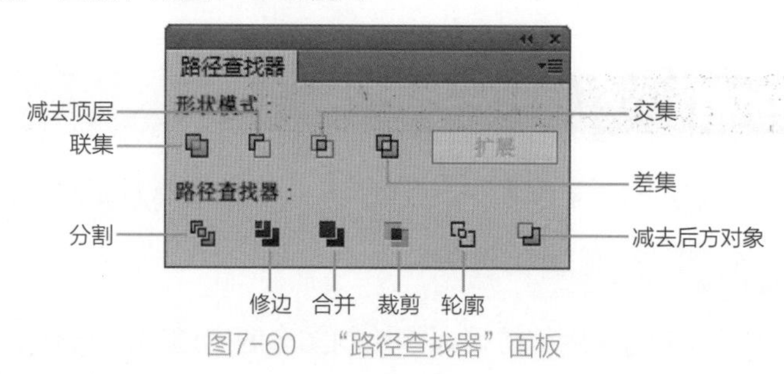

图7-60 “路径查找器”面板

技 巧

按Ctrl+Shift+F9键可以快速打开“路径查找器”面板。

7.5.1 形状模式

“形状模式”按钮组是通过“联集”、“减去顶层”、“交集”和“差集”来创建新的图形，创建后的图形是独立的图形，直接单击“形状模式”中的按钮，被修剪的图形路径将变为透明，而且每个对象都可以单独编辑，如果按住Alt键单击“形状模式”中的按钮，或在修剪后单击“扩展”按钮，可以将修改的图形扩展，只保留修剪后的图形，其他区域图形将被删除。

1. 联集

“联集”可以将所选择的所有对象合并成一个对象，被选对象内部的所有对象都被删除掉。最上层一个对象的填充颜色与着色样式会应用到整体联合的对象上来。使用方法是选择需要编辑的对象，单击“路径查找器”面板中的“联集”按钮，效果如图7-61所示。

2. 减去顶层

“减去顶层”可以从选定的图形对象中减去一部分，通常是使用前面对象的轮廓为界线，减去下面图形与之相交的部分。使用方法是选择需要编辑的对象，单击“路径查找器”面板中的“减去顶层”按钮，效果如果7-62所示。

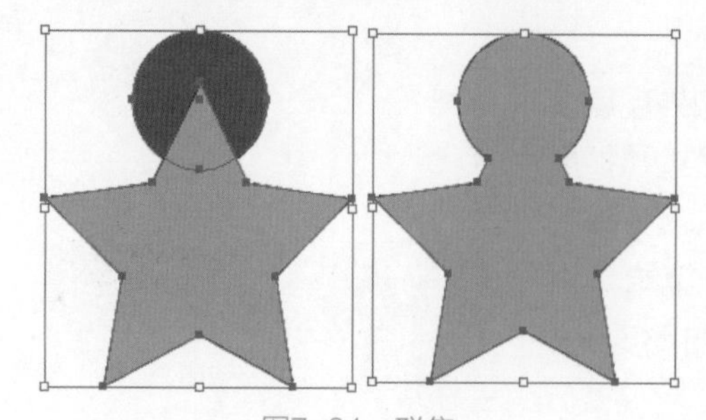

图7-61 联集

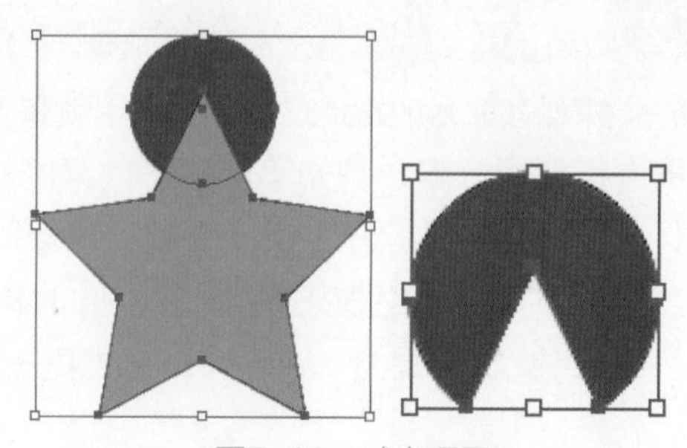

图7-62 减去顶层

3. 交集

“交集”可以将选定的图形对象中相交的部分保留，将不相交的部分删除，如果有多个图形，则保留的是所有图形的相交部分。使用方法是选择需要编辑的对象，单击“路径查找器”面板中的“交集”按钮，效果如图7-63所示。

4. 差集

“差集”与“交集”产生的效果正好相反，可以将选定的图形对象中不相交的部分保留，而将相交的部分删除。如果选择图形的重叠个数为偶数，那么重叠的部分将被删除；如果重叠个数为奇数，那么重叠的部分将被保留。使用方法是选择需要编辑的对象，单击“路径查找器”面板中的“差集”按钮，效果如图7-64所示。

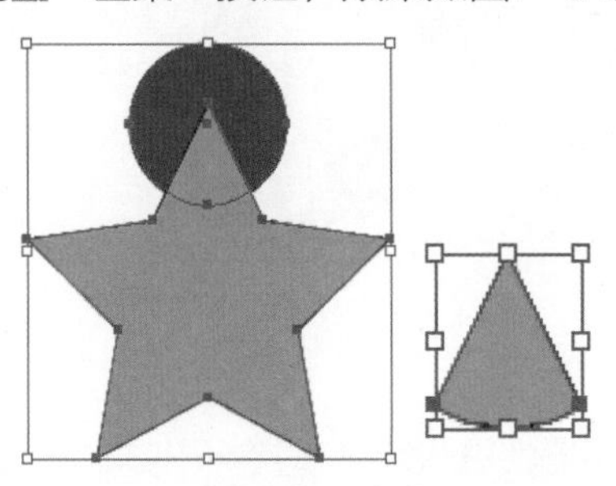

图7-63　交集

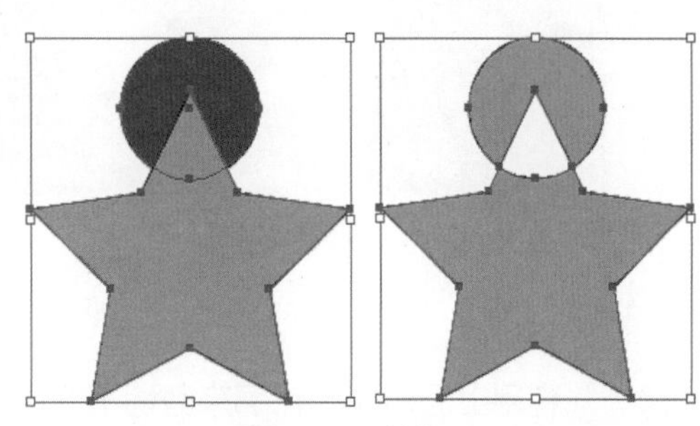

图7-64　差集

5. 扩展

“扩展”是将所编辑的形状转换为一个整体。“扩展”按钮只有创建复合形状后才会被激活，创建复合形状的方法是，选择需要编辑的形状，按住Alt键单击“形状模式”中的按钮，此时“扩展”按钮会被激活，如图7-65所示。

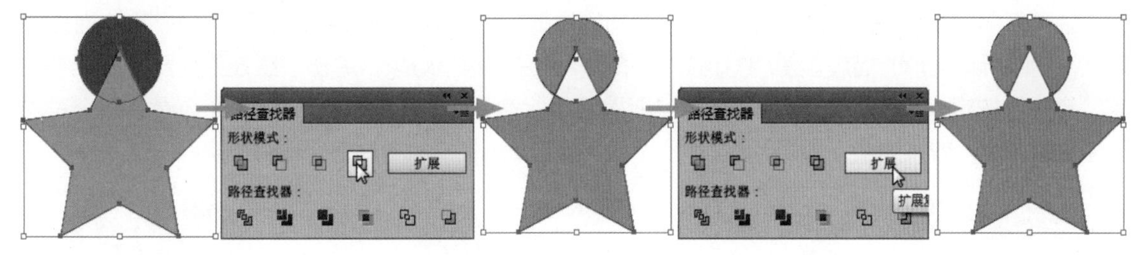

图7-65　扩展

技　巧

在使用“形状模式”中的按钮时，要特别注意图形修剪扩展与不扩展的区别，不扩展的图形还可以利用“直接选择工具”进行修剪编辑，而如果扩展了就不可以进行修剪编辑了。

7.5.2 路径查找器

“路径查找器”按钮组主要通过“分割”、“修边”、“合并”、“裁剪”、“轮廓”和“减去后方对象”来创建新的对象，创建后的图形是一个组合集，要想对它们进行单独的操作，首先要将它们取消组合。

1. 分割

“分割”可以将所有选定的对象按轮廓线重叠区域分割，从而生成多个独立的对象，并删除每个对象被其他对象所覆盖的部分。而且分割后的图形填充和颜色都保持不变，各个部分保持原始的对象属性。如果分割的图形带有描边效果，分割后的图形将按新的分割轮廓进行描边。使用方法是选择需要分割的两个对象，单击“路径查找器”面板中的“分割”按钮，再执行菜单“对象”/“取消编组”命令，移动其中的一个图形会看到已经出现分割效果，效果如图7-66所示。

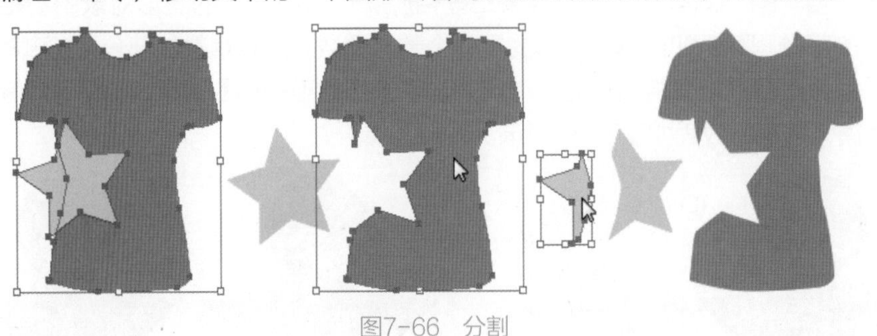

图7-66 分割

2. 修边

“修边”利用上面对象的轮廓来剪切下面所有对象，将删除图形相交时看不到的图形部分。如果图形带有描边效果，将删除所有图形的描边。使用方法是选择需要修边的两个对象，单击“路径查找器”面板中的“修边”按钮，再执行菜单“对象”/“取消编组”命令，移动其中的一个图形会看到已经出现修边效果，效果如图7-67所示。

3. 合并

“合并”与“分割”相似，可以利用上面的图形对象将下面的图形对象分割成多份。但它与分割不同的是，“合并”会将颜色相同的重叠区域合并成一个整体。如果图形带有描边效果，将删除所有图形的描边。使用方法是选择需要合并的两个对象，单击“路径查找器”面板中的“合并”按钮，再执行菜单“对象”/“取消编组”命令，移动其中的一个图形会看到两个对象已经变为一个，效果如图7-68所示。

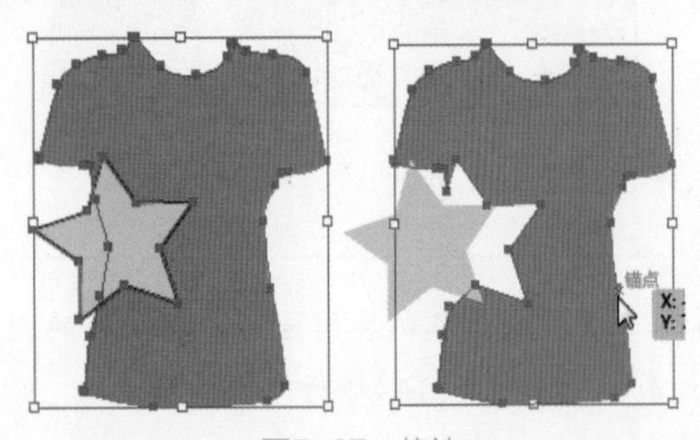

图7-67 修边

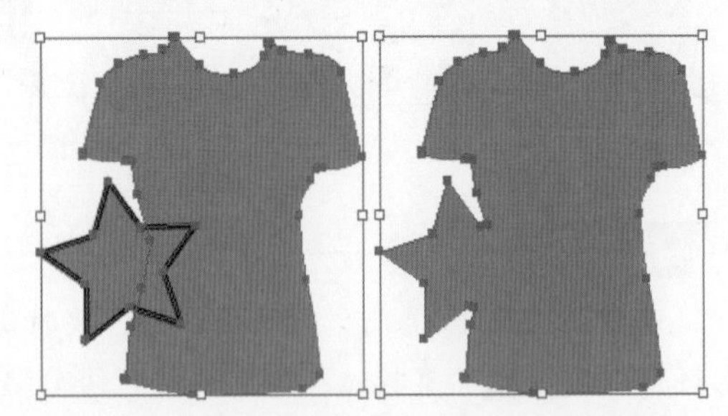

图7-68 合并

4. 裁剪

“裁剪”利用选定对象以最上面图形对象轮廓为基础，裁剪所有下面的图形对象，与最上面图形对象不重叠的部分填充颜色变为无，可以将与最上面对象相交部分之外的对象全部裁剪掉。如果图形带有描边效果，将删除所有图形的描边。使用方法是选择需要裁剪的两个对象，单击“路径查找器”面板中的“裁剪”按钮，会看到裁剪后的效果，效果如图7-69所示。

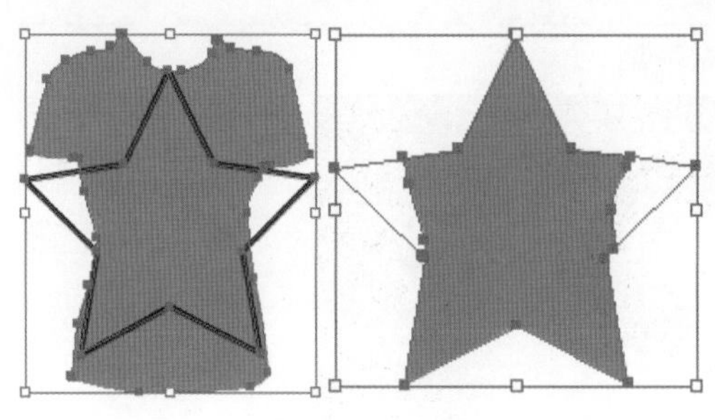

图7-69　裁剪

技　巧

“裁剪”与“减去顶层”用法很相似，但“裁剪”是以最上面图形轮廓为基础，裁剪它下面所有的图形对象；“减去顶层”是以除最下面图形以外的所有图形为基础，减去与最下面图形重叠的部分。

5. 轮廓

“轮廓”将所有选中图形对象的轮廓线按重叠点裁剪为多个分离的路径，并对这些路径按照原图形的颜色进行着色，而且不管原始图形的轮廓线粗细为多少，执行“轮廓”操作后轮廓线的粗细都将变为0。使用方法是选择需要轮廓的两个对象，单击“路径查找器”面板中的“轮廓”按钮，效果如图7-70所示。

6. 减去后方对象

“减去后方对象”与前面讲解过的“减去顶层”用法相似，只是该命令使用最后面的图形对象修剪前面的图形对象，保留前面没有与后面图形产生重叠的部分。使用方法是选择需要减去后方对象的两个对象，单击“路径查找器”面板中的“减去后方对象”按钮，效果如图7-71所示。

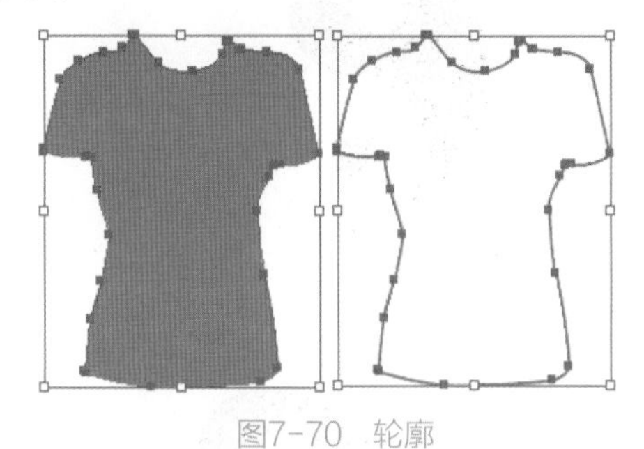

图7-70　轮廓

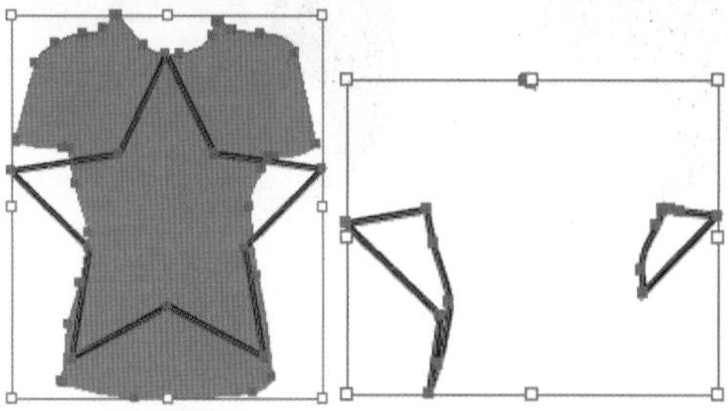

图7-71　减去后方对象

7.6　综合练习：修整图形制作太极球

由于篇幅所限，综合练习只介绍技术要点和制作流程，具体的操作步骤请观看视频教程学习。

实例效果图	技术要点
	✸ 了解椭圆工具的使用 ✸ 了解“分割下方对象”命令的使用 ✸ 了解“路径查找器”面板的使用 ✸ 填充渐变 ✸ 设置混合模式

操作流程：

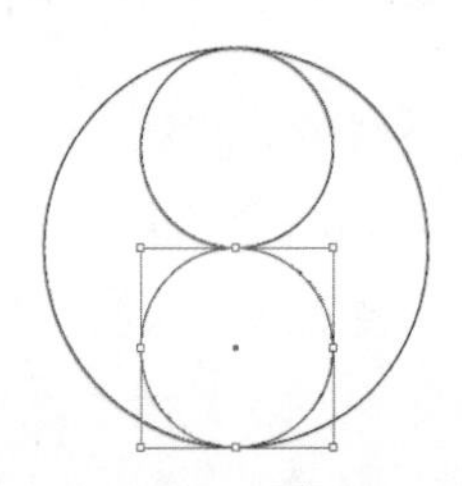

STEP 1 新建空白文档，绘制一个长与宽都为100mm的正圆和两个长与宽都为50mm的正圆。

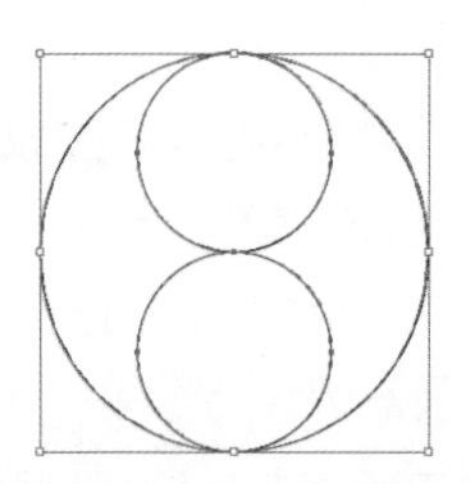

STEP 2 分别选择小圆，执行菜单“对象”/“路径”/“分割下方对象”命令。

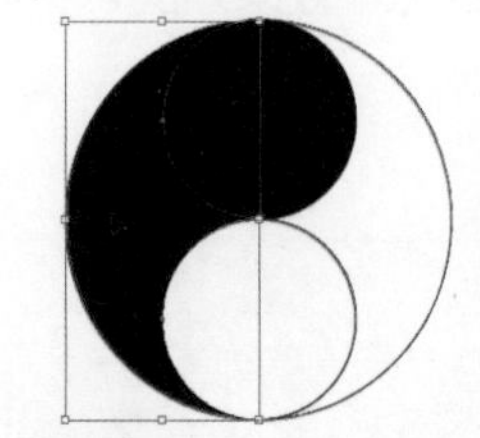

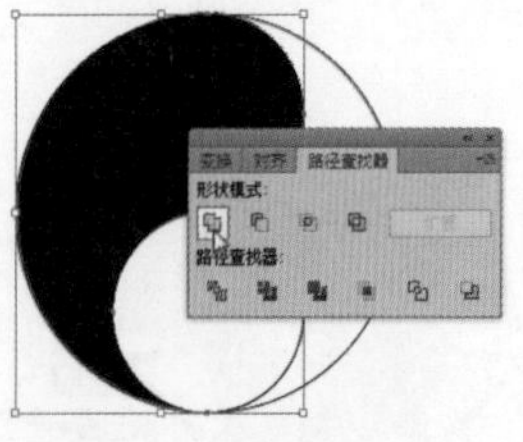

STEP 3 选择左边，填充黑色，将正圆与分割后的对象一同选取，应用“联集”。

STEP 4 再绘制一个白色正圆和一个黑色正圆。

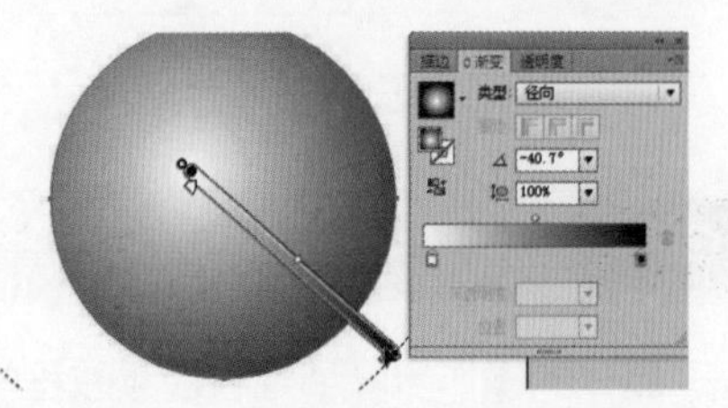

STEP 5 绘制一个长与宽为100mm的正圆放置到太极的上面，使用“渐变工具”绘制渐变色。

STEP 6 设置“混合模式”为“强光”“不透明度”为60%。

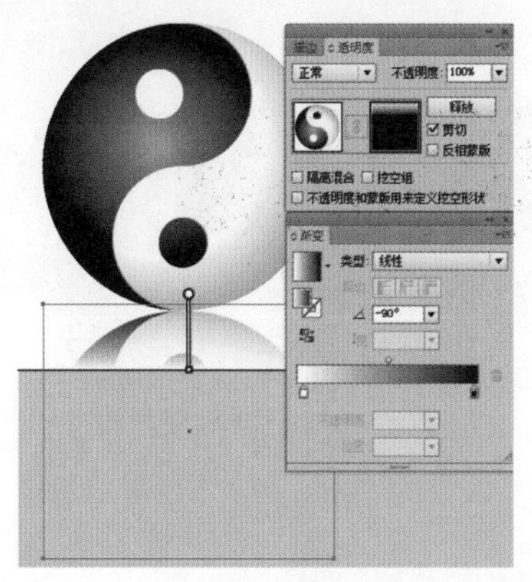

STEP 7 复制整体，使用“渐变工具”编辑蒙版。

STEP 8 制作阴影。

STEP 9 绘制渐变背景，调整顺序，至此本例制作完毕。

7.7　练习与习题 

1. 练习

路径查找器编辑图形。

2. 习题

(1) 群组对象的快捷键是?

A. Ctrl+D　　B. Ctrl+G　　C. Ctrl+V　　D. Shift+Alt

(2) 置于顶层的快捷键是?

A. Shift+Ctrl+]　　B. Shift+Ctrl+[　　C. Shift+]　　D. Ctrl+]

第 8 章

认识图层及样式

Illustrator CC不但为大家提供了强大的对象绘制、管理及修整等功能，还提供了更加方便管理的图层、更加便于绘制修饰的图形样式功能。

8.1 图层

图层操作可以说是Illustrator CC中管理对象的一项非常重要的内容。通过建立图层，然后在各个图层中分别编辑图形中的各个元素，可以产生既富有层次，又彼此关联的整体效果。所以在编辑图形的同时图层是非常重要的。

8.1.1 图层面板

“图层”面板是对图层功能的一个集中体现，在面板中可以看到不同的图层内容，以及编辑图层的一些快捷命令，例如“新建图层”“锁定图层”“隐藏图层”等。默认情况下，“图层”面板中只有一个图层，如图8-1所示。

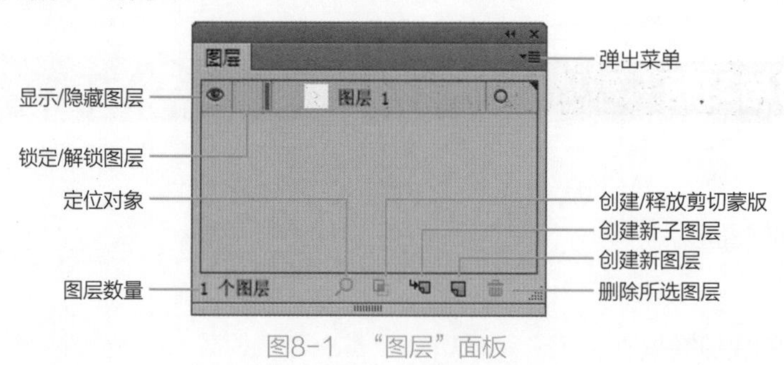

图8-1 “图层”面板

其中的参数含义如下。

- **显示/隐藏图层：**单击此处的小眼睛图标，可以将当前图层在显示与隐藏之间转换。
- **锁定/解锁图层：**单击图层对应的小锁头图标，可以将图层进行锁定与解锁。
- **定位对象：**在页面中选择对象后，单击此按钮，会在“图层”面板中自动找到此对象对应的图层。
- **图层数量：**显示当前图形的图层数量。
- **弹出菜单：**单击此按钮，会弹出图层对应命令的菜单。
- **创建/释放剪切蒙版：**用来创建与释放图层的剪切蒙版。
- **创建新子图层：**单击此按钮，可以为选择的图层创建一个子图层，如图8-2所示。

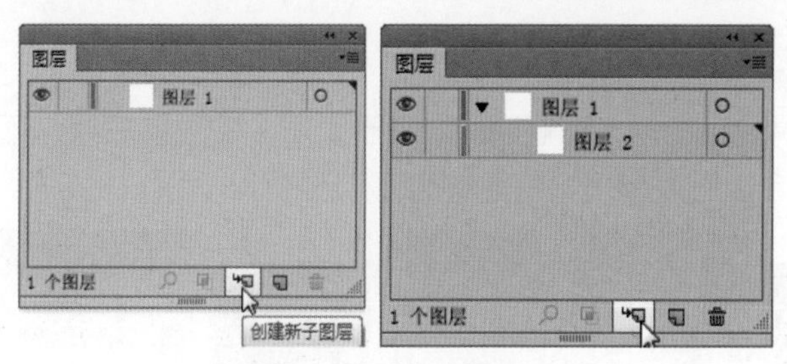

图8-2 创建新子图层

★ **创建新图层：**单击此按钮，可以新建一个图层，如图8-3所示。

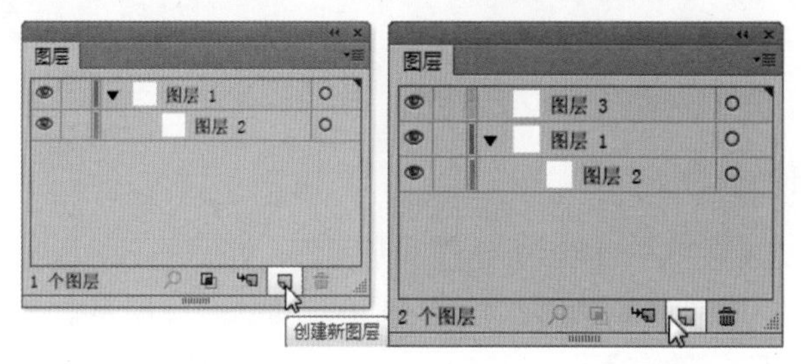

图8-3 创建新图层

★ **删除所选图层：**选择图层后，单击此按钮，可以将选择的图层删除。

技 巧

按F7键可以快速关闭和打开“图层”面板。

8.1.2 图层分类

在Illustrator CC中图层是有父级和子级之分的。一个父级图层中可以包含多个子级图层，单击父级图层栏旁边的三角形图标，此时会将父级图层展开，从中可以看到里面的子级图层，如图8-4所示。

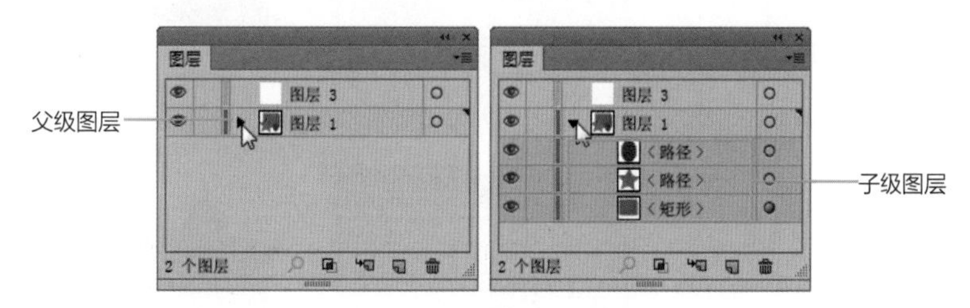

图8-4 父级与子级图层

每个子级图层只能单独成层，不能再附加子级图层。若要在选中的图层之上新建图层，可以单击“图层”面板中的“创建新图层”按钮。

若要在选中的图层中新建子图层，可以单击“图层”面板中的“创建新子图层”按钮。而子级图层一般情况下是不需要提前创建的，它会在绘制新对象的同时由系统自动形成。在哪个父级图层新增子级图层，大家可以根据绘制的图形自行选择或控制。

8.1.3 图层的顺序调整

在Illustrator CC中图层是有上下顺序的。位于上层中的对象如果与下层中的对象出现重叠，则下层对象的重叠区域会被遮盖起来，如图8-5所示。

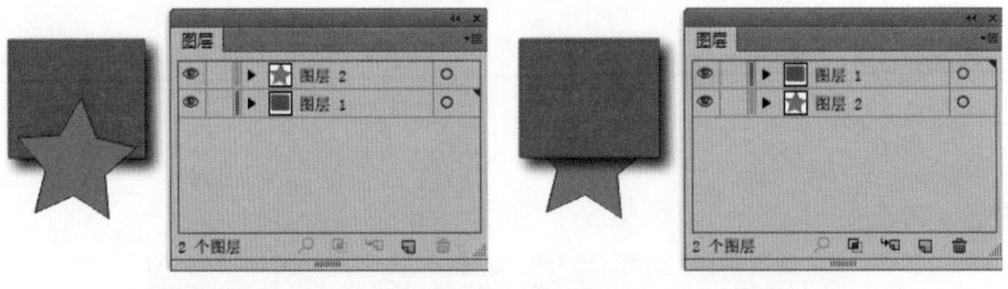

图8-5 图层的顺序

上机实战 改变图层的顺序

STEP 1 新建空白文档，在“图层”面板中新建两个图层，如图8-6所示。

STEP 2 选择不同的图层，分别绘制圆形、星形和矩形，如图8-7所示。

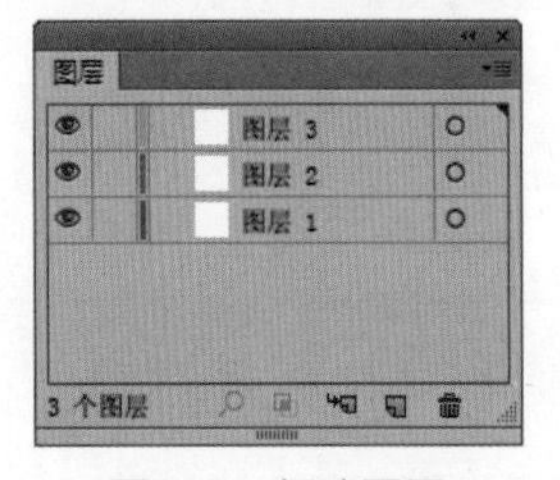

图8-6 新建图层

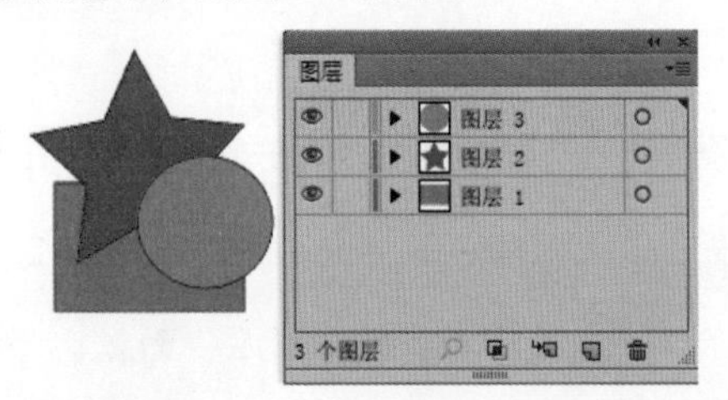

图8-7 在不同图层中绘制图形

STEP 3 在“图层2”上按下鼠标将其向上拖曳到“图层3”的上方，松开鼠标，此时会发现“图层2”已经被调整到了“图层3”的上方，效果如图8-8所示。

图8-8 改变顺序1

STEP 4 将父级图层都展开，选择“图层1”中的矩形子图层，按下鼠标将其拖曳到“图层2”的星形上方，松开鼠标，会将“图层1”中的矩形子图层放置到“图层2”中，效果如图8-9所示。

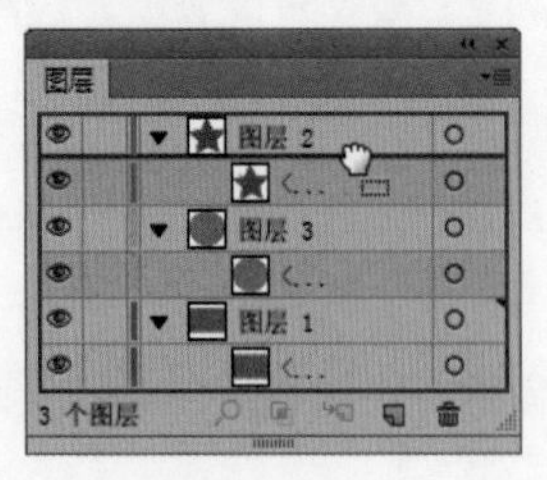

图8-9 改变顺序2

8.1.4 将子图层内容释放到单独图层中

在Illustrator CC中执行“释放到图层”命令，可以将图层中的所有项目重新放置到各个新图层中，系统会根据图形所在的顺序，自动将其放在对应的图层中。具体的释放方法是在“图层”面板的“弹出菜单”中选择“释放到图层(顺序)”命令，即可将图层中的内容放置到单独图层中，如

图8-10所示。

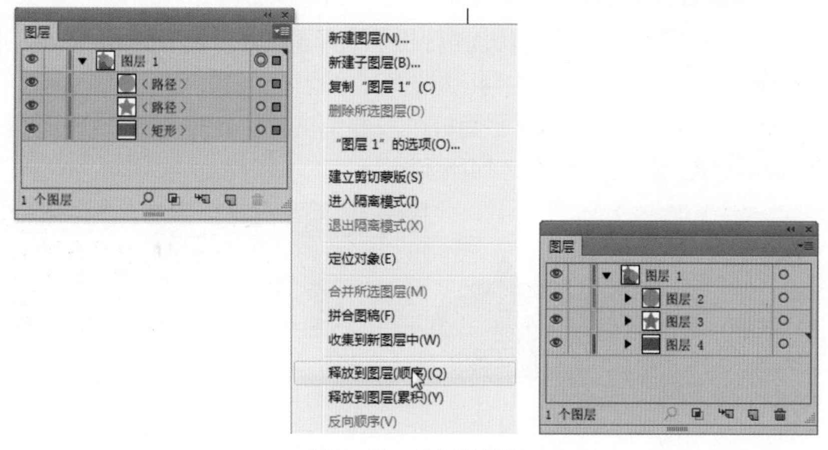

图8-10　释放到图层

8.1.5 为图层重新命名

在Illustrator CC中可以通过"图层"面板非常方便地为图层进行重新命名，这样能够更加方便管理。更改方法是在需要命名的图层上双击，系统会弹出"图层选项"对话框，在该对话框中的"名称"处输入新的名称后，单击"确定"按钮，就可以更改了，如图8-11所示。

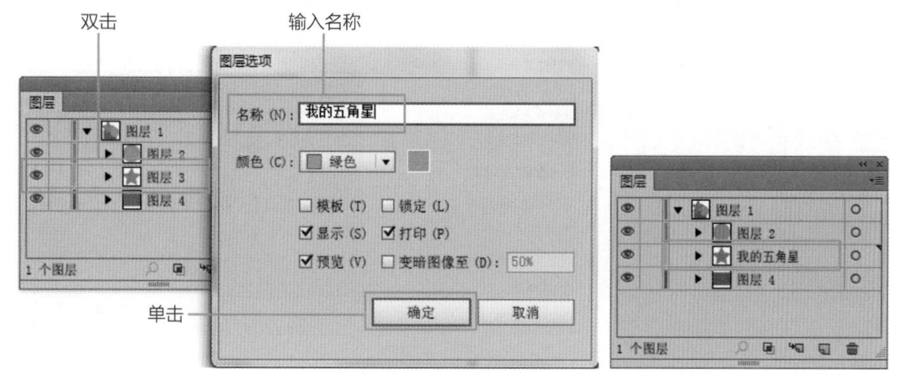

图8-11　命名图层1

技　巧

在"图层"面板中的名称处直接双击名称，可以快速更改图层名称，如图8-12所示。

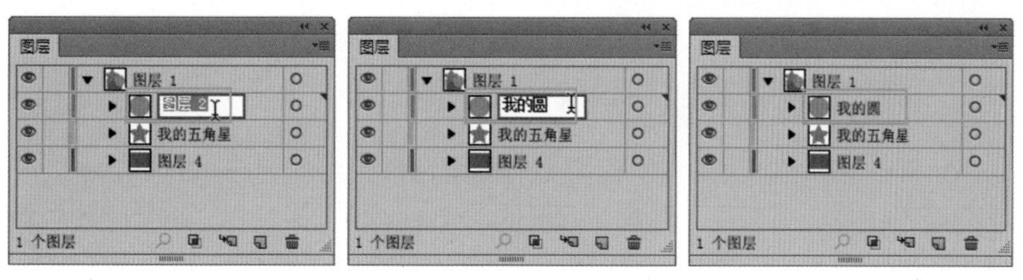

图8-12　命名图层2

8.1.6 选择图层

在Illustrator CC中“图层”面板可以非常轻松地选择图层，只要单击图层右侧的圆环图标，当其变为双环图标时，表示此图层的内容已被选取，如图8-13所示。

在文档中选择一个对象，在“图层”面板中只要单击“定位对象”按钮，就可以快速在“图层”面板中找到对应的图层，如图8-14所示。

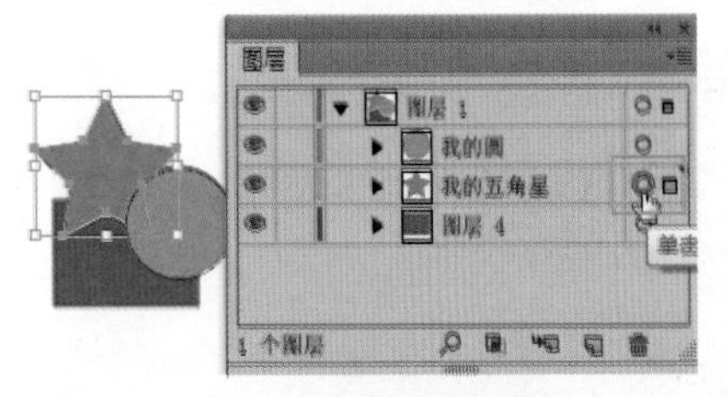

图8-13 选择图层内容

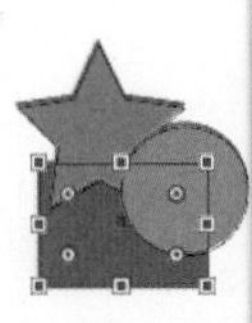

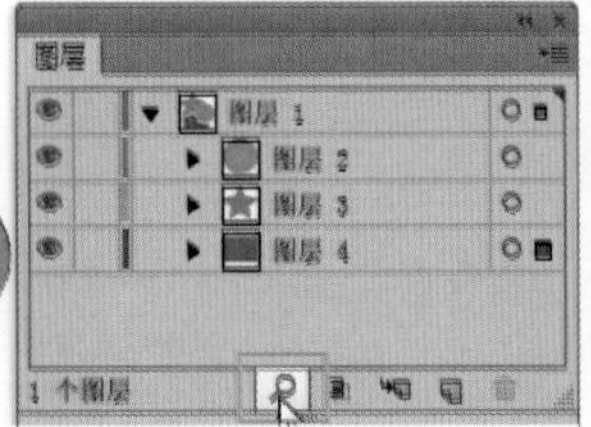

图8-14 选择图层

8.1.7 合并图层

在Illustrator CC中合并图层可以将选择的多个图层合并成一个图层，在合并图层时，所有选中的图层中的图形都将合并到一个图层中，并保留原来图形的堆放顺序。

在“图层”面板中选择要合并的多个图层，然后在“图层”面板的“弹出菜单”中选择“合并所选图层”命令，即可将选择的图层合并为一个图层，效果如图8-15所示。

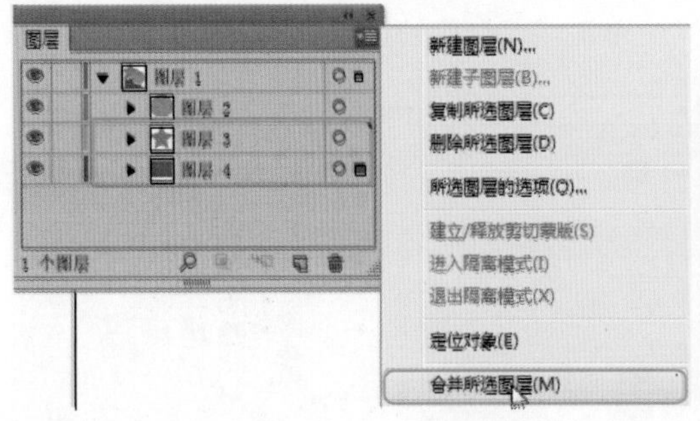

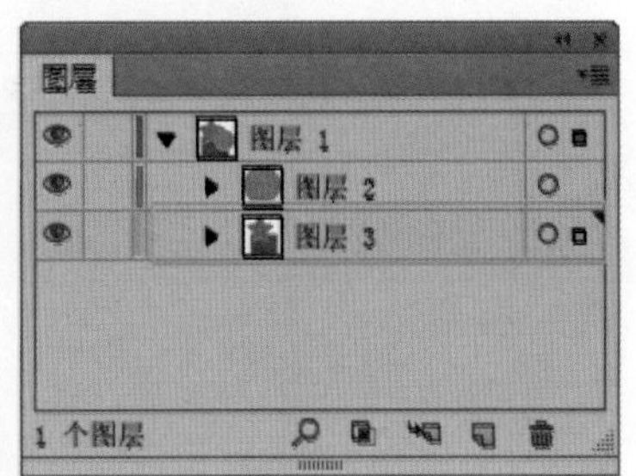

图8-15 合并图层

技 巧

在合并图层时，所有可见的图层将被合并到一个图层中，如果选择图层中有被锁定或隐藏的图层，图层将合并到没有被锁定和隐藏的选中图层中最上面的那个图层。

8.1.8 拼合图层

在Illustrator CC中拼合图层是将所有可见的图层合并到当前被选择的图层中。在“图层”面板中，选择要保留的图层，然后在“图层”面板的“弹出菜单”中选择“拼合图稿”命令，如果选择的图层中有隐藏的图层，系统将弹出一个“询问”对话框，提示是否删除隐藏的图层。如果单击“是”按钮，将删除隐藏的图层，并将其他图层合并；如果单击“否”按钮，将隐藏图层和其他图层同时合并成一个图层，并将隐藏的图层对象显示出来。拼合图层操作效果如图8-16所示。

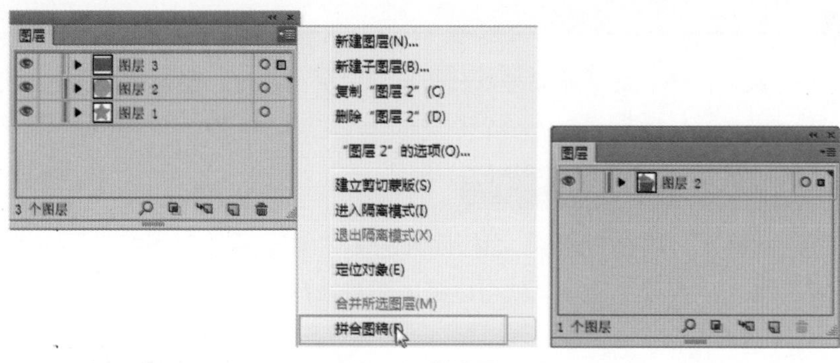

图8-16　拼合图层

8.2　剪切蒙版 

“剪切蒙版”与“透明度”面板中的蒙版效果非常相似。“剪切蒙版”可以将一些图形或图像需要保留的部分显示出来，而将其他部分遮住。蒙版图形可以是开放、封闭或复合路径，但必须位于被蒙版对象的上面。

8.2.1 通过图层面板创建剪切蒙版

要使用“剪切蒙版”，必须保证蒙版轮廓与被蒙版对象位于同一图层中，或是同一图层的不同子图层中。选择要蒙版的对象，然后确定蒙版轮廓在被蒙版对象的最上方，单击“图层”面板底部的 “创建/释放剪切蒙版”按钮，即可建立剪切蒙版效果，如图8-17所示。

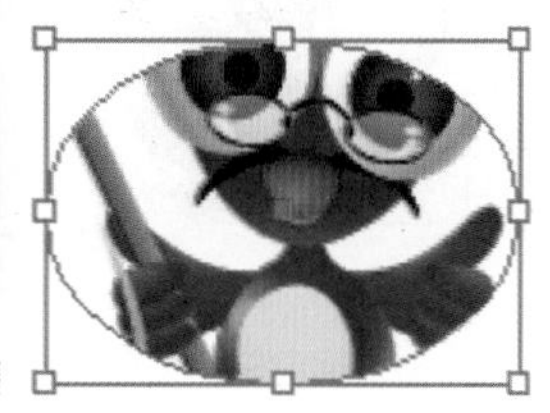

图8-17　创建剪切蒙版1

8.2.2 通过命令菜单创建剪切蒙版

执行菜单“对象”/“剪切蒙版”/“建立”命令，就可以为对象创建剪切蒙版，如图8-18所示。

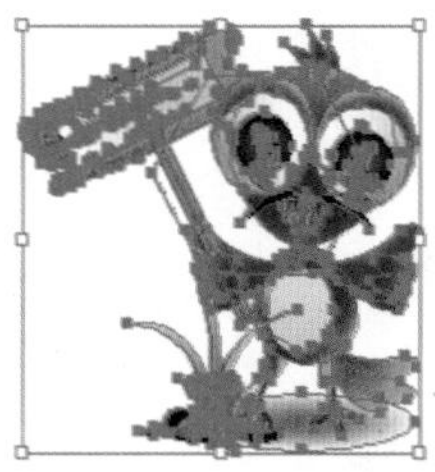

图8-18　创建剪切蒙版2

技 巧

在创建剪切蒙版时，只有矢量对象可以作为剪切蒙版；不过，任何图稿都可以被蒙版。

8.2.3 释放剪切蒙版

选择创建的剪切蒙版，单击“图层”面板底部的“创建/释放剪切蒙版”按钮，或执行菜单“对象”/“剪切蒙版”/“释放”命令，就可以将剪切蒙版释放为原图效果，如图8-19所示。

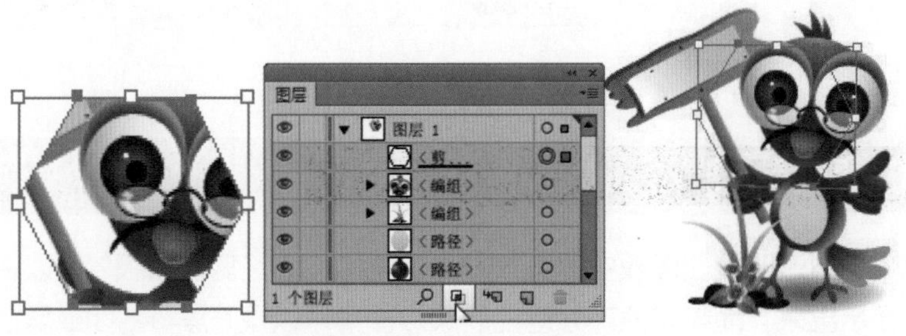

图8-19　释放剪切蒙版

8.2.4 编辑剪切蒙版

创建剪切蒙版后，执行菜单“对象”/“剪切蒙版”/“编辑”命令，即可进入到编辑状态，此时拖动图形，可以更改蒙版显示的区域，如图8-20所示。

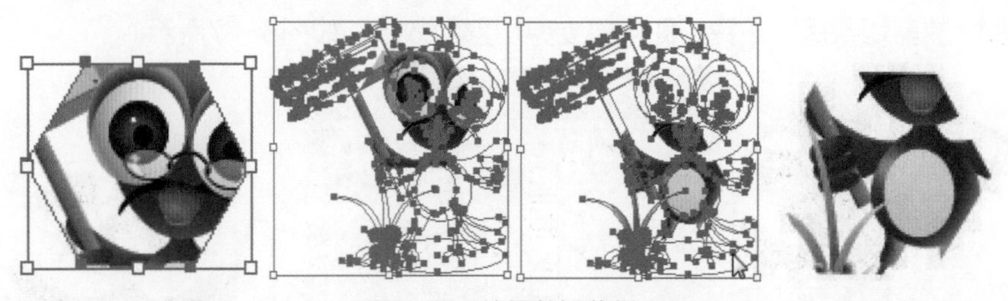

图8-20　编辑剪切蒙版

8.3 图形样式

利用“图形样式”面板可以保存各种图形的样式外观属性，并且可以将其应用到其他对象、群组对象或图层上，这样的操作可以大大减少工作量。样式还有链接功能，如果样式发生了变化，应用该样式的对象外观也会发生变化。

8.3.1 图形样式面板

执行菜单“窗口”/“图形样式”命令，系统会打开“图形样式”面板，如图8-21所示。

图8-21　“图形样式”面板

其中的参数含义如下。

- **样式内容**：在“图形样式”面板中显示当前的样式内容。
- **图形样式库菜单**：单击可以在下拉菜单中选择一种样式内容，此时会弹出一个新的“图形样式”面板，如图8-22所示的“纹理”面板。
- **弹出菜单**：单击此按钮，会弹出此面板对应的菜单命令。
- **断开样式链接**：对象、组或图层将保留原来的外观属性，且可以对其进行独立编辑。不过这些属性将不再与图形样式相关联。
- **新建图形样式**：将当前编辑的内容以新图形样式的方式出现在“图形样式”面板中。
- **删除图形样式**：单击此按钮，可以将“图形样式”面板中的当前样式删除。

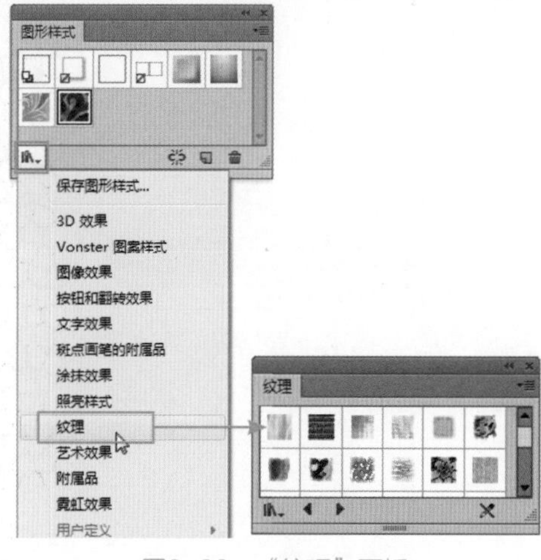

图8-22　“纹理”面板

8.3.2 应用图形样式

Illustrator CC本身就为大家提供了多种图形样式，大家可以根据需要有选择地应用这些样式。在页面中使用“圆角矩形工具”绘制一个圆角矩形，在“图形样式”面板中的某个样式上单击，此时就可以为绘制的图形添加样式，如图8-23所示。

图8-23　应用图形样式

8.3.3 新建图形样式

Illustrator CC中除了系统自带的样式外，还可以通过自定义的方式来自行创建图形样式，自定义的图形样式可以应用到其他绘制的图形对象上，如图8-24所示。

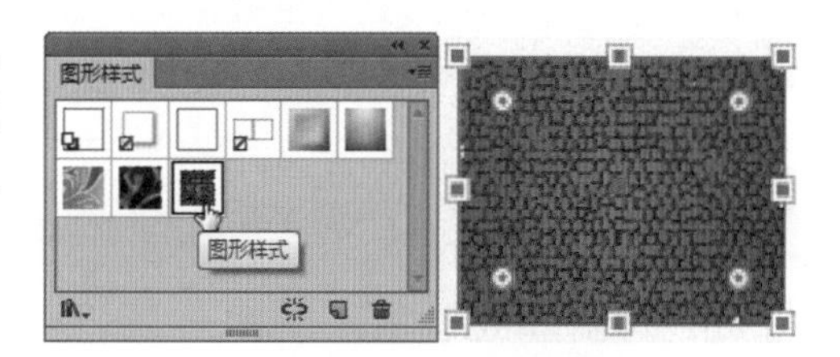

图8-24　应用自定义的图形样式

上机实战　自定义图形样式

STEP 1 新建空白文档，在页面中绘制一个青色的矩形，如图8-25所示。

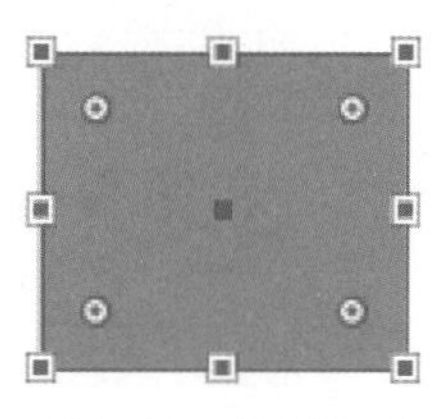

图8-25　绘制矩形

STEP 2 在“渐变”面板中将矩形设置为“从白色到青色”的径向渐变，如图8-26所示。

STEP 3 执行菜单“效果”/“纹理”/“染色玻璃”命令，打开“染色玻璃”对话框，其中的参数设置如图8-27所示。

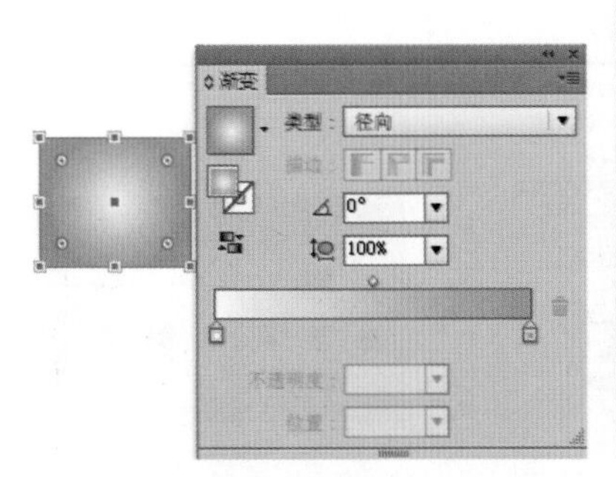

图8-26　填充渐变色

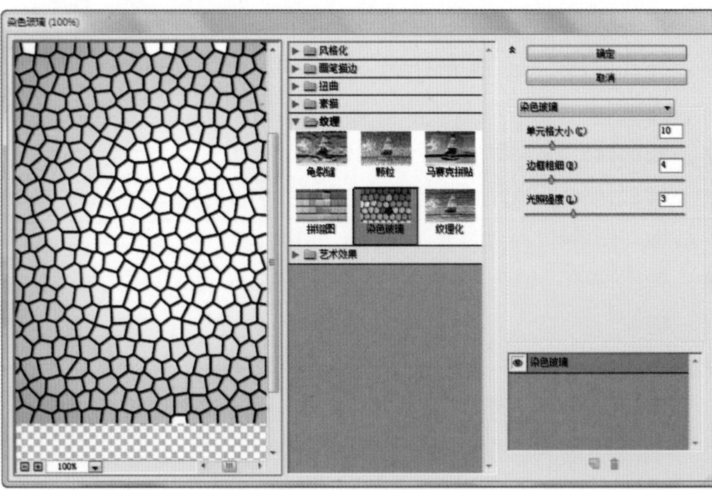

图8-27　“染色玻璃”对话框

STEP 4 设置完毕后单击“确定”按钮，效果如图8-28所示。

STEP 5 单击“图形样式”面板中的“新建图形样式”按钮，会把当前编辑的图形添加到“图形样式”面板中，效果如图8-29所示。

STEP 6 绘制一个六边形，在“图形样式”面板中单击新创建的图形样式后，会在六边形中应用此样式，效果如图8-30所示。

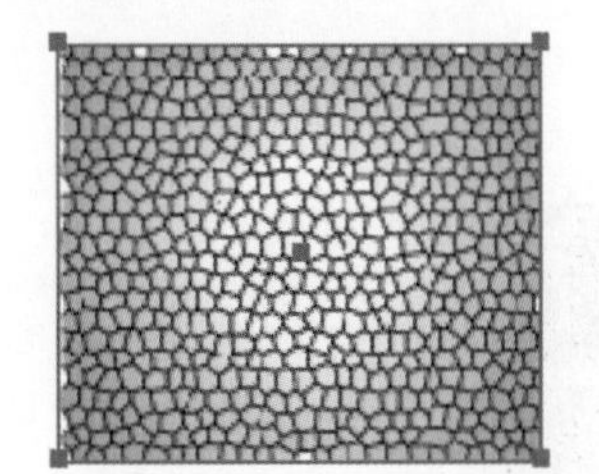

图8-28　应用染色玻璃

图8-29　新建图形样式

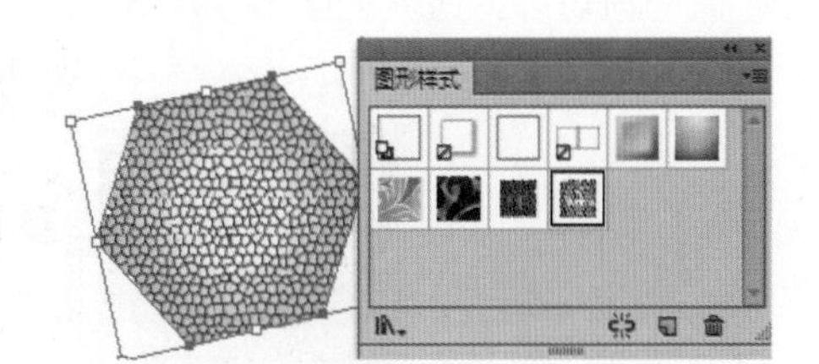

图8-30　应用图形样式

技　巧

将图形直接拖曳到“图形样式”面板中，可以快速将此图形效果应用到“图形样式”面板中；直接拖曳“外观”面板中的缩略图到“图形样式”面板中，同样可以创建新的图形样式。

8.3.4 复制图形样式

在“图形样式”面板中选择一个图形样式后，在弹出菜单中选择“复制图形样式”命令，可以在“图形样式”面板中得到一个副本，如图8-31所示。

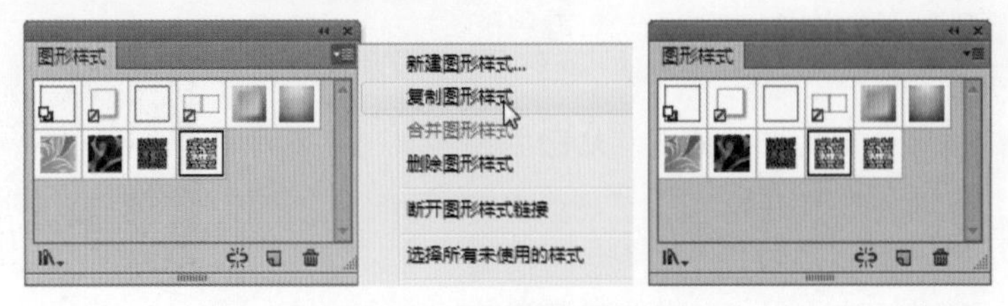

图8-31　复制图形样式

技　巧

按住Alt键将图形样式拖曳到替换的图形样式上，可以将图形样式替换；按住Alt键将“外观”面板顶部的缩览图拖动到“图形样式”面板中要替换的图形样式上，同样可以将图形样式替换。

8.3.5 命名图形样式

在“图形样式”面板中选择一个样式后双击，在弹出的“图形样式选项”对话框中输入样式名称，设置完毕后单击“确定”按钮，如图8-32所示。

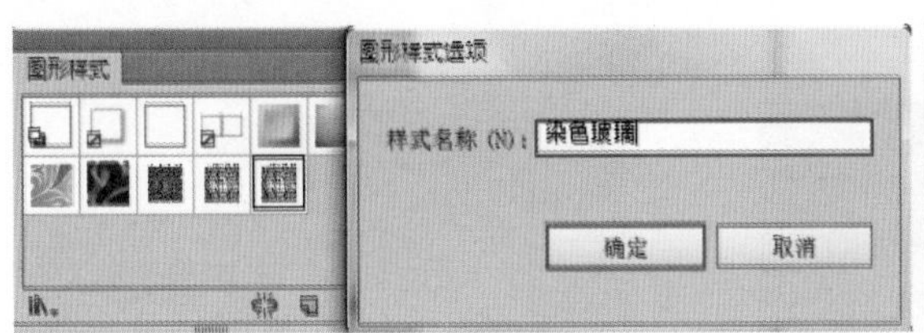

图8-32　命名图形样式

8.3.6 合并图形样式

在“图形样式”面板中基于两个或更多的现有图形样式创建一个新的图形样式，按住Ctrl选择要合并的图形样式，在弹出菜单中选择“合并图形样式”命令，即可将选择的多个图形样式合并为一个新的图形样式，如图8-33所示。

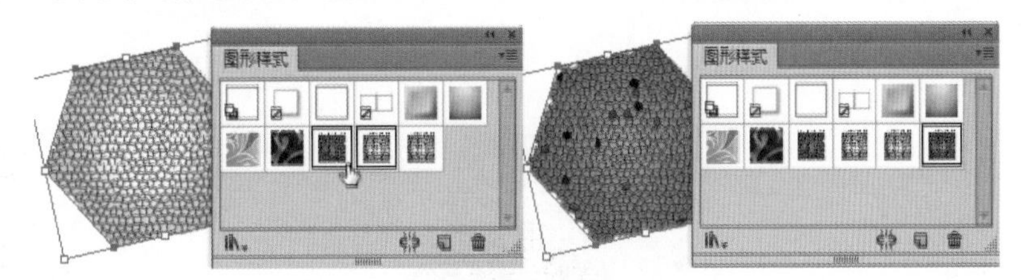

图8-33　合并图形样式

8.4 综合练习：手表广告设计

由于篇幅所限，综合练习只介绍技术要点和制作流程，具体的操作步骤请观看视频教程学习。

实例效果图	技术要点
	★ 将素材释放到图层中 ★ 调整图层顺序 ★ 新建图层绘制图形 ★ 置入素材绘制图形 ★ 创建剪切蒙版

操作流程：

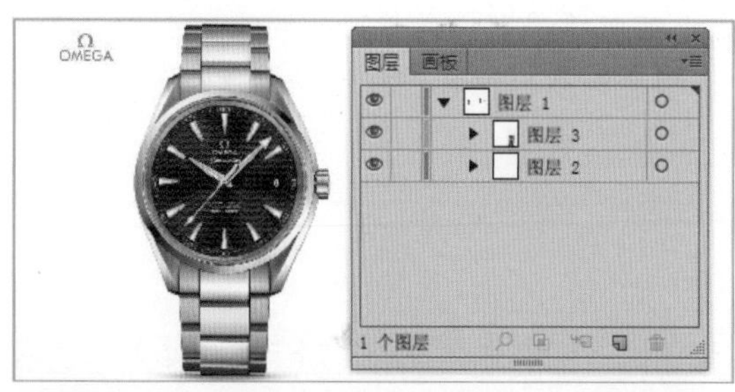

STEP 1 新建空白文档，置入素材，将图形释放到图层中，调整图层顺序。

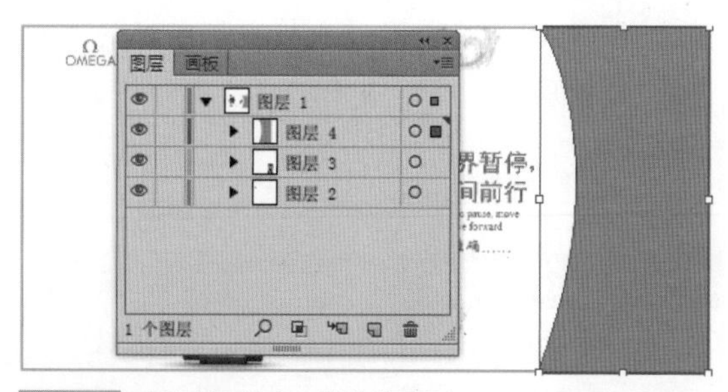

STEP 2 新建图层，绘制图形。

STEP 3 新建图层，置入素材，绘制图形轮廓。

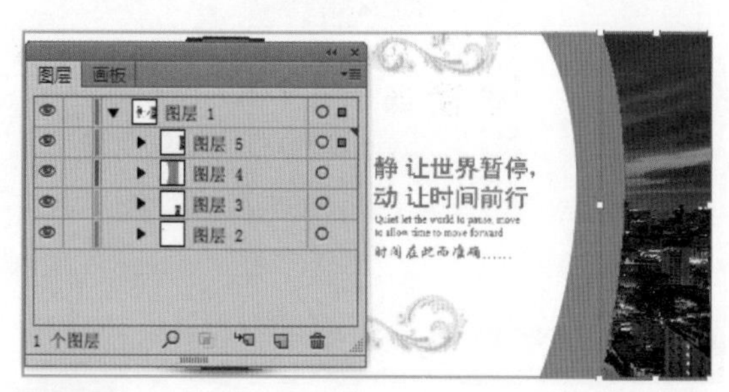

STEP 4 选择素材和图形，执行菜单“对象”/“剪切蒙版”/“建立”命令，创建剪切蒙版。

STEP 5 至此本例制作完毕。

8.5 练习与习题

1. 练习

创建剪切蒙版。

2. 习题

(1) 在Illustrator CC中“__________”可以将选择的多个图层合并成一个图层。

(2) 执行菜单“__________”/“__________”/“__________”命令，就可以为对象创建剪切蒙版。

第 9 章

艺术工具的使用

Illustrator CC为大家提供了丰富的艺术图案资源，本章主要讲解艺术工具的使用，依次介绍画笔、画笔的新建与编辑、符号的应用以及混合工具的使用。

通过本章的学习，用户能够快速掌握艺术工具的使用方法，并利用这些种类繁多的艺术工具提高创建水平，设计出更加丰富的艺术作品。

9.1 画笔

Illustrator CC为用户提供了一种特殊的绘图工具——画笔，而且为其提供了相当多的画笔库，方便大家使用。利用“画笔工具”可以绘制多种多样精美的艺术效果。

9.1.1 画笔面板

“画笔”面板可以用来管理画笔预设或新定义的画笔文件，还可以修改画笔和删除画笔等，Illustrator CC还提供了预设的画笔样式效果，可以打开这些预设的画笔样式来绘制更加丰富的图形。执行菜单“窗口”/“画笔”命令，可以打开“画笔”面板，如图9-1所示。

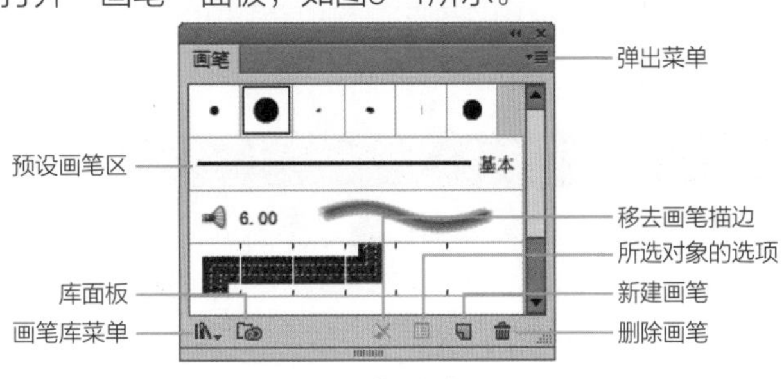

图9-1 “画笔”面板

其中的参数含义如下。

- **预设画笔区：** 显示“画笔”面板中的画笔笔触。
- **库面板：** 单击此按钮，打开“库”面板。
- **画笔库菜单：** 单击会弹出下拉菜单，在其中可以选择更加细致的画笔类型。
- **弹出菜单：** 单击此按钮，会弹出画笔对应命令的菜单。
- **移去画笔描边：** 单击此按钮，可以将当前的画笔描边清除。
- **所选对象的选项：** 单击此按钮，可以打开“描边选项(书法画笔)”对话框，如图9-2所示。
- **新建画笔：** 单击此按钮，可以将当前画笔定义为新画笔。
- **删除画笔：** 单击此按钮，可以将选择的画笔删除。

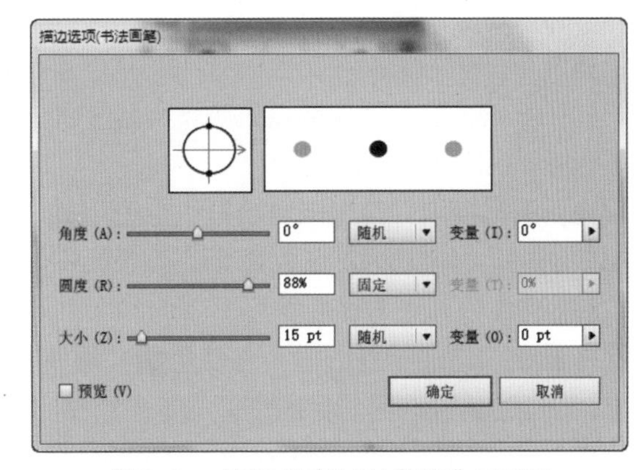

图9-2 “描边选项(书法画笔)”对话框

技 巧

按F5键可以快速关闭和打开“画笔”面板。

1. 打开画笔库

Illustrator CC为用户提供了大量的默认画笔库，打开画笔库的方法有以下几种：执行菜单“窗口”/“画笔库”命令，在其子菜单中可以选择自己需要的画笔库；单击“画笔”面板右上角的“弹出菜单”按钮，在弹出的菜单中选择“打开画笔库”命令，在其子菜单中可以选择自己需要的画笔库；单击“画笔”面板左下方的“画笔库菜单”按钮，在弹出的菜单中可以选择自己需要的画笔库。

2. 选择画笔

在Illustrator CC中打开画笔库后，如果想选择某一种画笔，直接单击该画笔图标就可以了。如果想选择多个画笔，可以按住Shift键选择多个连续的画笔，也可以按住Ctrl键选择多个不连续的画笔。如果要选择未使用的所有画笔，可以在“画笔”面板的弹出菜单中选择“选择所有未使用的画笔”命令即可。

3. 显示与隐藏画笔

为了方便画笔的使用，可以将画笔按类型显示，在“画笔”面板的弹出菜单中选择相关的命令即可，如“显示书法画笔”“显示散点画笔”“显示图案画笔”和“显示艺术画笔”。显示相关画笔后，在该命令前将出现一个对号，如果不想显示某种画笔，可以再次单击，即可将其隐藏。

4. 删除画笔

如果当前画笔用不到了，可以直接单击“画笔”面板中的“删除画笔”按钮，就可以将选择的画笔删除。

9.1.2 画笔工具

画笔库通常是需要结合“画笔工具”来应用的，在使用“画笔工具”之前，可以在工具箱中双击“画笔工具”，此时系统会打开“画笔工具选项”对话框，如图9-3所示。在此对话框中可以对画笔进行详细设置。

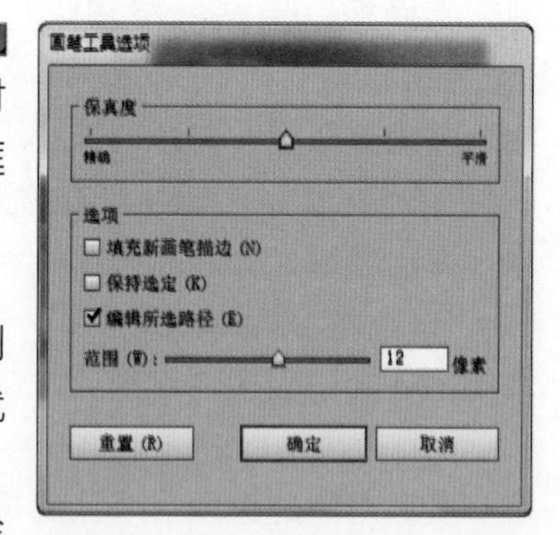

图9-3 “画笔工具选项”对话框

其中的参数含义如下。

- **保真度**：设置画笔绘制路径曲线时的精确度。越精确，绘制的曲线就越精确，相应锚点就越多；越平滑，绘制的曲线就越粗糙，相应的锚点就越少。
- **填充新画笔描边**：勾选该复选框，当使用“画笔工具”绘制曲线时，将自动为曲线内部填充颜色；不勾选该复选框，绘制的曲线内部将不填充颜色。
- **保持选定**：勾选该复选框，当使用“画笔工具”绘制曲线时，绘制的曲线将处于选中状态；不勾选该复选框，绘制的曲线将不被选中。

- **编辑所选路径：**勾选该复选框，则可以编辑选中曲线的路径。可以使用“画笔工具”来改变现有选中的路径，并可以在“范围”文本框中设置编辑范围。当“画笔工具”与该路径之间的距离接近设置的数值，即可对路径进行编辑修改。

在“画笔工具选项”对话框中设置好“画笔工具”的参数后，就可以使用画笔进行绘图了。方法是选择“画笔工具”，在“画笔”面板中选择一个画笔样式，然后设置需要的描边颜色，在文档中按住鼠标随意地拖动就可以绘制图形了，如图9-4所示。

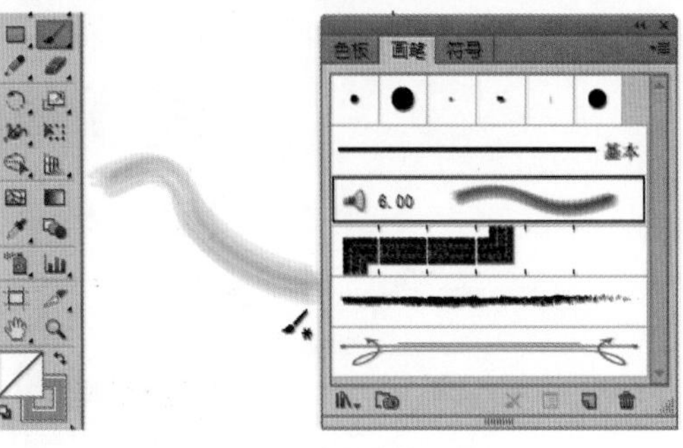

图9-4　使用画笔工具

9.1.3 画笔样式

画笔库中的画笔样式，不但可以应用“画笔工具”绘制出来，而且可以直接应用到现有的路径中。应用过画笔样式的路径，还可以用其他画笔样式来替换。

1. 为路径应用画笔样式

选择一个绘制好的路径，在“画笔”面板中需要应用路径的画笔上单击，就可以快速在路径上应用画笔样式，如图9-5所示。

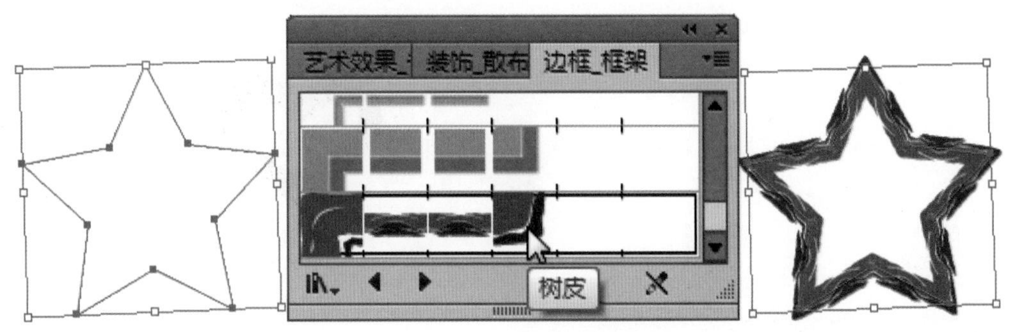

图9-5　应用画笔样式

2. 替换画笔样式

如果不喜欢为路径应用的画笔样式，只要在“画笔”面板中选择另一个画笔样式，单击就可以将之前的画笔样式替换掉，如图9-6所示。

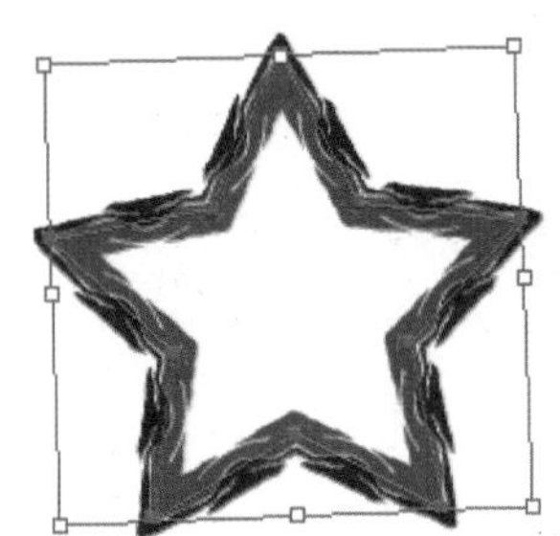
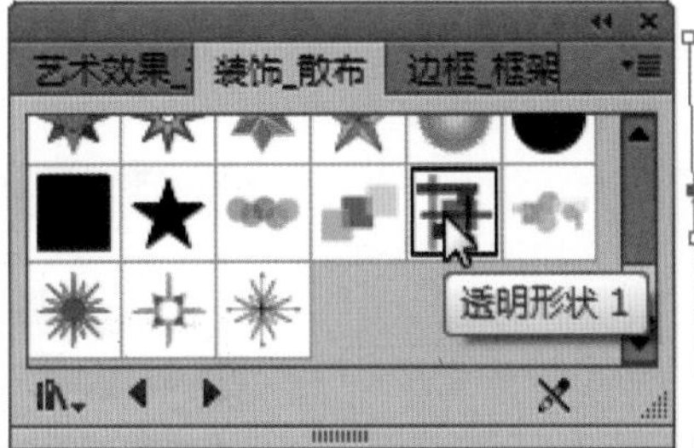

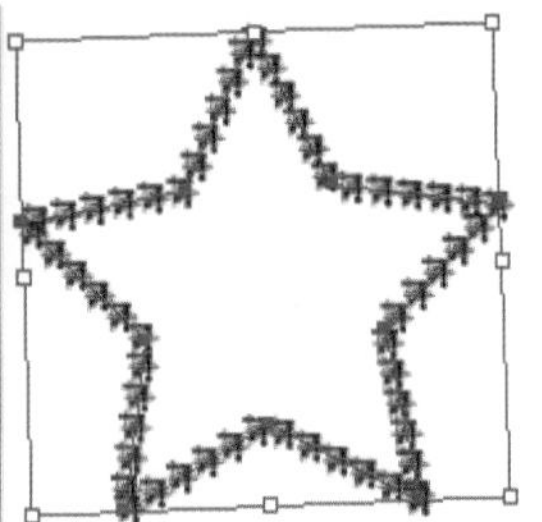

图9-6　替换画笔样式

技 巧

为路径应用画笔样式后，如果想恢复到画笔描边效果，可以选择图形对象，单击“画笔”面板下方的“移去画笔描边”按钮，将其恢复到画笔描边效果，如图9-7所示。

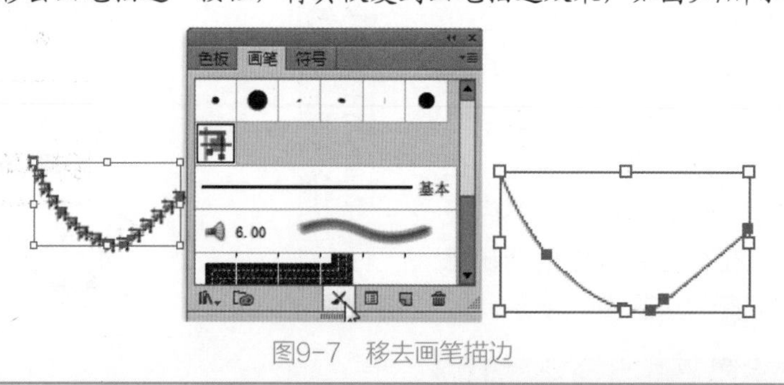

图9-7 移去画笔描边

9.2 画笔的新建与编辑

Illustrator CC为用户提供了5种类型的画笔，还提供了相当多的画笔库，但这并不能满足用户的需要，所以系统还提供了画笔的新建功能，大家可以根据自己的需要创建属于自己的画笔类型，方便今后的创作使用。5种类型的画笔分别是“书法画笔”“散点画笔”“毛刷画笔”“图案画笔”“艺术画笔”，绘制效果如图9-8所示。

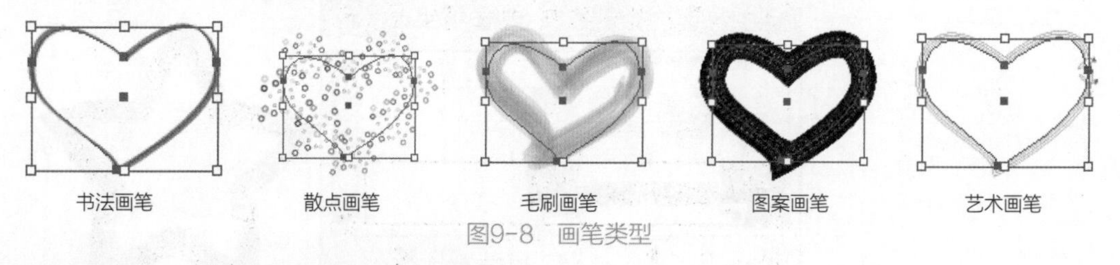

图9-8 画笔类型

9.2.1 书法画笔

如果Illustrator CC默认提供的书法画笔不能满足创作的需要，我们可以自定义一些书法画笔。

上机实战 自定义书法画笔

STEP 1 新建空白文档，在“画笔”面板中单击“新建画笔”按钮，在弹出的“新建画笔”对话框中选择“书法画笔”单选框，如图9-9所示。

STEP 2 单击“确定”按钮，系统会打开“书法画笔选项”对话框，如图9-10所示。

其中的参数含义如下。

- **名称：** 设置书法画笔的名称。
- **画笔形状编辑器：** 直观地调整画笔的外观。拖动图中的黑色小圆点，可以修改画笔的圆度；

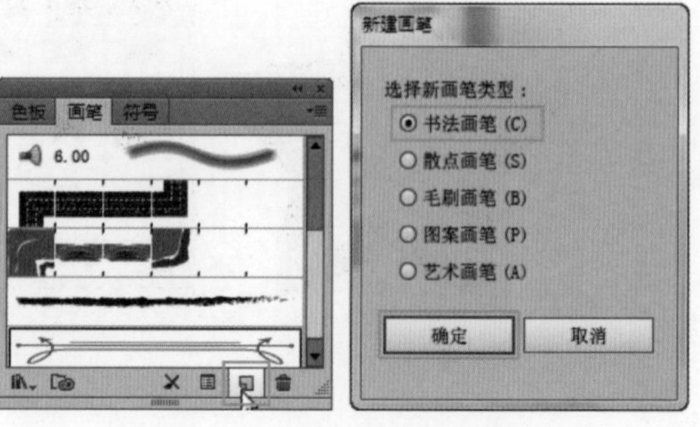

图9-9 “新建画笔”对话框

拖动箭头，可以修改画笔的角度，如图9-11所示。

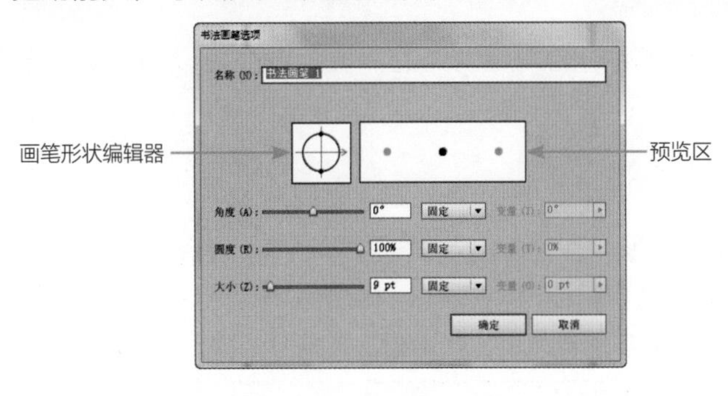

图9-10　“书法画笔选项”对话框

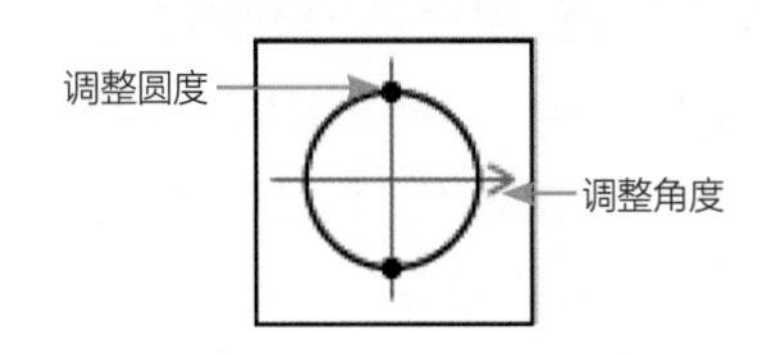

图9-11　画笔形状编辑器

- **预览区：**查看调整后的效果。
- **角度：**设置画笔的旋转角度。可以在“画笔形状编辑器”中施动箭头修改角度，也可以直接在该文本框中输入旋转的数值。
- **圆度：**设置画笔的圆度，即长宽比例。可以在“画笔形状编辑器”中拖动黑色的小圆点修改圆度，也可以直接在该文本框中输入圆度的数值。
- **大小：**设置画笔的大小。可以直接拖动滑块来修改，也可以在文本框中输入要修改的数值。

在“角度”“圆度”和“大小”后的下拉列表中可以选择希望控制角度、圆度和大小变量的方式，如图9-12所示。

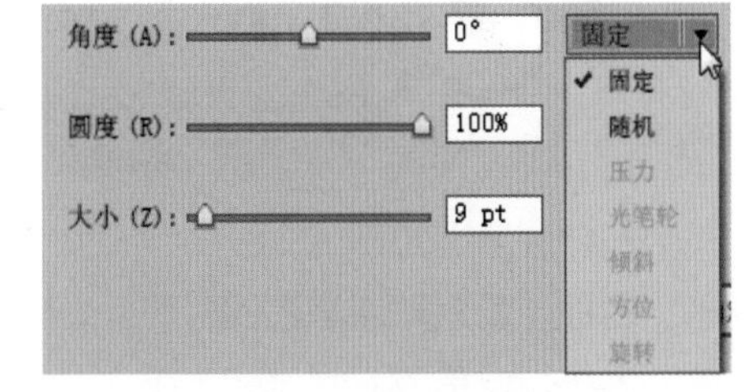

图9-12　下拉列表

- **固定：**如果选择“固定”选项，则会使用相关文本框中的数值作为画笔的固定值，即角度、圆度和大小是固定不变的。
- **随机：**使用指定范围内的数值，随机改变画笔的角度、圆度和大小。选择“随机”选项时，需要在“变量”文本框中输入数值，指定画笔变化的范围。对每个画笔而言，“随机”所使用的数值可以是画笔特性文本框中的数值加、减变量值后所得数值之间的任意数值。例如，如果“大小”为20，“变量”为10，则大小可以是10和30之间的任意数值。
- **压力、光笔轮、倾斜、方位和旋转：**只有在使用数位板时才可以使用这些选项，使用的数值是由数位笔的压力所决定。当选择“压力”时，也需要在“变量”文本框中输入数值。“压力”使用画笔特性文本框中的数值减去“变量”值后所得的数值，作为数位板上最轻的压力；画笔特性文本框中的数值加上“变量”值后所得的数值，则是最重的压力。例如，如果“圆度”为75%，“变量”为25%，则最轻的笔画为50%，最重的笔画为100%。压力越轻，则画笔笔触的角度更为明显。

STEP 3 在“书法画笔选项”对话框中设置完毕后单击“确定”按钮，此时会在“画笔”面板中显示新建的书法画笔，如图9-13所示。

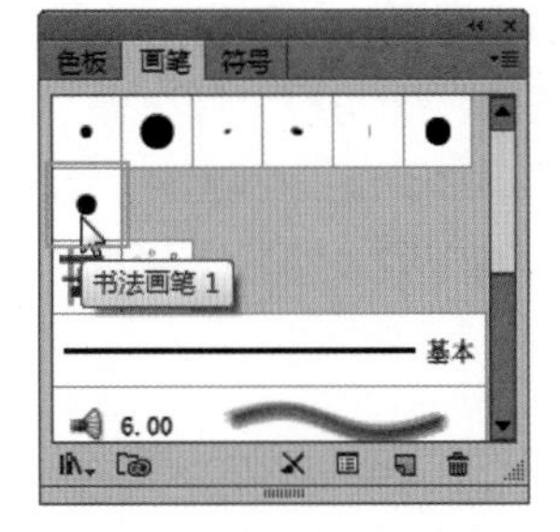

图9-13　新建的书法画笔

9.2.2 散点画笔

如果Illustrator CC默认提供的散点画笔不能满足创作的需要，我们可以自定义一些散点画笔。

上机实战 自定义散点画笔

STEP 1 打开“小猴”素材，选择文档中的小猴，在“画笔”面板中单击 “新建画笔”按钮，在弹出的“新建画笔”对话框中选择“散点画笔”单选框，如图9-14所示。

STEP 2 单击“确定”按钮，系统会打开“散点画笔选项”对话框，如图9-15所示。

图9-14 “新建画笔”对话框

图9-15 “散点画笔选项”对话框

其中的参数含义如下。

- **名称：** 设置散点画笔的名称。
- **大小：** 设置散点画笔的大小。
- **间距：** 设置散点画笔之间的距离。
- **分布：** 设置路径两侧的散点画笔对象与路径之间接近的程度。数值越高，对象与路径之间的距离越远。
- **旋转：** 设置散点画笔的旋转角度。

在“大小”“间距”“分布”和“旋转”后的下拉列表中可以选择希望控制大小、间距、分布和旋转变量的方式。

- **固定：** 如果选择“固定”选项，则会使用相关文本框中的数值作为散点画笔的固定值，即大小、间距、分布和旋转是固定不变的。
- **随机：** 拖动每个最小值滑块和最大值滑块，或在每个选项的两个文本框中输入相应属性的范围。对于每一个笔画，随机使用最小值和最大值之间的任意值。例如，当“大小”的最小值是10%、最大值是80%时，对象的大小可以是10%和80%之间的任意值。

技　巧

按住Shift键拖动滑块，可以保持两个滑块之间值的范围相同；按住Alt键拖动滑块，可以使两个滑块移动相同的数值。

- **旋转相对于：** 设置散点画笔旋转时的参照对象。选择“页面”选项，散点画笔的旋转角度是相对于页面的，其中0° 指向垂直于顶部；选择“路径”选项，散点画笔的旋转角度是相对于路径的，其中0° 是指路径的切线方向。旋转相对于页面和路径的不同效果，如图9-16所示。

图9-16　相对旋转

- **着色：** 设置散点画笔的着色方式，可以在其下拉列表中选择需要的选项。
- **无：** 选择该项，散点画笔的颜色将保持原本“画笔”面板中该画笔的颜色。
- **色调：** 以不同浓淡的画笔颜色显示。散点画笔中的黑色部分变成画笔颜色，不是黑色部分变成画笔颜色的淡色，白色保持不变。
- **淡色和暗色：** 以不同浓淡的画笔颜色来显示。散点画笔中的黑色和白色不变，介于黑白中间的颜色将根据不同的灰度级别，显示不同浓淡程度的画笔颜色。
- **色相转换：** 在散点画笔中使用主色颜色框中显示的颜色，散点画笔的主色变成画笔颜色，其他颜色变成与画笔颜色相关的颜色。它保持黑色、白色和灰色不变。对使用多种颜色的散点画笔选择“色相转换”。

STEP 3 在“散点画笔选项”对话框中设置完毕后单击“确定”按钮，此时会在“画笔”面板中显示新建的散点画笔，如图9-17所示。

图9-17　新建的散点画笔

9.2.3 毛刷画笔

如果Illustrator CC默认提供的毛刷画笔不能满足创作的需要，我们可以自定义一些毛刷画笔。

上机实战　自定义毛刷画笔

STEP 1 新建一个空白文档，使用“铅笔工具”在页面中绘制一条曲线，如图9-18所示。

图9-18　绘制曲线

STEP 2 在“画笔”面板中单击“新建画笔”按钮，在弹出的“新建画笔”对话框中选择“毛刷画笔”单选框，如图9-19所示。

STEP 3 单击“确定”按钮，系统会打开“毛刷画笔选项”对话框，如图9-20所示。

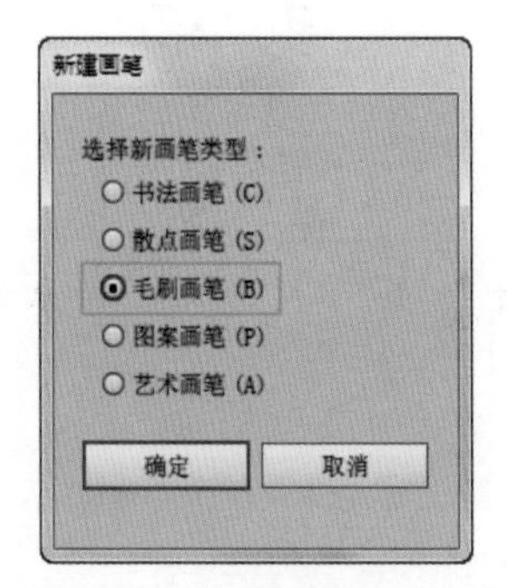

图9-19 “新建画笔”对话框

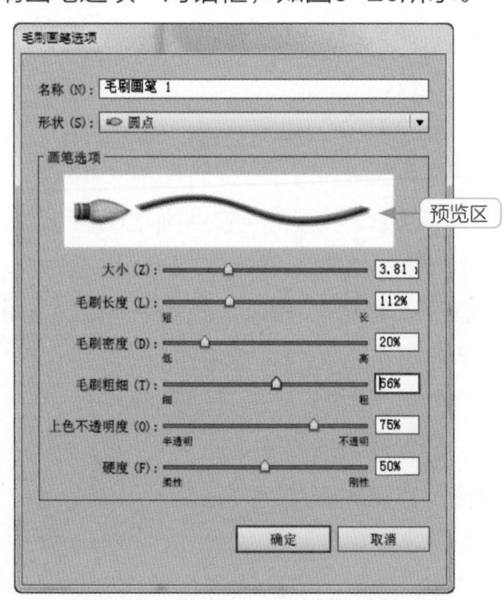

图9-20 “毛刷画笔选项”对话框

其中的参数含义如下。

- **名称：** 设置毛刷画笔的名称。
- **形状：** 设置毛刷画笔的笔触形状。
- **大小：** 设置毛刷画笔的笔触大小。
- **毛刷长度：** 设置毛刷画笔的笔刷长度。
- **毛刷密度：** 设置毛刷画笔的笔触疏密程度。
- **毛刷粗细：** 设置毛刷画笔的笔触粗细。
- **上色不透明度：** 设置毛刷画笔的笔触在绘制或应用时的颜色深浅。
- **硬度：** 设置毛刷画笔的笔触软硬程度。

STEP 4 在“毛刷画笔选项”对话框中设置完毕后单击“确定”按钮，此时会在“画笔”面板中显示新建的毛刷画笔，如图9-21所示。

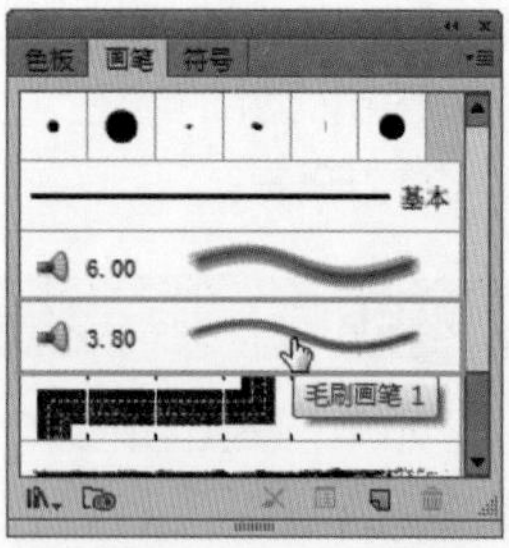

图9-21 新建的毛刷画笔

9.2.4 图案画笔

如果Illustrator CC默认提供的图案画笔不能满足创作的需要，我们可以自定义一些图案画笔。图案画笔的创建有两种方法：一是选择文档中的某个图形对象来创建图案画笔；二是将某个图形对象先定义为图案，然后利用该图案来创建图案画笔。前一种方法与前面讲解过的书法画笔和散点画笔的创建方法相同。下面来讲解先定义图案然后创建画笔的方法。

技 巧

创建图案画笔时，所有的图形都必须是由简单的开放和封闭路径的矢量图形组成，画笔图案中不能包含渐变、混合、渐变网格、位图图像、图表、置入文件等，否则系统将弹出一个“提示”对话框，提示“所选图稿包含不能在图案画笔中使用的元素”。

上机实战　自定义图案画笔

STEP 1 新建一个空白文档，执行菜单“窗口”/“符号”/“自然”命令，打开“自然”符号面板，选择面板中的“瓢虫”符号，将其拖曳到文档中，如图9-22所示。

STEP 2 将选择的“瓢虫”直接拖曳到“色板”面板中，如图9-23所示。

STEP 3 在“画笔”面板中单击 “新建画笔”按钮，在弹出的“新建画笔”对话框中选择“图案画笔”单选框，如图9-24所示。

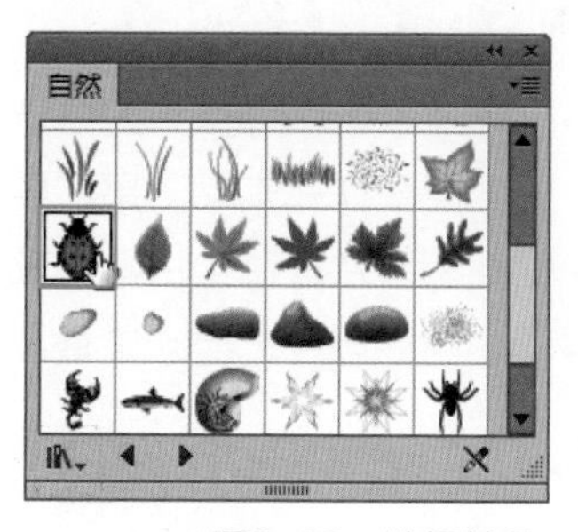

图9-22　选择符号

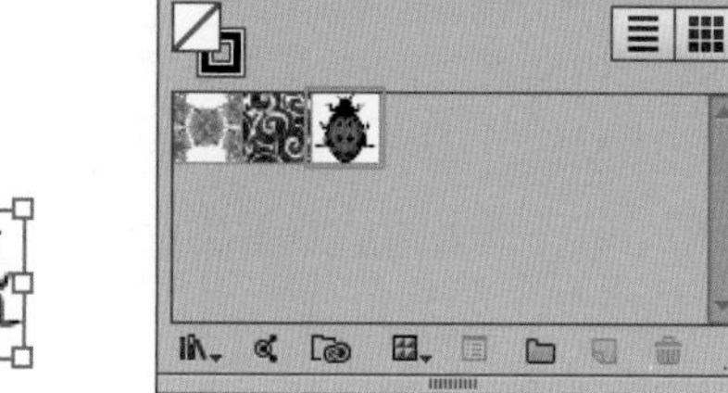

图9-23　定义色板

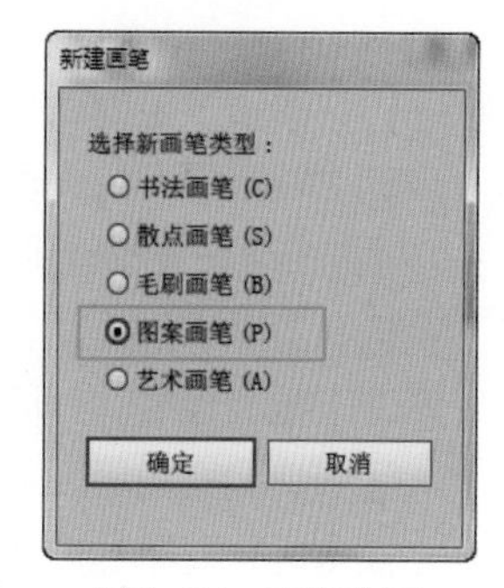

图9-24　定义画笔

STEP 4 单击“确定”按钮，系统会打开“图案画笔选项”对话框，如图9-25所示。

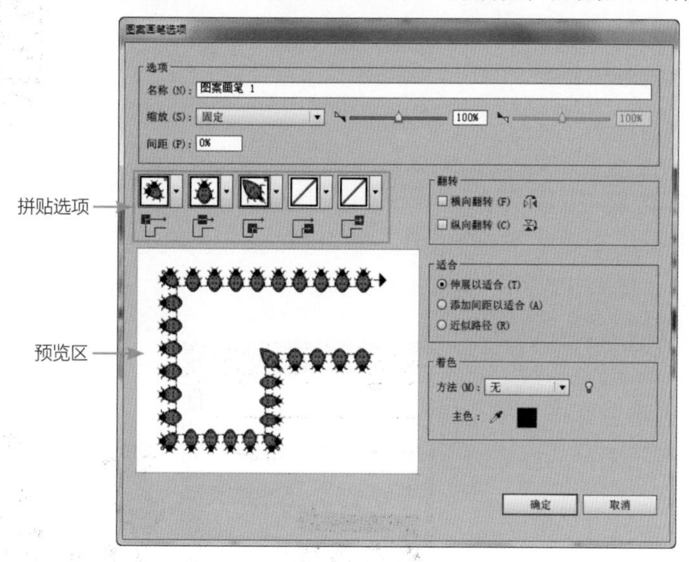

图9-25　“图案画笔选项”对话框

其中的参数含义如下。

- **拼贴选项：** 这里显示了5种图形的拼贴，包括边线拼贴、外角拼贴、内角拼贴、起点拼贴和终点拼贴。拼贴是对路径、路径的转角、路径起始点、路径终止点的图案样式的设置，每一种拼贴样式图下端都有图例指示，用户可以根据图示很容易理解拼贴位置，如图9-26所示。

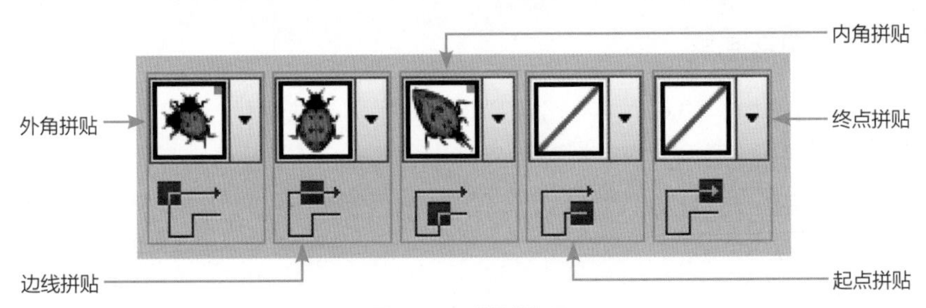

图9-26　拼贴选项

- **拼贴选项下拉列表：** 显示所有用来拼贴的图案名称，在“拼贴选项”中单击某个拼贴，在弹出的拼贴选项下拉列表中可以选择图案样式。若用户不想设置某个拼贴样式，可以选择“无”选项；若用户想恢复原来的某个拼贴样式，可以选择“原始”选项。这些图案样式实际上是“色板”面板中的图案，所以可以编辑“色板”面板中的图案来增加拼贴图案。并且每个拼贴选项的下拉列表中有原图案编辑过的不同效果，包括自动居中、自动居间、自动切片、自动重叠以及新建图案色板，如图9-27所示。
- **预览区：** 显示当前修改后的图案画笔效果。
- **缩放、间距：** 设置图案的大小和间距。在“缩放”文本框中输入数值，可以设置各拼贴图案样式的总体大小；在“间距”文本框中输入数值，可以设置每个图案之间的间隔。
- **翻转：** 指定图案的翻转方向。勾选“横向翻转”复选框，表示图案沿垂直轴向翻转；勾选“纵向翻转”复选框，表示图案沿水平轴向翻转。

图9-27　拼贴选项下拉列表

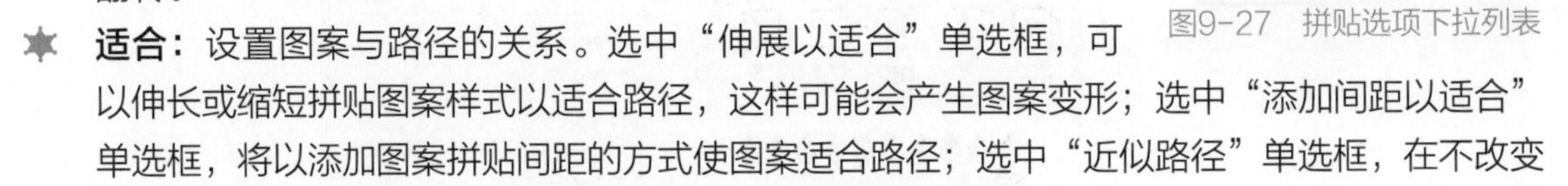

- **适合：** 设置图案与路径的关系。选中“伸展以适合”单选框，可以伸长或缩短拼贴图案样式以适合路径，这样可能会产生图案变形；选中“添加间距以适合”单选框，将以添加图案拼贴间距的方式使图案适合路径；选中“近似路径”单选框，在不改变拼贴图案样式的情况下，将拼贴图案样式排列成最接近路径的形式，为了保持拼贴图案样式不变形，图案将应用于路径的里边或外边一点。

STEP 5 在“图案画笔选项”对话框中设置各项参数后单击“确定”按钮，完成图案画笔的创建，如图9-28所示。

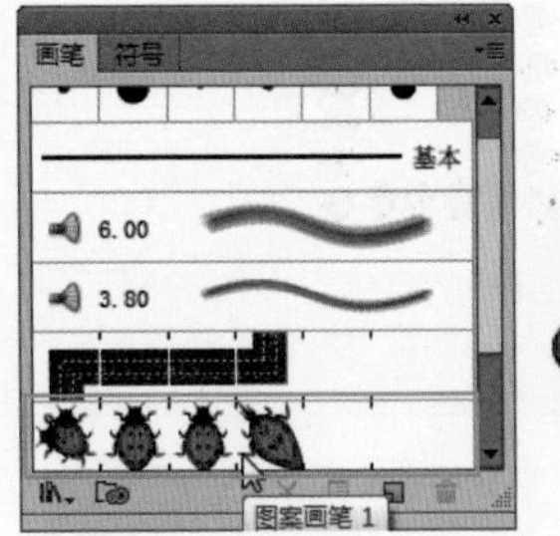

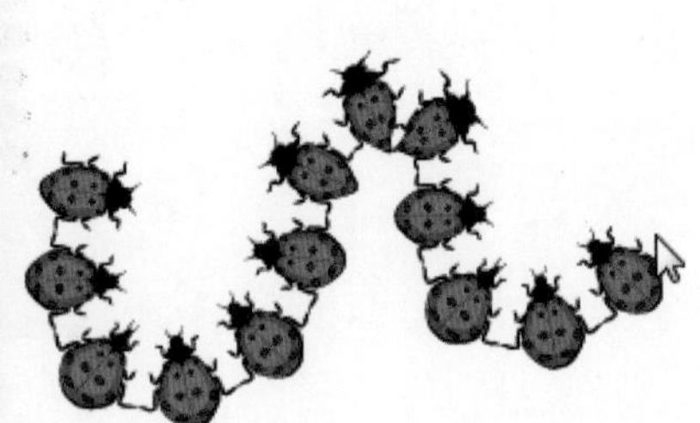

图9-28　新建的图案画笔

技　巧

散点画笔和图案画笔有时可以做出相同的效果，但它们的用法是不同的。图案画笔只能沿路径分布，不能偏离路径；而散点画笔则可以偏离路径，并且可以分散分布在路径以外的其他位置。

9.2.5 艺术画笔 

如果Illustrator CC默认提供的艺术画笔不能满足创作的需要，我们可以自定义一些艺术画笔。艺术画笔的创建方法与之前的画笔相类似。

上机实战 自定义艺术画笔

STEP 1 新建一个空白文档，使用“椭圆工具”在页面中绘制一个红色正圆，如图9-29所示。

STEP 2 执行菜单“效果”/“扭曲和变换”/“变换”命令，打开“变换效果”对话框，其中的参数设置如图9-30所示。

STEP 3 设置完毕后单击“确定”按钮，效果如图9-31所示。

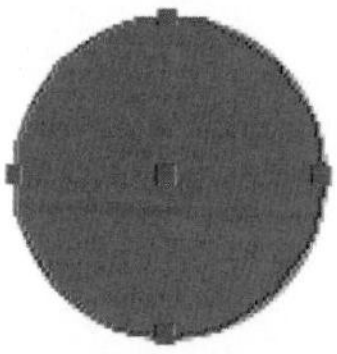

图9-29　绘制正圆

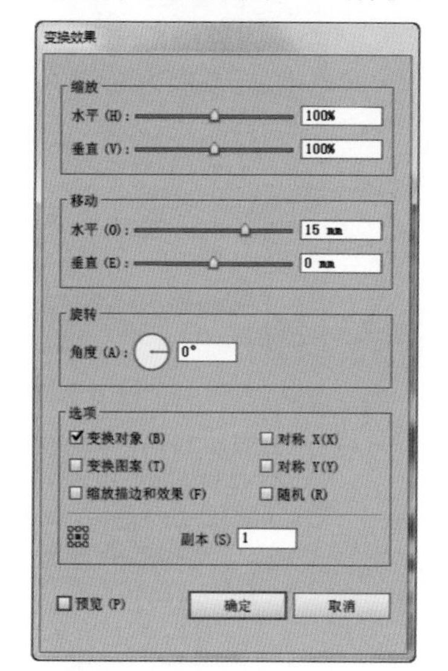

图9-30　“变换效果”对话框

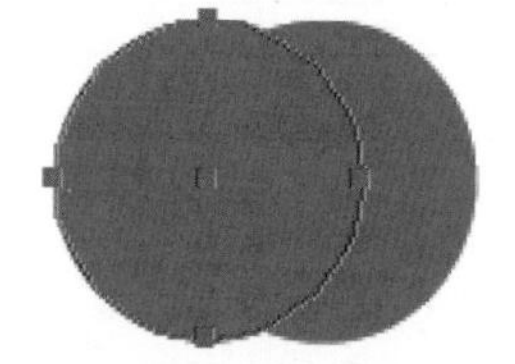

图9-31　变换后

STEP 4 执行菜单“对象”/“扩展外观”命令，再将复制的副本颜色调整为“橘色”，效果如图9-32所示。

STEP 5 选择这两个正圆，执行菜单“效果”/“扭曲和变换”/“变换”命令，打开“变换效果”对话框，其中的参数设置如图9-33所示。

STEP 6 设置完毕后单击“确定”按钮，效果如图9-34所示。

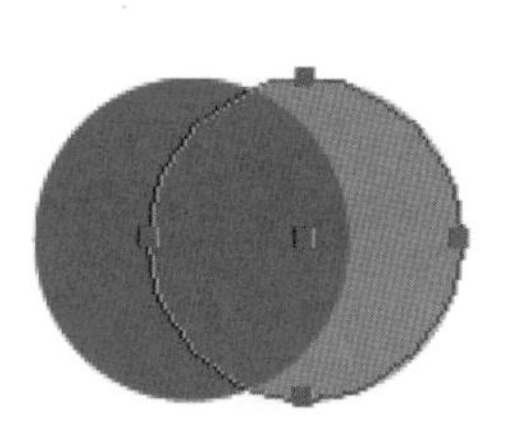

图9-32　扩展后调整颜色

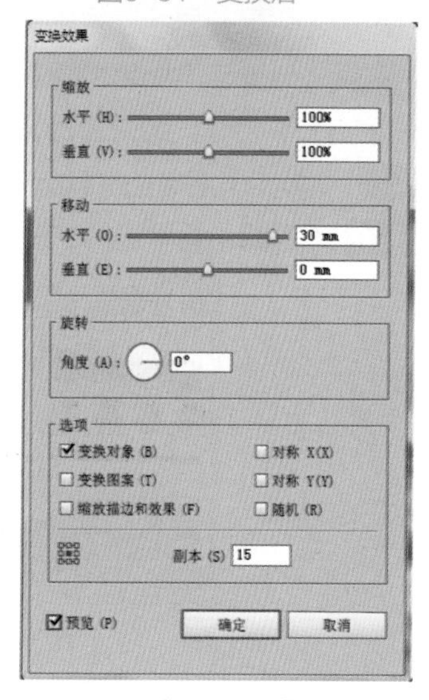

图9-33　“变换效果”对话框

图9-34　变换效果后

STEP 7 在“画笔”面板中单击“新建画笔”按钮，在弹出的“新建画笔”对话框中选择“艺术画笔”单选框，如图9-35所示。

STEP 8 单击“确定”按钮，系统会打开“艺术画笔选项”对话框，如图9-36所示。

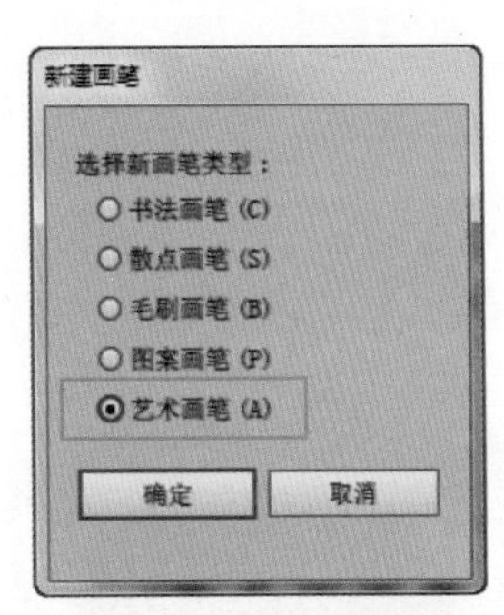

图9-35　定义画笔

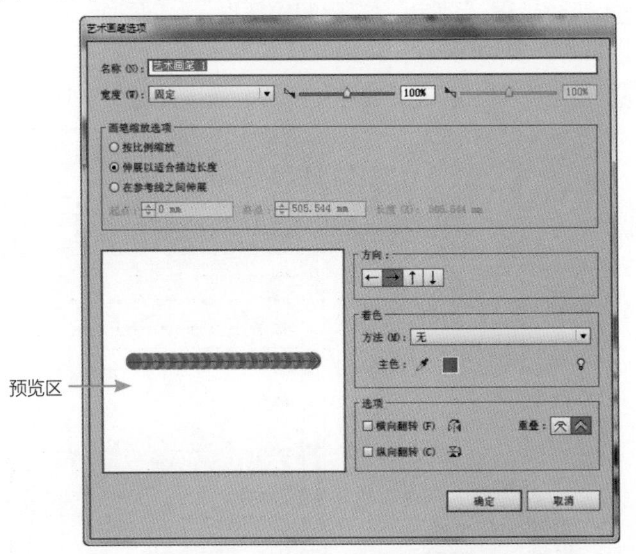

图9-36　“艺术画笔选项”对话框

其中的参数含义如下。

- **方向：**设置绘制图形的方向显示。可以单击4个方向按钮来调整，同时在预览框中有一个蓝色的箭头图标，显示艺术画笔的方向效果。
- **宽度：**设置艺术画笔的宽度。可以在右侧的文本框中输入新的数值来修改。如果选中“按比例缩放”单选框，则设置的宽度值将等比缩放艺术画笔样式。

STEP 9 设置完毕后单击“确定”按钮，此时定义的艺术画笔如图9-37所示。

STEP 10 使用“画笔工具”在页面中绘制自定义的艺术画笔效果，如图9-38所示。

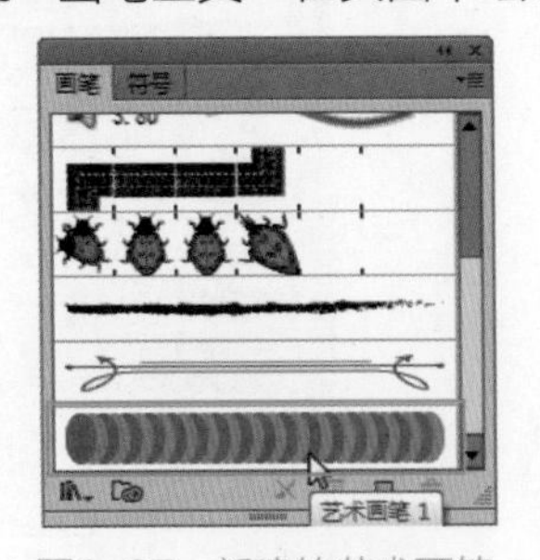

图9-37　新建的艺术画笔

图9-38　绘制艺术画笔

9.2.6 编辑画笔

使用画笔绘制图形后，如果对当前画笔绘制的效果不满意，还可以对画笔的参数进行更加详细

的调整，以此来达到设计的要求。

画笔可以在使用前编辑，也可以在使用后编辑，编辑后的画笔参数将影响绘制的图形效果。下面就为大家讲解重新编辑画笔属性的方法。

上机实战　编辑画笔

STEP 1 新建一个空白文档，打开“画笔”面板，选择“牛仔布接缝”画笔，使用“画笔工具”在页面中拖曳绘制，如图9-39所示。

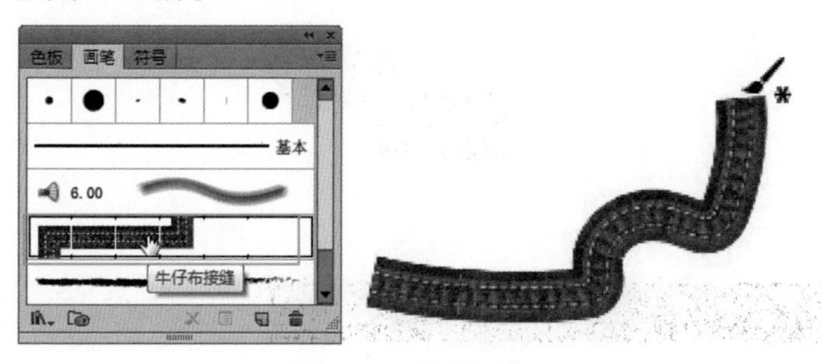

图9-39　绘制画笔

STEP 2 在“牛仔布接缝”画笔上双击，打开“图案画笔选项”对话框，调整“缩放”和“间距”，如图9-40所示。

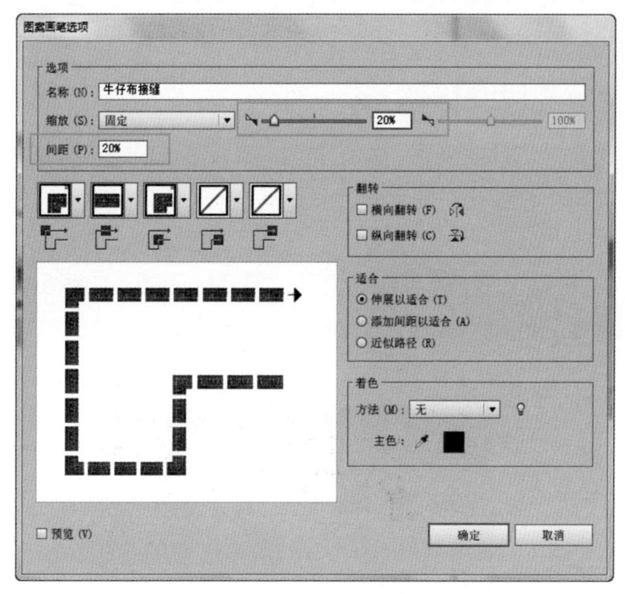

图9-40　编辑画笔

STEP 3 设置完毕后单击“确定”按钮，系统会弹出如图9-41所示的警告对话框。

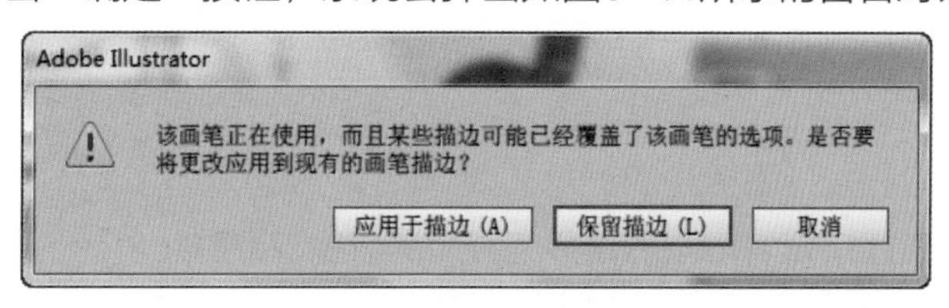

图9-41　警告对话框

其中的参数含义如下。

- **应用于描边：** 将改变已经应用的图案画笔，而且画笔属性也将同时改变，再绘制的画笔效果将保持修改后的效果。
- **保留描边：** 保留已经存在的图案画笔样式，只将修改后的画笔应用于新的图案画笔中。
- **取消：** 取消画笔的修改。

STEP 4 单击“应用于描边”按钮，此时可以修改刚才绘制的画笔，如图9-42所示。

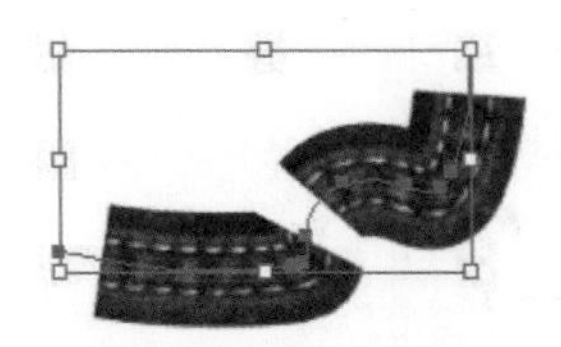

图9-42 修改后

9.3 符号

Illustrator CC中的符号具有很大的方便性和灵活性，它不但可以快速创建很多相同的图形对象，而且可以利用相关的符号工具对这些对象进行相应的编辑，比如移动、缩放、旋转、着色和使用样式等。符号的使用还可以大大节省文件的空间大小，因为无论文档中有多少个该符号，文件只记录其中一个符号的大小。

9.3.1 符号面板

“符号”面板是用来存放符号的地方，使用“符号”面板可以管理符号文件，可以进行新建符号、重新定义符号、复制符号、编辑符号和删除符号等操作。同时，还可以通过打开符号库调用更多的符号。

执行菜单“窗口”/“符号”命令，系统会打开“符号”面板，如图9-43所示。在“符号”面板中可以通过单击来选择相应的符号；按住Shift键可以选择多个连续的符号；按住Ctrl键可以选择多个不连续的符号。

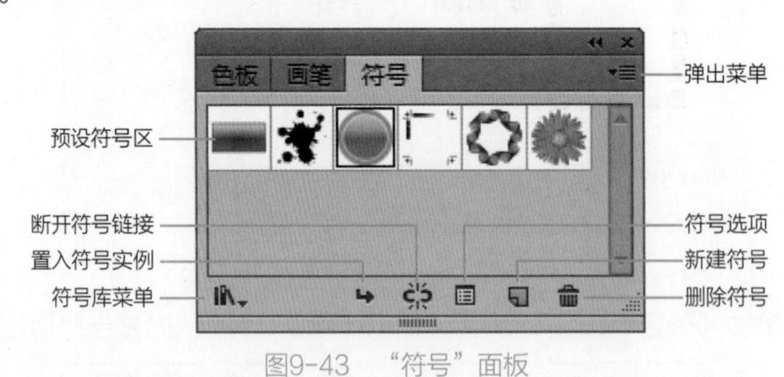

图9-43 “符号”面板

其中的参数含义如下。

- **预设符号区：** 显示“符号”面板中的符号。
- **置入符号实例：** 单击此按钮，可以将选择的符号添加到文档中。
- **符号库菜单：** 单击弹出下拉菜单，在其中可以选择更加细致的符号类型。
- **弹出菜单：** 单击此按钮，会弹出符号对应命令的菜单。

- **断开符号链接：**单击此按钮，可以将当前的符号断开链接，进行单独编辑。
- **符号选项：**单击此按钮，可以打开“符号选项”对话框，在其中可以查看符号的一些信息。
- **新建符号：**单击此按钮，可以将当前编辑的对象创建为符号。
- **删除符号：**单击此按钮，可以将“符号”面板中选择的符号删除。

1. 打开符号库

Illustrator CC为用户提供了大量的默认符号库，打开符号库的方法有以下几种：执行菜单“窗口”/“符号库”命令，在其子菜单中可以选择自己需要的符号库；单击“符号”面板右上角的“弹出菜单”按钮，在弹出的菜单中选择“打开符号库”命令，在其子菜单中可以选择自己需要的符号库；单击“符号”面板左下方的“符号库菜单”按钮，在弹出的菜单中可以选择自己需要的符号库。

2. 放置符号

在Illustrator CC中打开符号库后，如果想使用某一个符号，只要直接在“符号”面板中选择符号图标并将其拖曳到文档中即可；选择一个符号后，直接单击“置入符号实例”按钮，也可以将选择的符号应用到文档中；选择一个符号后，在“弹出菜单”中选择“放置符号实例”命令，同样可以将选择的符号应用到文档中。

> **技　巧**
>
> 如果想使用多个当前符号，只需多次执行相应操作就可以了。

3. 编辑符号

Illustrator CC还可以对当前的符号进行编辑处理，方法是在“符号”面板中选择要编辑的符号，在“弹出菜单”中选择“编辑符号”命令，会自动进入到编辑状态，如图9-44所示。

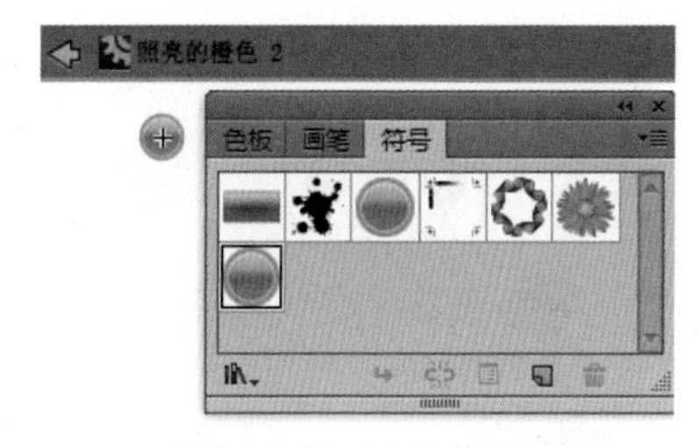

图9-44　编辑状态

编辑符号与编辑其他图形对象一样，如缩放、旋转、填充和变形等多种操作。如果该符号已经在文档中使用，对符号编辑后将影响其他前面使用的符号效果。如果在当前文档中置入了要编辑的符号，也可以选择该符号，单击控制栏中的“编辑符号”按钮，或直接在文档中双击该符号，都可以对符号进行相应的编辑。

> **技　巧**
>
> 如果文档中有多个符号，而其中的某些符号不想随符号的修改而变化，可以选择这些符号，然后选择“符号”面板的“弹出菜单”中的“断开符号链接”命令，或单击“符号”面板底部的“断开符号链接”按钮，将其与原符号断开链接关系即可。

4. 替换符号

“替换符号”就是将文档中当前使用的符号使用其他符号来代替。替换方法是在文档中选择需要替换的符号，在“符号”面板中选择替换后的符号，再从“符号”面板的“弹出菜单”中选择“替换符号”命令，即可将符号替换，如图9-45所示。

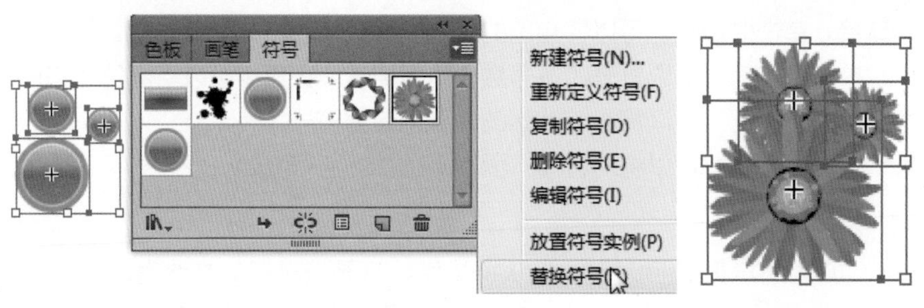

图9-45　替换

9.3.2 新建符号

符号的创建不同于画笔的创建，它不受图形对象的限制，可以说所有的矢量和位图对象，都可以用来创建新符号。但不能使用链接的图形或Illustrator CC的图表对象。新建符号的操作方法相当简单。

上机实战 创建新符号

STEP 1 执行菜单“文件”/“打开”命令，打开“生肖狗”素材，如图9-46所示。

STEP 2 选择素材，执行菜单“窗口”/“符号”命令，打开“符号”面板，单击“新建符号”按钮，如图9-47所示。

STEP 3 单击“新建符号”按钮后，系统会打开“符号选项”对话框，设置“名称”为“生肖狗”，其他参数不变，如图9-48所示。

图9-46　素材

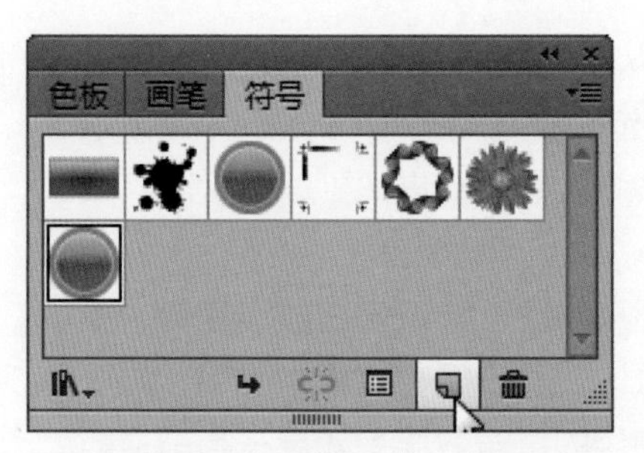

图9-47　“符号”面板

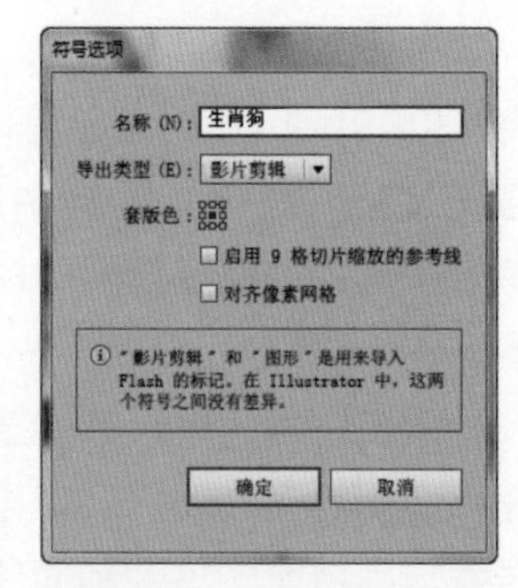

图9-48　设置符号选项

其中的参数含义如下。

- **名称**：设置新建符号的名称。
- **导出类型**：选择符号的类型。可以在输出到Flash后将符号设置为“图形”或“影片剪辑”。
- **套版色**：单击右侧的按钮，设置符号输出时的符号中心点位置。
- **启用9格切片缩放的参考线**：勾选该复选框，当符号输出时可以使用9格切片缩放功能。
- **对齐像素网格**：勾选该复选框，启用对齐像素网格功能。

STEP 4 设置完毕后单击“确定”按钮，此时可以将选择的对象创建成符号，如图9-49所示。

技　巧

选择要创建符号的图形后，也可以在“符号”面板的“弹出菜单”中选择“新建符号”命令，或直接拖曳该对象到“符号”面板中，都可以新建符号。

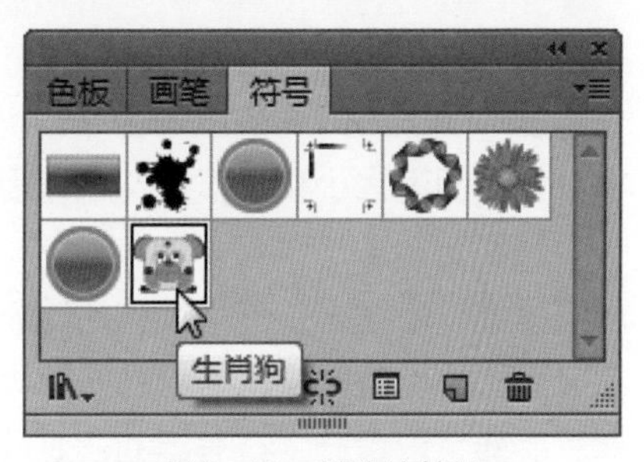

图9-49　新建的符号

9.4　符号工具

Illustrator CC中的符号工具一共有8种，分别是“符号喷枪工具”、“符号移位器工具”、“符号紧缩器工具”、“符号缩放器工具”、“符号旋转器工具”、“符号着色器工具”、“符号滤色器工具”和“符号样式器工具”，如图9-50所示。

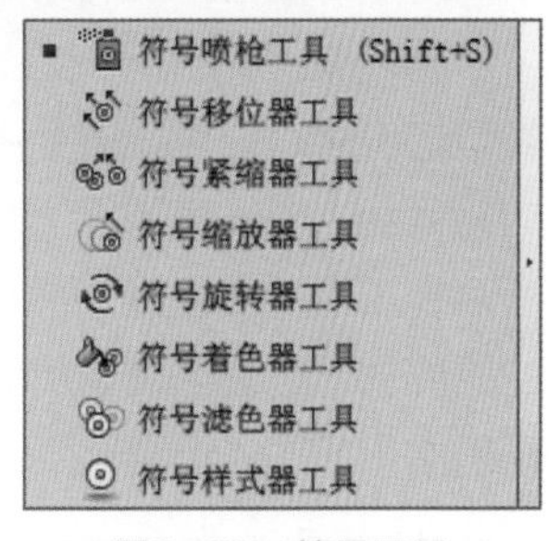

图9-50　符号工具

9.4.1　符号喷枪工具

“符号喷枪工具”就像生活中的喷枪一样，只是喷出的是一系列的符号对象，利用该工具在文档中单击或随意拖动，可以将符号应用到文档中，如图9-51所示。

在工具箱中双击“符号喷枪工具”，可以打开“符号工具选项”对话框，在其中可以更加详细地设置符号工具，如图9-52所示。

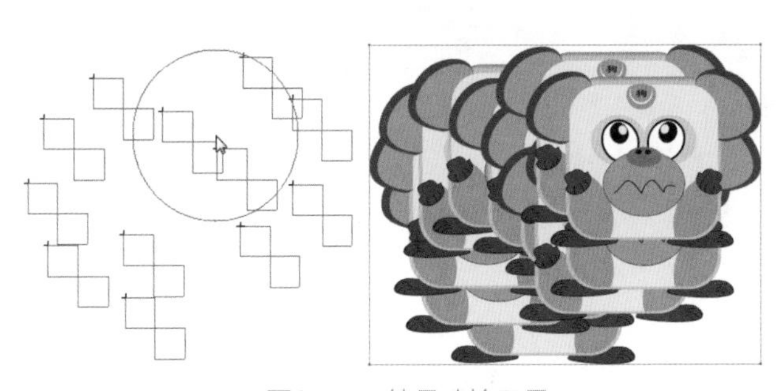

图9-51　符号喷枪工具

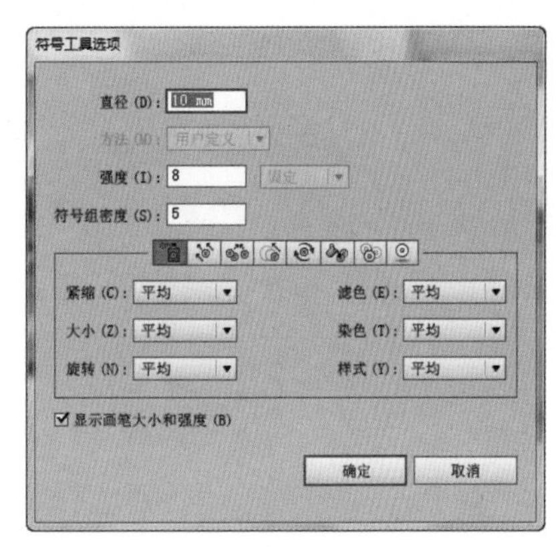

图9-52　“符号工具选项”对话框

其中的参数含义如下。

- **直径：** 设置符号工具的笔触大小。也可以在选择符号工具后，按]键增加笔触的大小；按[键减小笔触的大小。
- **方法：** 选择符号的编辑方法。包括“平均”“用户定义”和“随机”3个选项，一般常用“用户定义”选项。
- **强度：** 设置符号变化的速度。值越大，表示变化的速度越快。也可以在选择符号工具后，按Shift+]或Shift+[键增加或减少强度，每按一下增加或减少l个强度单位。
- **符号组密度：** 设置符号的密集度，它会影响整个符号组。值越大，符号越密集。

- **工具区：**显示当前使用的工具，当前工具处于按下状态。可以单击其他工具来切换不同工具并显示该工具的属性设置选项。
- **显示画笔大小和强度：**勾选该复选框，在使用符号工具时，可以直观地看到符号工具的大小和强度。
- **紧缩：**设置产生符号组的初始收缩方法。
- **大小：**设置产生符号组的初始大小。
- **旋转：**设置产生符号组的初始旋转方向。
- **滤色：**设置产生符号组使用100%的不透明度。
- **染色：**设置产生符号组时使用当前的填充颜色。
- **样式：**设置产生符号组时使用当前选定的样式。

利用“符号喷枪工具”可以在原符号组中添加其他不同类型的符号，以创建混合的符号组。方法是选择要添加其他符号的符号组，在“符号”面板中选择其他的符号，再使用“符号喷枪工具”在选择的原符号组中拖动，可以看到拖动时新符号的轮廓显示，达到满意的效果时释放鼠标，即可添加新符号到符号组中，如图9-53所示。

图9-53 添加新符号

9.4.2 符号移位器工具

“符号移位器工具”主要用来移动文档中的符号组中的符号实例，它还可以改变符号组中符号的前后顺序。要移动符号位置，首先要选择该符号组，然后使用“符号移位器工具”，将光标移动到符号上面，按住鼠标拖动，在拖动时可以看到符号移动的轮廓效果，达到满意的效果时释放鼠标，即可移动符号的位置，如图9-54所示。

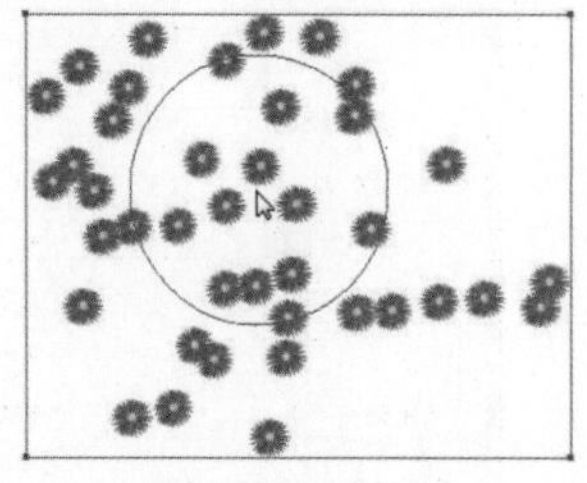
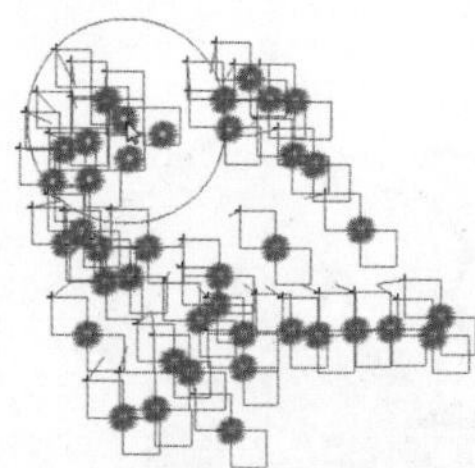
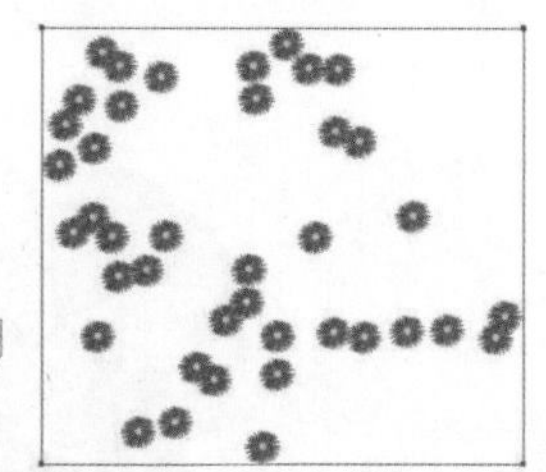

图9-54 移动位置

“符号移位器工具”还可以调整符号的顺序，方法是选择符号组，在要修改顺序的符号实例上，按住Shift+Alt键可以将该符号实例后移一层；按住Shift键可以将该符号实例前移一层，如图9-55所示。

图9-55 调整顺序

9.4.3 符号紧缩器工具

“符号紧缩器工具”可以将符号实例在鼠标处向内收缩或向外扩展，以制作紧缩与分散的符号组效果。使用“符号紧缩器工具”在需要收缩的符号上按住鼠标不放或拖动鼠标，可以看到符号实例快速向鼠标处收缩的轮廓图效果，达到满意效果后释放鼠标，即可完成符号的收缩，如图9-56所示。

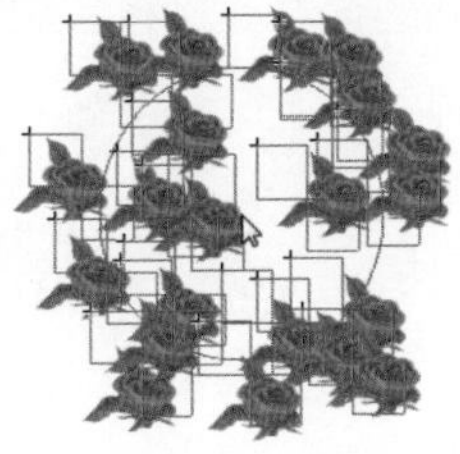

图9-56　收缩

使用“符号紧缩器工具”调整符号时按住Alt键，将光标移动到符号上按住鼠标不放或拖动鼠标，可以看到符号实例快速从鼠标处向外扩散，达到满意效果后释放鼠标，即可完成符号的扩展，如图9-57所示。

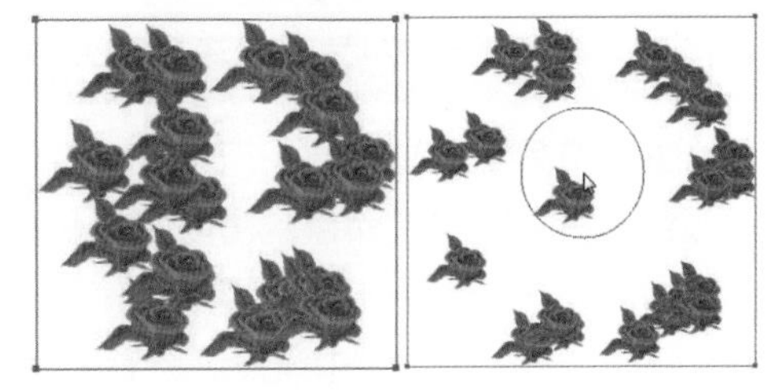

图9-57　扩展

9.4.4 符号缩放器工具

“符号缩放器工具”可以将符号实例放大或缩小，以制作出大小不同的符号实例效果，产生丰富的层次感。使用“符号缩放器工具”将光标移动到要缩放的符号实例上方，单击鼠标或按住鼠标不动或按住鼠标拖动，都可以将鼠标下方的符号放大，如图9-58所示。

使用“符号缩放器工具”将光标移动到要缩放的符号实例上方，按住Alt键的同时单击鼠标或按住鼠标不动或按住鼠标拖动，都可以将鼠标下方的符号缩小，如图9-59所示。

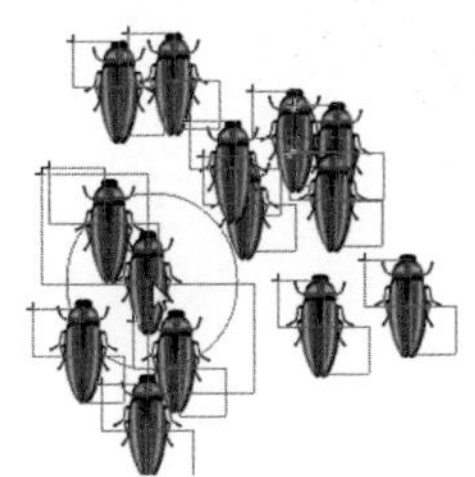
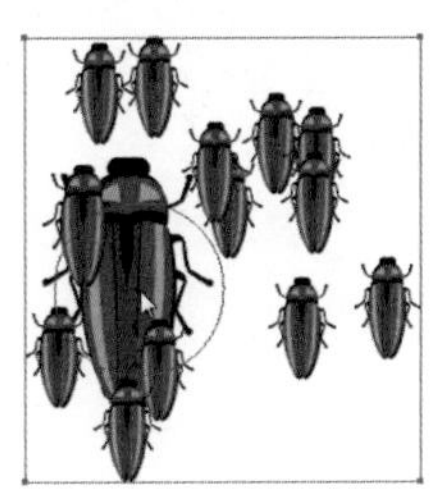

图9-58　放大

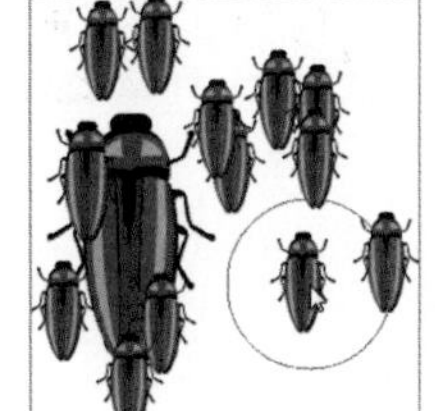
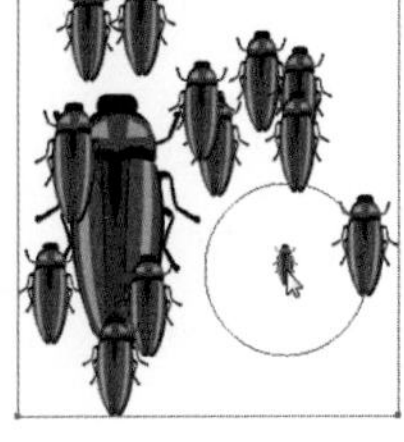

图9-59　缩小

在工具箱中双击“符号缩放器工具”，打开“符号工具选项”对话框，其中可以更细致地编辑符号，如图9-60所示。

其中的参数含义如下。

- **等比缩放：** 勾选该复选框，将等比例缩放符号实例。
- **调整大小影响密度：** 勾选该复选框，在调整符号实例大小的同时调整符号实例的密度。

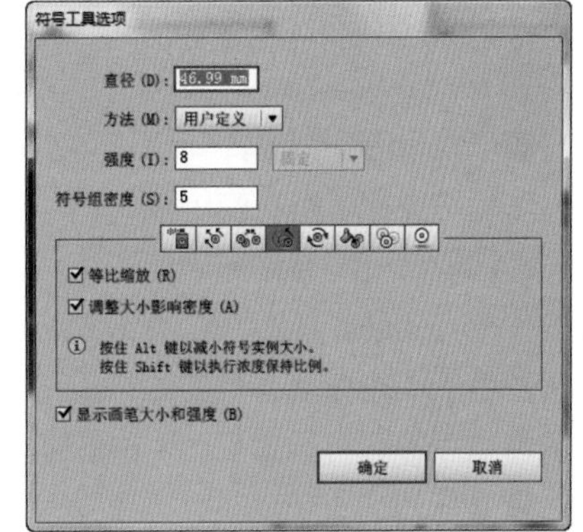

图9-60　“符号工具选项”对话框

9.4.5 符号旋转器工具

“符号旋转器工具”可以旋转符号实例的角度，制作出不同方向的符号效果。方法是选择要旋转的符号组，在工具箱中选择“符号旋转器工具”，在要旋转的符号上按住鼠标拖动，拖动的同时在符号实例上将出现一个蓝色的箭头图标，显示符号实例旋转的方向，达到满意的效果后释放鼠标，此时符号实例将会旋转一定的角度，如图9-61所示。

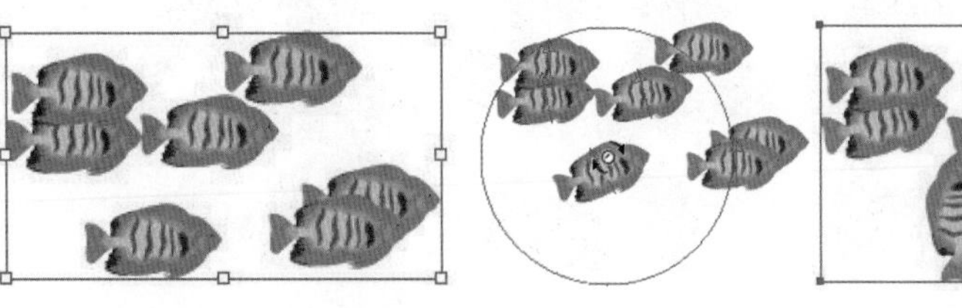

图9-61 旋转

9.4.6 符号着色器工具

“符号着色器工具”可以在选择的符号上单击或拖动，对符号进行重新着色，以制作出不同颜色的符号效果，而且单击的次数和拖动的快慢将影响符号的着色效果。单击的次数越多，拖动的时间越长，着色的颜色越深。使用方法是选择要进行着色的符号组，选择“符号着色器工具”，在“颜色”面板中设置进行着色所使用的颜色，然后将光标移动到要着色的符号上单击或拖动鼠标，如果想产生较深的颜色，可以多次单击或重复拖动，释放鼠标后就可以看到着色后的效果，如图 9-62所示。

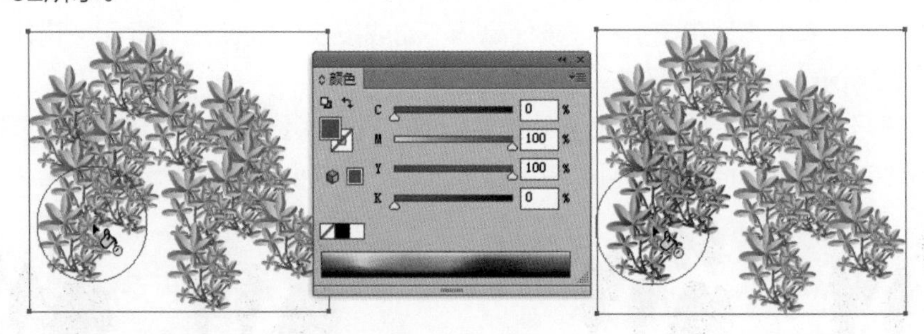

图9-62 着色

技 巧

如果释放鼠标后感觉颜色过深，可以按住Alt键的同时在符号上单击或拖动鼠标，使符号的着色变浅。

9.4.7 符号滤色器工具

“符号滤色器工具”可以改变文档中符号实例的不透明度，以制作出深浅不同的透明效果。使用方法是选择符号组，使用“符号滤色器工具”，将光标移动到要设置不透明度的符号上方，单击鼠标或按住鼠标拖动，同时可以看到受到影响的符号将显示出蓝色的边框效果，单击的次数和拖动鼠标的重复次数将直接影响符号的不透明度效果，单击的次数越多，重复拖动的次数越多，符号变得越透明。拖动修改符号不透明度效果，如图 9-63所示。

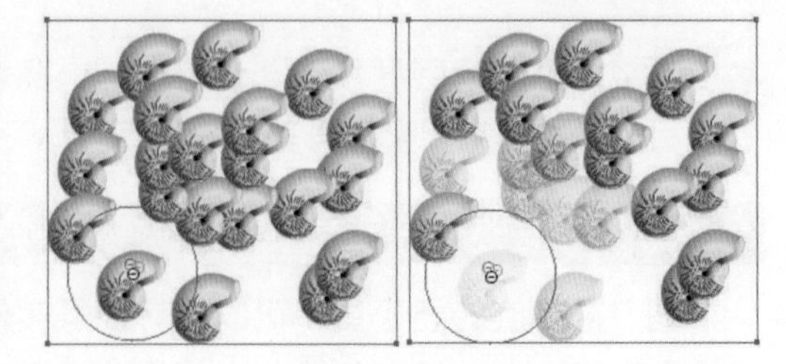

图9-63 不透明

技　巧

如果释放鼠标后感觉符号消失了，说明重复拖动的次数过多，使符号完全透明了，如果想将其修改回来，可以按住Alt键的同时在符号上单击或拖动鼠标，可以减小符号的不透明度。

9.4.8 符号样式器工具

“符号样式器工具”需要配合“图形样式”面板使用，为符号添加各种特殊的样式效果，比如投影、羽化和发光等效果。使用方法是选择符号组，打开“图形样式”面板，选择“投影”样式，使用“符号样式器工具”在符号中单击或按住鼠标拖动，释放鼠标即可为符号添加图形样式，如图 9-64所示。

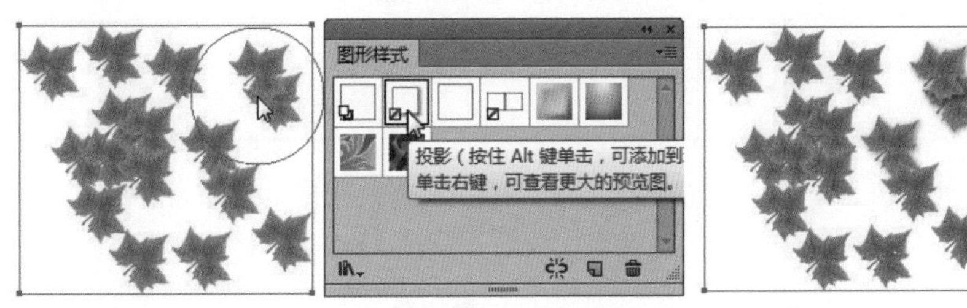

图9-64　样式

技　巧

在符号上多次单击或拖动，可以多次应用图形样式效果，如果应用了过多的样式效果，想降低样式强度，可以按住Alt键的同时在符号上单击或拖动鼠标即可。

9.5 混合效果 

Illustrator CC中的“混合工具”和“混合”命令，可以从两个或多个选定图形之间创建一系列中间对象的过渡形状和过渡颜色。混合可以在开放路径、封闭路径、渐变、图案等之间进行混合。混合主要包括两个方面：形状混合与颜色混合。它将颜色混合与形状混合完美结合起来了。以下是应用在混合形状和其相关颜色的规则。

混合可以在数目不限的图形、颜色、不透明度或渐变之间进行混合；可以在群组或复合路径的图形中进行混合。如果混合的图形使用的是图案填充，则混合时只发生形状的变化，图案填充不会发生变化。

混合图形可以像一般的图形那样进行编辑，如旋转、缩放和镜像等，还可以使用“直接选择工具”调整混合的路径、锚点、图形的填充颜色等，改变任何一个图形对象，都将会影响混合中的其他图形。

技　巧

混合图形时，通常会填充与填充之间进行混合，描边与描边之间进行混合，尽量不要让路径与填充图形进行混合。如果要在使用了图形混合模式的两个图形之间进行混合，则混合过程只会使用上方对象的混合模式。

9.5.1 通过工具创建混合

在工具箱中选择“混合工具”，将鼠标指针移动到第一个图形对象上，这时鼠标指针将变成形状，单击鼠标，再将鼠标指针移动到另一个图形对象上，再次单击鼠标，即可在这两个图形对象之间建立混合过渡效果，如图9-65所示。

图9-65 通过工具创建混合

技 巧

在使用“混合工具”制作混合过渡时，可以在更多的图形中单击，以建立多个图形之间的混合过渡效果，如图9-66所示。

图9-66 创建多图形之间的混合

9.5.2 通过命令创建混合

选择要进行混合的图形对象，执行菜单“对象”/“混合”/“建立”命令，即可在选择的两个或两个以上的图形对象之间创建混合过渡效果，如图9-67所示。

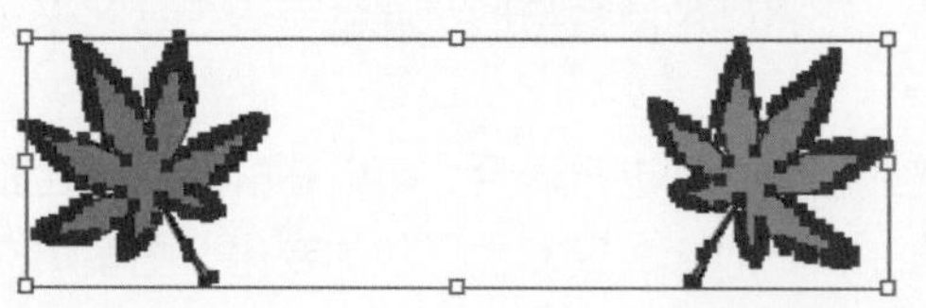

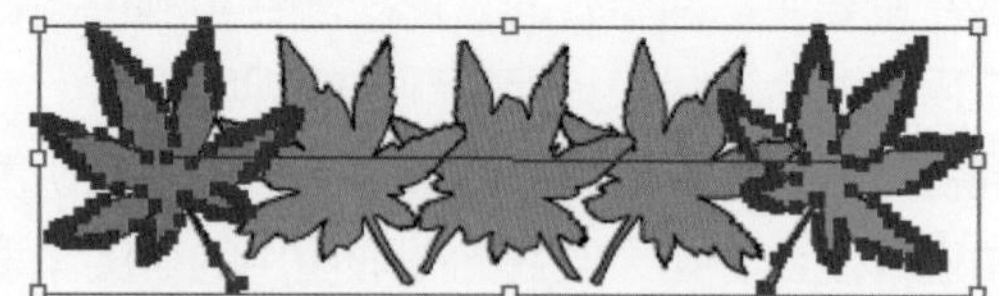

图9-67 通过命令创建混合

9.5.3 使用混合工具控制混合方向

在使用“混合工具”建立混合时，特别是路径混合，根据单击点的不同，可以创建出不同的混合效果。

在页面中绘制两个半圈路径，使用“混合工具”在第一个半圈上面的路径端点处单击，然后在第二个半圈下面的路径端点处单击，创建出的混合效果如图9-68所示。

在页面中绘制两个半圈路径，使用“混合工具”在第一个半圈下面的路径端点处单击，然后在第二个半圈下面的路径端点处单击，创建出的混合效果如图9-69所示。

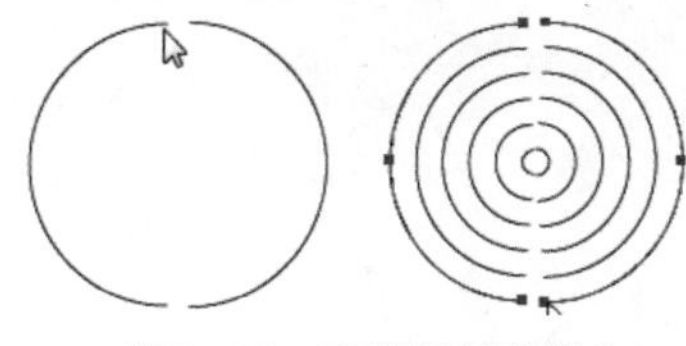
图9-68 不同侧创建混合

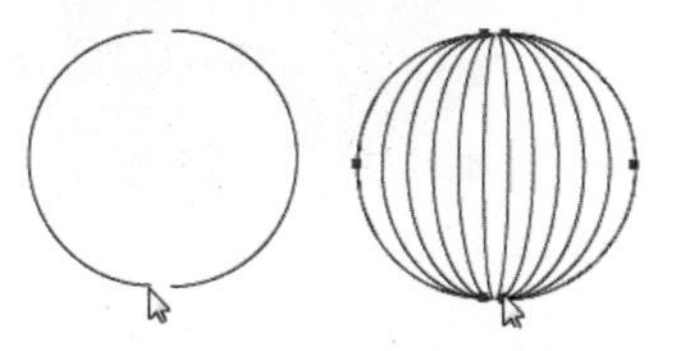
图9-69 同侧创建混合

9.5.4 编辑混合对象

混合后的图形对象是一个整体，可以像图形一样进行整体的编辑。可以使用“直接选择工具”更改混合开始和结束的图形大小、位置、缩放和旋转等，还可以更改图形的路径、锚点或填充颜色。当对混合对象进行编辑时，混合也会跟着变化，这样就大大提高了混合的编辑能力。

技 巧

混合对象在没有释放之前，只能改变开始和结束的原始混合图形，即用来混合的两个原图形，中间混合出来的图形是不能直接使用工具修改的。但在改变开始和结束图形时，中间的混合过渡图形将自动跟随变化。

1. 改变图形形状

使用“直接选择工具”选择混合图形的一个锚点，然后将其拖动以此来改变形状，松开鼠标即可完成图形的修改，如图9-70所示。

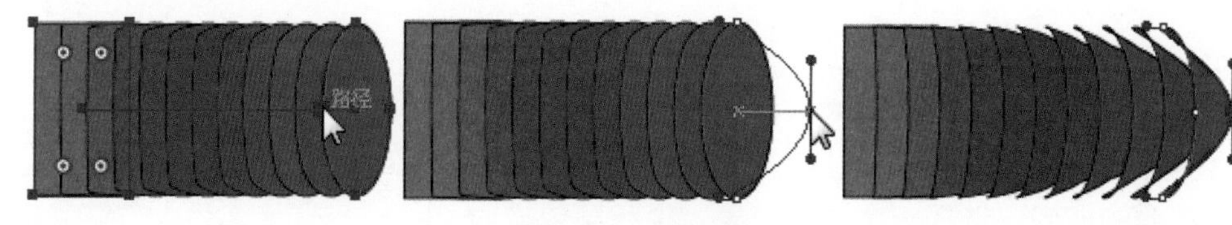

图9-70 改变形状

技 巧

使用同样的方法，可以修改其他锚点或路径的位置。不但可以修改封闭的路径，还可以修改开放的路径，如图9-71所示。

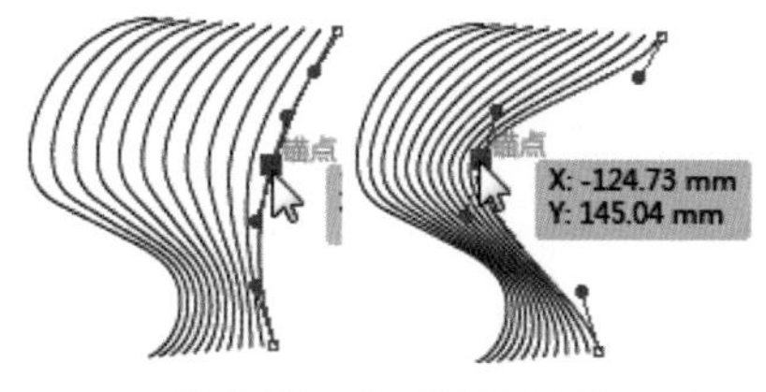

图9-71 改变开放路径

2. 其他编辑操作

除了修改图形的锚点，还可以修改图形的填充颜色、大小、旋转和位置等，操作方法与基本图形的操作方法相同，不过在这里使用“直接选择工具”来选择，其不同的修改效果如图9-72所示。

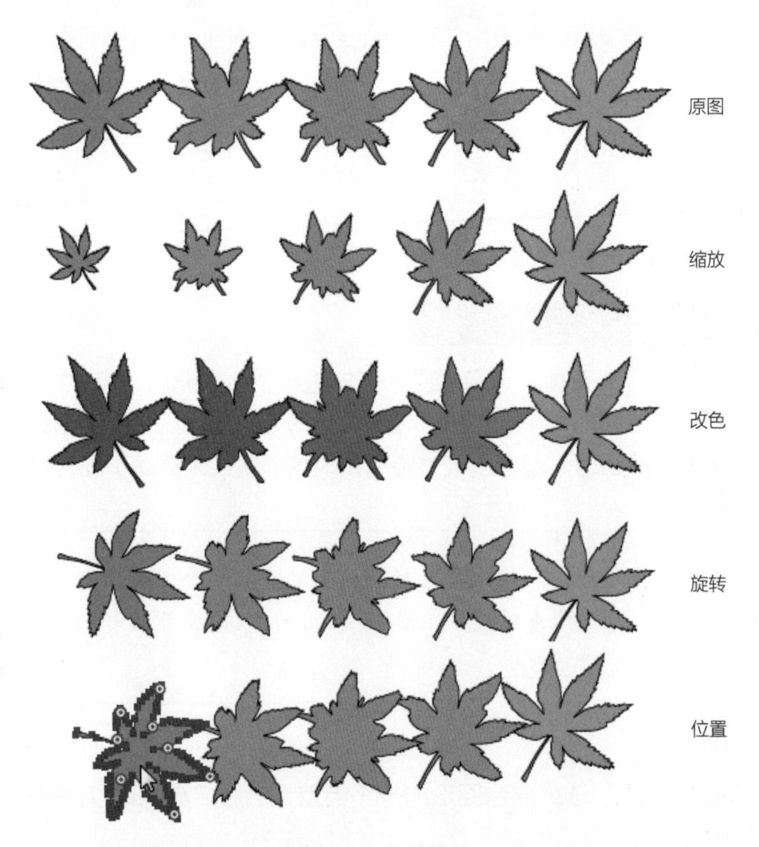

图9-72　其他编辑

9.5.5 混合选项

混合后的图形还可以通过“混合选项”命令设置混合的间距和混合的取向。选择一个混合对象，执行菜单“对象”/“混合”/“混合选项”命令，打开“混合选项”对话框，在该对话框对混合图形进行修改，如图9-73所示。

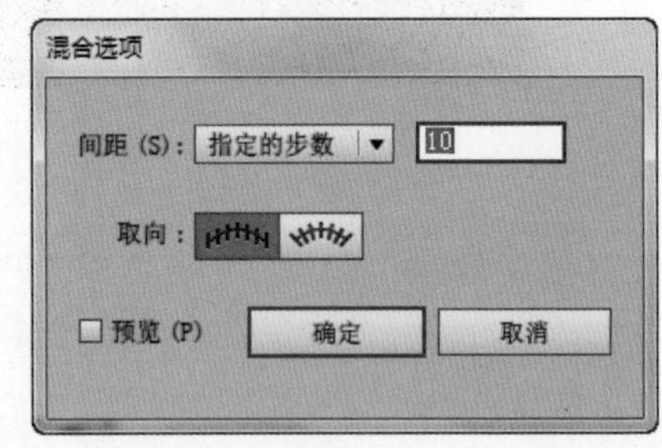

图9-73　“混合选项”对话框

其中的参数含义如下。

- **间距：**用来设置混合过渡的方式。从右侧的下拉列表中可以选择不同的混合方式，包括“平滑颜色”“指定的步数”和“指定的距离”3个选项。
- **平滑颜色：**可以在不同填充颜色的图形对象之间自动计算一个合适的混合步数，达到最佳的颜色过渡效果。如果对象包含相同的颜色，或者包含渐变或图案，混合的步数根据两个对象的定界框的边之间的最长距离来设定。平滑颜色效果如图9-74所示。

图9-74　平滑颜色

- **指定的步数：**指定混合的步数。在右侧的文本框中输入一个数值指定从混合的开始到结束的步数，即混合过渡中产生几个过渡图形，如图9-75所示。
- **指定的距离：**指定混合图形之间的距离。在右侧的文本框中输入一个数值指定混合图形之间的间距，这个指定的间距按照一个对象的某个点到另一个对象的相应点来计算，如图9-76所示。

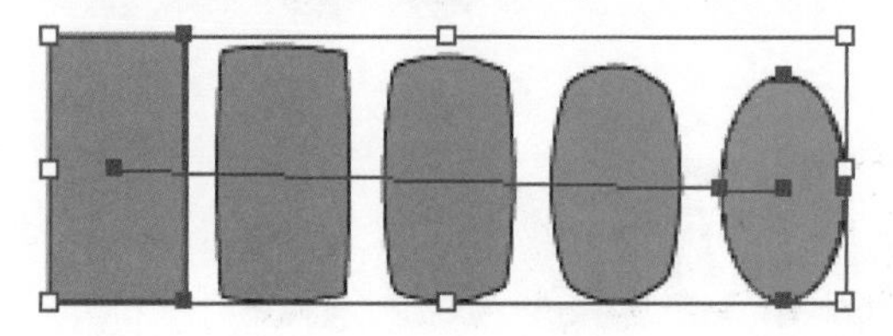

图9-75　指定步数为3

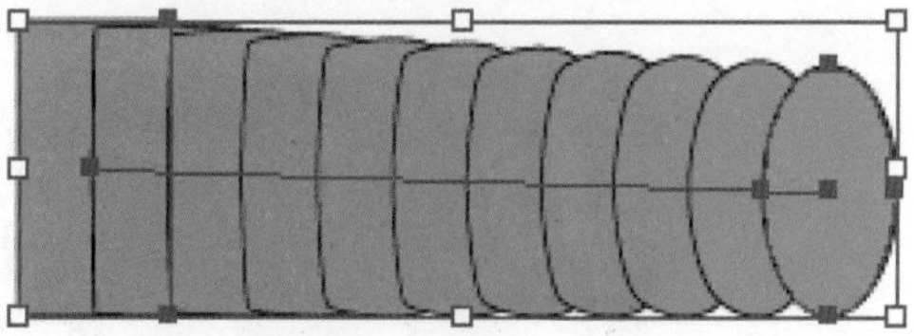

图9-76　设置距离为10mm

- **取向：**用来控制混合图形的走向，一般应用在非直线混合效果中，包括“对齐页面”和“对齐路径”两个选项。
- **对齐页面：**指定混合过渡图形的方向沿页面的X轴方向混合，如图9-77所示。
- **对齐路径：**指定混合过渡图形的方向沿路径方向混合，如图9-78所示。

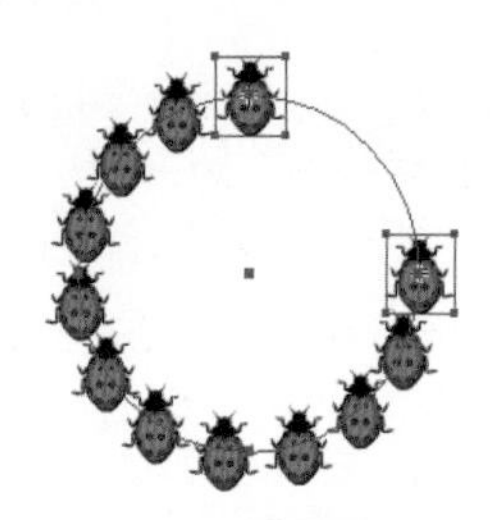

图9-77　对齐页面

9.5.6 替换混合轴

创建混合对象时，默认情况下，在两个混合图形之间会创建一个直线路径。当使用“释放”命令将混合释放时，会留下一条混合路径。但不管怎么创建，默认的混合路径都是直线，如果制作出不同的混合路径，可以使用“替换混合轴”命令来完成。

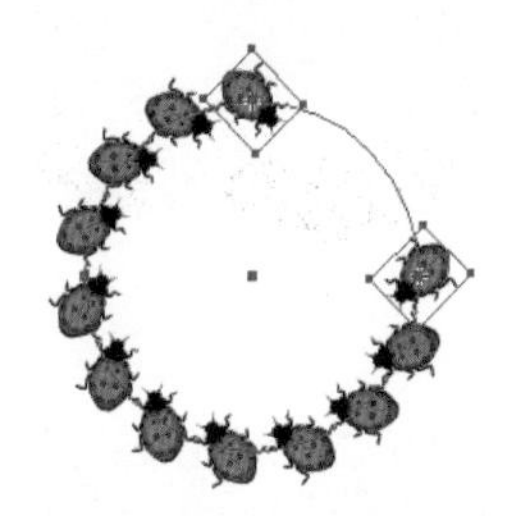

图9-78　对齐路径

要应用“替换混合轴”命令，首先要制作一个混合效果，并绘制一个开放或封闭的路径，并将混合和路径全部选中，然后执行菜单“对象”/“混合”/“替换混合轴”命令，即可替换原混合图形的路径，效果如图9-79所示。

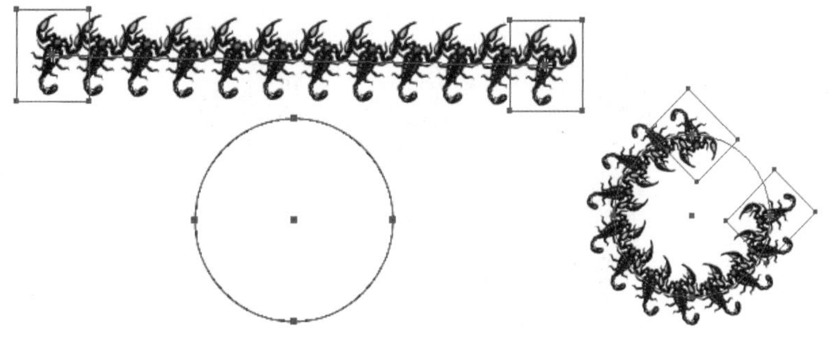

图9-79　替换混合轴

9.5.7 反向混合轴

“反向混合轴”命令可以将混合的图形首尾对调，混合的过渡图形也跟着对调。选择一个混合对象，然后执行菜单“对象”/“混合”/“反向混合轴”命令，即可将图形的首尾进行对调，对调前后效果如图9-80所示。

图9-80　反向混合轴

9.5.8 反向堆叠 

“反向堆叠”命令可以改变混合对象的排列顺序，将从前到后调整为从后到前的效果。方法是选择一个混合象，执行菜单“对象”/“混合”/“反向堆叠”命令，即可将混合对象的前后顺序进行翻转，如图9-81所示。

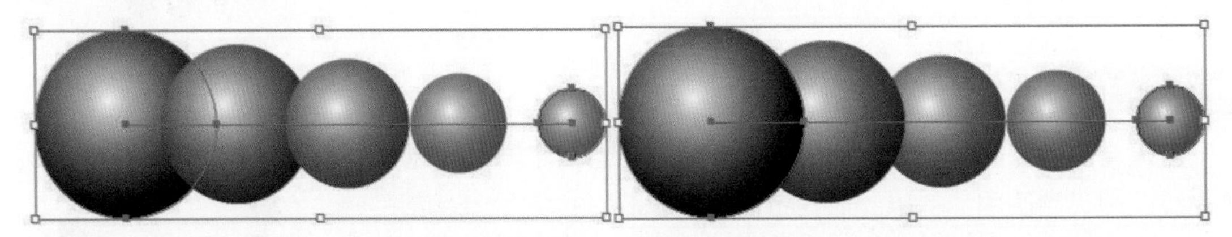

图9-81　反向堆叠

9.5.9 释放 

“释放”命令可以将应用混合效果后的对象还原为最初效果，并且会保留一个透明的路径。方法是选择一个混合对象，执行菜单“对象”/“混合”/“释放”命令，即可将混合对象还原并多出一个透明路径，如图9-82所示。

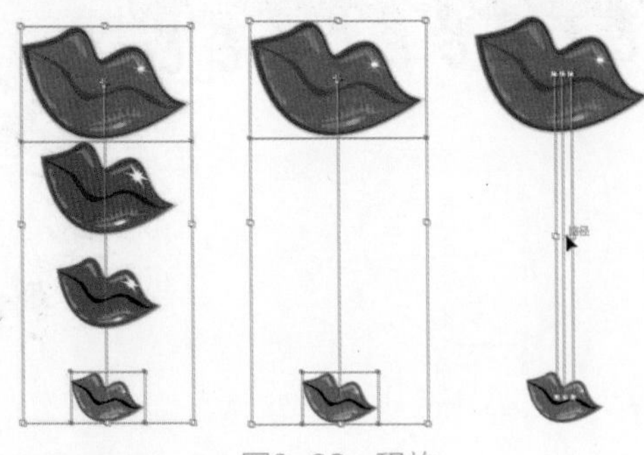

图9-82　释放

9.5.10 扩展 

“扩展”命令与“释放”命令不同，它不会将混合效果的中间过渡区域删除，而是把其都分解出来，在执行“取消编组”命令后，就可以单独将其移动出来。方法是选择一个混合对象，执行菜单“对象”/“混合”/“扩展”命令，再执行菜单“对象”/“取消编组”命令，此时使用“选择工具”拖曳其中的某个对象就可以单独移动了，如图9-83所示。

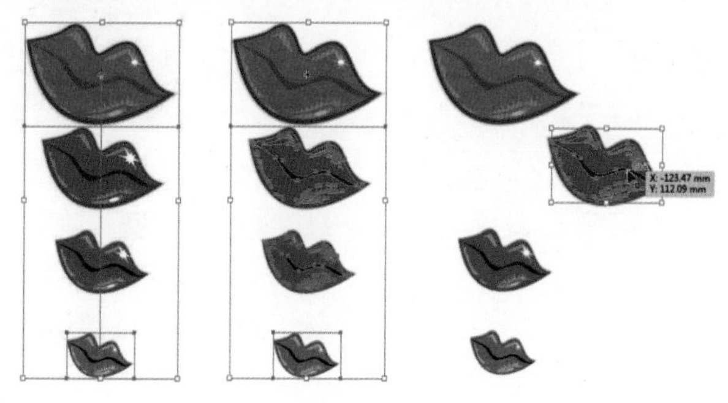

图9-83　扩展

9.6　综合练习：制作绚丽线条

由于篇幅所限，只介绍技术要点和制作流程，具体的操作步骤请观看视频教程学习。

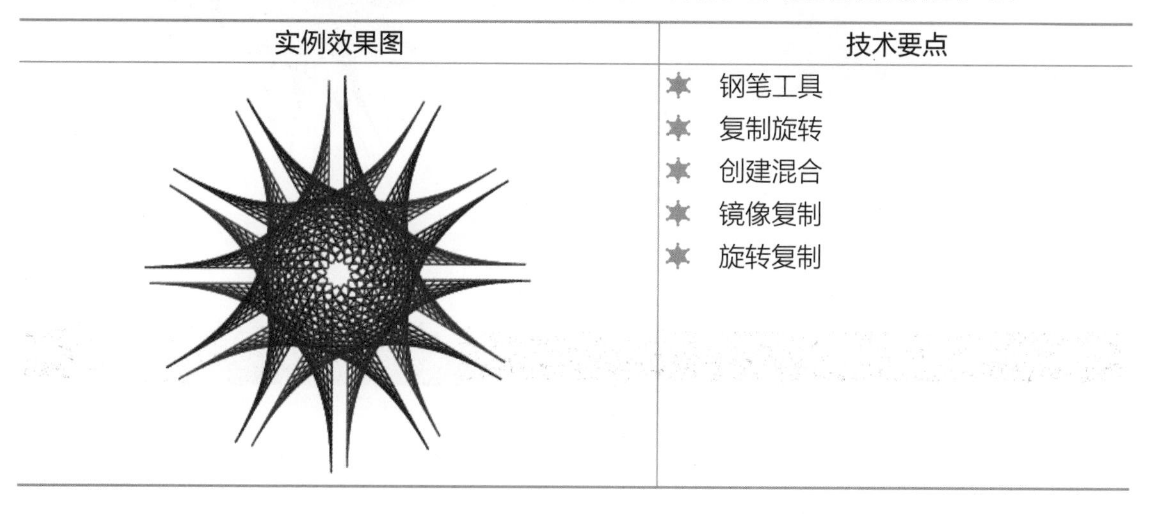

实例效果图	技术要点
	✱ 钢笔工具 ✱ 复制旋转 ✱ 创建混合 ✱ 镜像复制 ✱ 旋转复制

操作流程：

STEP 1 新建空白文档，使用“钢笔工具”绘制一条线段，复制一个副本，进行90°旋转，并改变线条描边色。

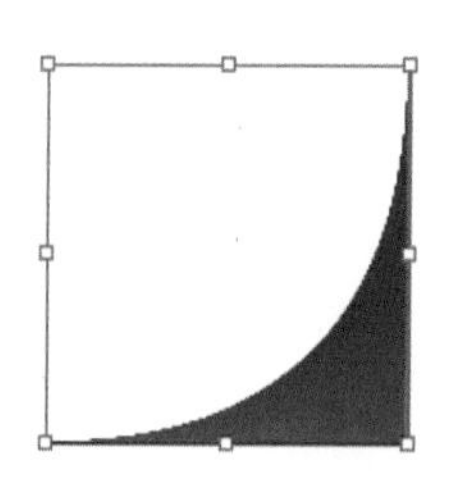

STEP 2 执行菜单“对象”/“混合”/“建立”命令，为两条线段创建混合效果。

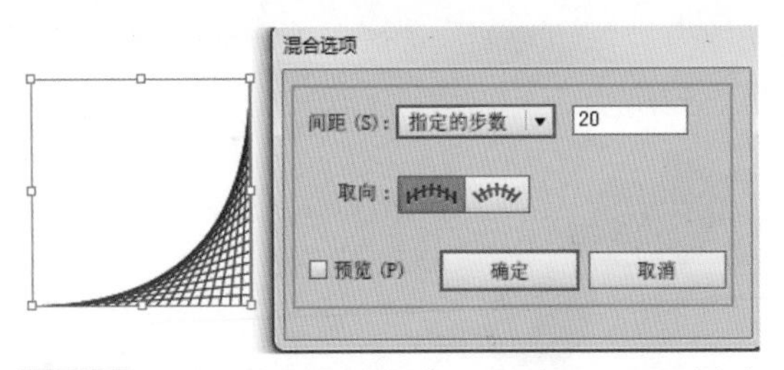

STEP 3 打开“混合选项”对话框，设置其中的参数。

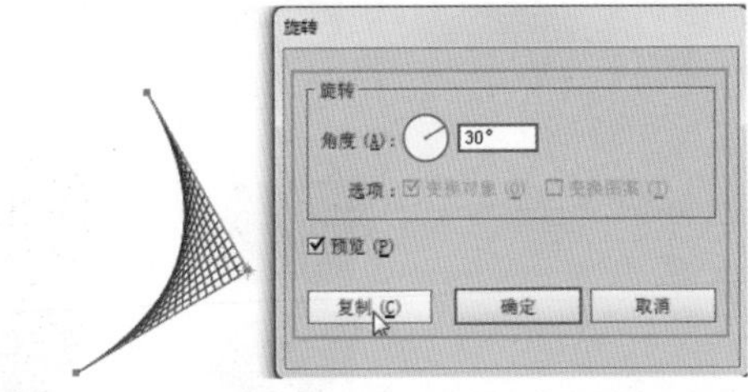

STEP 4 选择“旋转工具”，按住Alt键在右下角单击，此时会以单击点为中心点打开“旋转”对话框，设置角度。

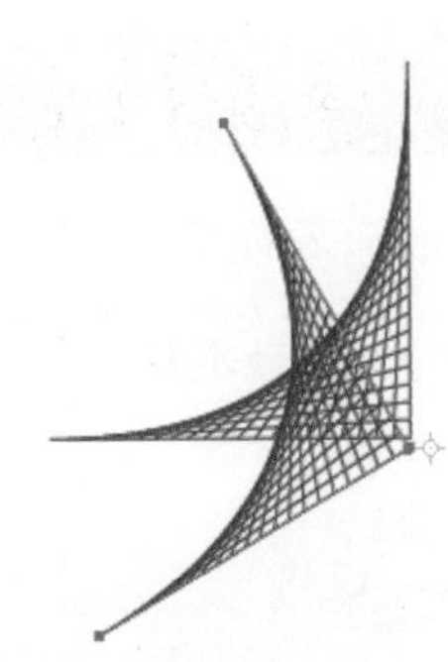

STEP 5 设置完毕后单击“复制”按钮，系统会按照旋转中心点进行旋转复制。

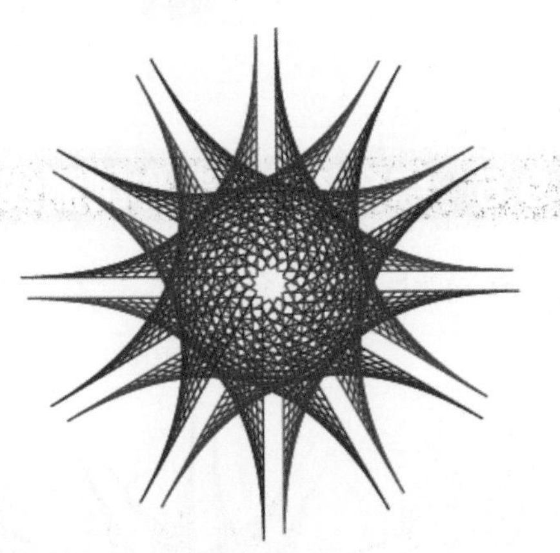

STEP 6 按Ctrl+D键继续复制，直到旋转一周为止。

9.7 练习与习题

1. 练习

创建并应用符号。

2. 习题

(1) Illustrator CC为用户提供了大量的默认画笔库，要打开画笔库可以通过执行菜单“____________”/“____________”命令。

(2) Illustrator CC中的____________和____________，可以从两个或多个选定图形之间创建一系列中间对象的过渡形状和过渡颜色。

第10章 文本编辑

文本处理在平面设计中是非常重要的部分，Illustrator CC 不仅对图形有很强的处理功能，而且对专业文字的处理和编辑排版也有很强大的功能。在Illustrator CC中的文字分为美术文字、区域文字和路径文字3种。

10.1 文本工具

在Illustrator CC中美术文字的创建工具有“文字工具”和“直排文字工具”两种；区域文字的创建工具有“区域文字工具”和“直排区域文字工具”；路径文字的创建工具有“路径文字工具”和“直排路径文字工具”。

10.1.1 美术文本

创建美术文本比较简单，只要单击工具箱中的“文字工具”，此时鼠标指针变为形状，在工作区中单击鼠标后，光标变为闪烁的|形状，在闪烁的光标处输入文字即可，如图10-1所示。

Adobe

图10-1 创建横排美术文本

技 巧

输入的美术文本，按Enter键可以进行换行。

选择工具箱中的“直排文字工具”，输入方法与“文字工具”相同，不同的是“文字工具”输入的是水平方向的文字，“直排文字工具”输入的是垂直方向的文字，如图10-2所示。

牡丹江

图10-2 创建直排美术文本

10.1.2 段落文本

段落文本同样是通过“文字工具”或“直排文字工具”来创建的，方法是选择工具后，当鼠标指针变为形状，在工作区中按下鼠标向对角拖动，松开鼠标后会出现文本框，此时输入的文本会出现在文本框中，如图10-3所示。

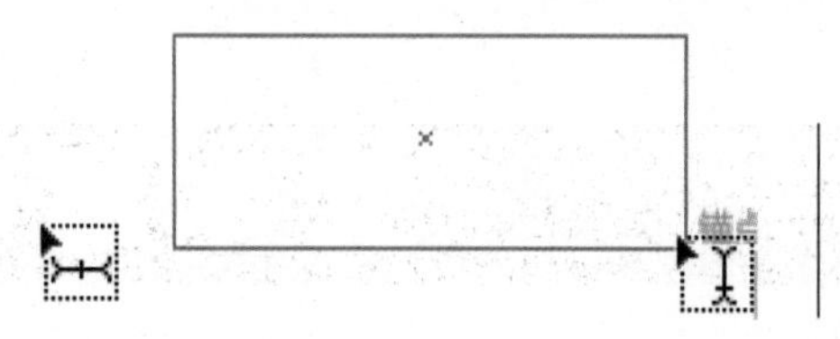

图10-3　创建段落文本

技　巧

直排段落文本的创建方法与横排段落文本的创建方法一致，不同的是应用的工具是“直排文字工具”。

10.1.3 区域文字

区域文字是一种特殊的文字，需要使用“区域文字工具”创建。“区域文字工具”不能直接在文档空白处输入文字，需要借助一个路径区域才可以使用。路径区域的形状不受限制，可以是任意的路径区域，添加文字后，仍然可以修改路径区域的形状。创建方法是，首先在页面中绘制一个封闭或半封闭的图形轮廓，再使用“区域文字工具”将鼠标指针移动到形状上，当光标变为形状时，单击鼠标后输入文字，就可以创建区域文字，如图10-4所示。

“直排区域文字工具”的输入方法与“区域文字工具”相同，不同的是“区域文字工具”输入的是水平方向的文字，“直排区域文字工具”输入的是垂直方向的文字，如图10-5所示。

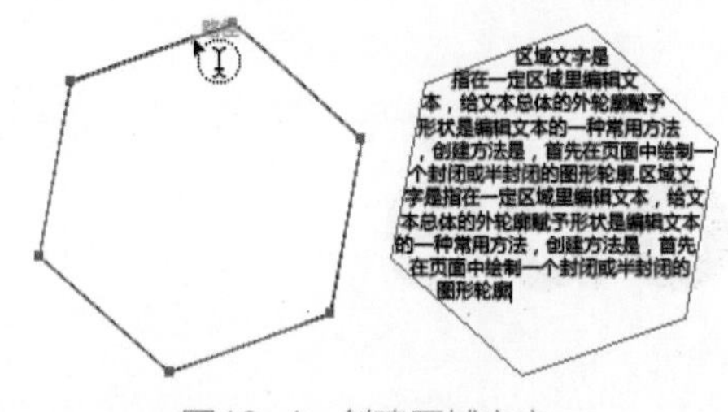

图10-4　创建区域文字

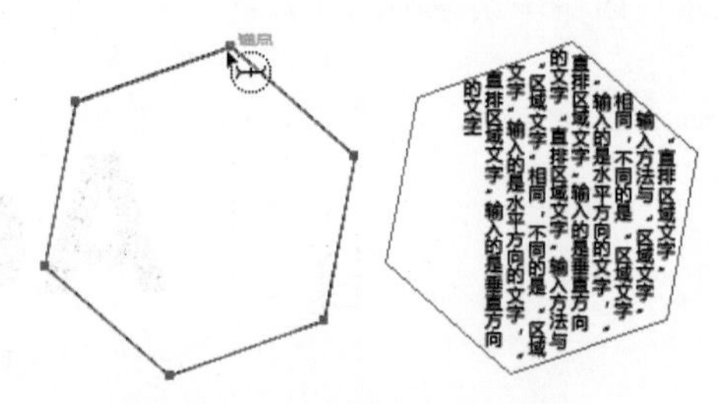

图10-5　创建直排区域文字

10.1.4 路径文字

路径文字是指在开放路径或封闭路径上创建的文本。创建方法是，首先在页面中绘制一个封闭或开放的路径，再使用“路径文字工具”将鼠标指针移动到路径上，当光标变为形状时，单击鼠标后输入文字，就可以创建路径文字，如图10-6所示。

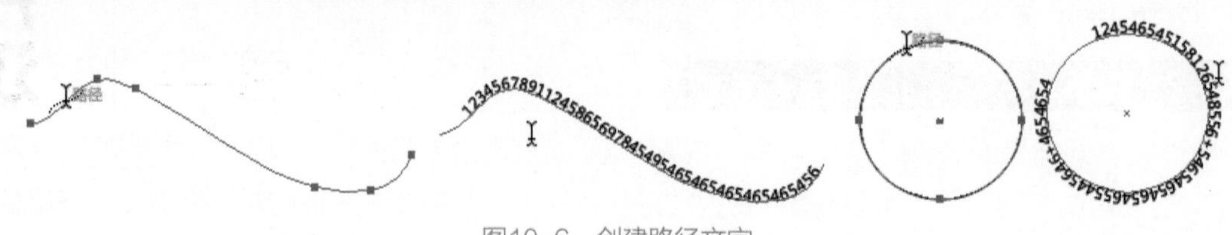

图10-6　创建路径文字

“直排路径文字工具”的输入方法与“路径文字工具”相同，不同的是“路径文字工具”输入的是站立的文字，“直排路径文字工具”输入的是横躺的文字，如图10-7所示。

图10-7　创建直排路径文字

10.2　编辑文本

在Illustrator CC中文本的编辑对象是美术文本、段落文本、区域文字和路径文字。

10.2.1 编辑美术文本

输入文本后，很多情况下都需要进行进一步的编辑，比如选择其中的某个文字，或对某个文字进行单独的大小设置或颜色编辑。

1. 选择美术文本

选择美术文本的使用频率是非常高的，对于已经输入的文本，如果想要对其进行选取，大致可分为3种方法。

上机实战　选择美术文本

STEP 1 使用“文字工具”单击要选择的文本字符的起始位置，然后按住Shift键的同时，再单击键盘上的向左键或向右键，每按一次方向键就会选择一个字符或取消选择一个字符，如图10-8所示。

单击起始位置　　按住Shift键并按向右键一次　　按向右键三次

图10-8　方向键选择字符

STEP 2 使用“文字工具”在文本的字符上按下鼠标拖曳，松开鼠标即可将鼠标经过区域的字符选取，如图10-9所示。

图10-9　拖曳选择字符

STEP 3 使用“文字工具”在输入的文本上单击，可以将当前输入的文本全部选取，如图10-10所示。

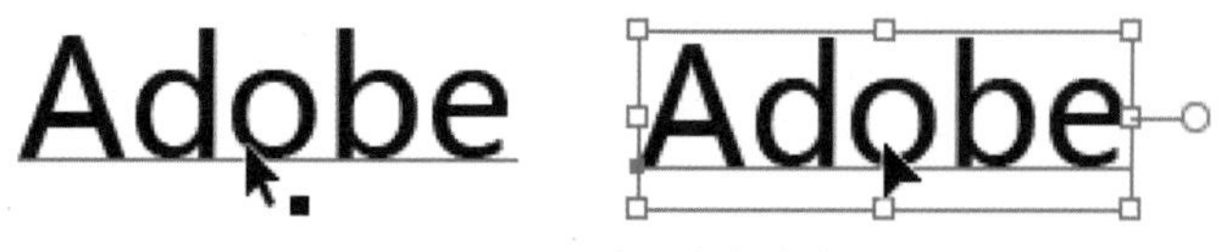

图10-10　选取全部文本

2. 改变单个字符的大小和颜色

输入美术文本后，可以单独地为某个字符设置大小和颜色。

上机实战 设置单个字符的大小和颜色

STEP 1 使用 T “文字工具”在页面中输入文本，选择第一个字符，如图10-11所示。

STEP 2 在属性栏中设置“字符大小”为100pt，如图10-12所示。

图10-11 选择第一个字符

图10-12 设置大小

STEP 3 在“色板”面板中单击“红色”色块，此时单个字符的颜色设置完毕，如图10-13所示。

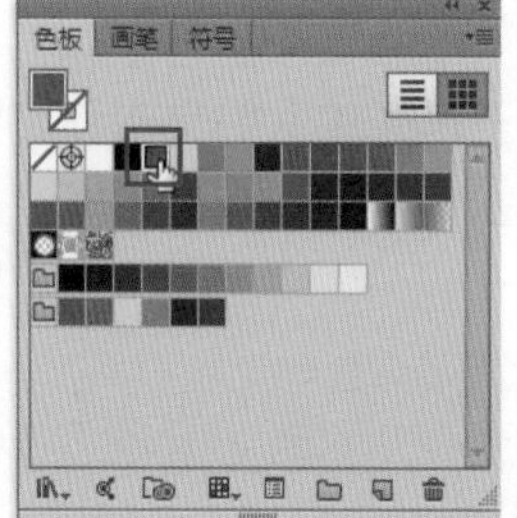

图10-13 设置颜色

3. 将美术文本转换为图形

编辑美术文本时，有时需要将其转换为图形，之后再进行细致的调整操作。方法是选择文本后执行菜单“文字”/“创建轮廓”命令，此时使用 “直接选择工具”就可以为其进行图形化调整了，如图10-14所示。

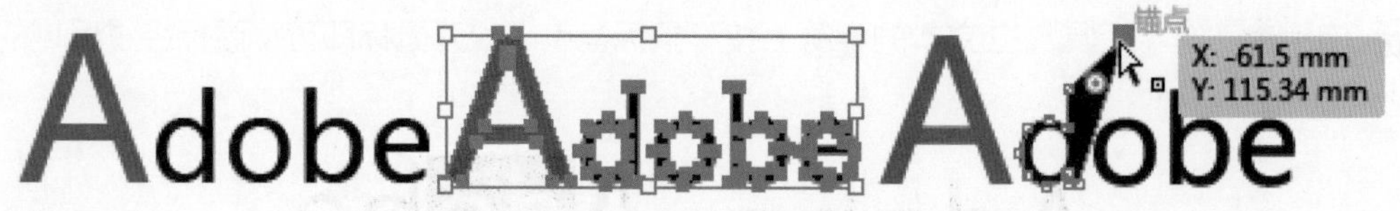

图10-14 转换为图形

技 巧

美术文本的变换与图形的变换大致是一样的。如果想将文字填充渐变色，就要将其“创建轮廓”或“扩展”。

4. 将美术文本转换为区域文字

输入美术文本后，可以将其转换为区域文字，方法是选择文本后执行菜单“文字”/“转换为区域文字”命令，如图10-15所示。

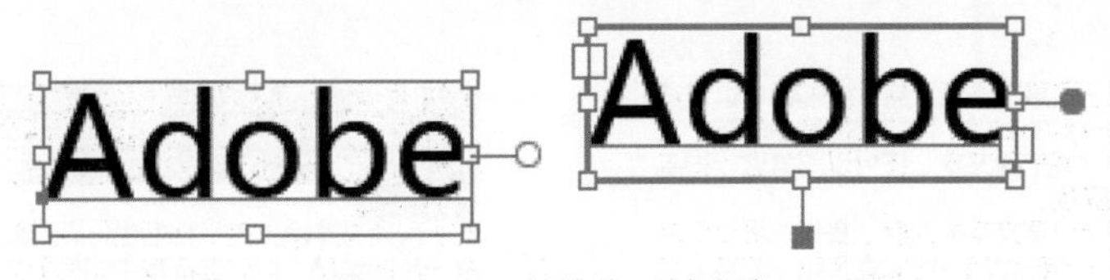

图10-15 转换为区域文字

提 示

美术文本转换为区域文字后，“文字”菜单中的“转换为区域文字”命令会变为“转换为点文本”命令。

5. 改变美术文本方向

输入美术文本后，无论是横排还是直排，都可以通过执行菜单“文字”/“文字方向”命令，在弹出的子菜单中选择文字的改变方向。

10.2.2 编辑段落文本

输入段落文本后，我们也可以对其进一步编辑，比如选择其中的某个文字或某段文字，还可以对其进行相应的变换。

1. 选择段落文本

使用T“文字工具”创建段落文本后，我们可以对其中的某个文字或某段进行选择。

上机实战 选择段落文本

STEP 1 使用T“文字工具”在页面中创建一个段落文本，如图10-16所示。

STEP 2 使用T“文字工具”在段落文本中的某个文字上按下鼠标拖曳，此时可以选择鼠标经过的文字，如图10-17所示。

对于段落文本输入后，我们也可以对其进一步的编辑，比如选择其中的某个文字，或某段文字，还可以对其进行相应的变换。对于段落文本输入后，我们也可以对其进一步的编辑，比如选择其中的某个文字，或某段文字，还可以对其进行相应的变换。

图10-16 创建段落文本

对于段落文本输入后，我们也可以对其进一步的编辑，比如选择其中的某个文字，或某段文字，还可以对其进行相应的变换。对于段落文本输入后，我们也可以对其进一步的编辑，比如选择其中的某个文字，或某段文字，还可以对其进行相应的变换。

对于段落文本输入后，我们也可以对其进一步的编辑，比如选择其中的某个文字，或某段文字，还可以对其进行相应的变换。对于段落文本输入后，我们也可以对其进一步的编辑，比如选择其中的某个文字，或某段文字，还可以对其进行相应的变换。

图10-17 选择段落文本中的一个文字

STEP 3 在文字上双击，可以将两个符号之间的文字选取，如图10-18所示。

双击

对于段落文本输入后，我们也可以对其进一步的编辑，比如选择其中的某个文字，或某段文字，还可以对其进行相应的变换。对于段落文本输入后，我们也可以对其进一步的编辑，比如选择其中的某个文字，或某段文字，还可以对其进行相应的变换。

对于段落文本输入后，我们也可以对其进一步的编辑，比如选择其中的某个文字，或某段文字，还可以对其进行相应的变换。对于段落文本输入后，我们也可以对其进一步的编辑，比如选择其中的某个文字，或某段文字，还可以对其进行相应的变换。

图10-18 双击选择

STEP 4 在文字上单击3次，可以将当前的自然段落选取，如图10-19所示。

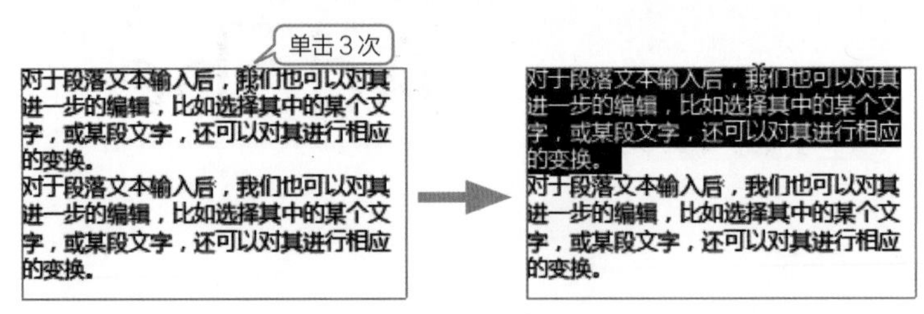

图10-19　单击3次进行选择

技　巧

选择段落文本中的某个或几个文字后，也可以单独进行大小、颜色的调整，操作方法与美术文本一样。

2. 变换段落文本

创建段落文本后，用户也可以像对其他对象一样，对文字进行旋转、缩放、倾斜等。但是对段落文本的不同选择工具，会影响其变换的结果。

上机实战　变换段落文本

STEP 1 使用"选择工具"在页面中单击创建的段落文本，将其进行选择，如图10-20所示。

STEP 2 在文本框边缘外使用"旋转工具"，进行旋转拖曳，此时会发现文字和文本框都进行了旋转，如图10-21所示。

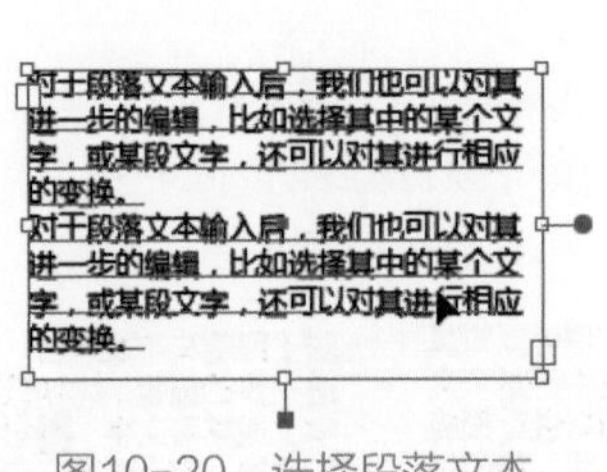

图10-20　选择段落文本

图10-21　旋转段落文本

STEP 3 使用"选择工具"在页面中选择段落文本，将鼠标指针移动到文本框四个角的其中一个角上，当鼠标指针变为↷形状时，拖曳鼠标即可将文本框进行旋转，而其中的文字不进行旋转，其中的文字会根据文本框的变换而自动调整，如图10-22所示。

STEP 4 在段落文本的底部使用"编组选择工具"，进行拖曳选取，不要选择其中的文字，如图10-23所示。

图10-22　旋转段落文本框

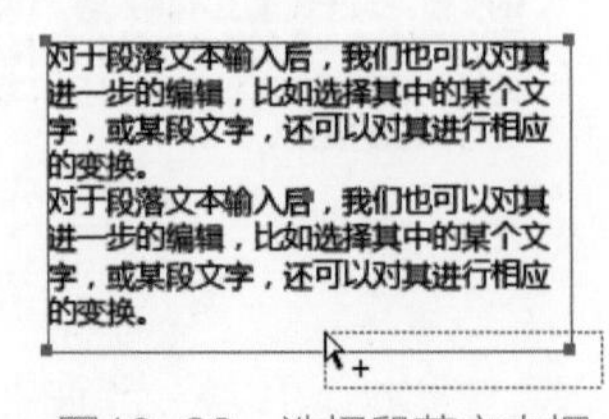

图10-23　选择段落文本框

STEP 5 此时使用 “旋转工具”对选择的文本进行旋转，会发现旋转的只有文本框，如图10-24所示。

图10-24　变换段落文本框

10.2.3 编辑区域文字

创建区域文字后，可以对区域或其中的文本进行编辑，以达到理想的效果。

1. 调整区域外框

设定的区域有时会根据文本或版式的需要而进行调整。调整的虽然只是区域文字的外框，但是区域内的文字会随外框形状而重新排列。

上机实战　调整区域外框

STEP 1 在页面中绘制一个六边形，使用 “区域文字工具”创建区域文字，如图10-25所示。

STEP 2 使用 “直接选择工具”调整六边形的锚点以改变形状，此时会发现区域内的文字已经重新排版，如图10-26所示。

图10-25　创建区域文字

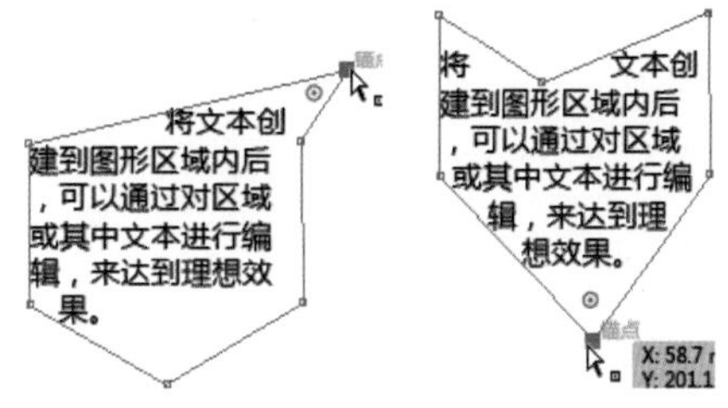

图10-26　调整外框

STEP 3 此外还可以通过命令精确设置外框的大小，选择区域文字后，执行菜单“文字”/“区域文字选项”命令，在打开的“区域文字选项”对话框中设置“高度”和“宽度”，如图10-27所示。如果文字区域不是矩形，则这些值会决定对象边框的尺寸，设置完毕后单击“确定”按钮即可。

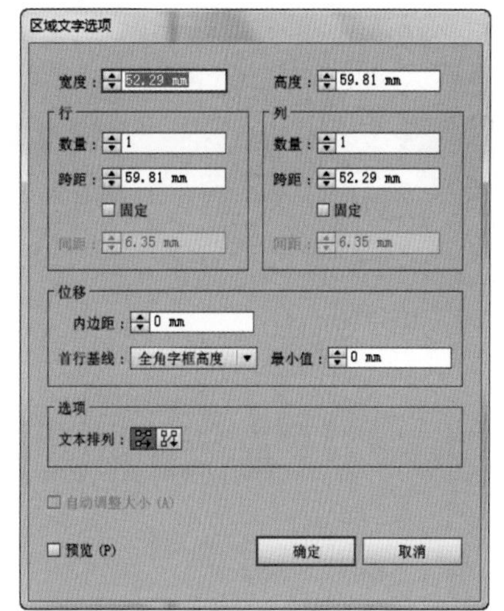

图10-27　“区域文字选项”对话框

其中的参数含义如下。

- **宽度：**设置文字区域框的宽度。
- **高度：**设置文字区域框的高度。
- **数量：**指定对象包含的行数、列数，也就是我们常说的“栏数”。
- **跨距：**指定单行高度和单栏宽度。
- **固定：**确定调整文字区域大小时行高和栏宽的变化情况。勾选此复选框，如果调整区域大小，只会更改行数和栏数，而不会改变其高度和宽度。如果希望行高和栏宽随文字区域大小而变化，就应该不勾选此复选框。
- **间距：**指定行间距或列间距。
- **内边距：**设置文本框与文本之间的距离。
- **首行基线：**单击右侧的下三角按钮，会弹出下拉列表，如图10-28所示。用来调整“字母上缘”“大写字母高度”“行距”“X高度”“全角字框高度”“固定”和“旧版”。

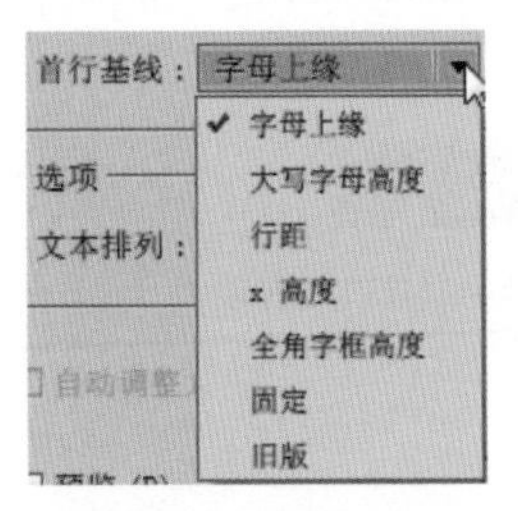

图10-28　首行基线

- **字母上缘：**字母的高度位置降到文字对象的顶部之下。
- **大写字母高度：**大写字母的顶部触及文字对象的顶部。
- **行距：**以文本框的行距值作为文本首行基线和文字对象顶部之间的距离。
- **X高度：**字符X的高度降到文字对象的顶部之下。
- **全角字框高度：**亚洲字体中全角字框的顶部触及文字对象的顶部。此选项只在选中了“显示亚洲文字选项”首选项时才可以使用。
- **固定：**指定文本首行基线与文字对象顶部之间的距离，设置方法在“最小值”文本框中指定。
- **旧版：**之前的老版本。
- **文本排列：**设置文本以行排列还是以列排列。

2. 设置区域文字的内边距

创建区域文字后，可以通过“区域文字选项”对话框来设置文字与区域框之间的距离。

上机实战　设置内边距

STEP 1 在页面中绘制一个六边形，使用“区域文字工具”创建区域文字，使用“选择工具”选择区域文字，如图10-29所示。

STEP 2 执行菜单“文字”/“区域文字选项”命令，在打开的“区域文字选项”对话框中设置“内边距”为5mm，如图10-30所示。

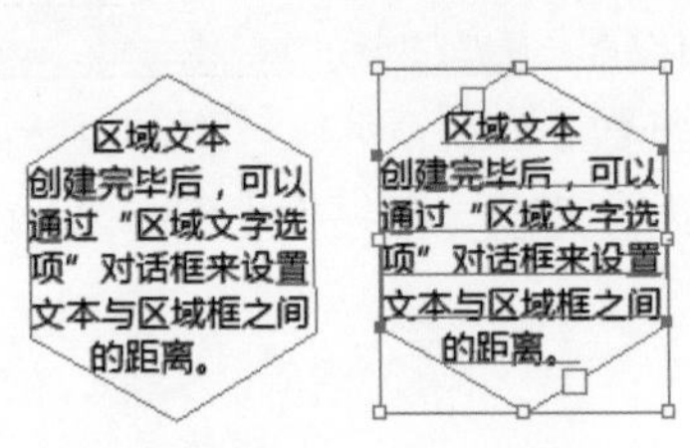

图10-29　创建区域文字

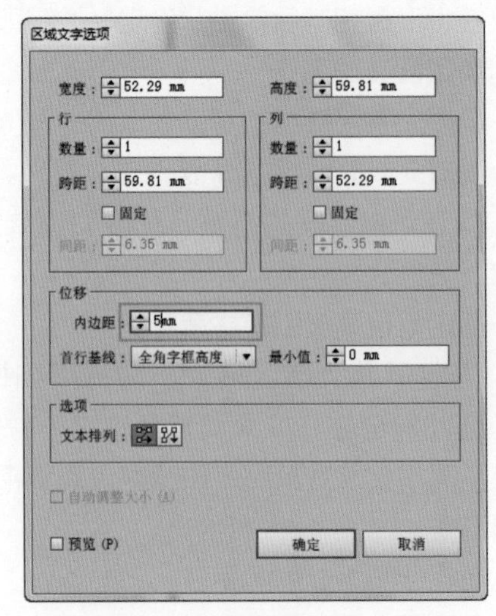

图10-30　“区域文字选项”对话框

STEP 3 设置完毕后单击“确定”按钮，效果如图10-31所示。

图10-31 调整内边距后

3. 串接文字

创建区域文字后，如果文字已经超出了区域框的范围，就需要一个新的区域框来装下多余的文字，此时用户可以通过“串接文字”来完成此操作。

上机实战 串接文字

STEP 1 在页面中绘制一个六边形，使用“区域文字工具”创建区域文字，当右下角处出现红色+符号时，表示此区域框中的文字已经超出了范围，如图10-32所示。

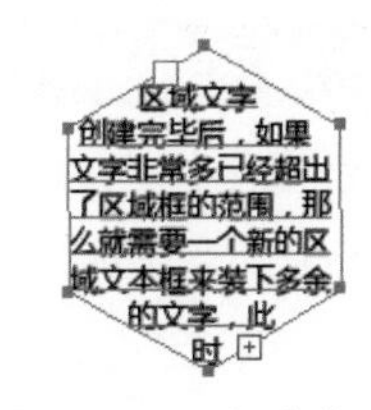

图10-32 超出范围

STEP 2 超出范围后，我们需要在排版的页面中绘制一个图形，比如椭圆形，将椭圆形与六边形一同选取，如图10-33所示。

STEP 3 执行菜单“文字”/“串接文字”/“创建”命令，此时可以将两个图形进行混合排列，如图10-34所示。

STEP 4 在页面空白处单击，取消对象的选择，此时的文字效果如图10-35所示。

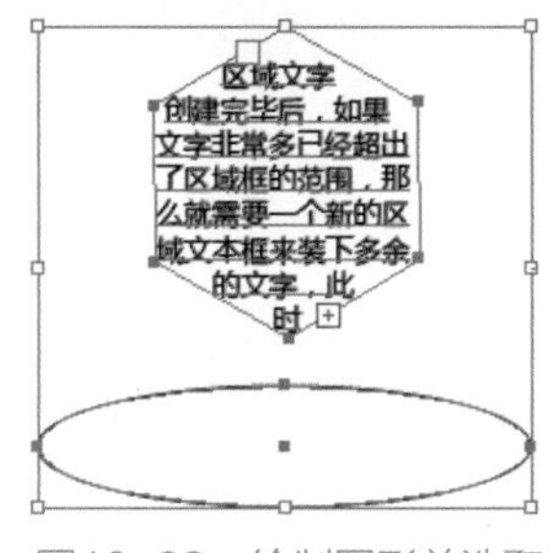

图10-33 绘制图形并选取

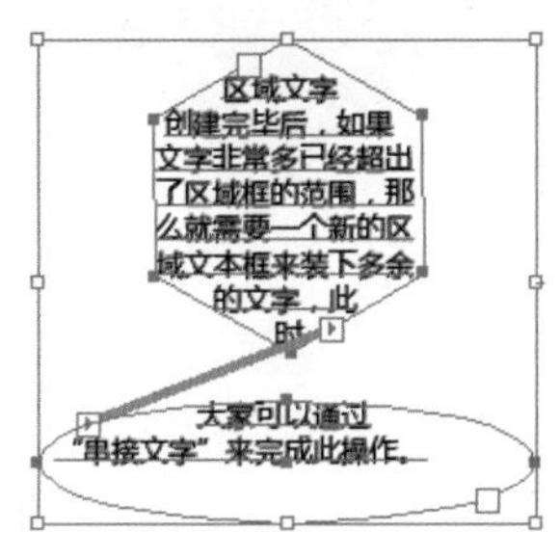

图10-34 创建串接

区域文字
创建完毕后，如果
文字非常多已经超出
了区域框的范围，那
么就需要一个新的区
域文本框来装下多余
的文字，此
时

大家可以通过
“串接文字”来完成此操作。

图10-35 串接效果

STEP 5 选择六边形区域文字，执行菜单“文字”/“串接文字”/“释放所选文字”命令，此时会将选择的区域文字自动放置到与之串接的另一区域框中，如图10-36所示。

STEP 6 按Ctrl+Z键返回上一步，选择六边形区域文字，执行菜单“文字”/“串接文本”/“移去串接文字”命令，可以将串接文字的链接取消并保持文字的位置不变，如图10-37所示。

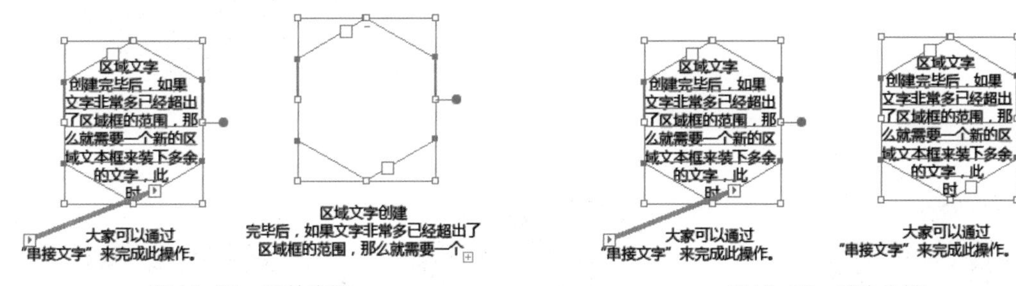

图10-36 释放串接　　图10-37 移去串接

4. 创建文本行、列

创建文本行、列是指在一个既定的区域内根据设置的行、列来书写文字。创建区域文字后，执行菜单“文字”/“区域文字选项”命令，在打开的“区域文字选项”对话框中设置行、列，效果如图10-38所示。

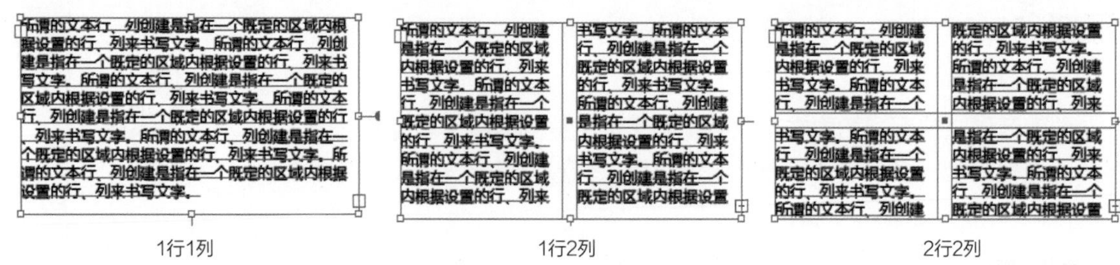

图10-38　设置行、列

10.2.4 编辑路径文字

选择创建完成的路径文字，可以看到在路径文字上出现3个用来移动文字位置的标记，分别是起点标记、终点标记和中心标记，如图10-39所示。

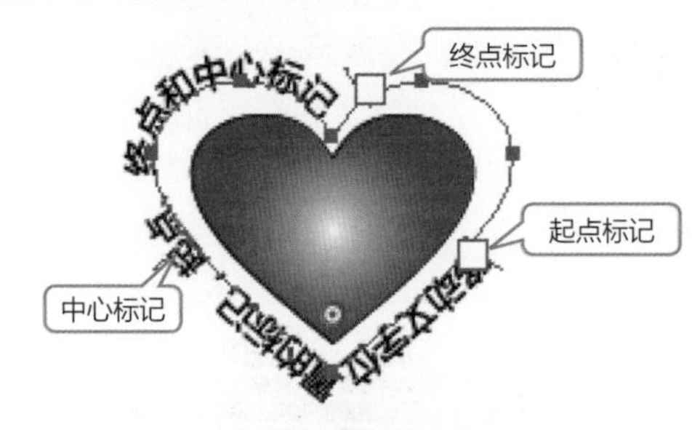

图10-39　路径文字

起点标记一般用来修改路径文字的起点；终点标记用来修改路径文字的终点；中心标记不但可以修改路径文字的起点和终点位置，还可以改变路径文字的排列方向。

1. 调整路径文字的位置

路径上的文字位置，可以通过“选择工具”或“直接选择工具”来编辑。

上机实战　调整路径文字的位置

STEP 1 打开“路径文字”素材，如图10-40所示。

图10-40　路径文字

STEP 2 使用“直接选择工具”选择路径文字，将鼠标指针移到起点位置，光标变为形状，如图10-41所示。

STEP 3 按下鼠标拖曳就可以调整路径的位置，如图10-42所示。

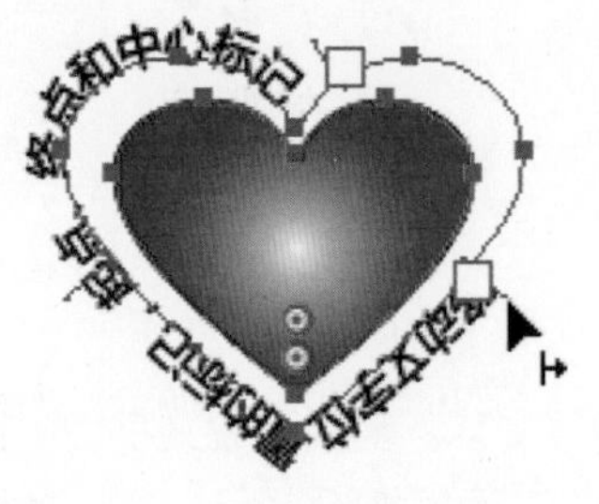

图10-41　选择起点标记

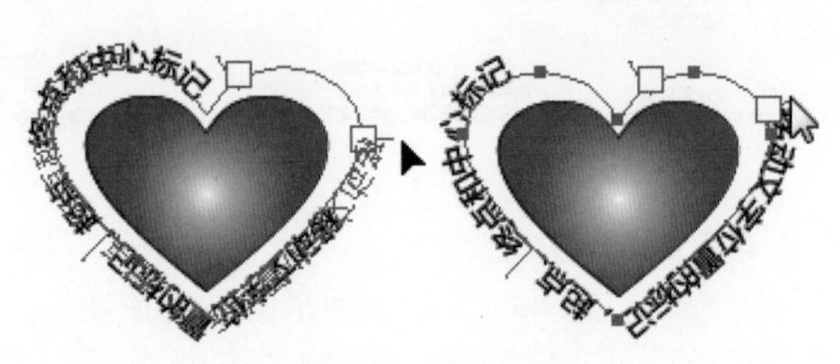

图10-42　改变路径位置

技 巧

使用“直接选择工具”选择路径的中心标记，当光标变为形状时，按下鼠标拖曳同样可以改变路径文字的位置。

2. 调整路径文字的方向

路径上的文字方向，可以通过“选择工具”或“直接选择工具”来编辑。

上机实战 调整路径文字的方向

STEP 1 打开“路径文字”素材。

STEP 2 使用“直接选择工具”选择路径文字，将鼠标指针移到中点位置，当光标变为形状，按下鼠标向另一侧拖曳，如图10-43所示。

STEP 3 松开鼠标发现文字已经更改了方向，如图10-44所示。

图10-43 选择中点标记

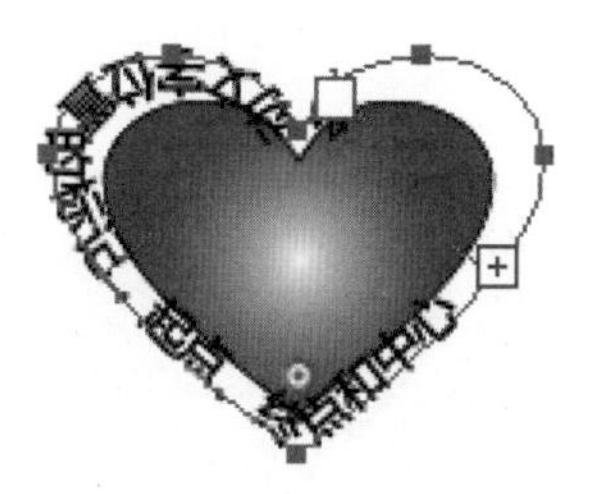

图10-44 更改文字方向

3. 使用路径文字选项

路径文字除了上面显示的沿路径的排列方式外，Illustrator CC还提供了几种其他的排列方式。执行菜单“文字”/“路径文字”/“路径文字选项”命令或者双击工具箱中的“路径文字工具”，打开如图10-45所示的“路径文字选项”对话框，通过该对话框可以对路径文字进行更详细的设置。

图10-45 “路径文字选项”对话框

其中的参数含义如下。

- **效果：**设置文字沿路径排列的效果，包括彩虹效果、倾斜效果、3D带状效果、阶梯效果和重力效果，如图10-46所示。
- **对齐路径：**设置路径与文字的对齐方式，包括字母上缘、字母下缘、中央和基线。
- **间距：**设置路径文字的文字间距。数值越大，文字间离得也就越远。
- **翻转：**勾选该复选框，可以改变文字的排列方向，即沿路径翻转文字，如图10-47所示。

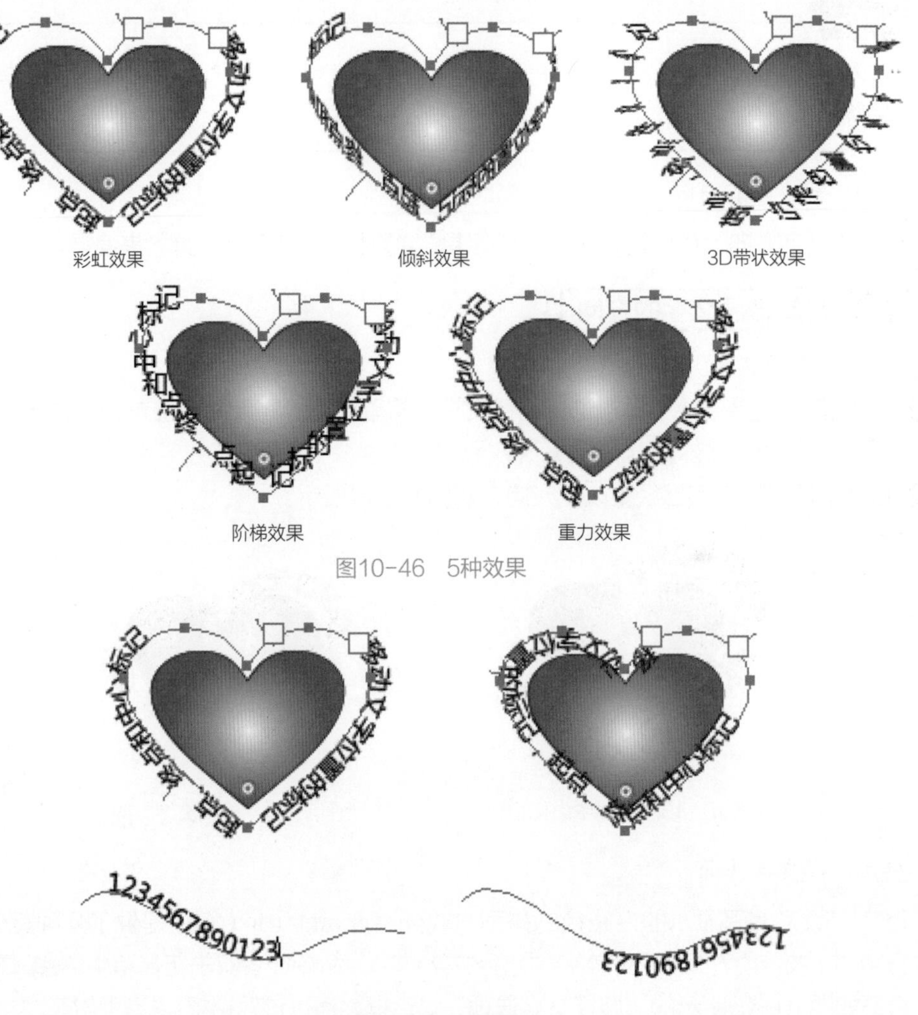

图10-46　5种效果

图10-47　翻转效果

10.3　字符与段落

Illustrator CC为用户提供了两个编辑文本对象的面板：“字符”和“段落”面板。通过这些面板可以对文本属性进行精确的控制。

10.3.1 字符面板

设置字符属性可以使用“字体”菜单，也可以选择文字后在属性栏中进行设置，不过使用最多的是“字符”面板。

执行菜单“窗口”/“文字”/“字符”命令，打开如图10-48所示的“字符”面板。

其中的参数含义如下。

- **修饰文字工具：**单击此按钮，系统会在工具箱中选择“修饰文字工具”，该工具可以对输入文本中的某个字符进行调整，如图10-49所示。

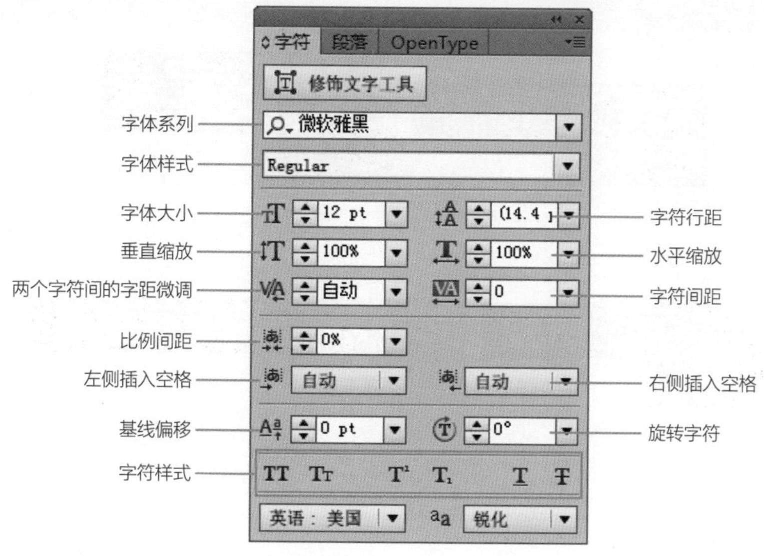

图10-48　“字符”面板

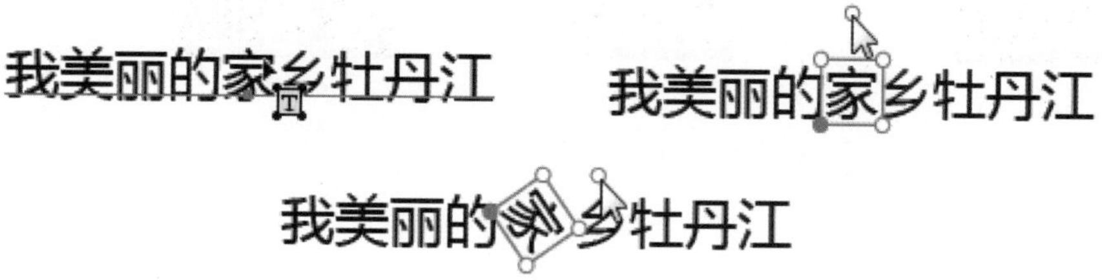

图10-49　修饰文字工具

- **字体系列：**下拉列表中可以选择字体。
- **字体样式：**对当前文本中选择的文字设置字体样式，比如加粗等，如图10-50所示。

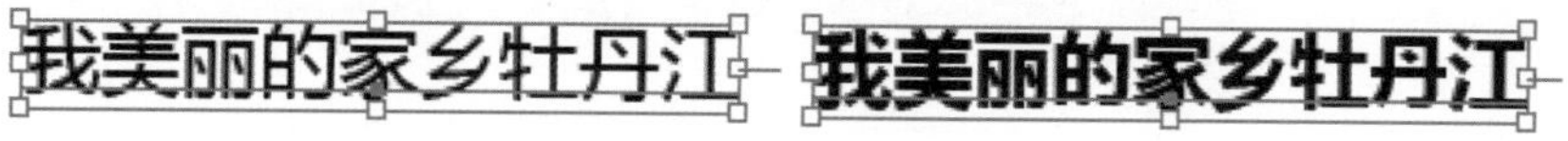

图10-50　字体样式

- **字体大小：**对当前选择的文字设置大小，如图10-51所示。

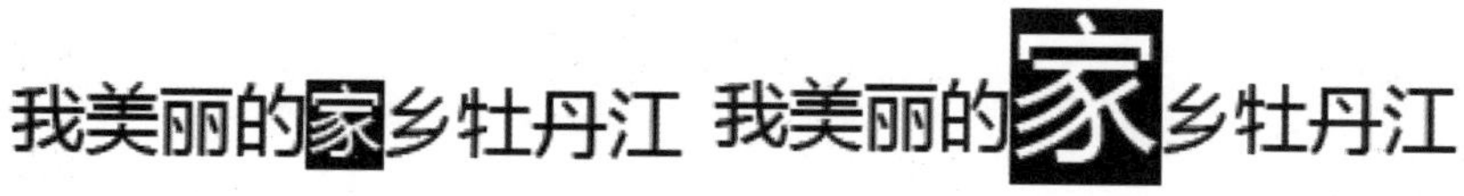

图10-51　字体大小

- **字符行距：**设置文本行间距，如图10-52所示。

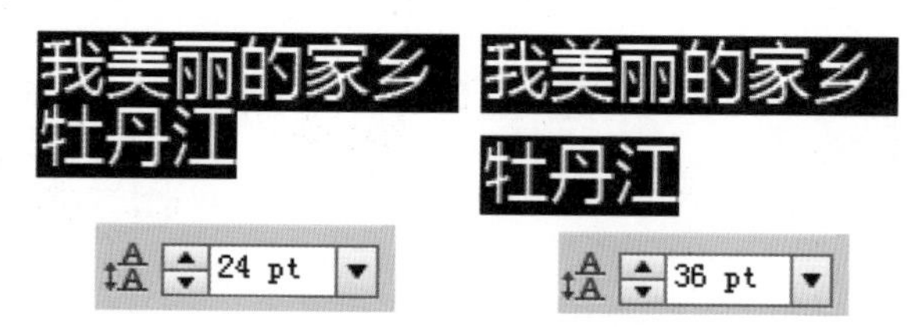

图10-52　设置行间距

- **垂直缩放：** 设置文本在垂直方向上的缩放大小，如图10-53所示。

图10-53　设置垂直缩放

- **水平缩放：** 设置文本在水平方向上的缩放大小，如图10-54所示。

图10-54　设置水平缩放

- **两个字符间的字距微调：** 用来微调字符之间的距离。
- **字符间距：** 通过正负值来体现文字之间的距离，负值时收缩，正值时扩张，如图10-55所示。

图10-55　设置间距

- **比例间距：** 根据比例来调整文字的间距，数值范围为0%~100%。
- **插入空格：** 可以在文本左侧或右侧插入空白区域，如图10-56所示。

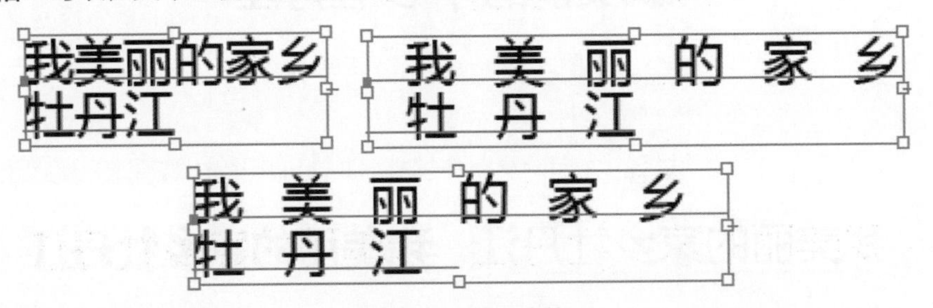

图10-56　插入空格

- **基线偏移：** 设置选取的文字在当前位置的上下偏移量，如图10-57所示。

图10-57　基线偏移

- **旋转字符：** 设置选取文字的旋转效果，如图10-58所示。

图10-58　旋转字符

- **字符样式：**设置文字的全部大写、小型大写、上标、下标、下划线、删除线，如图10-59所示。

图10-59　字符样式

技　巧

选择要调整基线的文字，按Shift+Alt+向上箭头键，可以将文字向上偏移；按Shift+Alt+向下箭头键，可以将文字向下偏移。每按一次，文字将移动2pt。

10.3.2 段落面板

如果使用较多的文字进行排版、宣传品制作等操作时，单纯的“字符”面板中的选项就显得有些无力了，这时就要应用Illustrator CC提供的“段落”面板，“段落”面板可以用来设置段落的对齐方式、缩进、段前和段后间距以及使用连字符功能等。

要应用“段落”面板中的各个选项，不管选择的是整个段落，或只选取该段中的任一字符，又或在段落中放置插入点，修改的都是整个段落的效果。执行菜单“窗口”/“文字”/“段落”命令，可以打开“段落”面板，如图10-60所示。

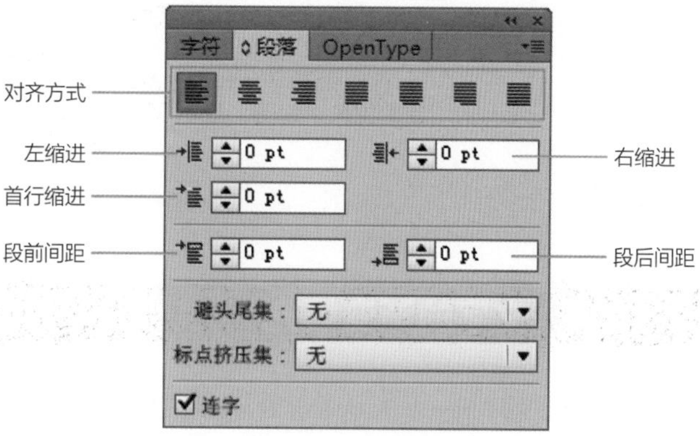

图10-60　“段落”面板

其中的参数含义如下。

- **对齐方式：**设置段落文本的对齐方式，效果如图10-61所示。

图10-61　不同的段落对齐方式

- **左缩进：**设置段落文本左侧与文本框之间的距离，如图10-62所示。
- **右缩进：**设置段落文本右侧与文本框之间的距离，如图10-63所示。
- **首行缩进：**设置段落文本首行左侧与文本框之间的距离，如图10-64所示。

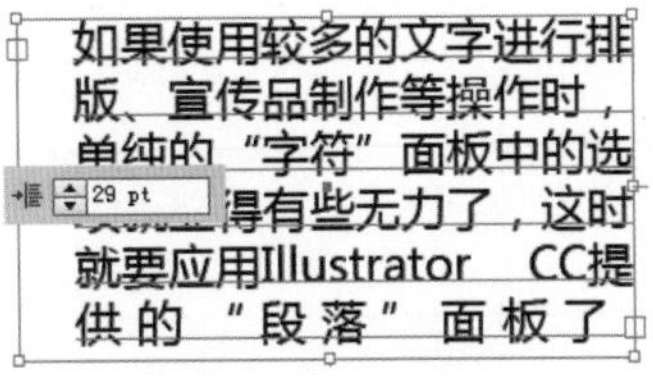

图10-62 左缩进 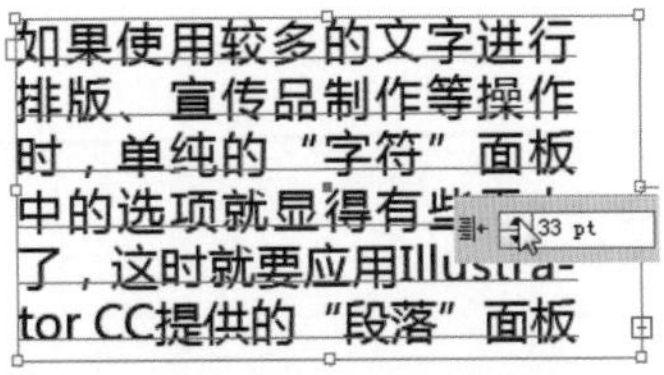　　图10-63 右缩进 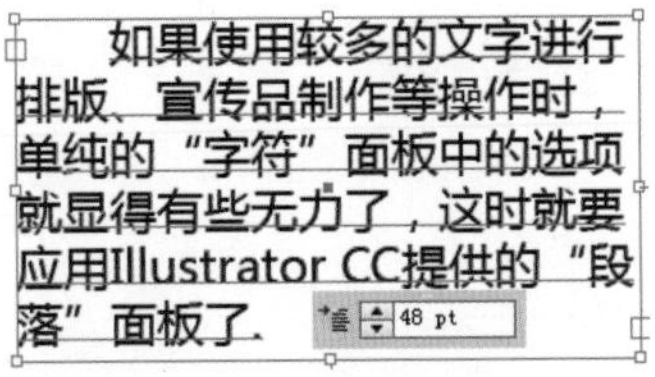　　图10-64 首行缩进

- **“段前或段后间距”：**设置段落之间的间距，如图10-65所示。

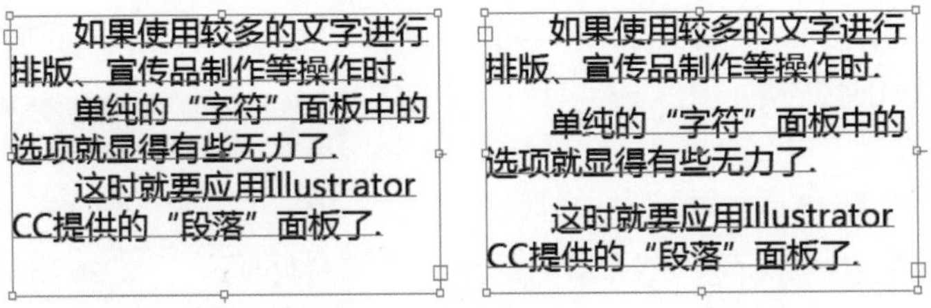

图10-65 段落间距

10.4 文字的渐变填充

在Illustrator CC中的文本是不能直接填充渐变色的，有两种方法可以解决这个问题：一个是将文字转换为图形，也就是创建轮廓；另一种是通过“外观”面板进行填充。

上机实战 为文字填充渐变色

STEP 1 新建一个空白文档，使用T“文字工具”在文档中输入文字，如图10-66所示。

STEP 2 文字输入完毕后，执行菜单“窗口”/“外观”命令，打开“外观”面板，在弹出菜单中选择“添加新填色”命令，如图10-67所示。

图10-66 输入文字

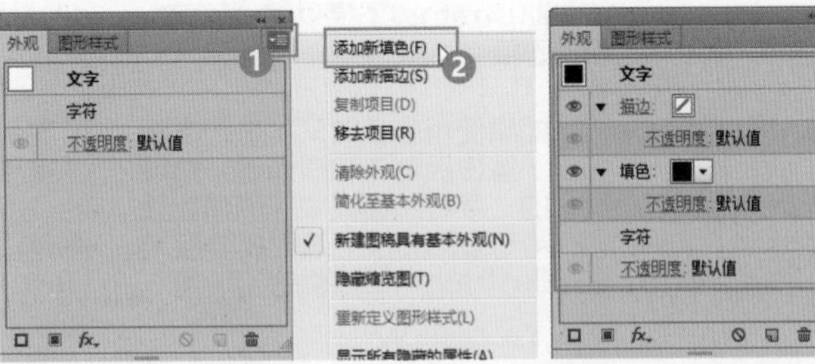

图10-67 “外观”面板

> **技 巧**
>
> 在“外观”面板中，为文字添加新填色或添加新描边，可以直接在面板中单击“添加新填色或添加新描边”按钮来进行快速填充。

STEP 3 选择“填色”。执行菜单“窗口”/“渐变”命令，打开“渐变”面板，设置从白色到黑色的线性渐变，如图10-68所示。

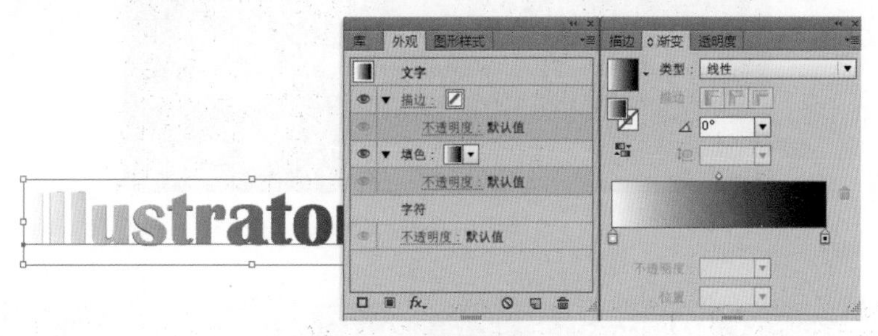

图10-68 设置渐变色1

STEP 4 在“渐变”面板中设置渐变效果，改变角度为-90°，如图10-69所示。

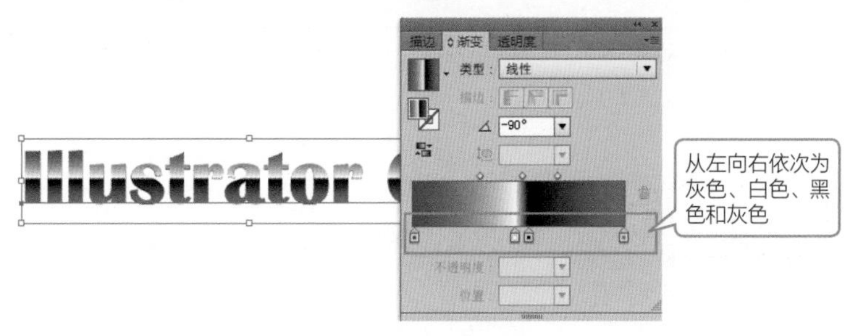

图10-69 设置渐变色2

STEP 5 在“外观”面板中单击“描边”色块，设置“颜色”为“黑色”“宽度”为1.5pt，如图10-70所示。

图10-70 设置描边

STEP 6 在“渐变”面板中设置“描边”的渐变色，如图10-71所示。

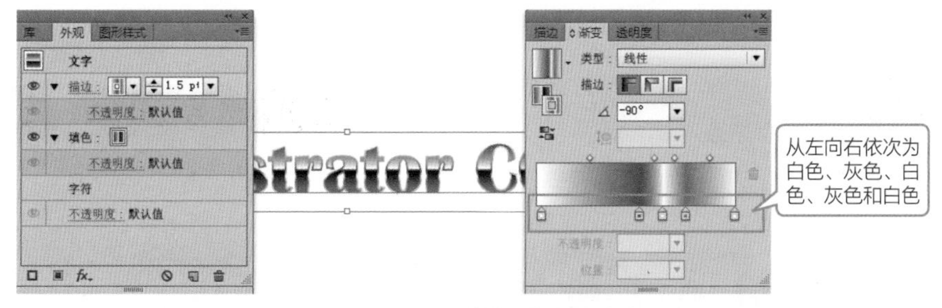

图10-71 设置“描边”的渐变色

STEP 7 此时金属字制作完毕，使用“矩形工具”绘制一个黑色矩形作为背景，最终效果如图10-72所示。

图10-72　最终效果

10.5　综合练习：轮廓描边字

由于篇幅所限，综合练习只介绍技术要点和制作流程，具体的操作步骤请观看视频教程学习。

实例效果图	技术要点
ADOBE CC	✱ 文字工具 ✱ 创建轮廓 ✱ 偏移路径 ✱ 隐藏选择对象 ✱ 显示全部对象 ✱ 设置填充和描边

操作流程：

STEP 1 新建文档，输入文字。

STEP 2 创建轮廓。

STEP 3 偏移路径。

STEP 4 取消编组，选取之前的文本，将其进行联集。

STEP 5 隐藏文本，将偏移后的对象填充红色。

STEP 6 创建路径偏移，取消群组后，选择文字。

STEP 7 隐藏文本，将偏移后的对象填充青色。

STEP 8 显示全部。

STEP 9 将文本填充“黄色”、描边为“蓝色”，至此本例制作完毕。

10.6　综合练习：绘制装饰画 

实例效果图	技术要点
	✸ 矩形工具 ✸ 椭圆工具 ✸ 渐变填充 ✸ 置入素材 ✸ 键入文字 ✸ 编辑文字 ✸ 插入符号 ✸ 应用“扩展”命令

操作流程：

STEP 1 新建文档，使用“矩形工具”“椭圆工具”在页面中绘制矩形和正圆。

STEP 2 为白色正圆添加白色外发光效果。

STEP 3 置入素材移动位置，改变大小后输入文本调整旋转效果。

STEP 4 选择云彩符号，将其拖曳到白色圆形上。

STEP 5 置入“小鸟”素材，调整大小和位置。

STEP 6 绘制直线后使用“宽度工具”制作箭头。

STEP 7 插入植物符号，应用“扩展”命令，再将其填充为“黑色”，至此本例制作完毕。

10.7 练习与习题

1. 练习

创建各种文字。

2. 习题

(1) 下图为输入完毕后选中状态的文字，由图可判断它属于什么？

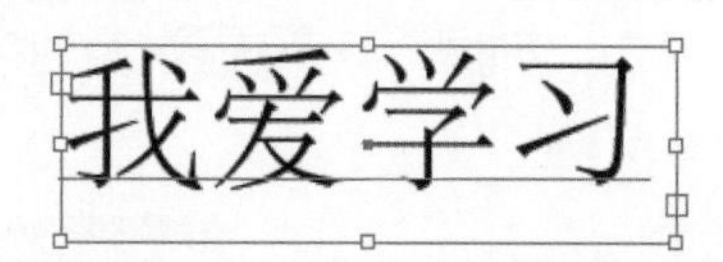

A. 美术字　　B. 段落文字

C. 既不是美术字，也不是段落文字　　D. 可能是美术字，也可能是段落文字

(2) 在下面的图中是选中对象的状态，这说明什么？

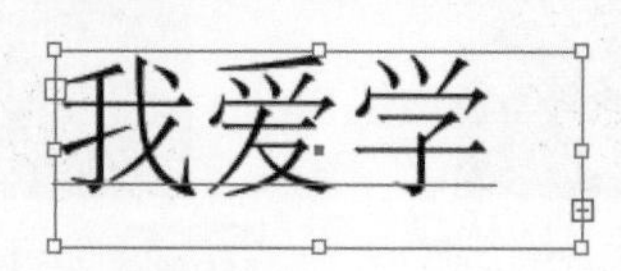

A. 在其他的文本框中有链接的文本

B. 在这个文本框中还有没展开的文字

C. 这个已经不是文字，而被转换为曲线

D. 只是表示当前这个文本块被选中，没有其他含义

第11章

图表应用

我们在进行设计工作时经常会遇到对相关的数据进行统计或对比，这时Illustrator CC中的图表工具就显得非常重要。本章详细讲解了9种不同类型图表的创建和编辑方法，并结合相应案例来讲解图表设计的应用，以制作出更加精美的图表效果。

11.1 创建图表

在统计和对比各种数据时，为了获得更为直观的视觉效果，通常采用图表的形式来表达数据。Illustrator CC提供了丰富的图表类型和强大的图表功能，将图表与图形、文字对象结合起来，使它成为制作报表、计划和宣传品时非常有利的辅助工具。

11.1.1 创建图表的各种工具

Illustrator CC的图表工具被分为9种，在工具箱中选择一种图表工具，按住鼠标左键，会弹出如图11-1所示的图表工具面板。

柱形图工具 (J)
堆积柱形图工具
条形图工具
堆积条形图工具
折线图工具
面积图工具
散点图工具
饼图工具
雷达图工具

图11-1　图表工具

其中的各个工具的功能说明如下。

- **柱形图工具：**此工具创建的图表为柱形。使用一些并列排列的长短矩形表示各种数据。矩形的长度与数据大小成正比，矩形越短相对应的值就越小，矩形越长相对应的值就越大。
- **堆积柱形图工具：**此工具创建的图表为堆积柱形。堆积柱形图按类别堆积起来，而不是像柱形图表那样并列排列，而且它们能够显示数量的信息，堆积柱形图表用来显示全部数据的总数，而普通柱形图表可用于每一类中单个数据的比较，所以堆积柱形图更容易看出整体与部分的关系。
- **条形图工具：**此工具创建的图表为条形，与柱形图表相似，但它使用水平放置的矩形，而不是使用垂直矩形表示各种数据。
- **堆积条形图工具：**此工具创建的图表为堆积条形。与堆积柱形图表相似，只是排列的方式不同，堆积的方向是水平而不是垂直。
- **折线图工具：**此工具创建的图表为折线。折线图表用一系列相连的点来表示各种数据，多用来显示一种事物发展的趋势。
- **面积图工具：**此工具创建的图表为面积图。与折线图表类似，但线条下面的区域会被填充，多用来强调总数量的变化情况。
- **散点图工具：**此工具创建的图表为散点图。它能够创建一系列不相连的点表示各种数据。

- **饼图工具：** 此工具创建的图表为饼形。使用不同大小的扇形表示各种数据，扇形的面积与数据的大小成正比。扇形面积越大，该对象所占的百分比就越大。
- **雷达图工具：** 此工具创建的图表为雷达图。使用圆表示各种数据，方便比较某个时间点上的数据参数。

11.1.2 创建图表的操作

在Illustrator CC中创建图表的方法大致分为两种：一种是选择图表工具后在页面中单击，在弹出的对话框中设置参数来创建；另一种是选择图表工具后，在页面中选择一点后向对角拖曳来创建，如果要按照以选择的点向外扩展的方式创建图表，只需要在拖曳的同时按住Alt键即可，按住Shift键可以将图表创建为正方形。

上机实战 创建图表

STEP 1 新建空白文档，在工具箱中选择“柱形图工具”，将鼠标移到文档的空白处，单击鼠标，系统会弹出如图11-2所示的“图表”对话框。

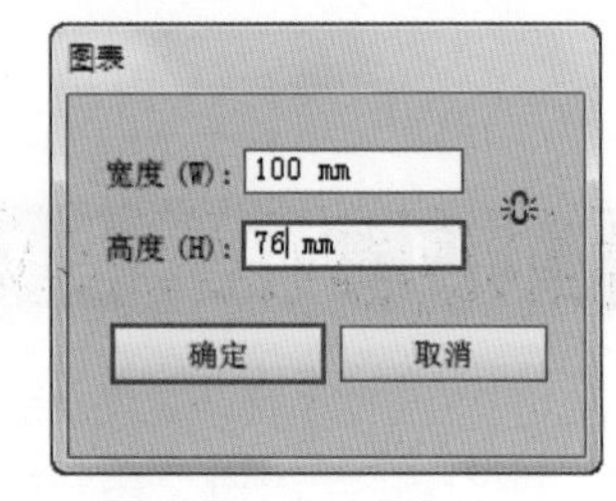

图11-2 “图表”对话框

STEP 2 设置参数后单击“确定”按钮，会出现一个图表雏形和一个“图表数据”输入框，如图11-3所示。

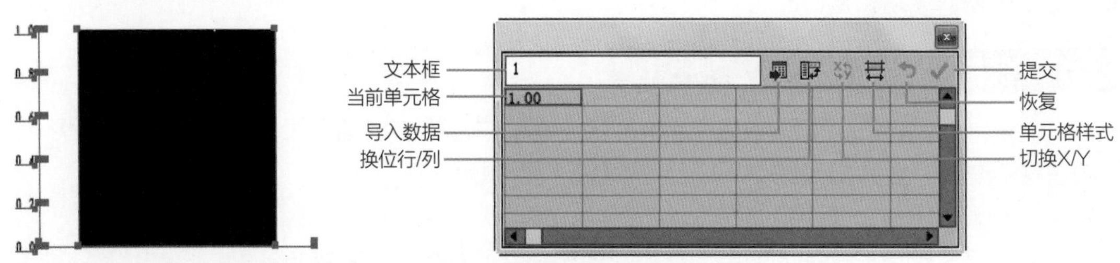

图11-3 图表雏形及数据

其中的参数含义如下。

- **文本框：** 输入数据和显示数据。在文本框中输入文本时，该文本将被放入当前选定的单元格中。还可以通过选择已有文本的单元格，利用该文本框修改原有的文本。
- **当前单元格：** 指当前选定的单元格，选定的单元格周围将出现一个加粗的边框效果。当前单元格中的文本与文本框中的文本相对应。
- **导入数据：** 单击该按钮，将打开“导入图表数据”对话框，可以从其他位置导入表格数据。
- **换位行/列：** 用于转换横向和纵向的数据。
- **切换X/Y：** 用来切换X轴和Y轴的位置，可以将X轴和Y轴进行交换。只在散点图表时可以使用。
- **单元格样式：** 单击该按钮，将打开 “单元格样式”对话框，在“小数位数”右侧的文本框中输入数值，可以指定小数点位置；在“列宽度”右侧的文本框中输入数值，可以设置表格列宽度大小。
- **恢复：** 单击该按钮，可以将表格恢复到默认状态，以重新设置表格内容。
- **提交：** 单击该按钮，表示确定表格的数据设置，应用输入的数据生成图表。

STEP 3 在“图表数据”输入框中，首先输入数据类别和数据图例。数据类别将数据进行分类，显示在图表的横坐标上，在输入框的第一列输入。当一种数据类别包含多组数据时，可用数据图例来区分。比如想得到个人图书中的PS、AI、CDR分别在2017年、2018年和2019年销量的纵向统计图表，那么这三个年份的销量就是数据类别，而PS、AI、CDR三种产品就作为数据图例，输入数据后如图11-4所示。

STEP 4 输入完毕后单击“提交”按钮，此时会在页面中完成图表的创建，如图11-5所示。

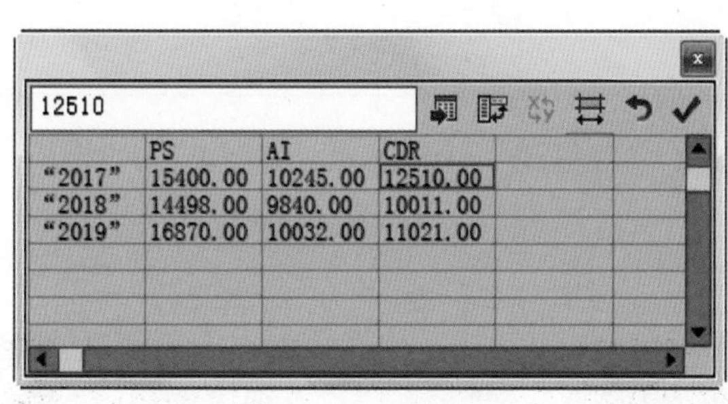

12510

	PS	AI	CDR
“2017”	15400.00	10245.00	12510.00
“2018”	14498.00	9840.00	10011.00
“2019”	16870.00	10032.00	11021.00

图11-4 输入数据

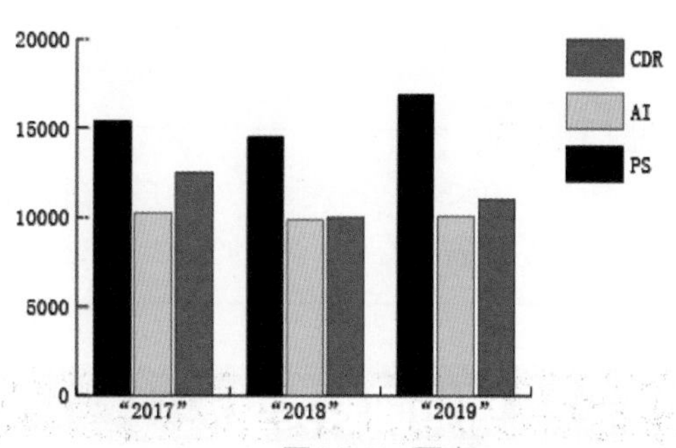

图11-5 图表

技 巧

如果在“图表数据”输入框中同时包含数据类别和数据图例，左上角的单元格一定要空着，不能填充任何数据，否则系统将无法识别。

11.1.3 选取与修改图表

图表可以像图形对象一样，使用“选择工具”选取后进行修改，比如修改图表文字的字体、图表颜色、图表坐标轴和刻度等，但为了使图表修改统一，在编辑时主要使用“编组选择工具”，因为利用该工具可以选择相同类组进行修改，从而不改变图表的表达意义。

上机实战 改变图表中的柱形颜色

STEP 1 打开“图书销量图表”素材。

STEP 2 在工具箱中选择“编组选择工具”，将PS对应的柱形区域全部选取，方法是使用“编组选择工具”按住Shift键在对应的柱形上单击，如图11-6所示。

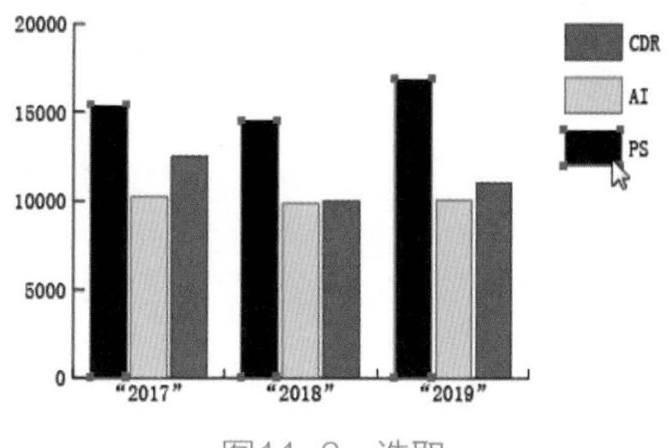

图11-6 选取

STEP 3 在“色板”面板中单击“青色”，此时会将选取的柱形都变为“青色”，如图11-7所示。

STEP 4 使用同样的方法将另外两个柱形改色，如图11-8所示。

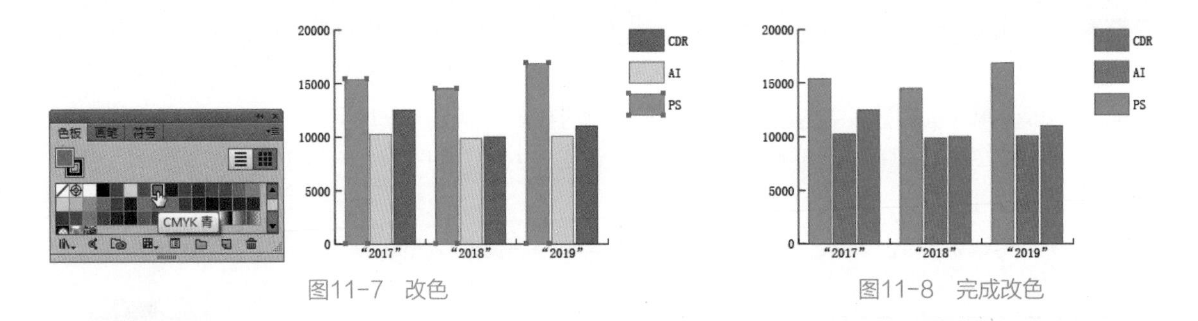

图11-7 改色　　　图11-8 完成改色

技 巧

图表中的文字、刻度、X/Y轴同样可以使用"编组选择工具"选取后来改色；文字部分可以直接使用"文字工具"选取后来进行更改。

11.2 编辑图表类型

Illustrator CC通过"类型"命令可以对已经生成的各种类型的图表进行编辑，比如改变图表的数值轴、投影、图例、刻度值和刻度线等，还可以转换不同的图表类型。这里以柱形图表为例讲解编辑图表类型。

11.2.1 编辑图表选项

要想修改图表选项，可以在图表工具上双击，也可以选择图表后执行菜单"对象"/"图表"/"类型"命令，均可以打开"图标类型"对话框，如图11-9所示。

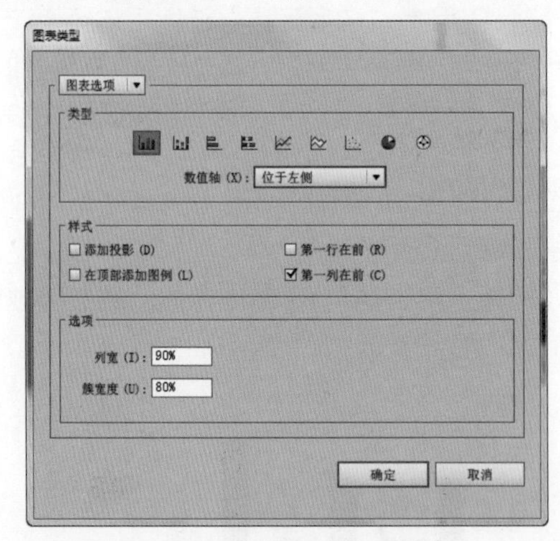

图11-9 "图标类型"对话框

其中的参数含义如下。

- **图表类型：** 在该下拉列表中可以选择不同的修改类型，包括图表选项、数值轴和类别轴3种。
- **类型：** 单击下方的图表按钮，可以转换不同的图表类型。9种图表类型的显示效果如图11-10所示。

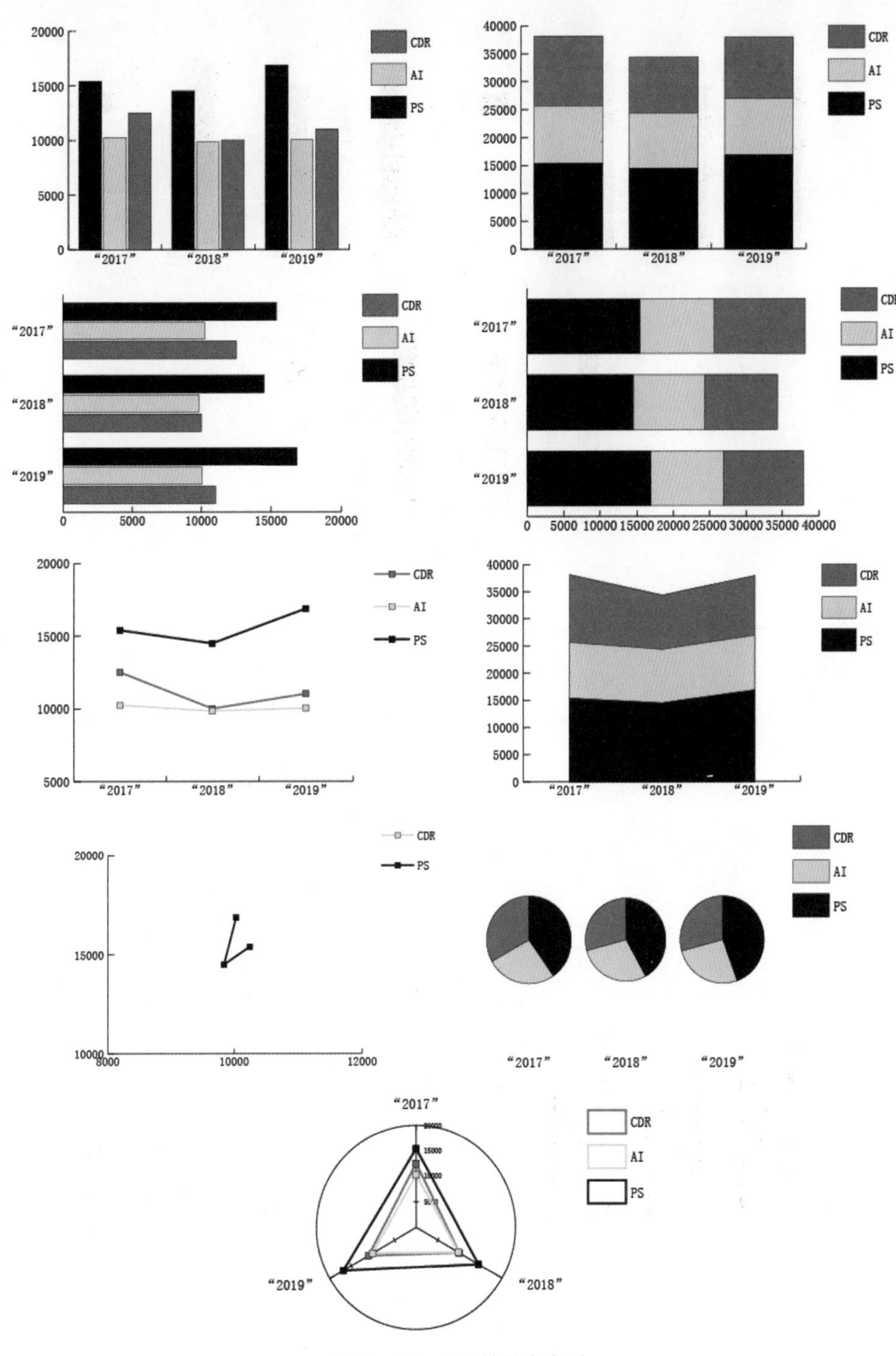

图11-10　不同的图表类型

✱ **数值轴：**控制数值轴的位置，包括“位于左侧”“位于右侧”和“位于两侧”3个选项。选择“位于左侧”，数值轴将出现在图表的左侧；选择“位于右侧”，数值轴将出现在图表的右侧；选择“位于两侧”，数值轴将在图表的两侧出现。不同的选项效果如图11-11所示。

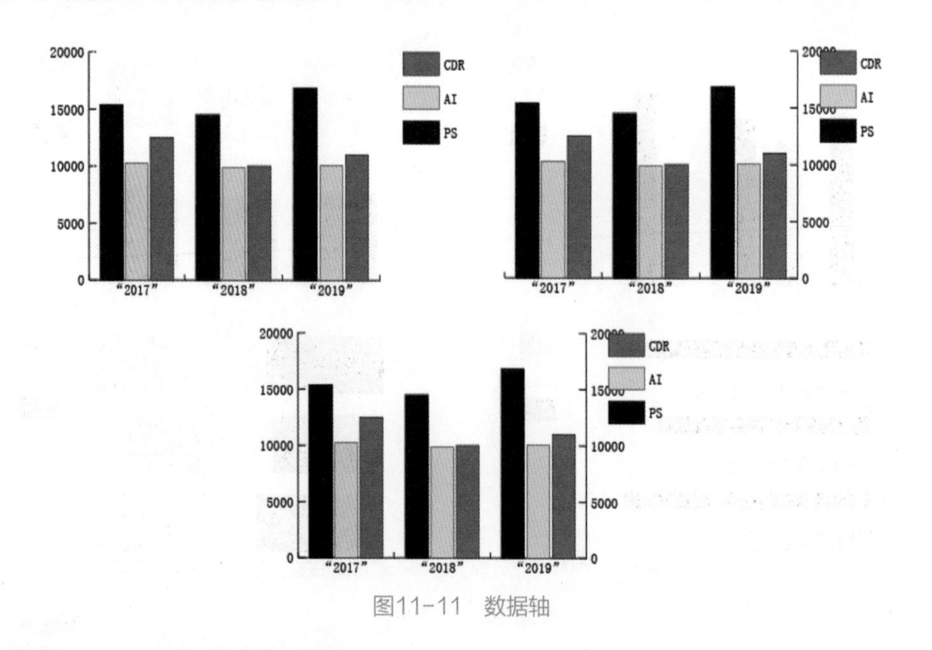

图11-11　数据轴

技　巧

对饼状图表来说，该选项不能用；对雷达图表来说，只有“位于每侧”一个选项。

- **样式**：该选项组中有4个复选框。勾选“添加投影”复选框，可以为图表添加投影，如图11-12所示。勾选“在顶部添加图例”复选框，可以将图例添加到图表的顶部而不是集中在图表的右侧，如图11-13所示。“第一行在前”和“第一列在前”主要设置柱形图表的柱形叠放层次，需要和“选项”选项组中的“列宽”或“簇宽度”配合使用，只有当“列宽”或“簇宽度”的值大于100%时，柱形图才能出现重叠现象，这时才可以利用“第一行在前”和“第一列在前”来调整柱形图的叠放层次。

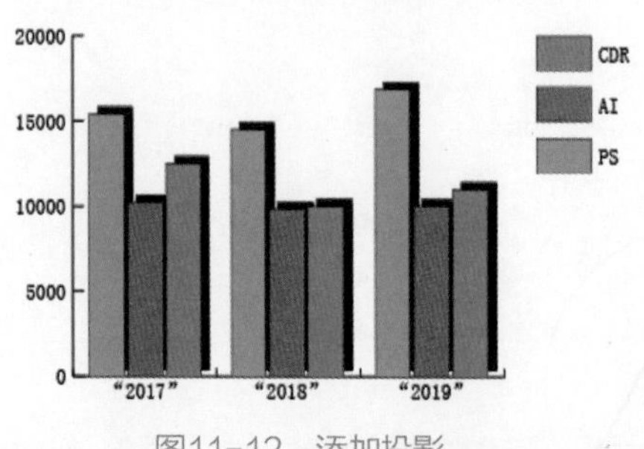

图11-12　添加投影

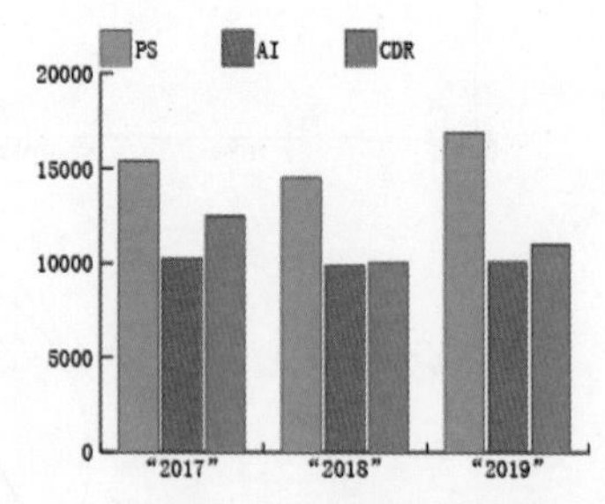

图11-13　在顶部添加图例

- **选项**：该选项组中包括“列宽”和“簇宽度”两个选项，“列宽”表示柱形图各柱形的宽度，“簇宽度”表示柱形图各簇的宽度。下面是将“列宽”和“簇宽度”设置为不同百分比时的显示效果，如图11-14所示。

柱形、堆积柱形、条形和堆积条形图表的参数设置非常相似，这里不再详细讲解，读者可以自己练习一下。但折线、散点和雷达图表的“选项”选项组是不同的，如图11-15所示。这里再讲解一下这些不同的参数。

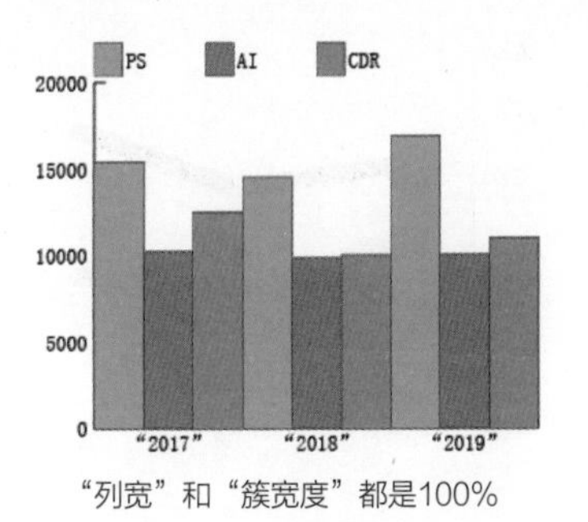

"列宽"和"簇宽度"都是100%

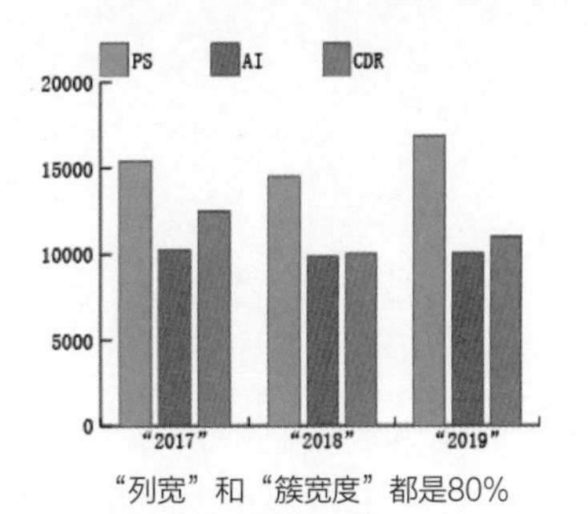

"列宽"和"簇宽度"都是80%

图11-14 不同的"列宽"和"簇宽度"效果

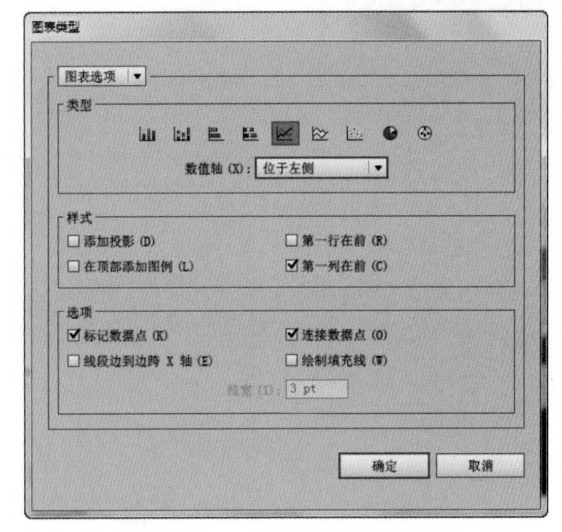

图11-15 "图表类型"对话框

其中的不同参数含义如下。

- **标记数据点：**勾选该复选框，可以在数值位置出现标记点，以便更清楚地查看数值，效果如图11-16所示。
- **线段边到边跨X轴：**勾选该复选框，可以将线段的边缘延伸到X轴上，否则将远离X轴，效果如图11-17所示。

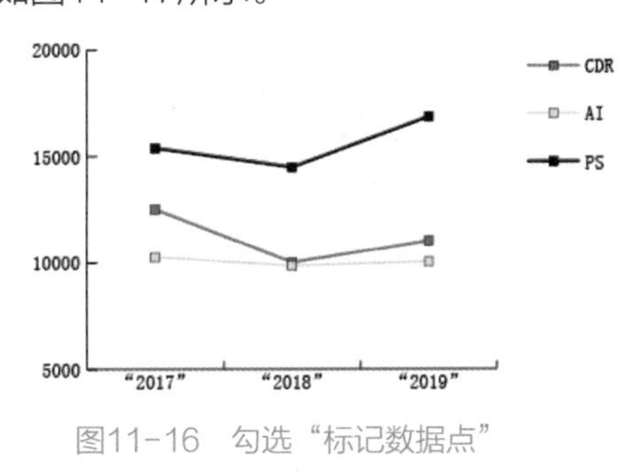

图11-16 勾选"标记数据点"

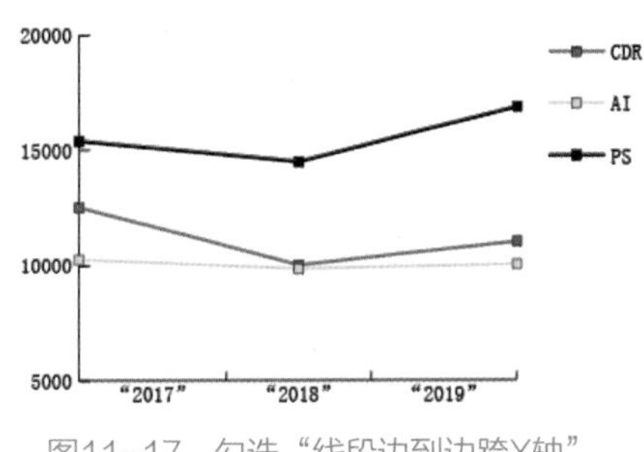

图11-17 勾选"线段边到边跨X轴"

- **连接数据点：**勾选该复选框，会将数据点之间使用线连接起来，否则不连接数据线。不勾选该复选框效果如图11-18所示。
- **绘制填充线：**只有勾选了"连接数据点"复选框，此项才可以应用。勾选该复选框，连接线将变成填充效果，可以在"线宽"右侧的文本框中输入数值，以指定线宽。将"线宽"设置为5pt，效果如图11-19所示。

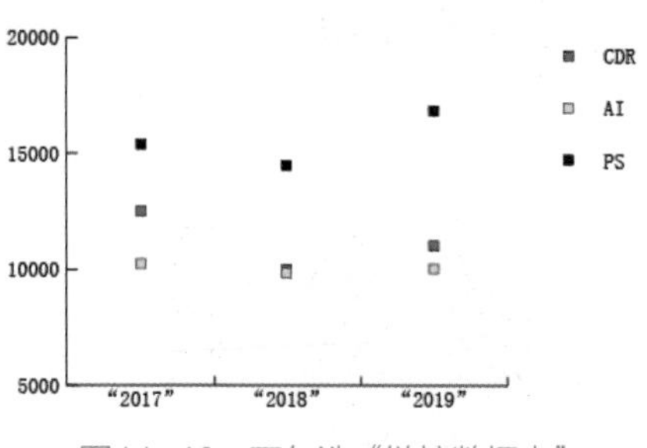

图11-18 不勾选“链接数据点”

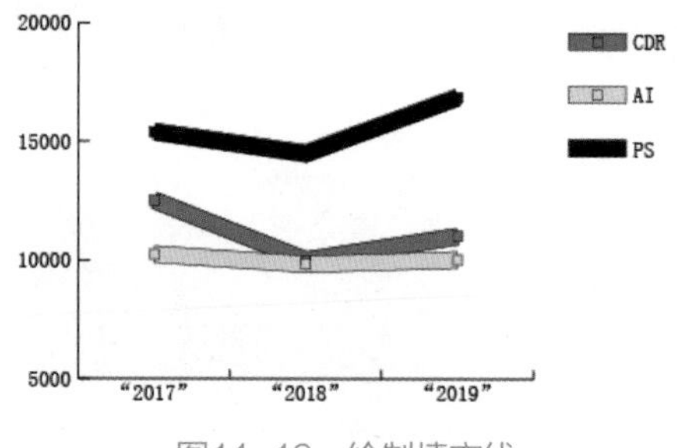

图11-19 绘制填充线

11.2.2 调整数据轴

在“图表类型”下拉列表中选择“数值轴”选项，此时会显示“数据轴”对应的参数，如图11-20所示。

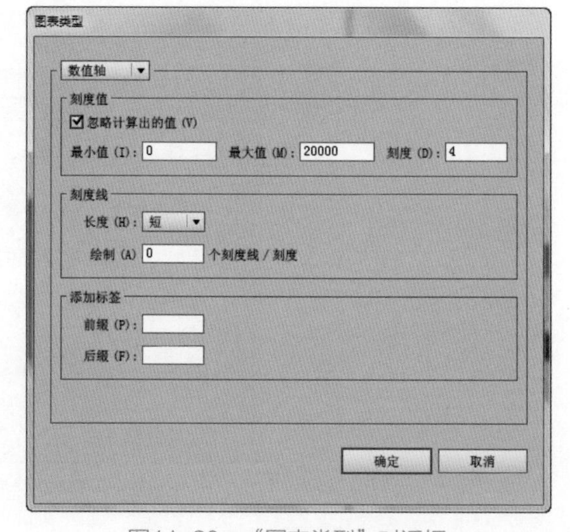

图11-20 “图表类型”对话框

其中的参数含义如下。

- **刻度值：**定义数据坐标轴的刻度数值。在默认情况下，“忽略计算出的值”复选框不被勾选，其他3个选项处于不可用状态。勾选“忽略计算出的值”复选框的同时激活其下的3个选项。如图11-21所示为“最小值”为300，“最大值”为30000，“刻度”为10的图表显示效果。
- **最小值：**设置图表最小刻度值，也就是原点的数值。
- **最大值：**设置图表最大刻度值。
- **刻度：**设置在最大值与最小值之间分成几部分。这里要特别注意，如果输入的数值不能被最大值减去最小值得到的数值整除，将出现小数。

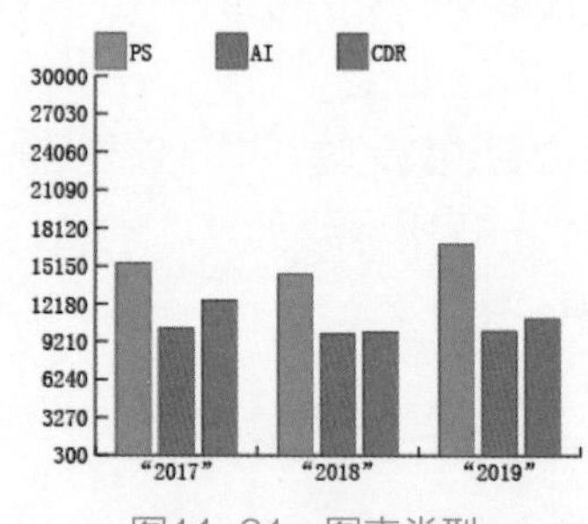

图11-21 图表类型

- **刻度线：**在“刻度线”选项组中，“长度”用来控制刻度线的显示效果，包括“无”“短”和“全宽”3个选项。“无”表示在数值轴上没有刻度线；“短”表示在数值轴上显示短刻度线；“全宽”表示在数值轴上显示贯穿整个图表的刻度线。在“绘制”文本框中输入一个数值，可以将数值主刻度分成若干的刻度线。不同刻度线设置效果如图11-22所示。
- **添加标签：**通过在“前缀”和“后缀”文本框中输入文字，可以为数值轴上的数据加上前缀或后缀，效果如图11-23所示。

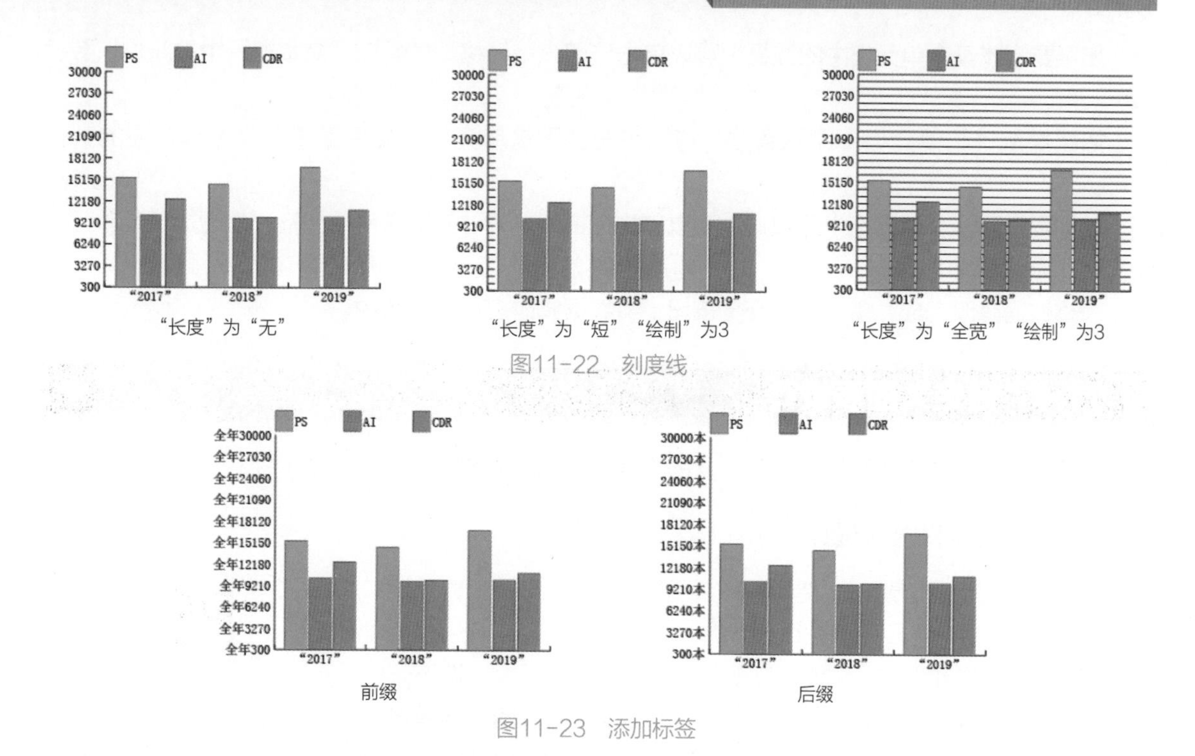

"长度"为"无"　"长度"为"短""绘制"为3　"长度"为"全宽""绘制"为3

图11-22　刻度线

前缀　后缀

图11-23　添加标签

11.2.3 调整类别轴

在"图表类型"下拉列表中还有"类别轴"选项，它与"数值轴"选项中的"刻度线"设置方法相同。

11.3　重新编辑图表数据

在Illustrator CC中可以重新编辑已经生成的图表数据，选择需要更改数据的图表，执行菜单"对象"/"图表"/"数据"命令，或在图表上单击鼠标右键，在弹出的菜单中选择"数据"命令，打开"图表数据"输入框，对数据重新进行编辑修改，如图11-24所示。

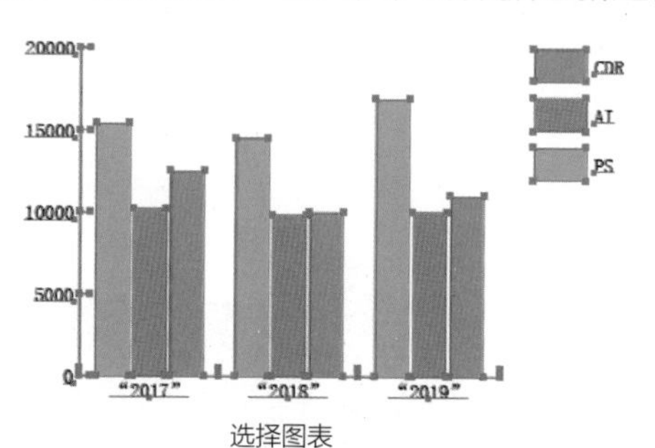

选择图表

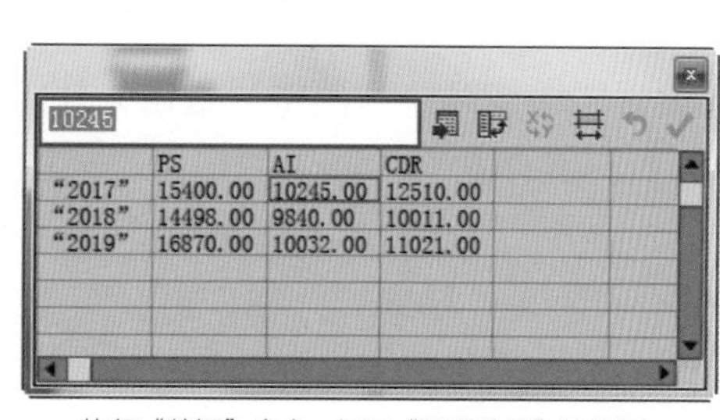

10245

	PS	AI	CDR
"2017"	15400.00	10245.00	12510.00
"2018"	14498.00	9840.00	10011.00
"2019"	16870.00	10032.00	11021.00

执行"数据"命令，打开"图表数据"输入框

图11-24　打开数据

如果要输入新的数据，可以选取一个空白单元格，再向"文本框"中输入新的数据，按Enter键确定向单元格中输入数据并且下移一个单元格。

如果要移动某个单元格中的数据，可以单击选取该单元格，然后按Ctrl+X键，将内容剪切，最后在需要的单元格中单击并按Ctrl+V键，将内容粘贴过来。

如果要修改某个单元格中的数据，可以单击选取该单元格，然后在“文本框”中重新输入数据即可。

如果要从一个单元格中删除数据，可以单击选取该单元格，然后删除“文本框”中的数据即可。

如果要删除多个单元格中的数据，可以首先用拖动的方法选取这些单元格，然后执行菜单“编辑”/“清除”命令即可。

表格数据修改完成，单击“提交”按钮，将数据修改应用到图表中。

11.4 自定义图表设计

对于图表中的图形，可以通过自定义的方式进行自行制作。

上机实战 自定义图表设计

STEP 1 打开“图表”素材，使用“矩形工具”绘制一个青色矩形，在上面输入文字PS，如图11-25所示。

图11-25 绘制矩形并输入文字

STEP 2 选择矩形和文字，执行菜单“对象”/“图表”/“设计”命令，打开“图表设计”对话框，单击“新建设计”按钮，再单击“重命名”按钮，重新命名后单击“确定”按钮，如图11-26所示。

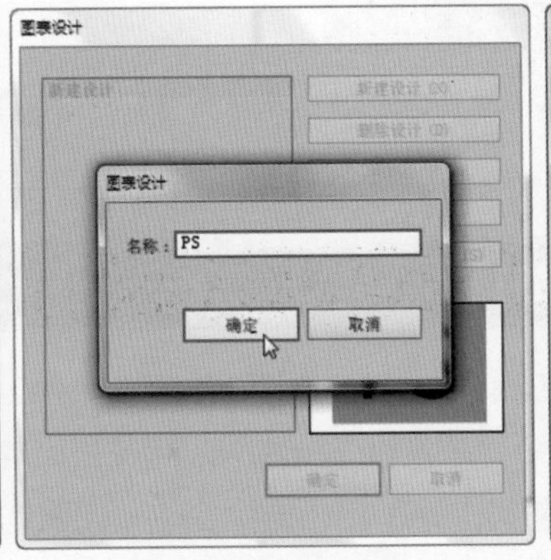

图11-26 图表设计

STEP 3 设置完毕后单击“确定”按钮，使用“编组选择工具”选择图表中的青色柱形，如图11-27所示。

STEP 4 执行菜单“对象”/“图表”/“柱形图”命令，在弹出的“图表列”对话框中设置参数，如图11-28所示。

STEP 5 设置完毕后单击“确定”按钮，效果如图11-29所示。

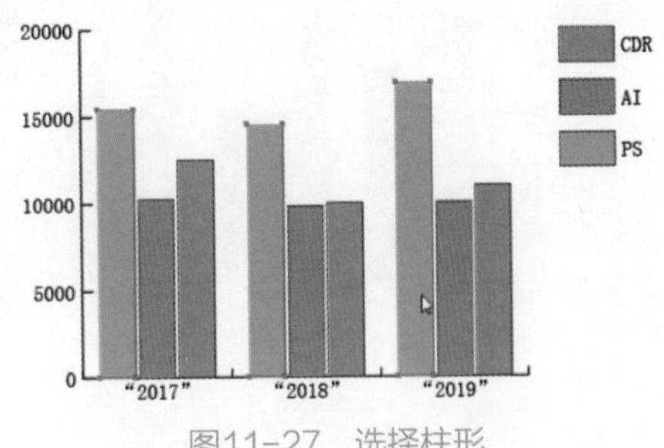

图11-27 选择柱形

图11-28　“图表列”对话框

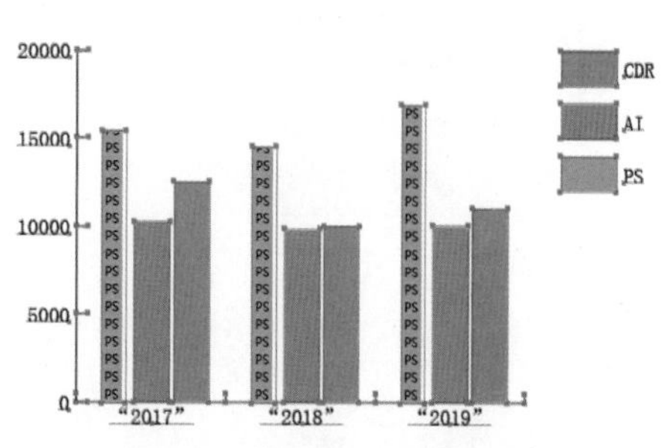

图11-29　自定义的图表

11.5　综合练习：图表背景设计

由于篇幅所限，综合练习只介绍技术要点和制作流程，具体的操作步骤请观看视频教程学习。

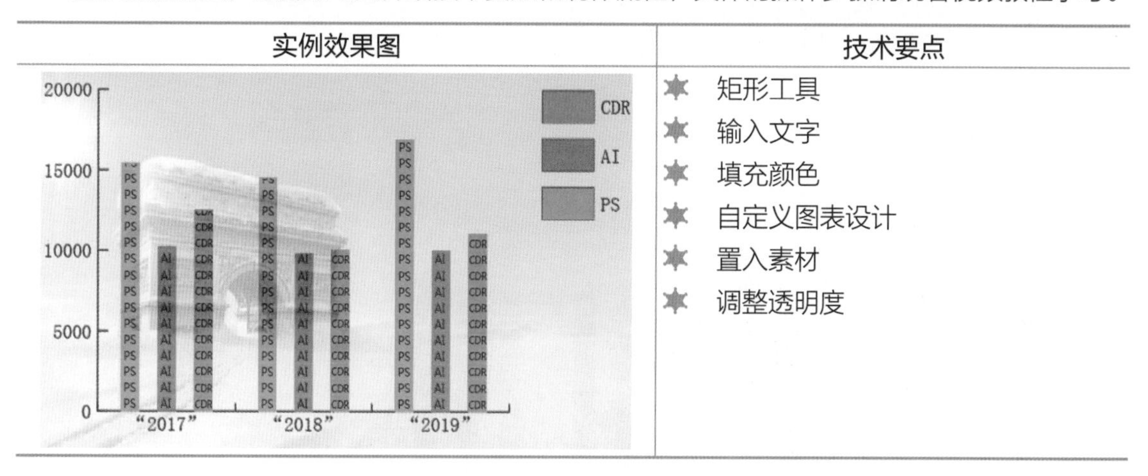

实例效果图	技术要点
	矩形工具 输入文字 填充颜色 自定义图表设计 置入素材 调整透明度

操作流程：

PS　AI　CDR

STEP 1 打开“图表”素材，绘制矩形和输入文字。

STEP 2 分别新建图表设计。

STEP 3 创建图表列。

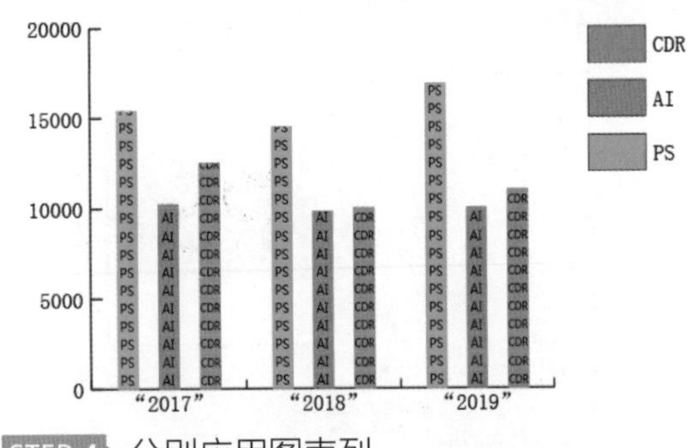

STEP 4 分别应用图表列。

STEP 5 置入“雪”素材，调整大小和位置。

STEP 6 设置不透明度。

STEP 7 至此本例制作完毕。

11.6 练习与习题

1. 练习

创建各种图标。

2. 习题

在Illustrator CC中如果在“图表数据”输入框中同时包含数据类别和数据图例，________一定要空着，不能填充任何数据，否则系统将无法识别。

第12章

效果应用

本章介绍了Illustrator CC中效果的使用方法，在其中不但包含相应的效果命令，比如3D效果、扭曲和变换效果、风格化效果等，而且还有Photoshop中的一些滤镜效果，让大家了解在矢量图中仍然可以应用一些效果，以此来产生非常绚丽的视觉效果。

12.1 效果菜单

“效果”菜单为用户提供了许多特效功能，可以让Illustrator CC处理图形变得更加丰富，如图12-1所示。在“效果”菜单中大体可以根据分隔线将其分为4部分。第1部分由两个命令组成，前一个命令是重复使用上一个“效果”命令，后一个命令是打开上次应用的“效果”对话框，在其中可以快速调整参数以改变效果；第2部分用来设置将矢量图转换为位图；第3部分主要是针对矢量图的Illustrator效果；第4部分主要是类似Photoshop效果，主要应用在位图中，也可以应用在矢量图中。

图12-1 “效果”菜单

技 巧

应用“效果”菜单中的命令后，可以在“外观”面板中对其重新设置参数；“效果”菜单中的命令不但可以应用于矢量图，还可以应用于位图。

12.2 文档栅格效果设置及栅格化

无论是否应用栅格化效果，Illustrator CC都会使用文档的栅格化效果设置来确定图像的最终分辨率，这些设置对最终图稿的效果有很大的影响。因此，在使用“效果”之前，都应先检查一下文档栅格效果设置。执行菜单“效果”/“文档栅格效果设置”命令，可以打开“文档栅格效果设置”对话框，如图12-2所示。

其中的参数含义如下。

- **颜色模型：**指定栅格化处理图形使用的颜色模式，包括RGB、CMYK和位图3种模式。
- **分辨率：**指定栅格化图形中每一寸图形上的像素数目。一般来说，网页图像的分辨率为

72ppi；一般打印图像的分辨率为150ppi；打印精美画册的分辨率为300ppi。根据使用的不同，可以选择不同的分辨率，也可以直接在“其他”文本框中输入一个需要的分辨率。

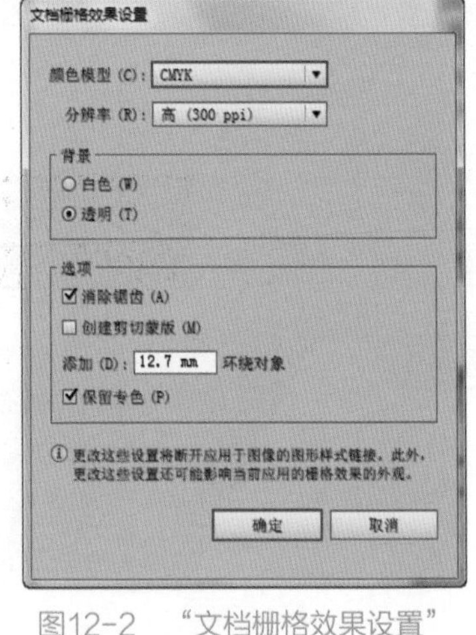

图12-2 “文档栅格效果设置”对话框

- **背景：**指定矢量图转换为位图时空白区域的显示方式。选中“白色”单选按钮，用白色来填充图形的空白区域；选中“透明”单选按钮，将图形的空白区域转换为透明效果，并制作出一个Alpha通道，如果将图形转存到Photoshop软件中，这个Alpha通道将被保留下来。
- **消除锯齿：**在栅格化时消除位图边缘的锯齿效果。
- **创建剪切蒙版：**勾选该复选框，可以为栅格化图像创建一个透明背景。
- **添加：**指定在光栅化后图形周围出现的环绕对象的范围大小。
- **保留专色：**可保留专色栅格化和专用色着色的灰度图像。

置入一个矢量图，执行菜单“效果”/“栅格化”命令，在打开的对话框中设置参数，单击“确定”按钮，效果如图12-3所示。

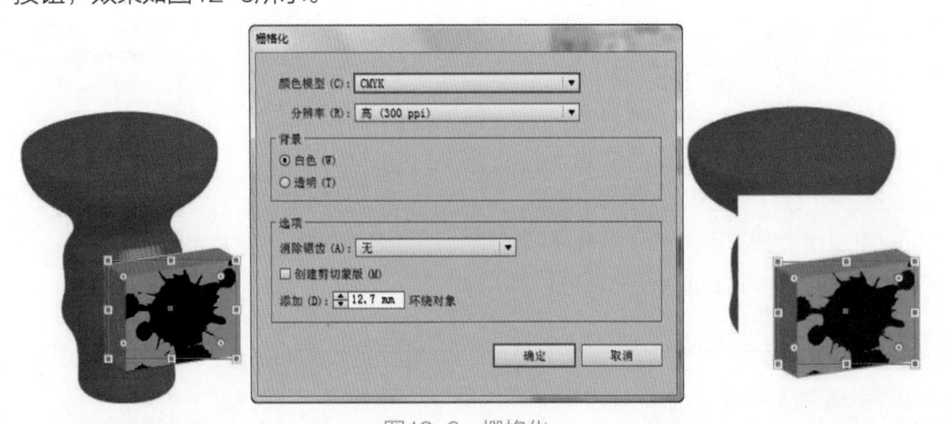

图12-3 栅格化

技 巧

执行菜单“对象”/“栅格化”命令后的位图是不可逆的，只有通过“返回”命令才能恢复；执行菜单“效果”/“栅格化”命令后的位图是可逆的，在“外观”面板中可以通过将其删除来恢复原来效果。

12.3 3D 效果

3D效果包括“凸出和斜角”“绕转”和“旋转”3种特效，利用这些命令可以将二维平面对象制作成三维立体效果。

12.3.1 凸出和斜角

“凸出和斜角”效果主要是通过增加二维图形的Z轴纵深来创建三维效果，也就是将二维平面图形以增加厚度的方式制作出三维图形效果。应用方法是绘制一个矢量图形，执行菜单“效果”/“3D”/“凸出和斜角”命令，打开“3D凸出和斜角选项”对话框，在该对话框中可以对凸出和斜角进行详细的设置，如图12-4所示。

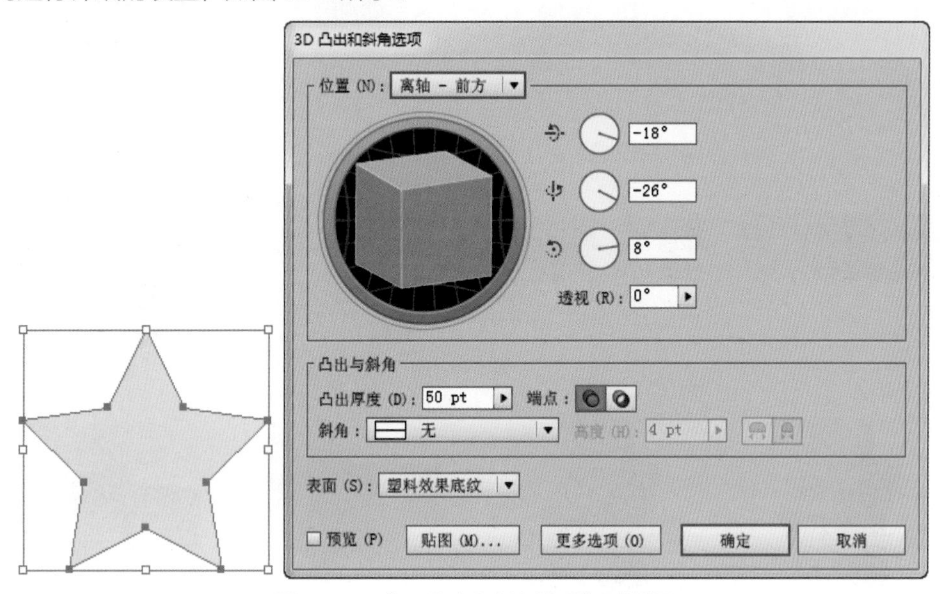

图12-4 “3D凸出和斜角选项”对话框

其中的参数含义如下。

- **位置：** 控制三维图形的不同视图位置，可以使用默认的预设位置，也可以通过调整参数值来更改，位置区域的参数如图12-5所示。

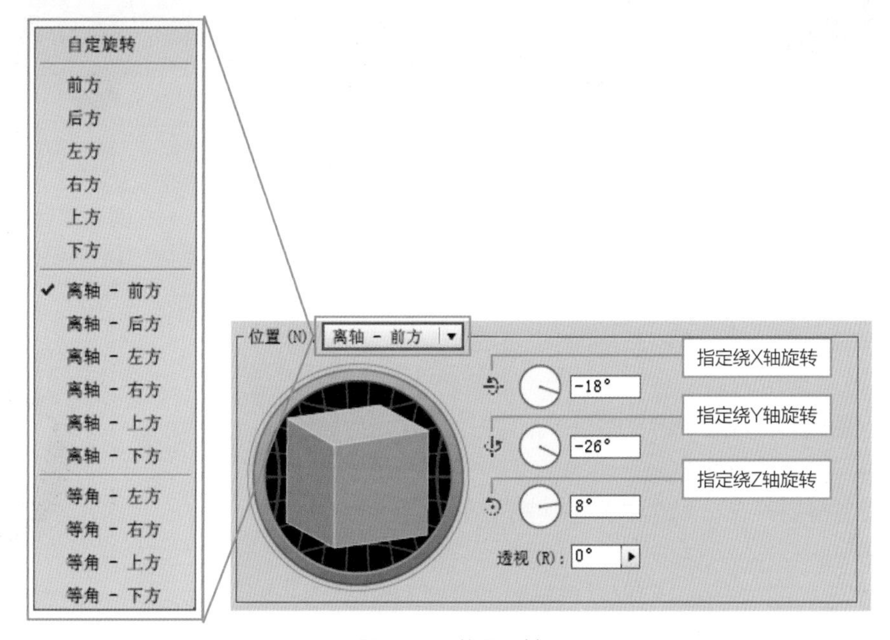

图12-5 位置区域

- **预设**：从该下拉列表中可以选择一些预设的位置，共包括16种默认位置显示，效果如12-6所示。

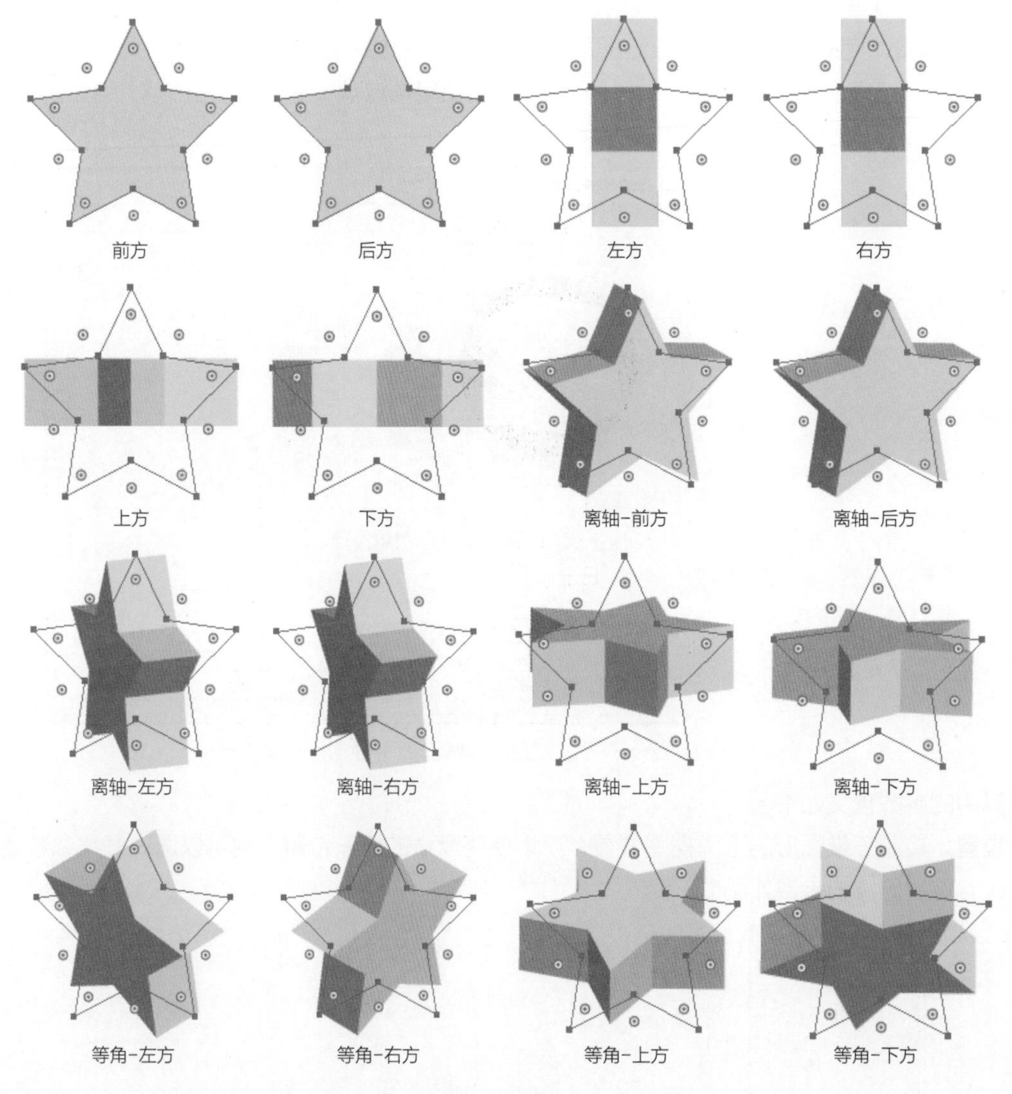

图12-6 预设位置

- **手动调整**：如果不想使用默认的位置，还可以通过“自定旋转”来调整位置，方法是移动鼠标指针到调整区上，按下鼠标调整此区域的立方体即可，如图12-7所示。
- **指定绕X轴旋转**：在右侧的文本框中指定三维图形沿X轴旋转的角度。
- **指定绕Y轴旋转**：在右侧的文本框中指定三维图形沿Y轴旋转的角度。
- **指定绕Z轴旋转**：在右侧的文本框中指定三维图形沿Z轴旋转的角度。
- **透视**：指定视图的方位，可以从右侧的下拉列表中选择一个视图角度，也可以直接输入一个角度值。

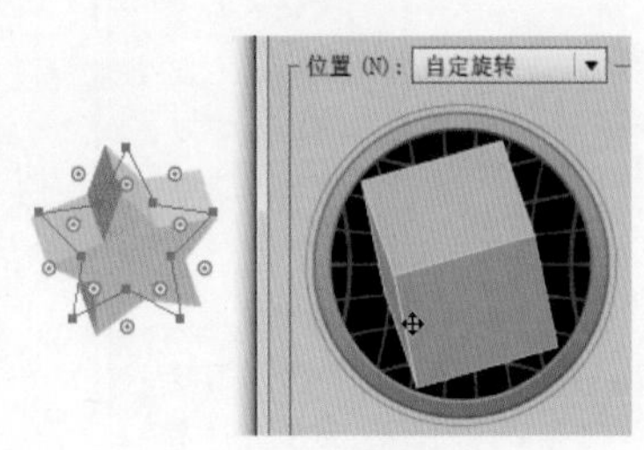

图12-7 手动调整

✱ **凸出与斜角：**设置三维图形的凸出厚度、端点、斜角和高度等，制作出不同厚度或带有不同斜角效果的三维图形。“凸出与斜角”选项组如图12-8所示。

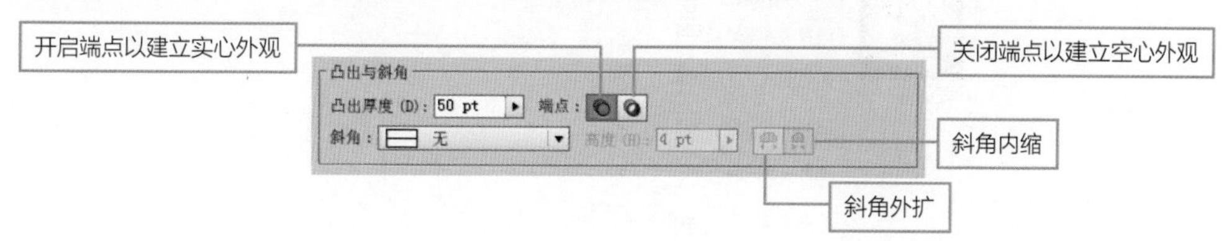

图12-8　凸出与斜角

✱ **凸出厚度：**控制三维图形的厚度，取值范围为0～2000pt，如图12-9所示。

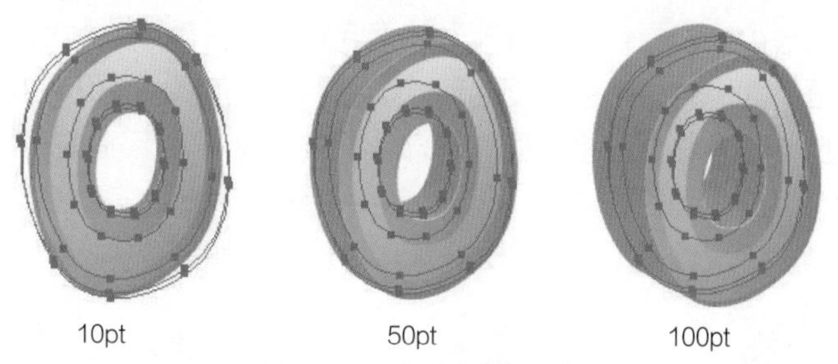

图12-9　不同的凸出厚度

✱ **开启端点以建立实心外观：**控制三维图形为实心效果，如图12-10所示。

✱ **关闭端点以建立空心外观：**控制三维图形为空心效果，如图12-11所示。

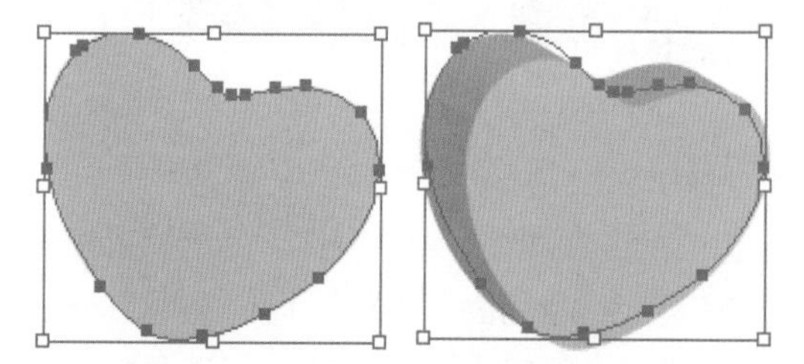

图12-10　开启端点以建立实心外观

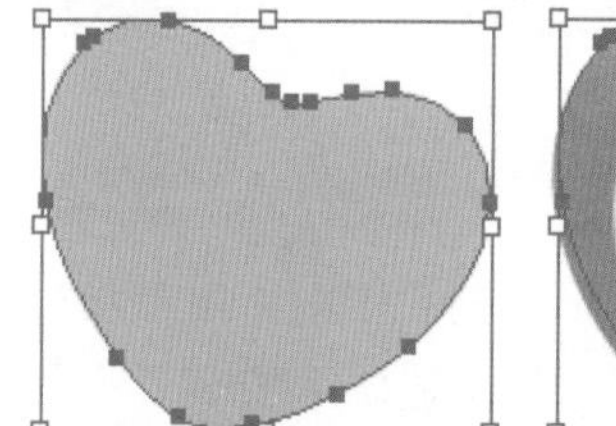
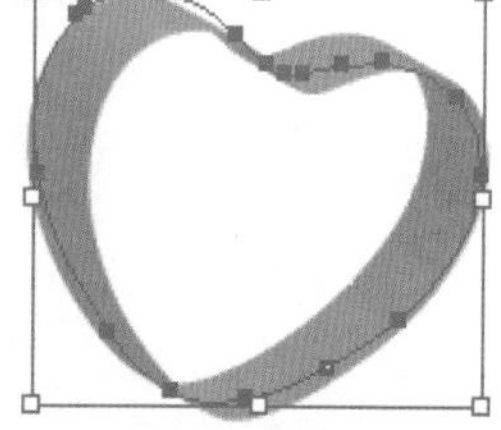

图12-11　关闭端点以建立空心外观

✱ **斜角：**为三维图形添加斜角效果。在右侧的下拉列表中提供了11种斜角，可以通过“高度”来控制斜角的高度，还可以通过“斜角外扩”按钮，将斜角添加到原始对象，或通过“斜角内缩”按钮，从原始对象中减去斜角，其中的几种斜角效果如图12-12所示。

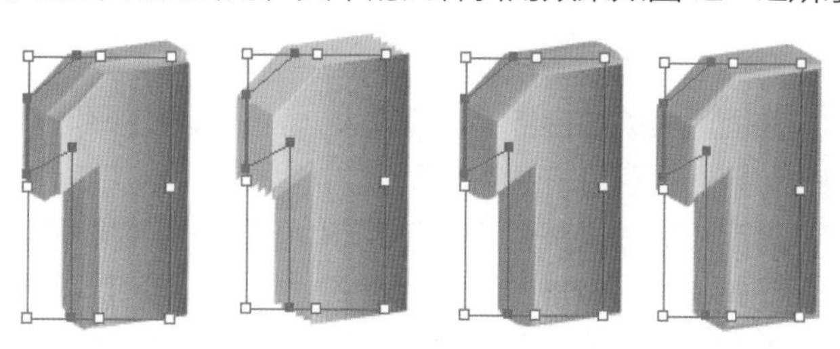

图12-12　斜角

✱ **表面区域：**在“3D凸出和斜角选项”对话框中单击“更多选项”按钮，可以展开“表面”选项组，此区域不但可以应用预设的表面效果，还可以根据自己的需要重新调整三维图形的显示效果，如光源强度、环境光、高光强度和底纹颜色等，如图12-13所示。

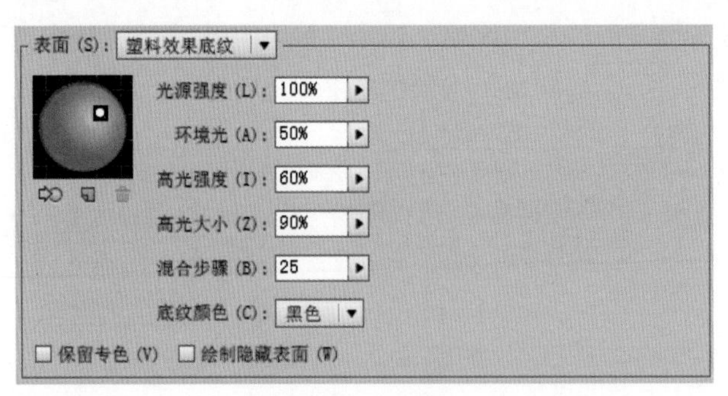

图12-13　表面

- **表面：**在右侧的下拉列表中提供了“线框”“无底纹”“扩散底纹”和“塑料效果底纹”表面预设效果。“线框”表示将图形以线框的形式显示；“无底纹”表示三维图形没有明暗变化，整体图形颜色灰度一致，看上去是平面效果；“扩散底纹”表示三维图形有柔和的明暗变化，但并不强烈，可以看出三维图形效果；“塑料效果底纹”表示为三维图形增加强烈的光线明暗变化，让三维图形显示一种类似塑料的效果。4种不同的表面预设效果如图12-14所示。

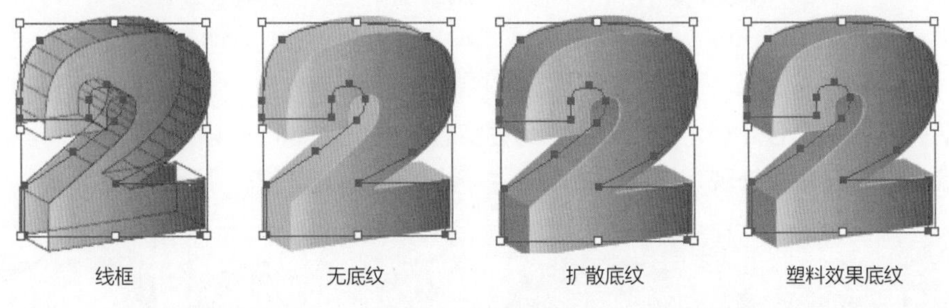

图12-14　表面预设

- **光源控制区：**该区域主要用来手动拉制光源的位置、添加或删除光源等操作。使用鼠标拖动光源，可以修改光源的位置；单击“将所选光源移动到对象后面”按钮，可以将所选光源移动到对象后面；单击“新建光源”按钮，可以创建一个新的光源；选择一个光源后，单击“删除光源”按钮，可以将选取的光源删除。
- **光源强度：**控制光源的亮度。值越大，光源的亮度也就越大。
- **环境光：**控制周围环境光线的亮度。值越大，周围的光线越亮。
- **高光强度：**控制对象高光位置的亮度。值越大，高光越亮。
- **高光大小：**控制对象高光点的大小。值越大，高光点越大。
- **混合步骤：**控制对象表面颜色的混合步数。值越大，表面颜色越平滑。
- **底纹颜色：**控制对象背阴的颜色，一般常用黑色。
- **保留专色和绘制隐藏表面：**勾选这两个复选框，可以保留专色和绘制隐藏的表面。
- **贴图：**为三维图形的面贴上一张图片，以制作出更加理想的三维图形效果，这里的贴图使用的是符号，所以要使用贴图命令。首先要根据三维图形的面设计好不同的贴图符号，以便使用。在“3D凸出和斜角选项”对话框中单击“贴图”按钮，打开“贴图”对话框，在该对话框中可以对三维图形进行贴图设置，如图12-15所示。

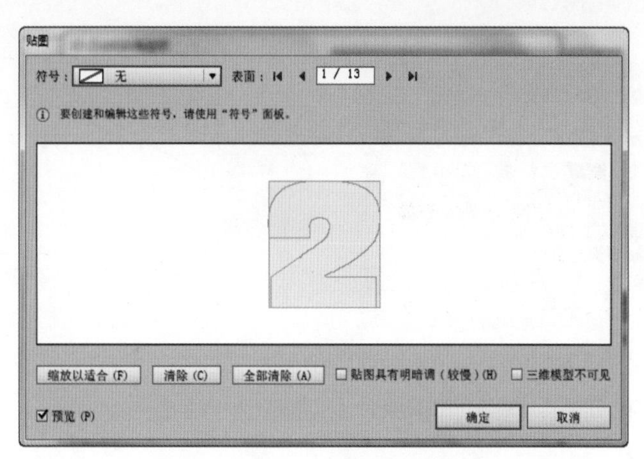

图12-15 “贴图”对话框

★ **符号：**从右侧的下拉列表中可以选择一个符号，作为三维图形当前选择面的贴图。这里的选项与“符号”面板中的符号相对应，所以在使用贴图之前，首先要确定“符号”面板中是否有需要的符号。

★ **表面：**指定当前选择的面以进行贴图。在右侧的文本框中显示当前选择的面和三维对象的面数。比如显示1/13，表示当前三维对象的总面数为13个面，当前选择的面为第1个面。如果想选择其他的面，可以单击后面的切换按钮来切换，如果在切换时勾选了“预览”复选框，可以在当前文档的三维图形中看到选择的面，该选择面将以红色的边框突出显示。

★ **贴图预览区：**用来预览贴图和选择面的效果，可以像变换图形一样，在该区域对贴图进行缩放和旋转等操作，以制作出更加适合选择面的贴图效果。

★ **缩放以适合：**单击此按钮，可以强制贴图大小与当前选择面的大小相同，也可以直接按F键。

★ **清除：**单击此按钮，可以将当前面的贴图效果删除，也可以按C键。

★ **全部清除：**单击此按钮，可以将设置的贴图效果全部删除，也可以按A 键。

★ **贴图具有明暗调(较慢)：**勾选该复选框，贴图会根据当前三维图形的明暗效果自动融合，制作出更加真实的贴图效果。不过应用该项会增加文件的大小，也可以按H键应用或取消贴图具有明暗调整的使用。

★ **三维模型不可见：**勾选该复选框，文档中的三维模型将被隐藏，只显示选择面的红色边框效果，这样可以加快计算机的显示速度，但会影响查看整个图形的效果。

上机实战 创建贴图

STEP 1 新建空白文档，在页面中输入一个数字2，按Ctrl+Shift+O键将文本创建轮廓，如图12-16所示。

STEP 2 在“色板”面板中选择一个渐变色，单击后为数字填充渐变色，效果如图12-17所示。

STEP 3 执行菜单“效果”/“3D” /“凸出和斜角”命令，打开“3D凸出和斜角选项”对话框，单击“贴图”按钮，打开“贴图”对话框，设置“表面”为7/13，如图12-18所示。

图12-16 输入文字并创建轮廓

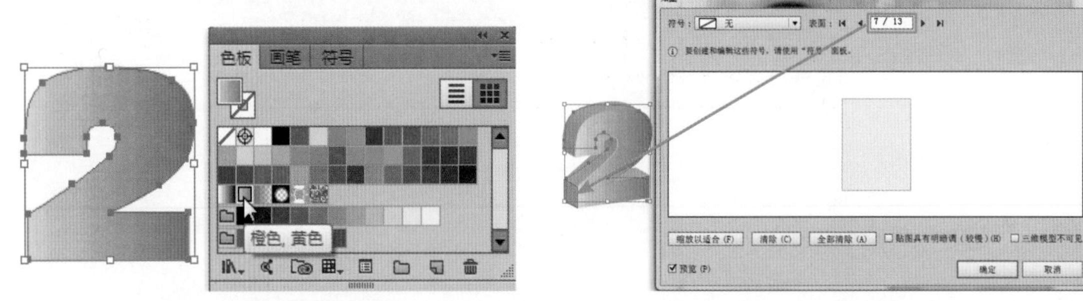

图12-17　填充渐变色　　　　图12-18　设置表面

STEP 4 在“符号”下拉列表中选择“非洲菊”，如图12-19所示。

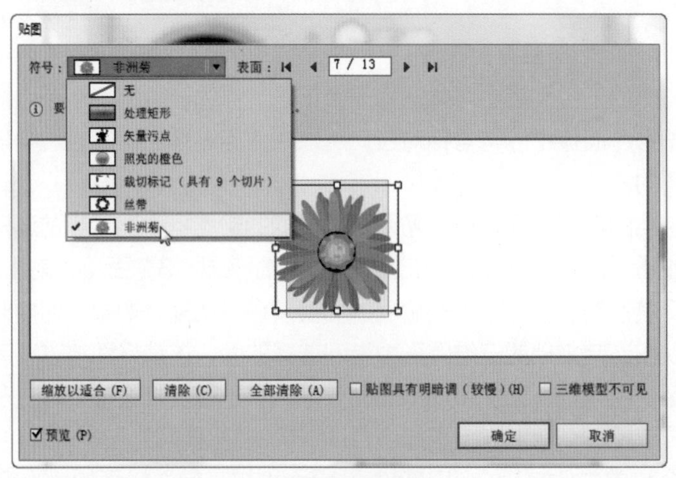

图12-19　设置符号

STEP 5 设置“表面”为4/13，在“符号”下拉列表中选择“非洲菊”，如图12-20所示。

STEP 6 设置完毕后单击“确定”按钮，返回到“3D凸出和斜角选项”对话框中，单击“确定”按钮，效果如图12-21所示。

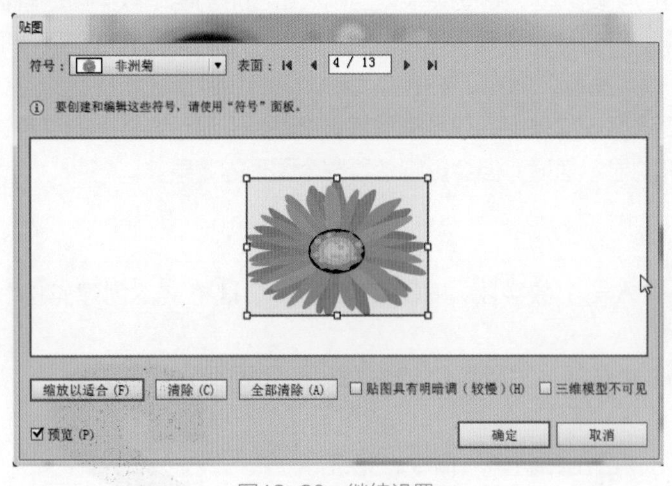

图12-20　继续设置

图12-21　贴图后效果

12.3.2 绕转

“绕转”效果可以将选择图形的轮廓沿指定的轴向进行旋转，从而产生三维图形。绕转的对象可以是开放的路径，也可以是封闭的图形。输入文字并创建轮廓，执行菜单“效果”/ 3D /“绕转”命令，打开“3D绕转选项”对话框，如图12-22所示。

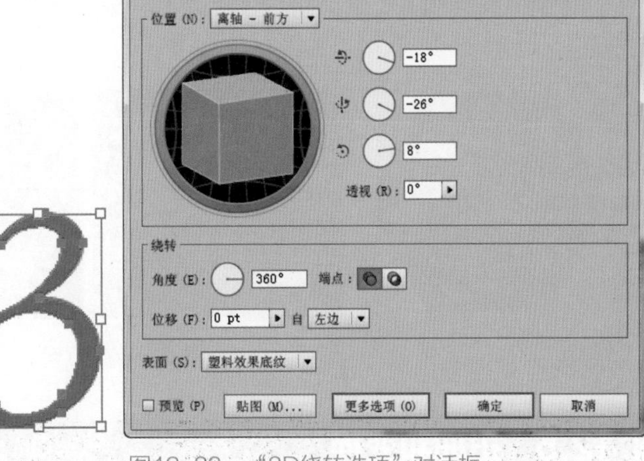

图12-22 “3D绕转选项”对话框

其中的参数含义如下。

- **角度：**设置绕转对象的旋转角度，取值范围为0° ~360° 。可以通过滑动右侧的指针来修改角度，也可以直接在文本框中输入需要的绕转角度值。当输入360° 时，完成三维图形的绕转；当输入的值小于360° 时，将不同程度地显示出未完成的三维效果，如图12-23所示。
- **端点：**控制三维图形为实心还是空心效果。单击“开启端点以建立实心外观”按钮，可以制作实心图形；单击“关闭端点以建立空心外观”按钮，可以制作空心图形，如图12-24所示。

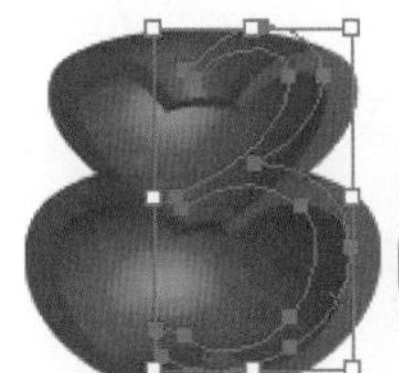
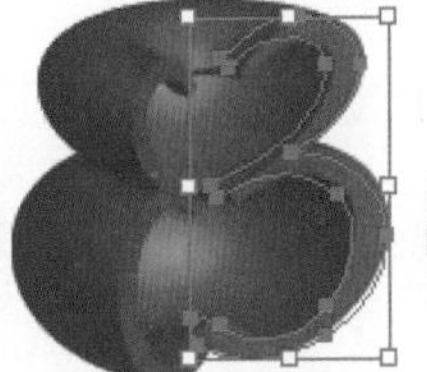
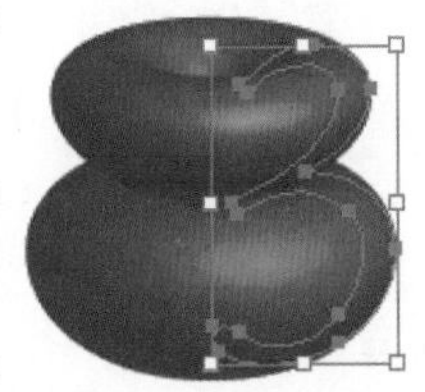

图12-23 不同角度效果

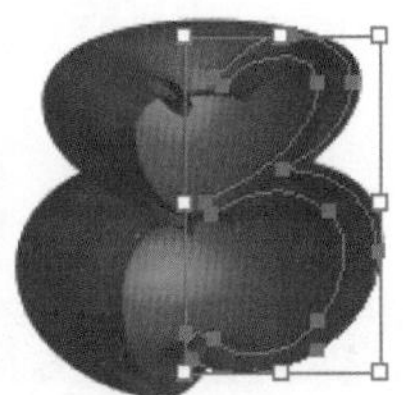

图12-24 实心与空心外观

- **位移：**设置离绕转轴的距离，值越大，离绕转轴就越远，如图12-25所示。

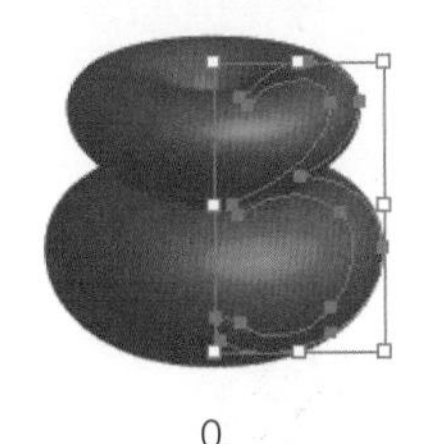
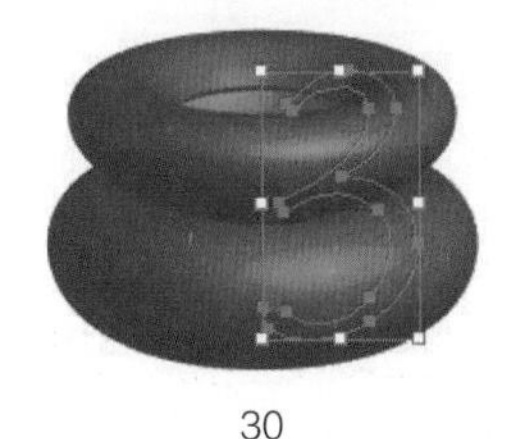
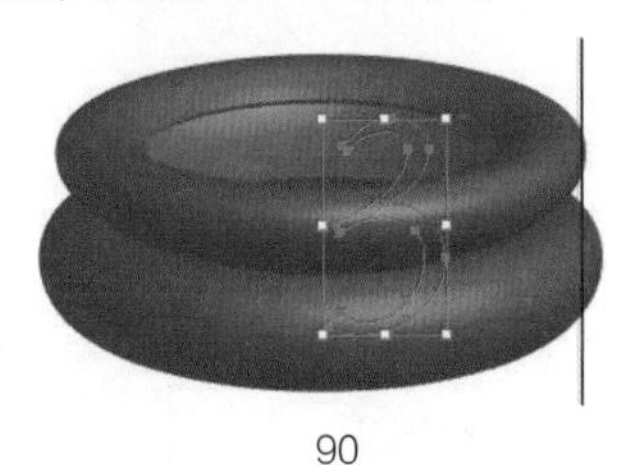

0 30 90

图12-25 不同位移值

- **自：**设置围绕轴的位置，分为左边和右边，如图12-26所示。

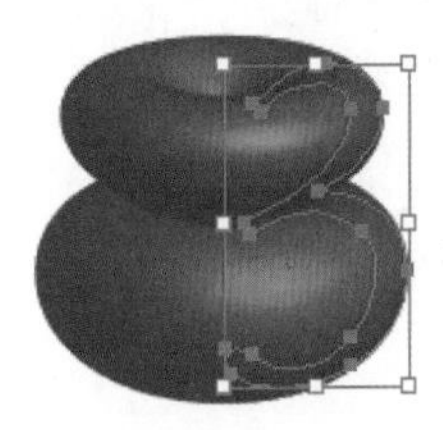
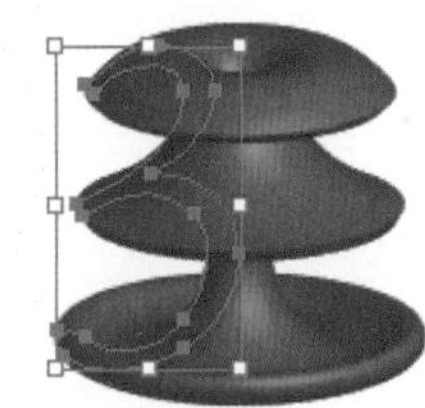

左边 右边

图12-26 左边和右边

12.3.3 旋转

“旋转”效果可以将一个二维图形模拟在三维空间中变换，以制作出三维空间效果。它的参数与前面讲解的“凸出和斜角”的参数相同。

12.4 转换为形状

“转换为形状”子菜单中的命令可以将绘制的图形转换为矩形、圆角矩形或椭圆，如图12-27所示。

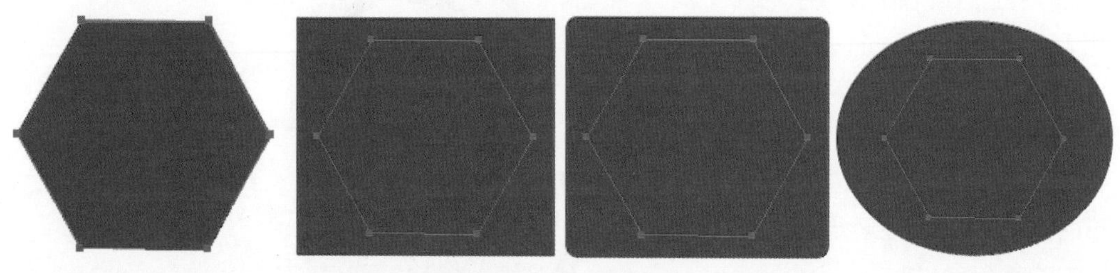

图12-27 转换为形状

12.5 扭曲和变换

“扭曲和变换”效果命令主要用来变形图形的外观，其中包括“变换”“扭拧”“扭转”“收缩和膨胀”“波纹效果”“粗糙化”和“自由扭曲”7种效果。

12.5.1 变换

“变换”是一个综合性的变换命令，它可以同时对图形对象进行缩放、移动、旋转和对称等多项操作。选择要变换的图形，执行菜单“效果”/“扭曲和变换”/“变换”命令，即可打开“变换效果”对话框，在其中可以对图形进行相应的变换设置，其变换效果与执行菜单“对象”/“变换”/“分别变换”命令一致。

12.5.2 扭拧

“扭拧”效果以锚点为基础，将锚点从原图形对象上随机移动，并对图形对象进行随机的扭曲变换。因为这个效果应用于图形时带有随机性，所以每次应用所得到的扭拧效果会有一定的差别。选择一个图形，执行菜单“效果”/“扭曲和变换”/“扭拧”命令，打开“扭拧”对话框，设置参数后单击“确定”按钮，效果如图12-28所示。

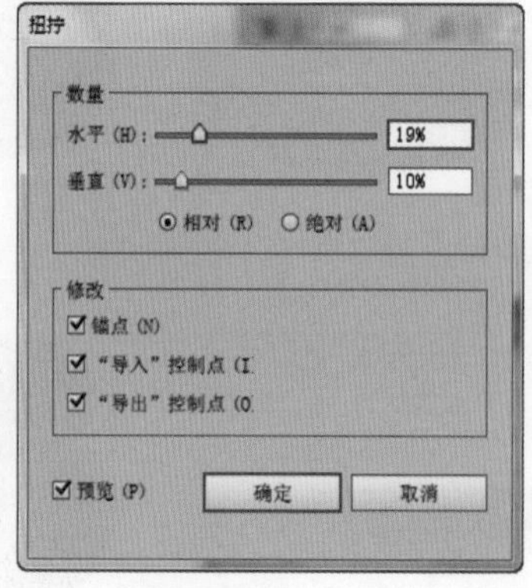

图12-28 扭拧

其中的参数含义如下。

- **数量：**利用“水平”和“垂直”两个滑块，可以控制沿水平和垂直方向的扭曲量大小；也可以直接在后面的文本框中输入百分比。选中“相对”单选框，表示扭曲量以百分比为单位，对图形进行相对扭曲；选中“绝对”单选框，表示扭曲量以绝对数值mm(毫米)为单位，对图形进行绝对扭曲。
- **锚点：**控制描点的移动。勾选该复选框，扭拧图形时将移动图形对象路径上的锚点位置；取消勾选该复选框，扭拧图形时将不移动图形对象路径上的描点位置。
- **“导入”控制点：**控制移动路径上的进入锚点的控制点。
- **“导出”控制点：**控制移动路径上的离开锚点的控制点。

12.5.3 扭转

“扭转”是指沿选择图形的中心位置将图形进行扭转变形。选择图形，执行菜单“效果”/“扭曲和变换”/“扭转”命令，打开“扭转”对话框，设置参数后单击“确定”按钮，效果如图12-29所示。

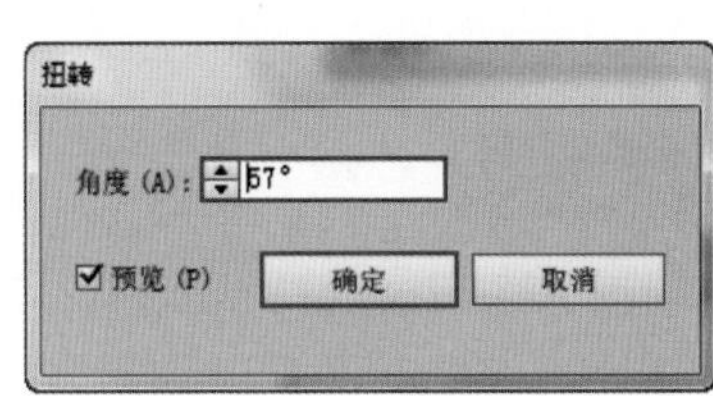

图12-29　扭转

其中的参数含义如下。

- **“角度”：**值越大，表示扭转的程度越大。如果输入的角度值为正值，图形沿顺时针扭转；如果输入的角度值为负值，图形沿逆时针扭转。取值范围为-3600°～3600°。

12.5.4 收缩和膨胀

“收缩和膨胀”可以使选择的图形以它的锚点为基础，向内或向外发生扭曲变形。选择图形，执行菜单“效果”/“扭曲和变换”/“收缩和膨胀”命令，打开“收缩和膨胀”对话框，设置参数后单击“确定”按钮，效果如图12-30所示。

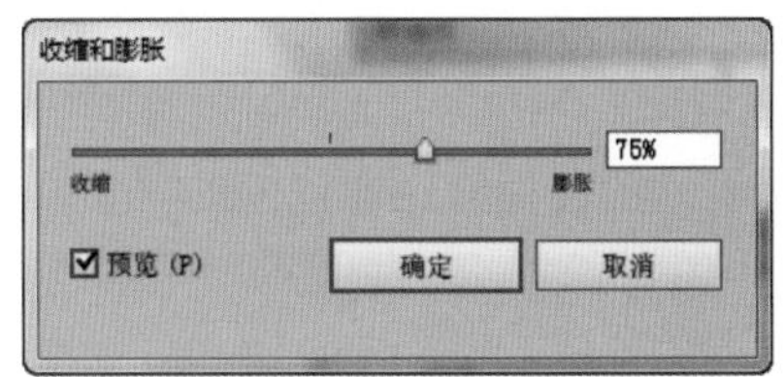

图12-30　收缩和膨胀

其中的参数含义如下。

- **收缩：**控制图形向内的收缩量。当输入的值小于0时，图形表现出收缩效果。输入的值越小，图形的收缩效果越明显，如图12-31所示。

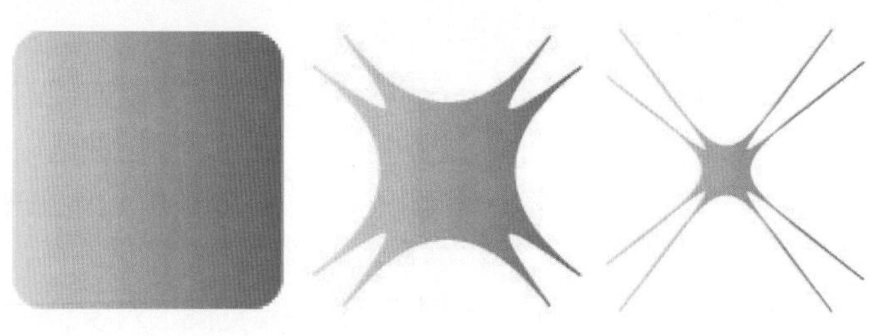

图12-31 收缩

- **膨胀：**控制图形向外的膨胀量。当输入的值大于0时，图形表现出膨胀效果。输入的值越大，图形的膨胀效果越明显，如图12-32所示。

图12-32 膨胀

12.5.5 波纹效果

“波纹效果”是在图形对象的路径上均匀添加若干锚点，然后按照一定的规律移动锚点的位置，形成规则的锯齿波纹效果。选择图形，执行菜单“效果”/“扭曲和变换”/“波纹效果”命令，打开“波纹效果”对话框，设置参数后单击“确定”按钮，效果如图12-33所示。

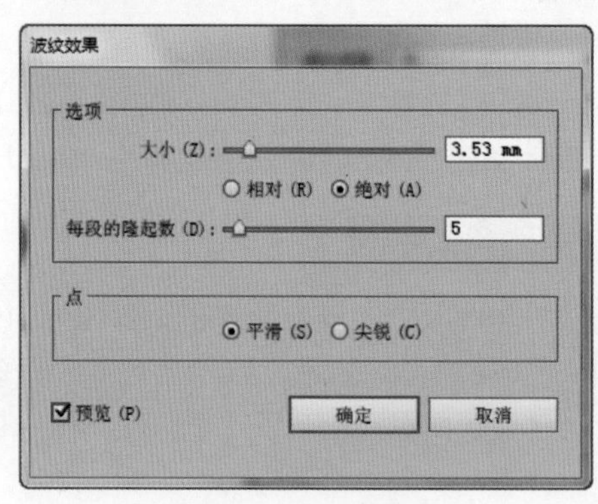

图12-33 波纹效果

其中的参数含义如下。

- **大小：**控制各锚点偏离原路径的扭曲程度。通过拖动“大小”滑块来改变扭曲的数值，值越大，扭曲的程度也就越大。当值为0时，不对图形实施扭曲变形。
- **每段的隆起数：**控制在原图形的路径上均匀添加锚点的个数。通过拖动右侧的滑块来修改数值，也可以在右侧的文本框中直接输入数值。取值范围为0~100。
- **点：**控制锚点在路径周围的扭曲形式。选中“平滑”单选按钮，将产生平滑的边角效果；选中“尖锐”单选按钮，将产生锐利的边角效果。

12.5.6 粗糙化 

“粗糙化”效果是在图形对象的路径上添加若干锚点，然后随机地将这些锚点移动一定的位置，以制作出随机粗糙的锯齿状效果。选择图形，执行菜单“效果”/“扭曲和变换”/“粗糙化”命令，打开“粗糙化”对话框，设置参数后单击“确定”按钮，效果如图12-34所示。

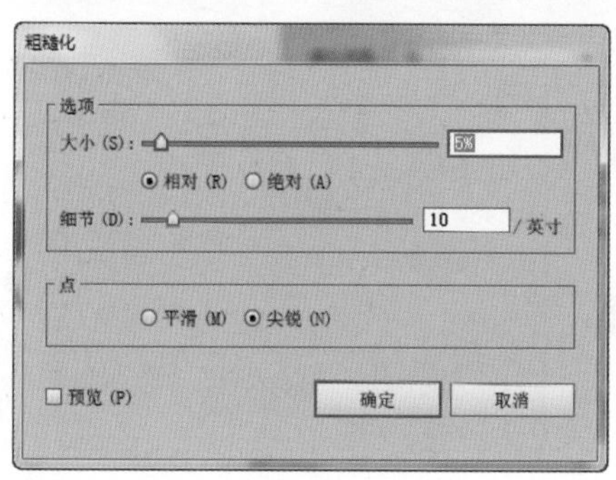

图12-34 粗糙化

其中的参数含义如下。

- **细节：**控制在原图形的路径上均匀添加锚点的个数。通过拖动右侧的滑块来修改数值，也可以在右侧的文本框中直接输入数值。取值范围为0～100。

12.5.7 自由扭曲

“自由扭曲”命令与工具箱中的“自由变形工具”的用法很相似，可以对图形进行自由扭曲变形。选择图形，执行菜单“效果”/“扭曲和变换”/“自由扭曲”命令，打开“自由扭曲”对话框。在该对话框中可以使用鼠标拖动控制框上的4个控制柄来调节图形的扭曲效果。如果对调整的效果不满意，想恢复默认效果，可以单击“重置”按钮，将其恢复到初始效果。扭曲完成后单击“确定”按钮，效果如图12-35所示。

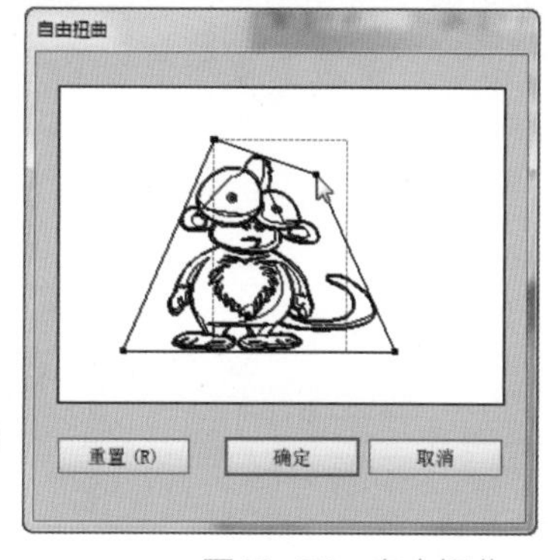

图12-35 自由扭曲

12.6 风格化 

“风格化”效果主要对图形对象添加特殊的图形效果，比如内发光、圆角、外发光、投影和添加箭头等效果。这些效果的应用可以为图形增添更加生动的艺术氛围。

12.6.1 内发光

“内发光”命令可以在选定图形的内部添加光晕效果，与“外发光”效果正好相反。选择图形，执行菜单“效果”/“风格化”/“内发光”命令，打开“内发光”对话框，设置参数后单击“确定”按钮，效果如图12-36所示。

图12-36 内发光

其中的参数含义如下。

- **模式：** 设置内发光颜色的混合模式。
- **颜色块：** 设置内发光的颜色。单击颜色块，打开“拾色器”对话框，设置发光的颜色。
- **不透明度：** 设置内发光颜色的不透明度。取值范围为0～100%，值越大，越发光的颜色越不透明。
- **模糊：** 设置内发光颜色的边缘柔和程度。值越大，边缘柔和的程度也越大。
- **中心和边缘：** 控制发光的位置。选中“中心”单选按钮，表示发光的位置为图形的中心位置；选中“边缘”单选按钮，表示发光的位置为图形的边缘位置。

12.6.2 圆角

“圆角”命令可以将图形对象的尖角变成圆角效果。选择图形，执行菜单“效果”/“风格化”/“圆角”命令，打开“圆角”对话框，设置参数后单击“确定”按钮，效果如图12-37所示。

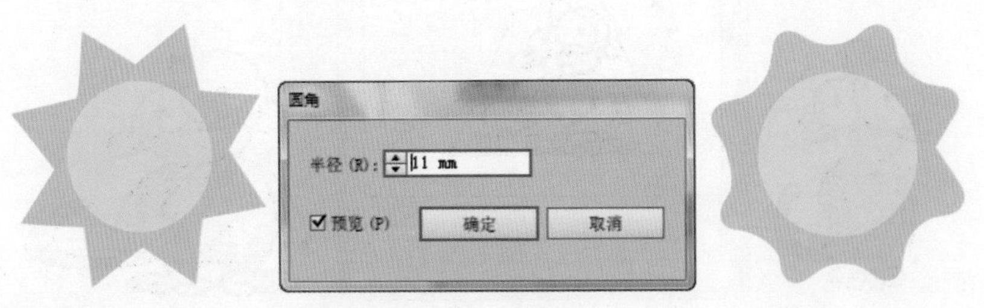

图12-37 圆角

其中的参数含义如下。

- **半径：** 设置图形圆角的大小。值越大，图形对象的圆角程度也越大。

12.6.3 外发光

“外发光”命令可以在选定图形的外部添加光晕效果。选择图形，执行菜单“效果”/“风格化”/“外发光”命令，打开“外发光”对话框，设置参数后单击“确定”按钮，效果如图12-38所示。

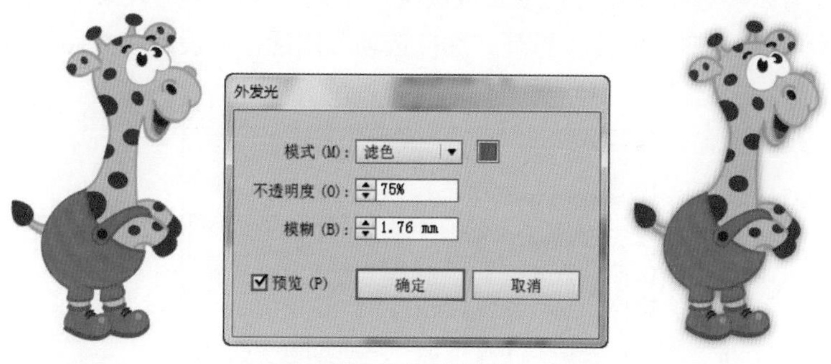

图12-38 外发光

12.6.4 投影

“投影”命令可以为选择的图形对象添加一个阴影，以增加图形的立体效果。选择图形，执行菜单“效果”/“风格化”/“投影”命令，打开“投影”对话框，设置参数后单击“确定”按钮，效果如图12-39所示。

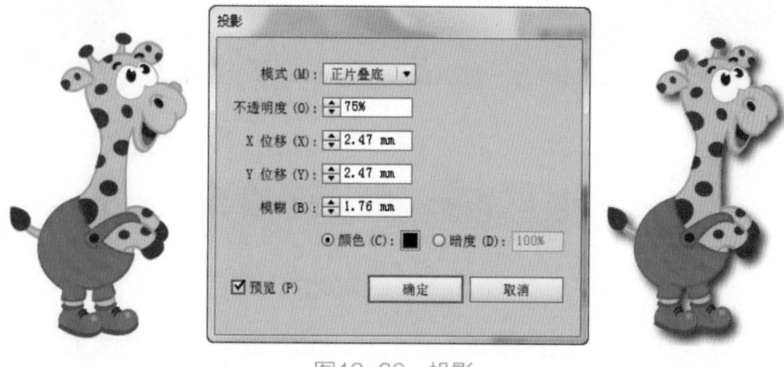

图12-39 投影

其中的参数含义如下。

- **模式：** 设置投影的混合模式。
- **不透明度：** 设置投影颜色的不透明度。取值范围为0～100%，值越大，投影的颜色越不透明。
- **X位移：** 设置阴影相对于原图形在X轴上的位移量。输入正值，阴影向右偏移；输入负值，阴影向左偏移。
- **Y位移：** 设置阴影相对于原图形在Y轴上的位移量。输入正值，阴影向下偏移；输入负值，阴影向上偏移。
- **模糊：** 设置阴影边缘的柔和程度。值越大，边缘柔和的程度也越大。
- **颜色和暗度：** 设置阴影的颜色和明暗。选中“颜色”单选按钮，可以单击右侧的颜色块，打开“拾色器”对话框，设置阴影的颜色；选中“暗度”单选按钮，可以在右侧的文本框中设置阴影的明暗程度。

12.6.5 涂抹

“涂抹”命令可以将选定的图形对象转换成类似手动涂抹的手绘效果。选择图形，执行菜单“效果”/“风格化”/“涂抹”命令，打开“涂抹选项”对话框，设置参数后单击“确定”按钮，效果如图12-40所示。

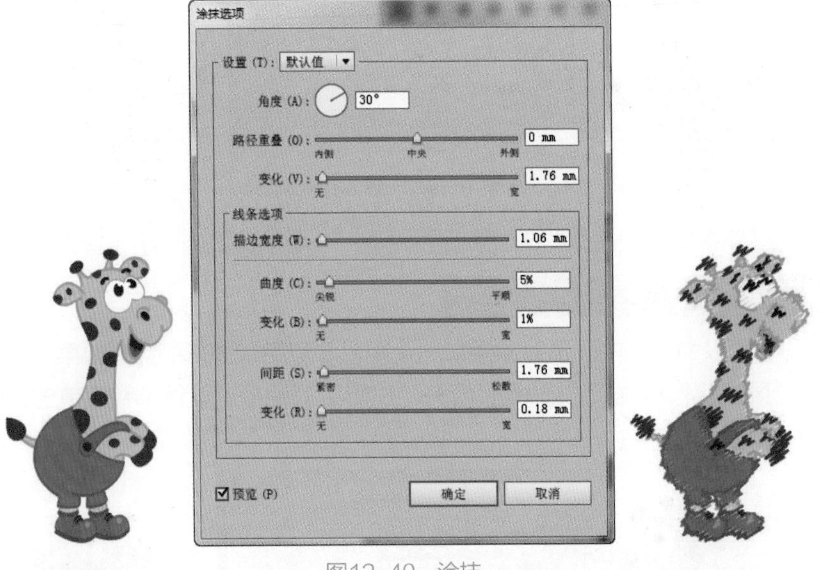

图12-40 涂抹

其中的参数含义如下。

- **设置**：从右侧的下拉列表中可以选择预设的涂抹效果，包括涂鸦、密集、松散、锐利、素描、缠结和紧密等多个选项。
- **角度**：设置涂抹效果的角度。
- **路径重叠**：设置涂抹线条在图形对象的内侧、中央或外侧。当值小于0时，涂抹线条在图形对象的内侧；当值大于0时，涂抹线条在图形对象的外侧。如果想让涂抹线条重叠产生随机的变化效果，可以修改“变化”参数，值越大，重叠效果越明显。
- **描边宽度**：设置涂抹线条的粗细。
- **曲度**：设置涂抹线条的弯曲程度。如果想让涂抹线条的弯曲度产生随机的弯曲效果，可以修改“变化”参数，值越大，弯曲的随机化程度越明显。
- **间距**：设置涂抹线条之间的间距。如果想让线条之间的间距产生随机效果，可以修改“变化”参数，值越大，涂抹线条的间距变化越明显。

12.6.6 羽化

“羽化”命令主要为选定的图形对象创建柔和的边缘效果。选择图形，执行菜单“效果”/“风格化”/“羽化”命令，打开“羽化”对话框，设置参数后单击“确定”按钮，效果如图12-41所示。

图12-41　羽化

12.7　效果画廊

“效果画廊”滤镜命令可以帮助用户在同一对话框中完成多个滤镜命令，并且可以重新改变使用滤镜的顺序或重复使用同一滤镜，从而得到不同的效果。执行菜单“效果”/“效果画廊”命令，打开相应的对话框，如图12-42所示。

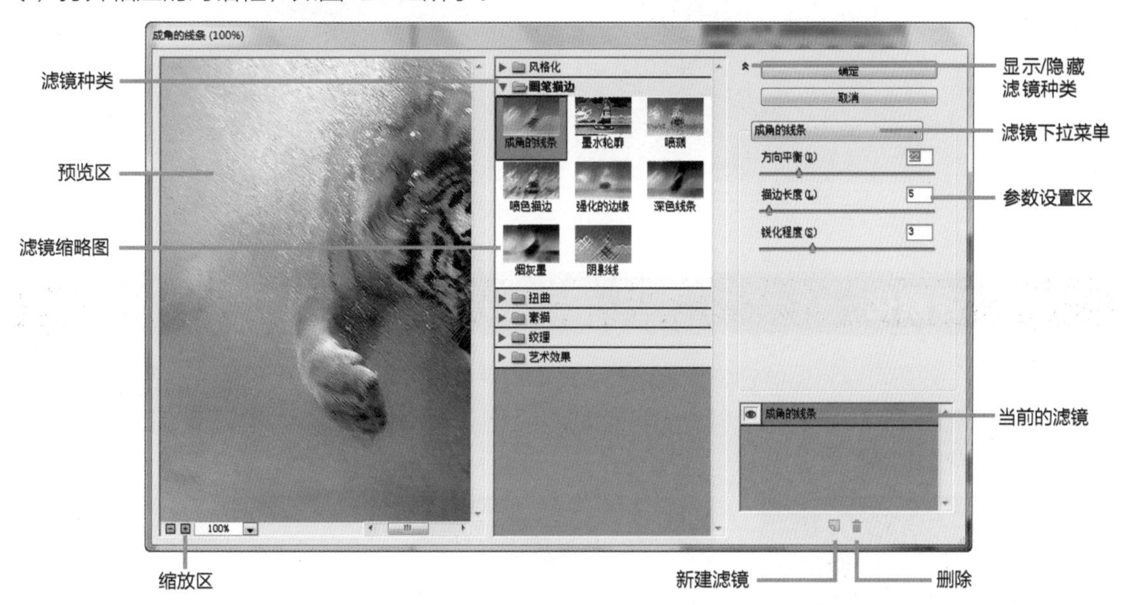

图12-42　效果画廊

其中的参数含义如下。

- **预览区：** 预览应用滤镜后的效果。
- **滤镜种类：** 显示滤镜组中的所有滤镜，单击前面的三角形图标，即可将当前滤镜类型中的所有滤镜展开。
- **显示/隐藏滤镜种类：** 单击该按钮，即可隐藏滤镜库中的滤镜类别和缩览图，只留下滤镜预览区，再次单击将重新显示滤镜类别。
- **参数设置：** 设置当前滤镜的各项参数，可以直接输入数值或者拖动控制滑块改变参数，来调整使用当前滤镜的效果。

- **滤镜下拉列表：**单击下三角按钮，即可弹出滤镜类别中的所有滤镜名称，可以在下拉列表中选择需要的滤镜。
- **当前滤镜：**正在调整的滤镜。
- **新建滤镜：**单击此按钮，可以创建一个滤镜效果图层，新建的滤镜效果图层可以使用滤镜效果。选取任何一个已存在的效果图层，再选择其他滤镜后该图层效果就会变成该滤镜的图层效果。
- **删除：**单击此按钮，可以将当前选取的滤镜效果图层删除，同时滤镜效果也被删除。
- **滤镜缩览图：**显示当前滤镜类别中的滤镜效果缩览图。
- **缩放区：**单击加号按钮可以放大预览区中的图像，单击减号按钮可以缩小预览区中的图像。

在其中选择一个滤镜并设置参数后，单击“确定”按钮，即可得到一个该滤镜的效果，如图12-43所示。

图12-43　应用滤镜

12.8　像素化

“像素化”效果可以将图像分块，使其看起来像由许多小块组成，其中包括“彩色半调”“点状化”“晶格化”和“铜版雕刻”4种滤镜。如图12-44所示的图像分别为原图、应用“彩色半调”和“点状化”后的效果。

原图

应用“彩色半调”滤镜

应用“点状化”滤镜

图12-44　应用像素化

12.9　扭曲

“扭曲”效果主要是使图形产生扭曲效果。其中，既有平面的扭曲效果，也有三维或是其他变形效果。掌握扭曲效果的关键是搞清楚图像中像素扭曲前与扭曲后的位置变化。使用“扭曲”效果菜单下的命令可以对图像进行几何扭曲，从而使图像产生奇妙的艺术效果，包括“扩散亮光”“海洋波纹”和“玻璃”3种滤镜。如图12-45所示的图像分别为原图、应用“玻璃”和“海洋波纹”滤镜后的效果。

原图

应用“玻璃”滤镜

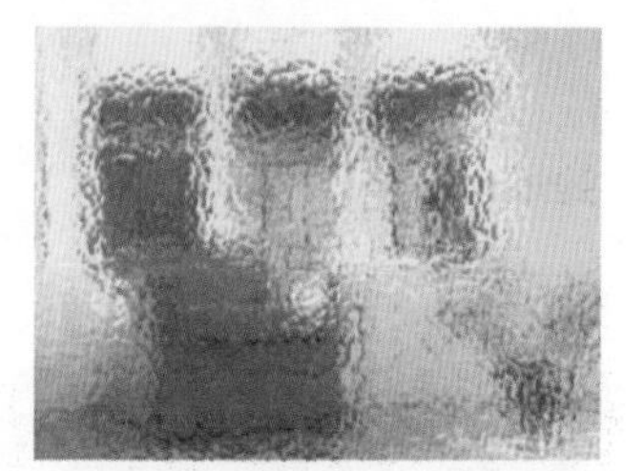
应用“海洋波纹”滤镜

图12-45　应用扭曲

12.10　模糊

“模糊”效果可以对图像中的像素起到柔化作用，从而对图像起到模糊效果。其中包括“径向模糊”“特殊模糊”和“高斯模糊”3种滤镜。如图12-46所示的图像分别为原图、应用“高斯模糊”和“径向模糊”滤镜后的效果。

原图

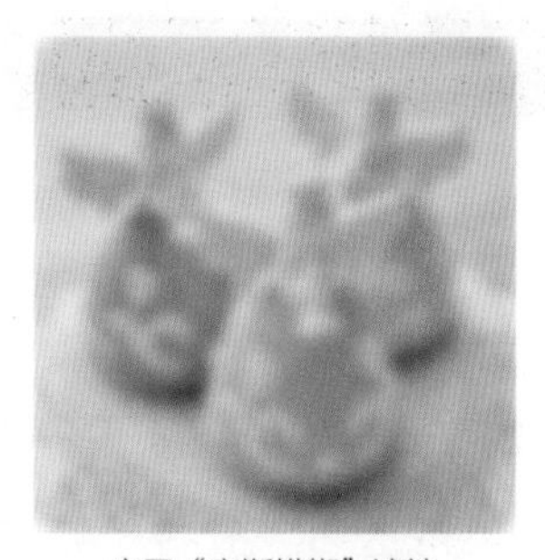
应用“高斯模糊”滤镜

应用“径向模糊”滤镜

图12-46　应用模糊

12.11　画笔描边

“画笔描边”效果可以在图形中增加颗粒、杂色或纹理，从而使图像产生多样的绘画效果。其中包括“喷溅”“喷色描边”“墨水轮廓”“强化的边缘”“成角的线条”“深色线条”“烟灰墨”和“阴影线”8种滤镜。如图12-47所示的图像分别为原图、应用“喷溅”和“阴影线”滤镜后的效果。

原图

应用“喷溅”滤镜

应用“阴影线”滤镜

图12-47　应用画笔描边

12.12 素描

"素描"效果主要用于给图形增加纹理，模拟素描、速写等艺术效果。其中包括"便条纸""半调图案""图章""基底凸现""影印""撕边""水彩画纸""炭笔""炭精笔""石膏效果""粉笔和炭笔""绘图笔""网状"和"铬黄"14种滤镜。如图12-48所示的图像分别为原图、应用"撕边"和"基底凸现"滤镜后的效果。

原图

应用"撕边"滤镜

应用"基底凸现"滤镜

图12-48 应用素描

12.13 纹理

"纹理"效果可以使图形表面产生特殊的纹理或材质效果。其中包括"拼缀图""染色玻璃""纹理化""颗粒""马赛克拼贴"和"龟裂缝"6种滤镜。如图12-49所示的图像分别为原图、应用"染色玻璃"和"龟裂缝"滤镜后的效果。

原图

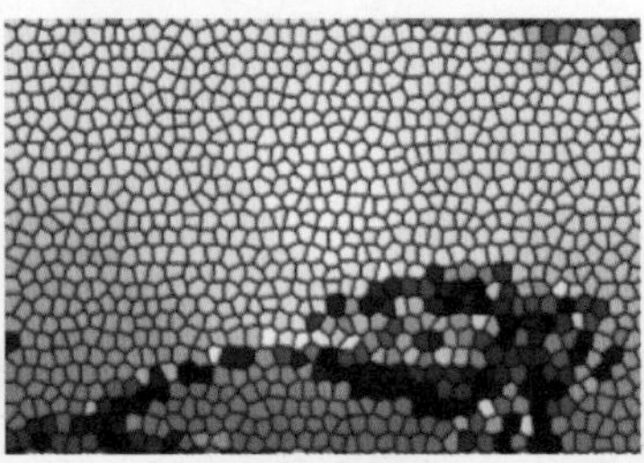

应用"染色玻璃"滤镜

应用"龟裂缝"滤镜

图12-49 应用纹理

12.14 艺术效果

"艺术效果"效果可以使图形产生多种不同风格的艺术效果。其中包括"塑料包装""壁画""干画笔""底纹效果""彩色铅笔""木刻""水彩""海报边缘""海绵""涂抹棒""粗糙蜡笔""绘画涂抹""胶片颗粒""调色刀"和"霓虹灯光"15种滤镜。如图12-50所示的图像分别为原图、应用"木刻"和"霓虹灯光"滤镜后的效果。

原图

应用“木刻”滤镜

应用“霓虹灯光”滤镜

图12-50 应用艺术效果

12.15 照亮边缘

“风格化”滤镜中只有“照亮边缘”命令一项内容，“照亮边缘”命令可以对画面中的像素边缘进行搜索，然后使其产生类似霓虹灯光照亮的效果，照亮边缘前后效果如图12-51所示。

原图

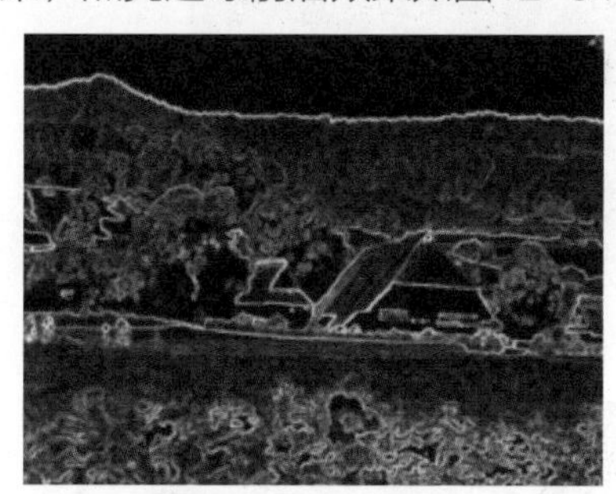

应用“照亮边缘”滤镜

图12-51 应用照亮边缘

12.16 综合练习：制作美丽的星空

由于篇幅所限，综合练习只介绍技术要点和制作流程，具体的操作步骤请观看视频教程学习。

实例效果图	技术要点
	✱ 矩形工具 ✱ 创建剪切蒙版 ✱ 输入文字 ✱ 创建轮廓 ✱ 填充渐变色 ✱ 添加投影 ✱ 添加内发光

操作流程：

STEP 1 新建文档，置入素材，在中间位置绘制矩形框。

STEP 2 框选两个对象，执行菜单“对象”/“剪切蒙版”/“创建”命令，创建剪切蒙版。

STEP 3 输入文字。

STEP 4 执行菜单“文字”/“创建轮廓”命令，将文字转换为图形。

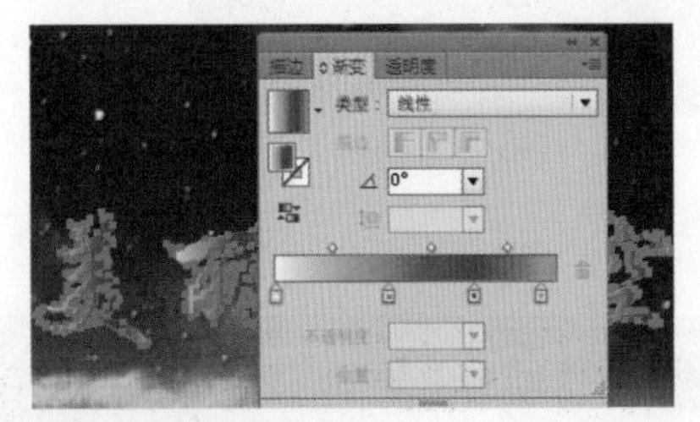

STEP 5 为文字填充渐变色。

STEP 6 执行菜单“对象”/“取消编组”命令，将组合对象拆分，选择其中的一个文字。

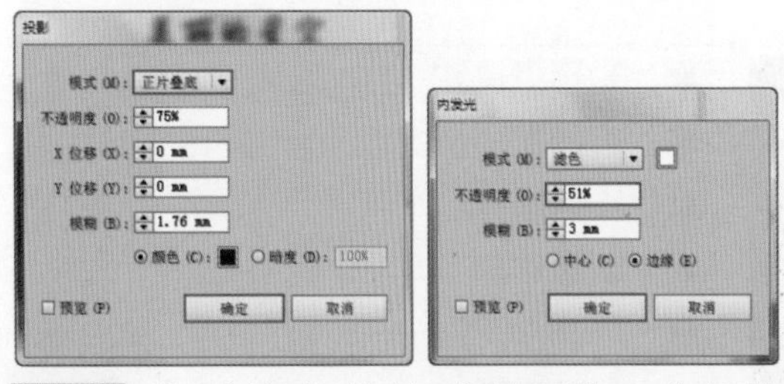

STEP 7 分别执行菜单“效果”/“风格化”/“投影”和“内发光”命令，分别打开“投影”和“内发光”对话框，设置参数值。

STEP 8 设置完毕后单击“确定”按钮，为文字添加黄色描边。

STEP 9 使用同样的方法为其他文字添加效果。

STEP 10 移动文字的位置，完成本例的制作。

12.17 综合练习：制作多刺字

实例效果图	技术要点
	✸ 输入文字 ✸ 创建轮廓 ✸ 添加美洲鳄鱼色板 ✸ 应用“海洋波纹”滤镜 ✸ 添加“波纹效果”

操作流程：

STEP 1 新建文档，输入文字。

STEP 2 执行菜单“文字”/“创建轮廓”命令，将文字转换为图形。

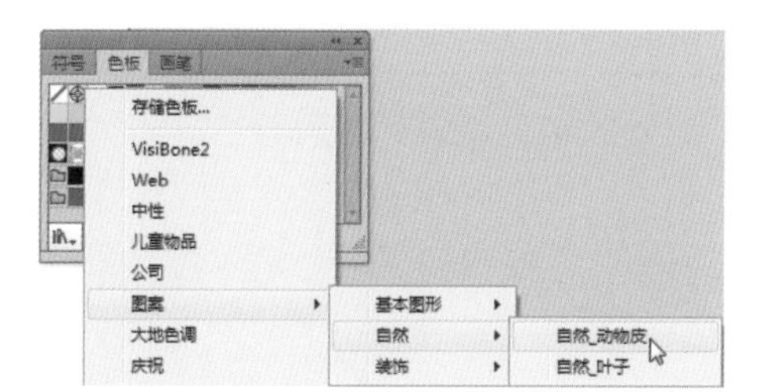

STEP 3 执行菜单“窗口”/“色板”命令，打开“色板”面板，单击“色板库”菜单按钮，在弹出的菜单中选择“图案”/“自然”/“自然_动物皮”命令。

STEP 4 选择“美洲鳄鱼”图案。

STEP 5 执行菜单“效果”/“扭曲”/“海洋波纹”命令，打开“海洋波纹”对话框，设置“波纹大小”为1，“波纹振幅”为4。

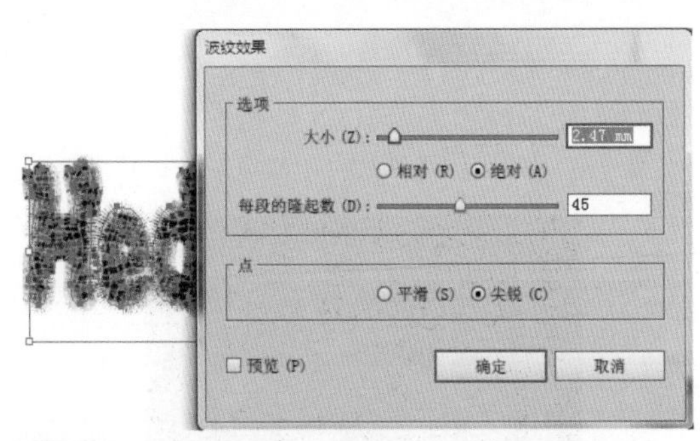

STEP 6 执行菜单“效果”/“扭曲和变换”/“波纹效果”命令，打开“波纹效果”对话框，设置参数。

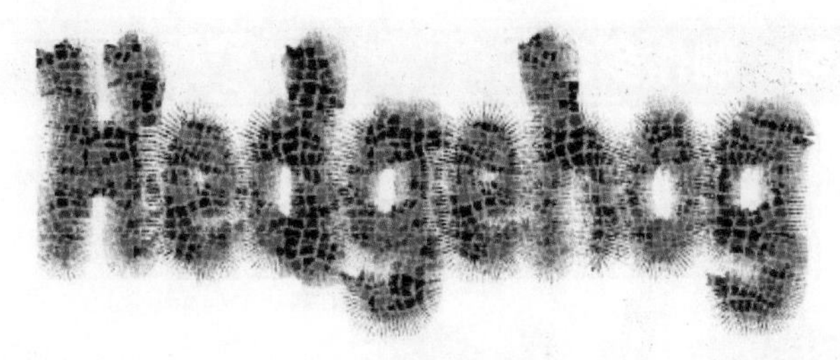

STEP 7 设置完毕后单击“确定”按钮，完成本例的制作。

第13章 综合实例

本章是关于Illustrator的商业实战案例，内容涉及VI与标志设计、图形创意设计、插画设计、包装设计、电商广告设计等。

由于篇幅所限，本章实例只介绍技术要点和制作流程，具体的操作步骤请观看视频教程学习。

13.1 Logo

实例效果图	技术要点
 凯程地产	✱ 绘制椭圆 ✱ 填充渐变色 ✱ 输入文字 ✱ 创建轮廓 ✱ 调整形状 ✱ 应用移除前面的对象 ✱ 剪切蒙版

操作流程：

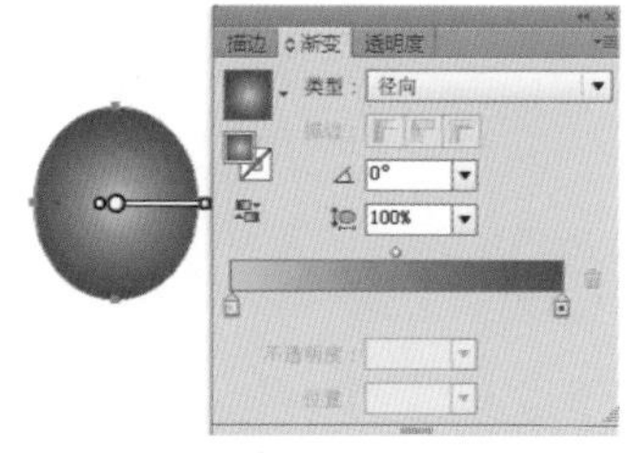

STEP 1 新建文档，绘制椭圆，填充渐变色。

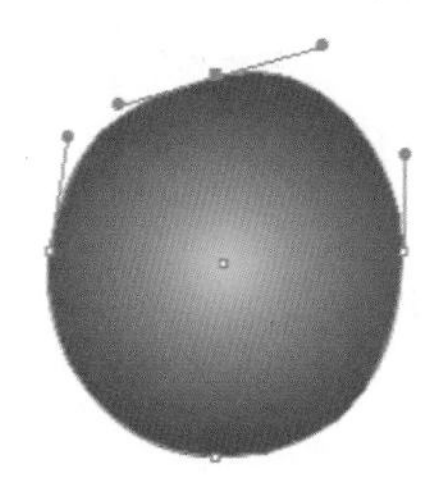

STEP 2 使用“直接选择工具”调整椭圆形状。

KCDC

STEP 3 输入英文文字。

STEP 4 创建轮廓，拆分文字后移动单个文字的位置。

STEP 5 将文字移动到调整后的椭圆上面，调整文字形状。

STEP 6 框选文字和椭圆，在“路径查找器”中单击“减去顶层”按钮。

STEP 7 输入文字。

STEP 8 为文字创建轮廓，拆分文字后，绘制4个图形框。

STEP 9 应用“路径查找器”中的“减去顶层”功能。

STEP 10 复制图形，为其填充渐变色。

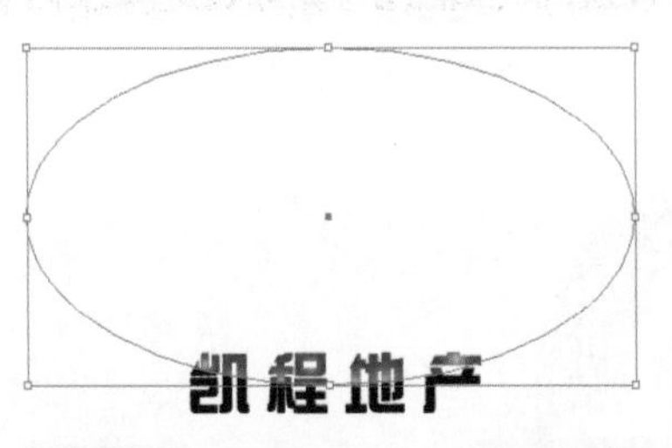

STEP 11 绘制椭圆，创建剪切蒙版。

STEP 12 至此本例制作完毕。

13.2 名片

实例效果图	技术要点
	✱ 绘制矩形 ✱ 置入素材 ✱ 文字排版

操作流程：

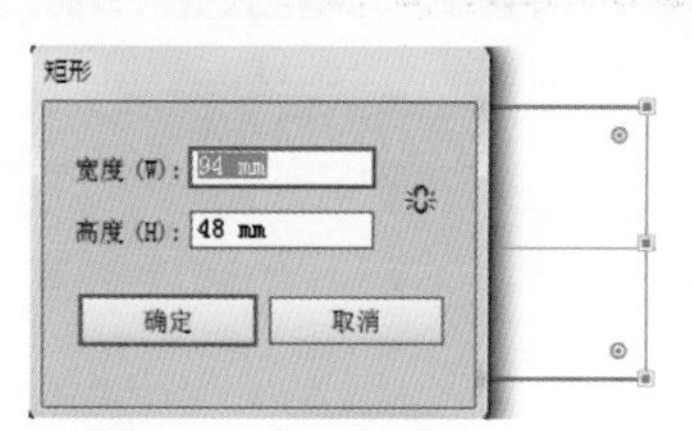

STEP 1 新建文档，绘制矩形。

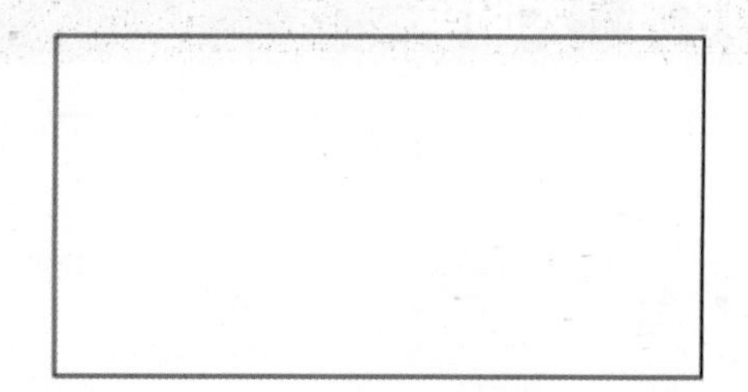

STEP 2 将轮廓描边设置为“黑色”。

> **提 示**
>
> 名片的标准尺寸为90mm×55mm、90mm×50mm和90mm×45mm。但是加上上、下、左、右各2mm的出血，制作尺寸则必须设定为94×58mm、94mm×54mm和94mm×48mm。

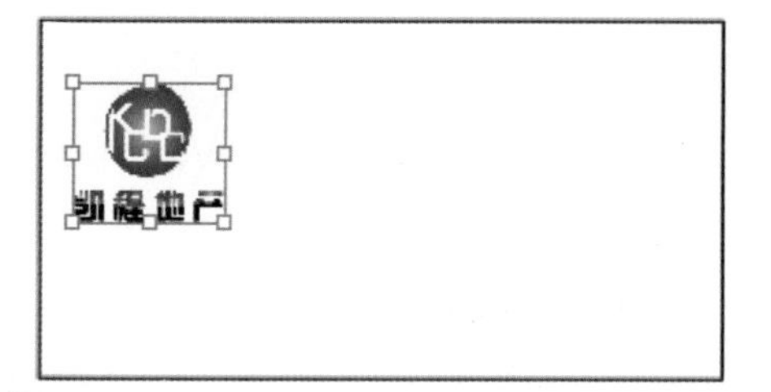

STEP 3 置入Logo素材，移动到右上角处并调整大小。

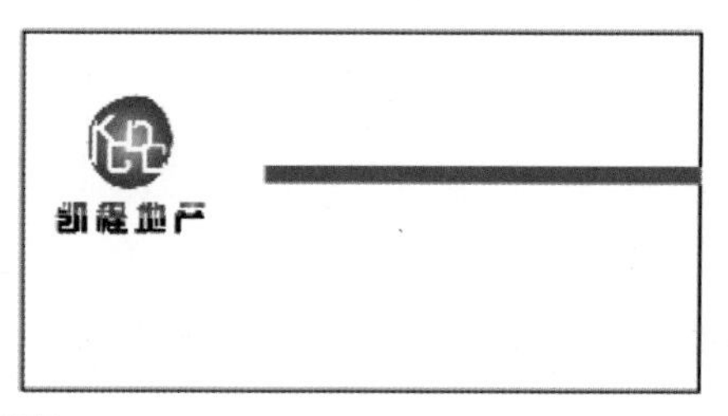

STEP 4 绘制一个蓝色矩形，将描边设置为“无”。

STEP 5 在蓝色矩形的上下位置分别输入文字，完成名片的制作。

STEP 6 根据同样的方法制作名片的背面及其他几个名片样式。

13.3 太阳伞

实例效果图	技术要点
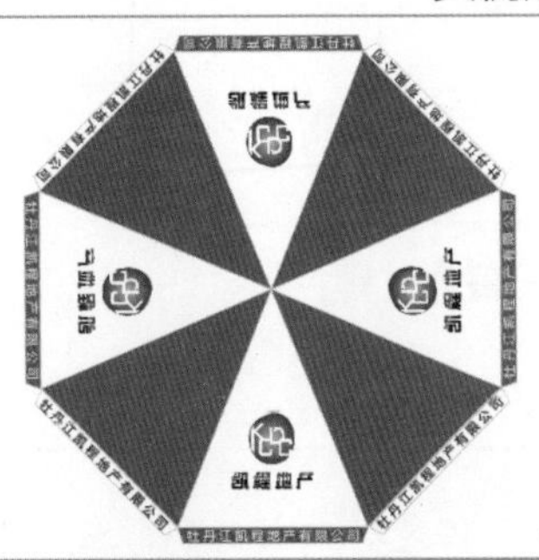 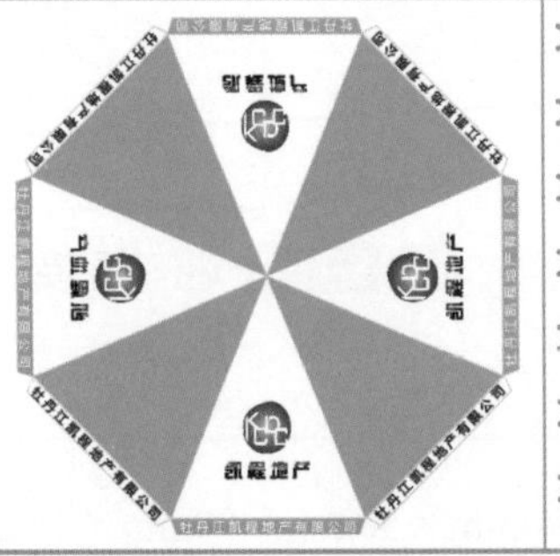	多边形工具 直线段工具 矩形工具 实时上色 输入文字 旋转工具 对称工具

操作流程：

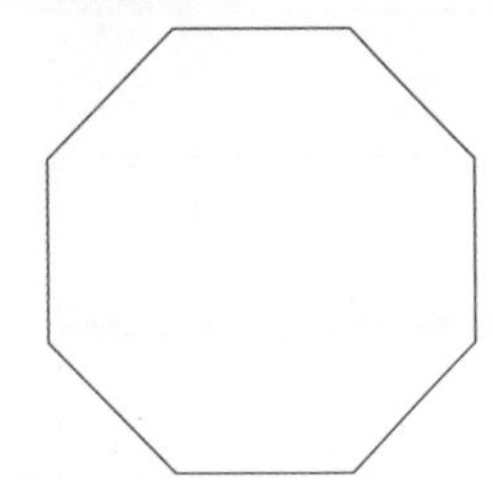

STEP 1 新建文档，使用“多边形工具”绘制八边形。

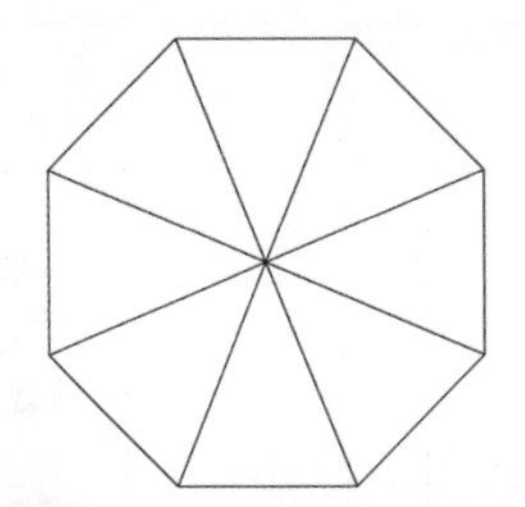

STEP 2 使用“直线段工具”绘制线段。

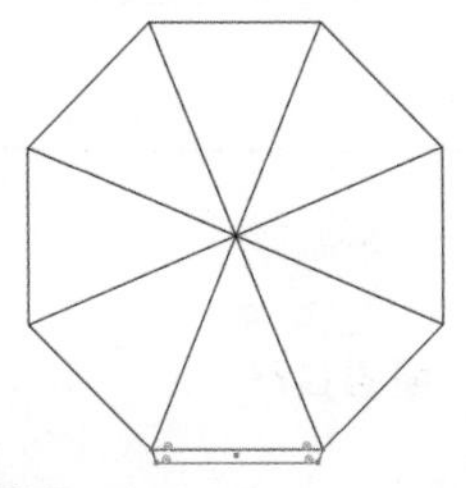

STEP 3 使用“矩形工具”绘制矩形，使用“直接选择工具”调整形状。

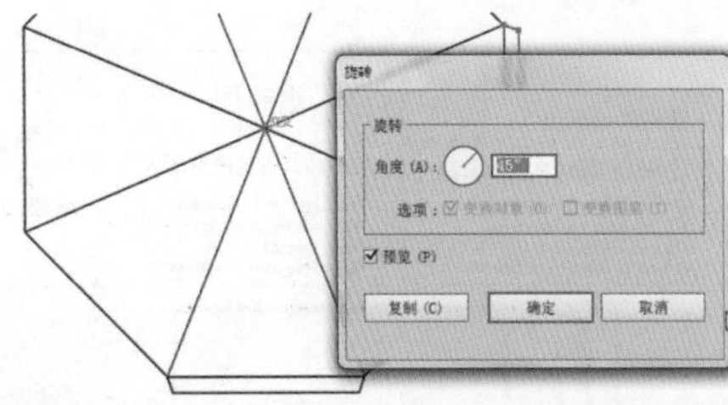

STEP 4 使用“旋转工具”按住Alt键单击直线段相交点，创建旋转中心点。在“旋转”对话框中单击“复制”按钮。

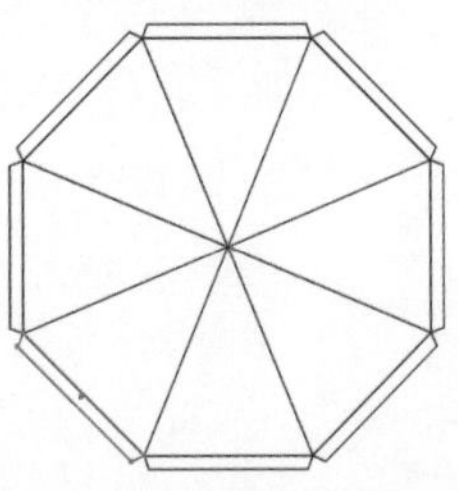

STEP 5 多次按Ctrl+D键复制矩形，直到复制一周为止。

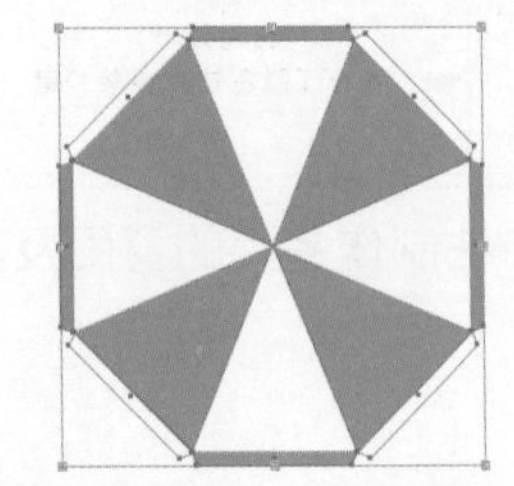

STEP 6 框选所有对象，使用“实时上色工具”为图形填充颜色，将轮廓设置为“灰色”。

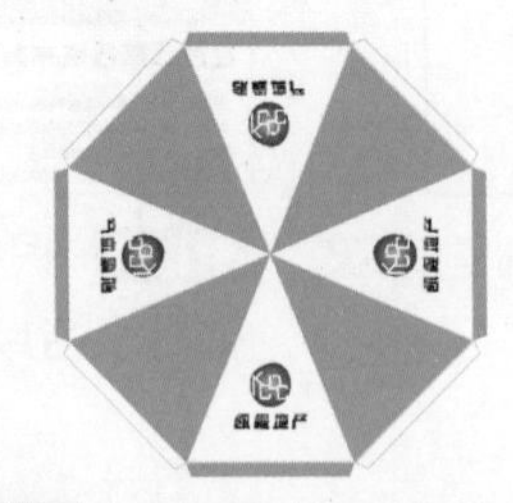

STEP 7 置入素材，移动到合适位置，进行旋转复制。

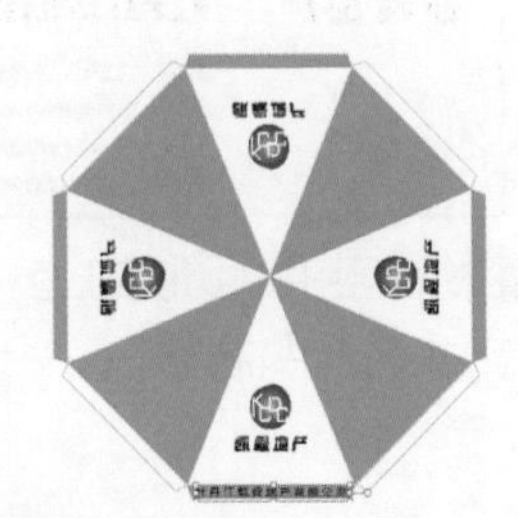

STEP 8 输入文字。

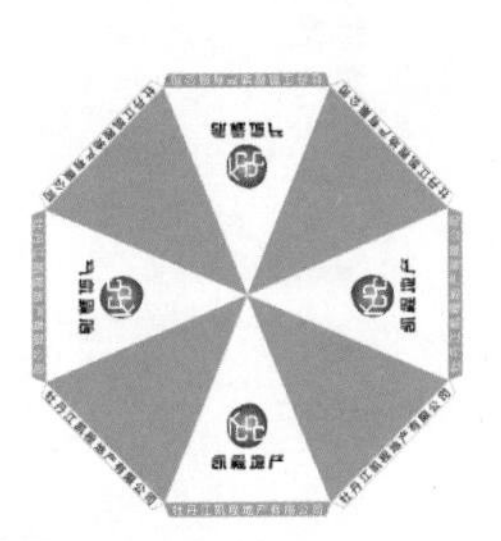

STEP 9 设置旋转中心点，进行旋转复制。

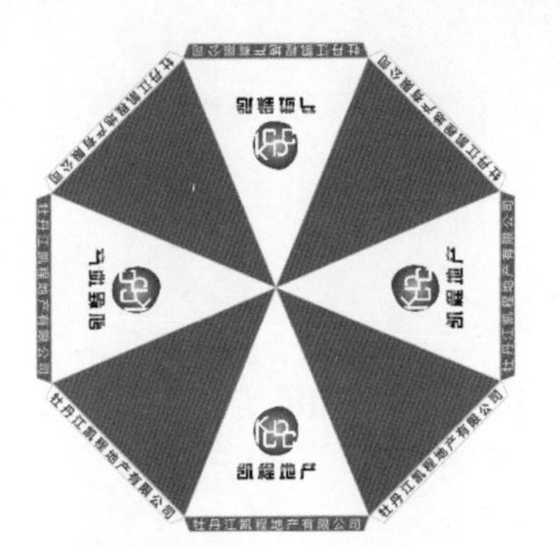

STEP 10 复制一个伞对象，改变颜色，至此本例制作完毕。

13.4 桌旗

实例效果图	技术要点
	★ 矩形工具 ★ 椭圆工具 ★ 添加锚点 ★ 直接选择工具 ★ 直线段工具 ★ 创建混合 ★ 置入素材

操作流程：

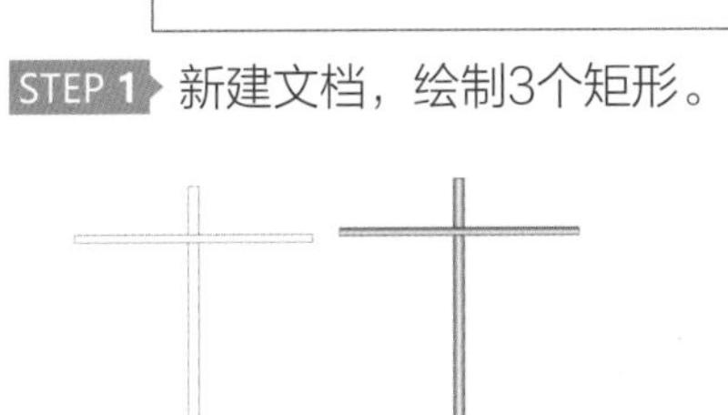

STEP 1 新建文档，绘制3个矩形。

STEP 2 为矩形填充渐变色。

STEP 3 绘制十字架，填充渐变色。

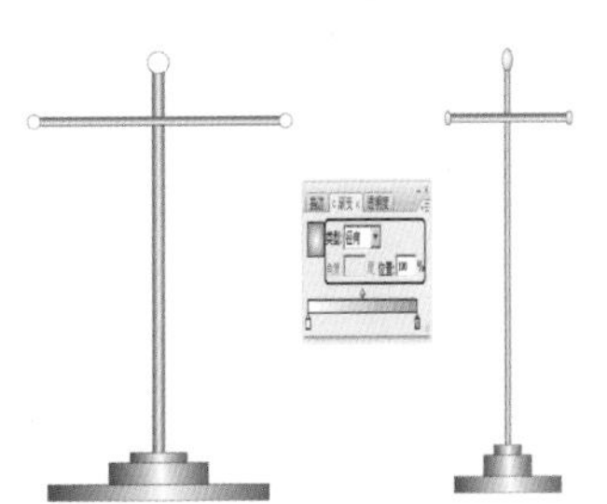

STEP 4 绘制正圆，填充渐变色。

STEP 5 复制正圆，调整形状后将其移到十字架中心。

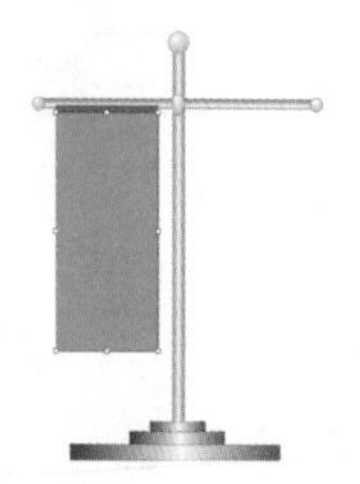

STEP 6 绘制红色和青色矩形。

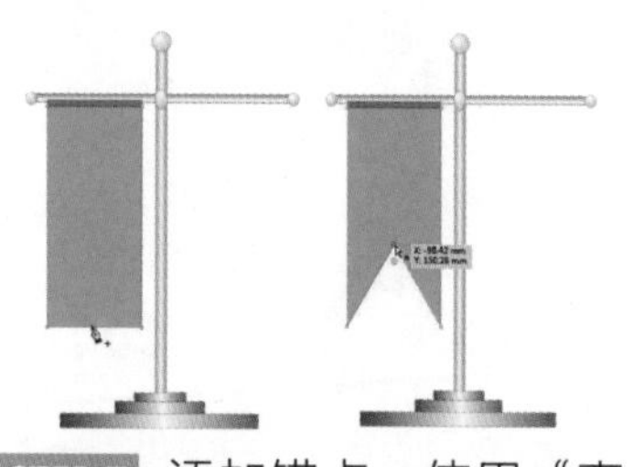

STEP 7 添加锚点。使用“直接选择工具”调整形状。

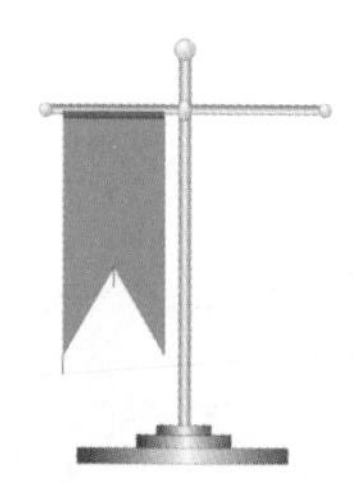

STEP 8 使用“直线段工具”绘制两条线条。

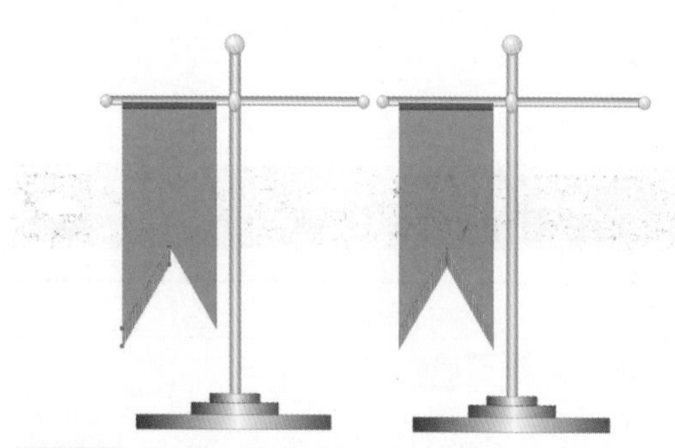

STEP 9 创建混合效果，复制并水平翻转。

STEP 10 置入素材，同理制作右边的旗帜，至此本例制作完毕。

13.5 烟灰缸

实例效果图	技术要点
	✱ 绘制圆角矩形 ✱ 绘制矩形 ✱ 绘制椭圆 ✱ 路径查找器

效果1操作流程：

STEP 1 新建文档，绘制圆角矩形。

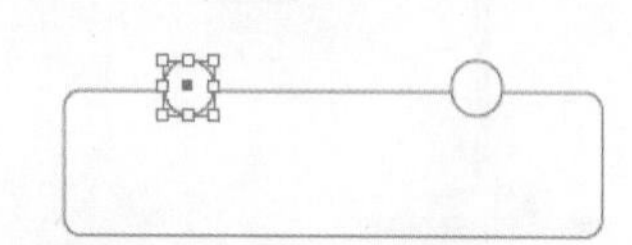

STEP 2 绘制两个椭圆。

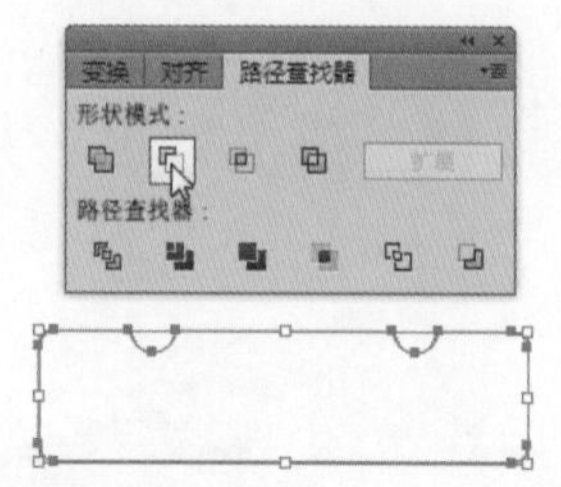

STEP 3 框选所有对象，在“路径查找器”中单击“减去顶层”按钮。

STEP 4 置入素材，改变颜色。

STEP 5 绘制矩形。

STEP 6 使用“直接选择工具”调整形状。

STEP 7 调整排列顺序，完成本例的制作。

效果2操作流程：

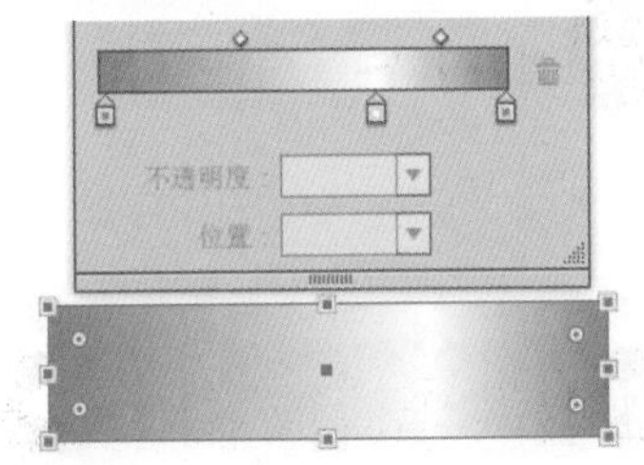

STEP 1 绘制矩形，填充渐变色。

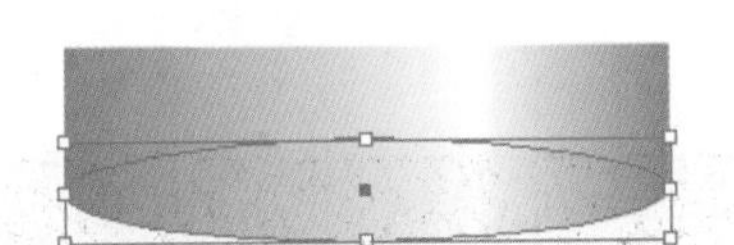

STEP 2 绘制椭圆。

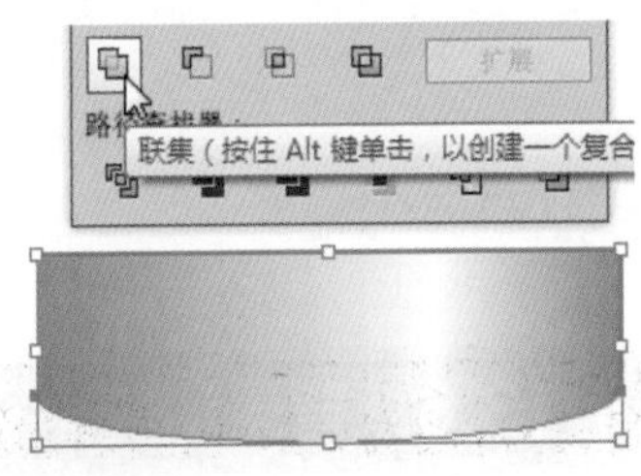

STEP 3 框选矩形和椭圆，在“路径查找器”中单击“联集”按钮。

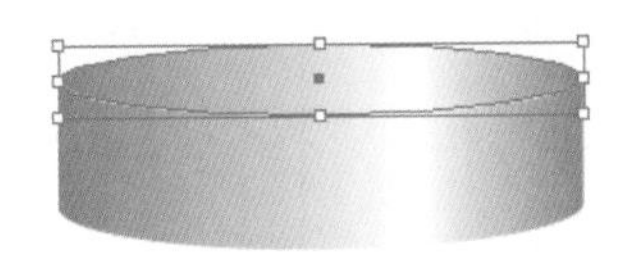

STEP 4 绘制椭圆，将轮廓描边填充白色。

STEP 5 绘制两个椭圆，移到合适位置。

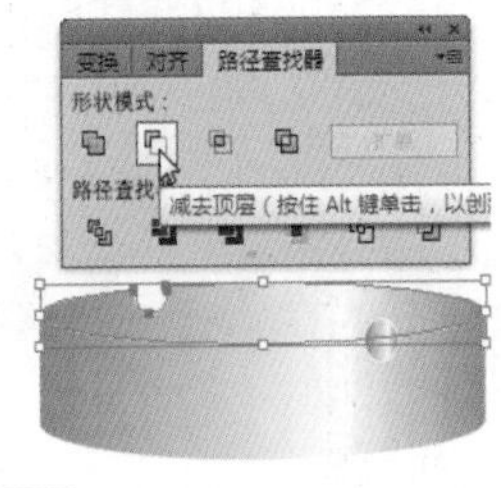

STEP 6 选择大椭圆和左边的小椭圆，在“路径查找器”中单击“减去顶层”按钮。

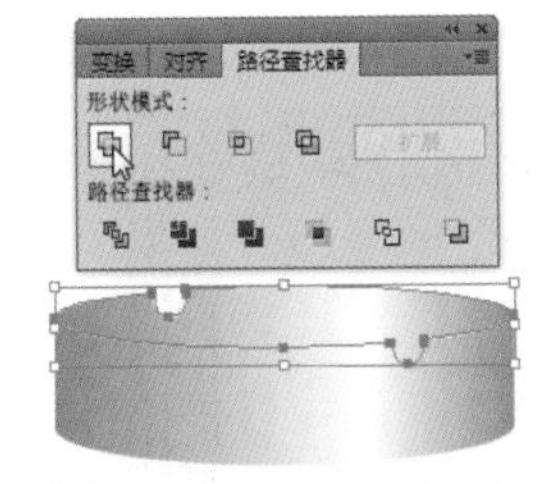

STEP 7 选择右边的小椭圆和大椭圆，在“路径查找器”中单击“联集”按钮。

STEP 8 复制应用“路径查找器”后的图形，去掉填充，选择“选择工具”按住Alt键单击向右和向左方向键各两次。

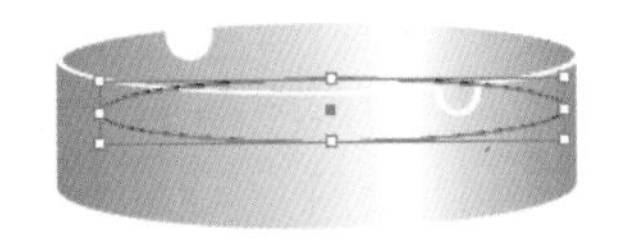

STEP 9 绘制一个椭圆轮廓。

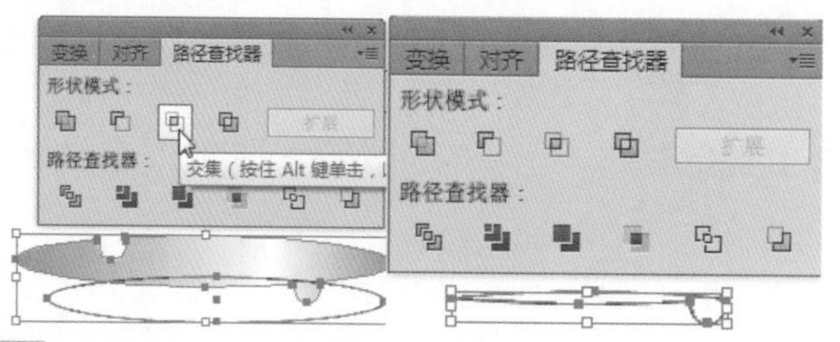

STEP 10 复制椭圆框和后面应用“路径查找器”后的图形，单击“交集”按钮。

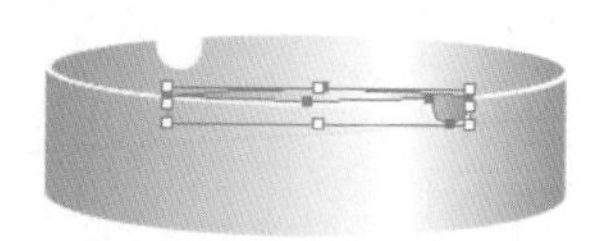

STEP 11 移动交集后的图形到合适位置。

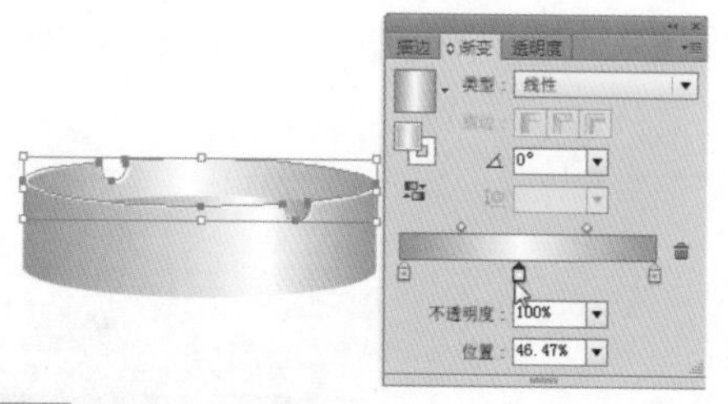

STEP 12 调整渐变填充。

STEP 13 移入Logo素材，至此本例制作完毕。

13.6 背景墙

实例效果图	技术要点
	★ 绘制矩形 ★ 填充色板纹理 ★ 渐变填充 ★ 调整透明度 ★ 创建混合

操作流程：

STEP 1 新建文档，绘制矩形，为其填充“点铜版雕刻”。

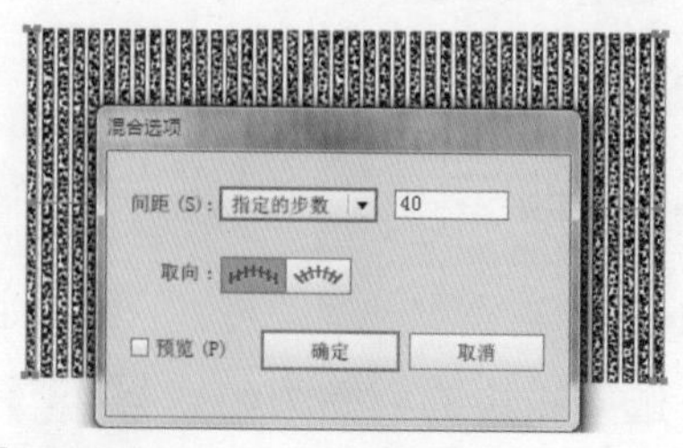

STEP 2 复制矩形，为其创建混合。

STEP 3 绘制矩形，填充蓝色。

STEP 4 移入素材，输入文字。

STEP 5 复制图形，将其填充白色。

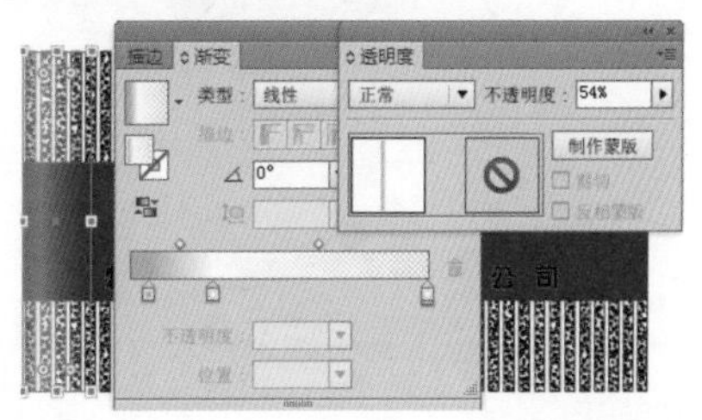

STEP 6 绘制矩形，填充渐变色，设置不透明度。

STEP 7 制作另一侧的渐变图形和透明度。

STEP 8 绘制一个灰色矩形和一个蓝色矩形，将其作为桌子。

STEP 9 移入Logo并输入文字。

STEP 10 分别为两个矩形的两边绘制矩形，填充渐变，设置不透明度，至此本例制作完毕。

13.7 手绘愤怒的小鸟

实例效果图	技术要点
	✱ 椭圆工具 ✱ 直接选择工具 ✱ 钢笔工具 ✱ 置入素材

操作流程：

STEP 1 新建文档，绘制椭圆，使用“直接选择工具”调整图形。

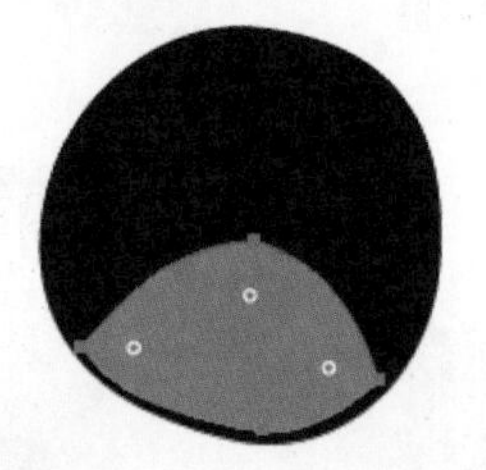

STEP 2 使用“钢笔工具”绘制图形。

STEP 3 绘制椭圆，使用“直接选择工具”调整图形，绘制眼睛和头上的白点。

STEP 4 使用“钢笔工具”绘制嘴巴。

STEP 5 使用“钢笔工具”绘制眉毛。

STEP 6 使用“钢笔工具”绘制羽毛。

STEP 7 置入背景素材，至此本例制作完毕。

13.8　中秋插画

实例效果图	技术要点
	✱ 绘制矩形 ✱ 填充渐变色 ✱ 置入素材 ✱ 应用“高斯模糊” ✱ 应用“内发光” ✱ 设置混合模式和不透明度 ✱ 应用符号 ✱ 扩展符号 ✱ 创建符号

操作流程：

STEP 1 新建文档，绘制矩形，填充渐变色。

STEP 2 绘制白色正圆，应用“高斯模糊”。

STEP 3 置入素材。

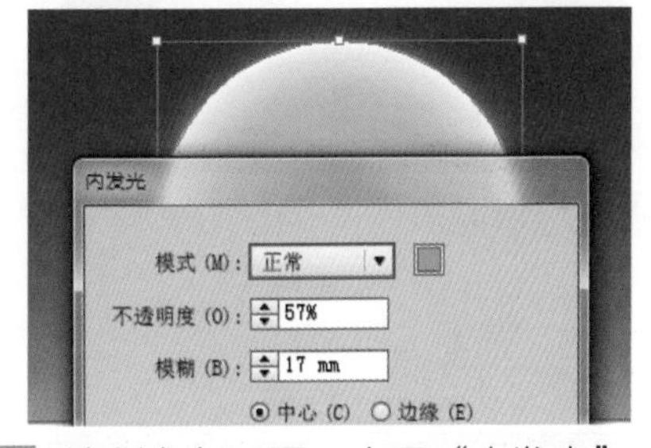

STEP 4 绘制白色正圆，应用“内发光”。

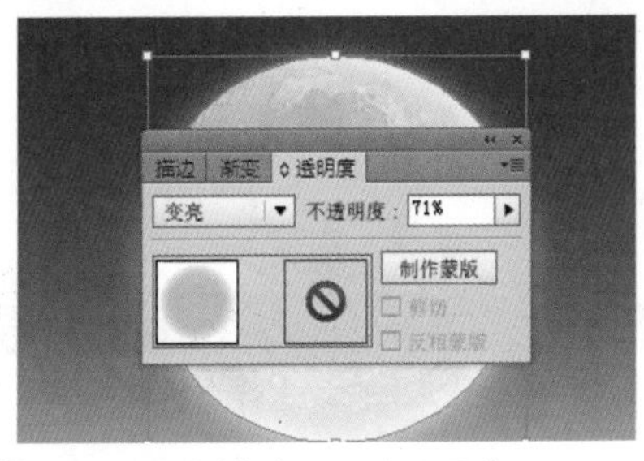

STEP 5 设置混合模式和不透明度。

STEP 6 使用“铅笔工具”绘制图形。

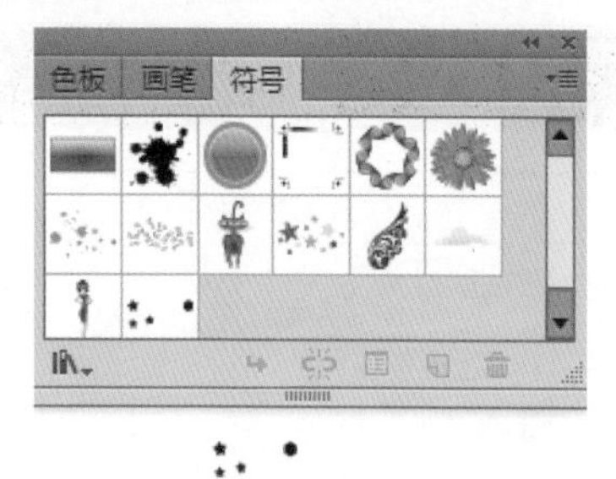

STEP 7 绘制五角星和多边形，创建新符号。

STEP 8 使用“符号喷枪工具”绘制符号，应用“扩展”命令，将符号填充白色。

STEP 9 使用“光晕工具”绘制光晕。

STEP 10 置入素材，设置混合模式和不透明度。

STEP 11 绘制正圆和身体图形。

STEP 12 应用符号，扩展后为其添加外发光。

STEP 13 应用小猫符号，扩展后填充黑色。

STEP 14 输入文字，完成本例的制作。

13.9 包装设计

实例效果图	技术要点
	✱ 绘制矩形 ✱ 填充渐变色 ✱ 调整形状 ✱ 应用色板 ✱ 应用符号 ✱ 应用“扩展”命令

操作流程：

STEP 1 新建文档，绘制矩形，填充渐变色。

STEP 2 置入素材。

STEP 3 使用“钢笔工具”绘制吸管图形，调整顺序。

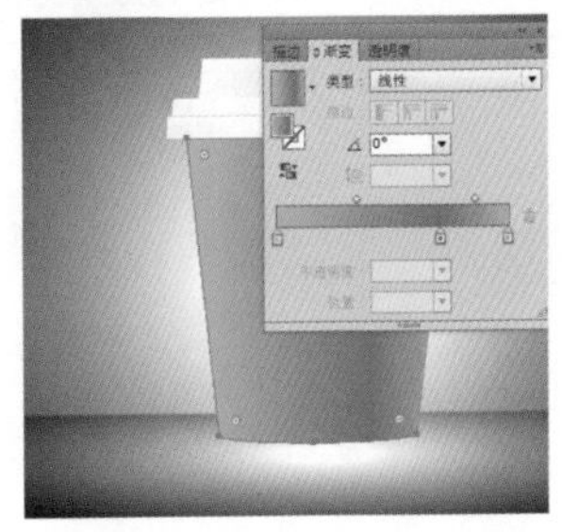

STEP 4 绘制矩形，使用“直接选择工具”调整形状后填充渐变色。

STEP 5 绘制矩形，使用“直接选择工具”调整形状后填充桔色。

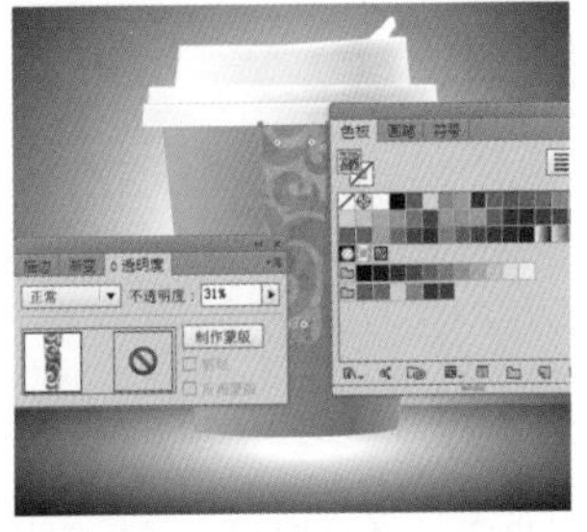

STEP 6 复制图形，为其填充图案色板，再调整不透明度。

STEP 7 输入文字。

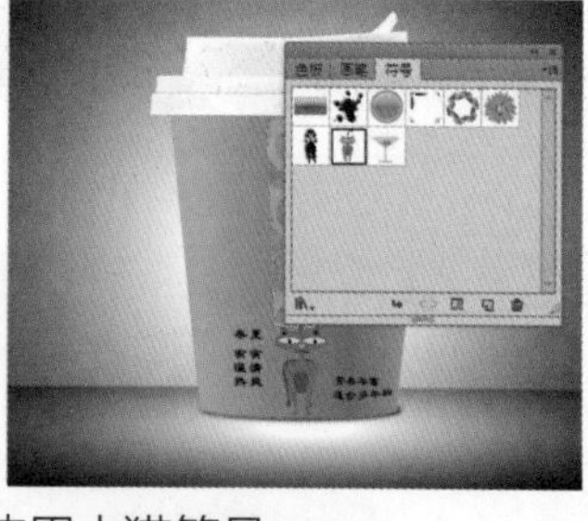

STEP 8 使用小猫符号。

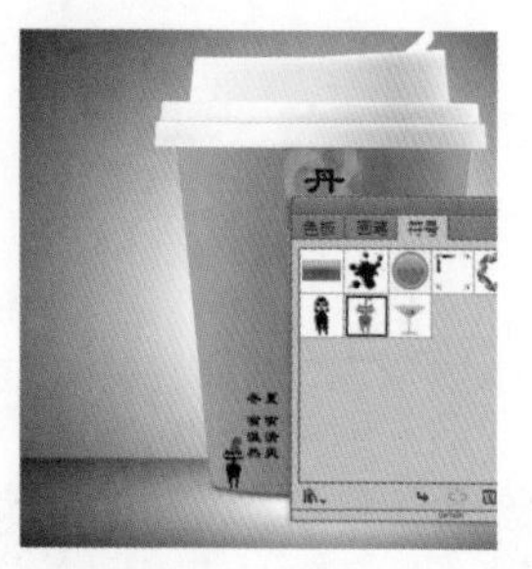

STEP 9 复制小猫符号，应用“扩展”命令，将小猫填充黑色。

STEP 10 至此本例制作完毕。

13.10 电商首屏广告

实例效果图	技术要点
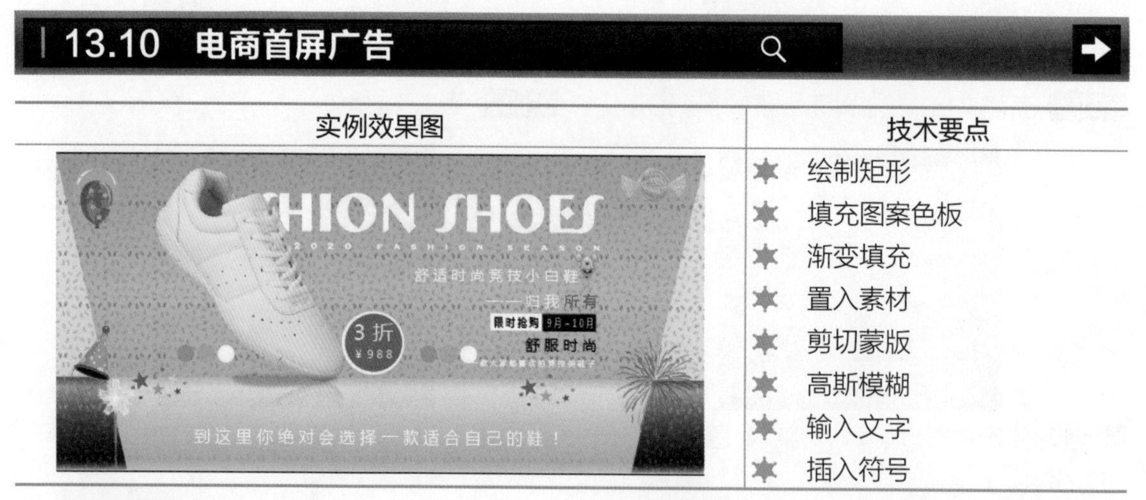	★ 绘制矩形 ★ 填充图案色板 ★ 渐变填充 ★ 置入素材 ★ 剪切蒙版 ★ 高斯模糊 ★ 输入文字 ★ 插入符号

操作流程：

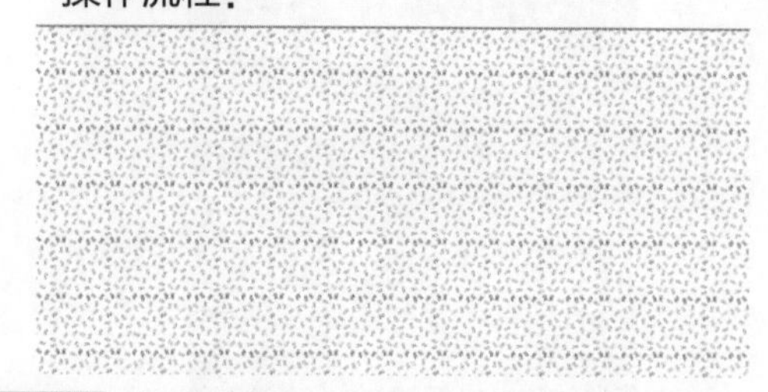

STEP 1 新建文档，绘制矩形，填充图案色板。

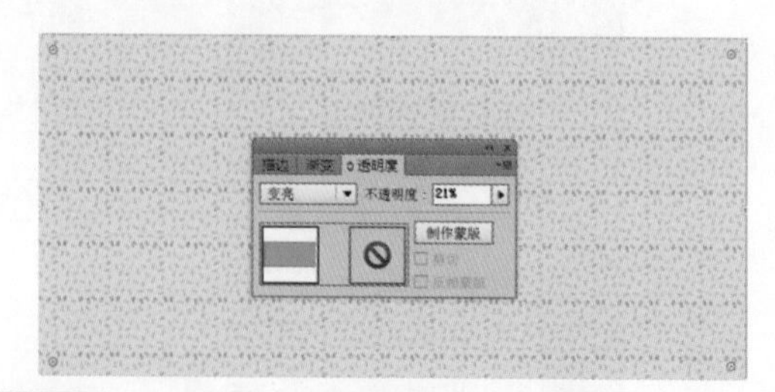

STEP 2 复制矩形，填充青色，设置不透明度。

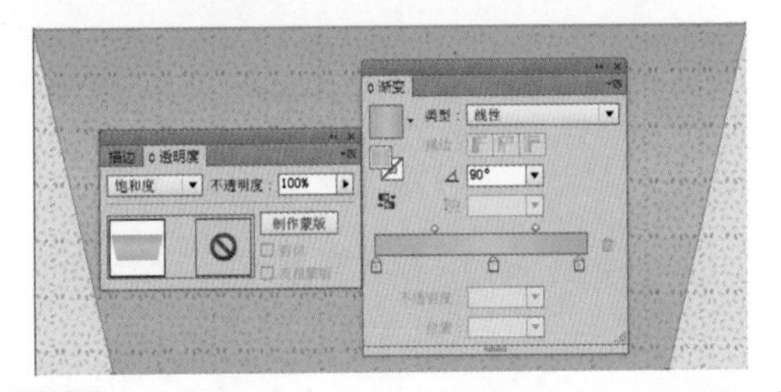

STEP 3 复制矩形，填充渐变色，设置混合模式。

STEP 4 绘制矩形，填充渐变色，设置混合模式。

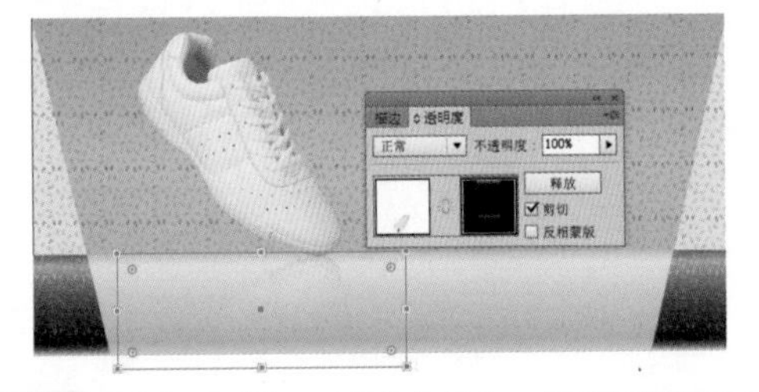

STEP 5 置入素材，对称复制，添加蒙版后编辑渐变色，以此制作倒影。

STEP 6 绘制黑色图形，应用“高斯模糊”命令，设置不透明度。

STEP 7 输入文字，绘制矩形。

STEP 8 绘制正圆，制作打折标签。

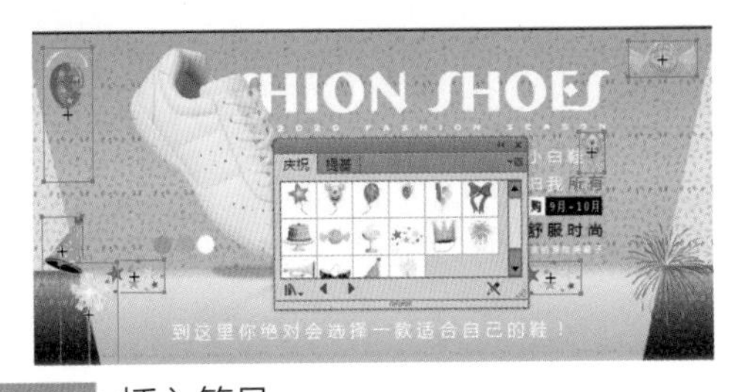

STEP 9 插入符号。

STEP 10 至此本例制作完毕。